应用型本科信息安全专业系列教材

工业控制系统应用与安全防护技术

（微课版）

主　编　曹鹏飞　廖旭金　王秀英

副主编　张新江　李　颖　冯俊梅

　　　　曲彤安

西安电子科技大学出版社

内 容 简 介

本书共 8 章，从工业控制系统应用与信息安全需要出发，首先介绍了工业控制系统和信息安全的相关概念和标准；然后介绍了工业控制系统的主要系统架构和各种工业控制系统网络协议，并对工业控制系统中存在的漏洞和攻击技术进行了具体分析；接着详细介绍了部件制造安全技术、工业控制系统防火墙技术、态势感知与安全审计技术等重点安全防护技术；最后介绍了工业控制系统安全综合应用。本书内容深入浅出，通俗易懂，问题分析清晰、透彻，注重可操作性和实用性，通过理论阐述与实践指导相结合，有助于读者理解和掌握工业控制系统应用及安全防护技术的相关知识。

本书内容具有一定的广度和深度，适应不同层次的培养目标要求，既可作为信息安全和工业自动化等相关专业本科、高职教材，也可作为工业控制系统信息安全工程技术人员的培训用书和参考书。

图书在版编目 (CIP) 数据

工业控制系统应用与安全防护技术：微课版 / 曹鹏飞，廖旭金，王秀英主编 . -- 西安：西安电子科技大学出版社，2024. 8. -- ISBN 978-7-5606-7359-2

Ⅰ. TP273

中国国家版本馆 CIP 数据核字第 2024K9K188 号

策　　划	明政珠
责任编辑	孟秋黎
出版发行	西安电子科技大学出版社 (西安市太白南路 2 号)
电　　话	(029) 88202421　88201467　　　　邮　编　710071
网　　址	www.xduph.com　　　　　电子邮箱　xdupfxb001@163.com
经　　销	新华书店
印刷单位	广东虎彩云印刷有限公司
版　　次	2024 年 8 月第 1 版　2024 年 8 月第 1 次印刷
开　　本	787 毫米 × 1092 毫米　1/16　印张 18
字　　数	426 千字
定　　价	59.00 元

ISBN 978-7-5606-7359-2

XDUP 7660001–1

*** 如有印装问题可调换 ***

前　言

随着工业信息化的推进，越来越多的企业开始思考将信息通信技术与制造业相结合，即两化融合(信息化和工业化高层次的深度结合)，使生产端和消费端相连接，推进制造业数字化、网络化和智能化，从生产型制造转向服务型制造。工业控制系统是对物理世界有直接影响的控制系统，是工业生产基础设施的关键组成部分，广泛应用于电力、水利、化工、交通、能源、冶金、航空、航天等国家重要基础设施领域。大量涉及国计民生的关键基础设施依靠工业控制系统实现自动化作业，如果其存在安全漏洞，那么有可能会带来重大风险并造成严重后果。

在工业制造业飞速发展的今天，工业控制(简称工控)系统信息安全已经成为国家安全的重要组成部分，是制造强国与网络强国建立的基础支撑，其重要性日益凸显。但与此同时，工控系统安全形势日趋严峻，安全事件层出不穷，安全风险持续攀升，已经引起国家和社会的高度重视。由于当前社会对于掌握工业生产控制、工业信息安全技术的复合型人才有极大需求，而实际人才缺口很大，因此培养优秀的工控信息安全人才成为高校相关专业的重要目标和任务。本书编写的目的就是帮助广大读者更好地掌握工控系统应用和信息安全知识。

本书以实用为首要原则，通俗易懂，覆盖面广，旨在把相关学科知识进行交叉融合，理论和实践相结合，帮助读者全面了解工业控制系统的基本应用和安全防护的重点关键技术，培养读者在工业控制领域的安全意识和对工业控制系统进行安全防护的实际应用能力。

本书共分为8章。

第1章：绪论。本章首先介绍了工业控制系统、工业控制系统信息安全，然后介绍了工业控制系统安全事件和工业控制系统安全标准等。

第2章：工业控制系统应用基础。本章介绍了工业控制系统的主要子系统，包括PLC、分布式控制系统和SCADA系统，另外还介绍了工业控制系统网络应用案例等。

第 3 章：工业控制系统网络协议。本章主要介绍了工业控制系统中的典型网络协议，包括 Modbus TCP 协议、PROFINET 协议、Siemens S7 协议、DNP3 协议和 OPC 协议等。

第 4 章：工业控制系统漏洞分析。本章主要介绍了工业控制系统中面临的安全威胁与常见的攻击技术，以及针对工业控制系统漏洞采用的各种漏洞扫描技术和漏洞挖掘技术。

第 5 章：部件制造安全技术。本章主要介绍了基于可信平台模块 (TPM) 的可信计算技术、数据通信中的加解密技术、芯片与硬件安全技术以及安全数据库技术。

第 6 章：工业控制系统防火墙技术。本章主要内容包括防火墙概述、防火墙的体系结构和工业防火墙技术等。

第 7 章：态势感知与安全审计技术。本章介绍了态势感知技术和安全审计技术。态势感知技术主要包括工业控制系统态势感知模型和态势感知相关技术等。安全审计技术主要包括安全审计的系统模型、安全审计的分类和安全审计的分析方法等。

第 8 章：工业控制系统安全综合应用。本章从实际应用角度介绍了西门子 S7-200 SMART PLC 的应用，重点介绍了各种 PLC 控制指令的使用。另外还介绍了西门子 WinCC flexible SMART 的应用、工业控制防火墙系统的应用和工业控制安全审计系统的应用。

本书编写分工如下：第 1、2、3、6、8 章由曹鹏飞编写，第 5 章由廖旭金编写，第 4 章由王秀英、曲彤安编写，第 7 章由张新江、李颖、冯俊梅编写。全书由曹鹏飞统稿。

本书从相关论文、书刊以及互联网中引用了部分资料，在此向其作者表示感谢。

由于编者水平有限，加之时间仓促，书中难免存在不妥之处，恳请读者、专家批评指正。

编　者
2024 年 1 月

目 录

第1章 / 绪　　论

随着社会的高速发展，信息技术被广泛应用到工业领域。工业系统从集中式控制到分布式控制，再发展到以嵌入式技术、现场总线以及工业以太网为基础的大规模开放式工业控制，其规模不断扩大，功能复杂度不断提升，其开放程度也不断增加。工业系统在提高效率的同时，也产生了新的安全漏洞与威胁问题。工业控制系统已广泛应用于电力、水力、冶金、化工等关系到国计民生的重要系统中，逐渐成为国家关键基础设施和各类工业生产的大脑和中枢神经。工业控制系统一旦遭受攻击，轻则造成经济财产损失，重则危及人身安全或造成大范围的环境破坏。因此，保证工业控制系统的安全非常重要。

1.1　工业控制系统

当前，工业控制系统几乎应用于每个工业部门和关键基础设施，为智能电网、大化工、核设施和公共服务等国家关键基础设施提供自动化作业支撑，保障了社会经济活动的正常运行，是国家工业和社会现代化的一个重要标志。工业控制系统可快速适配行业和应用场景的差异，高效地完成任务管理。

1.1.1　工业控制系统概述

1. 工业控制系统的概念

工业控制系统 (Industrial Control System，ICS) 简称工控系统，是由各种自动化控制组件以及对实时数据进行采集、监测的过程控制组件共同构成的业务流程管控系统，用于确保工业基础设施自动化运行、过程控制与监控。工业控制系统对诸如图像和语音信号等大数据量、高速率传输的要求，又促进了以太网与控制网络的结合。嵌入式技术、多标准工业控制网络互联技术、无线技术等多种当今流行技术的融合，进一步拓展了工业控制领域的发展空间，带来了新的发展机遇。随着计算机技术、通信技术和控制技术的发展，传统的工业控制领域正经历着一场前所未有的变革，开始向网络化、智能化方向发展。

现代工控系统是一种集自动化、计算机、网络、应用数学等学科的理论与技术为一体的自动化控制系统。在某些特定语境下，工控系统也被称为信息物理融合系统 (Cyber Physical System，CPS) 或关键基础设施 (Critical Infrastructure)。从广义上讲，物联网 (Internet of Things，IoT) 和传感器网络由于与工控领域的具体实现技术相通，因此在讨论共通技术时，这些术语也是可以通用的。

2. 工业控制系统的组成及分类

1) 工业控制系统的组成

工业控制系统各组成部分按照功能的不同，可以划分为控制功能部分、监视功能部分和画面功能部分。

(1) 控制功能部分。控制功能部分的作用是控制阀门开关、电动机启停等现场部件。控制功能部分既可由系统运维（即运行、维护）人员干预驱动被控对象，也可由控制程序自动驱动被控对象。这是工业控制系统的运维技术 (Operational Technology，OT) 与常规信息技术 (Information Technology，IT) 的显著区别。在 IT 中，信息推动业务决策，而在 OT 中，信息用来驱动物理设备。

(2) 监视功能部分。监视功能部分用于监视工业生产过程的当前状态并以数值的形式展示出来，这些状态包括温度、压力、流量等工业生产要素。监视功能部分可以实现自动报警、异常状态记录，并不完全需要人工的干预。

(3) 画面功能部分。画面功能部分用于将工业生产过程以视图的形式传递给操作人员，以便操作人员根据当前的状态做出相应的调整。画面功能是一种依赖于具体操作人员的被动管理手段。该功能通常在工业生产过程对应的控制室内完成，由操作员或管理员结合来自工业数据库的实时信息进行决策。

2) 工业控制系统的分类

工业控制系统根据系统规模、部署方式和拓扑结构划分的不同，又可以分为 SCADA (Supervisory Control and Data Acquisition，数据采集与监控) 系统、DCS(Distributed Control System，分布式控制系统) 和 FCS(Field bus Control System，现场总线控制系统) 等。

(1) SCADA 系统。SCADA 系统主要服务于企业级应用，是一个部署分散、结构多样、功能复杂的集成性系统，具有多个业务层面，通过上层的信息系统对分布在广泛地理空间上的各类子系统进行管理、调配与控制。

SCADA 系统是一种控制系统架构，由分布在不同位置（控制中心、广域网、现场网络）的设备 (PLC 或其他商业硬件模块) 组成，如图 1-1 所示。SCADA 系统集数据采集、数据传输和人机界面 (Human Machine Interface，HMI) 于一体（其中人机界面为许多过程输入和输出提供集中监控），通过集中控制系统对工业生产现场进行远程监控，从而不必让操作人员前往生产现场去收集数据。

SCADA 系统不是一个可以提供完全控制的系统，相反，其能力集中在提供监督级别的控制。

使用 SCADA 的主要目的是通过集中控制系统对现场进行远程监测和控制。通过现场设备远程控制完成本地操作，如打开或关闭阀门和断路器，从传感器系统收集数据，并监测本地环境的报警情况。

图 1-1 SCADA 系统架构图

(2) DCS。DCS 是一种专门设计的自动化控制系统，它不同于集中控制系统。在集中控制系统中，由位于中心位置的单个控制器负责控制，但是在 DCS 中，每个过程单元或机器由专用控制器控制，如图 1-2 所示。DCS 由工厂中各个区域的大量本地控制器组成，并通过高速通信网络进行连接。在 DCS 中，数据采集和控制功能通过许多控制器来实现，这些控制器广泛分布在整个工厂中，它们之间不仅能够相互通信，而且还可以与其他控制器 (例如管理终端、操作终端等) 进行通信。

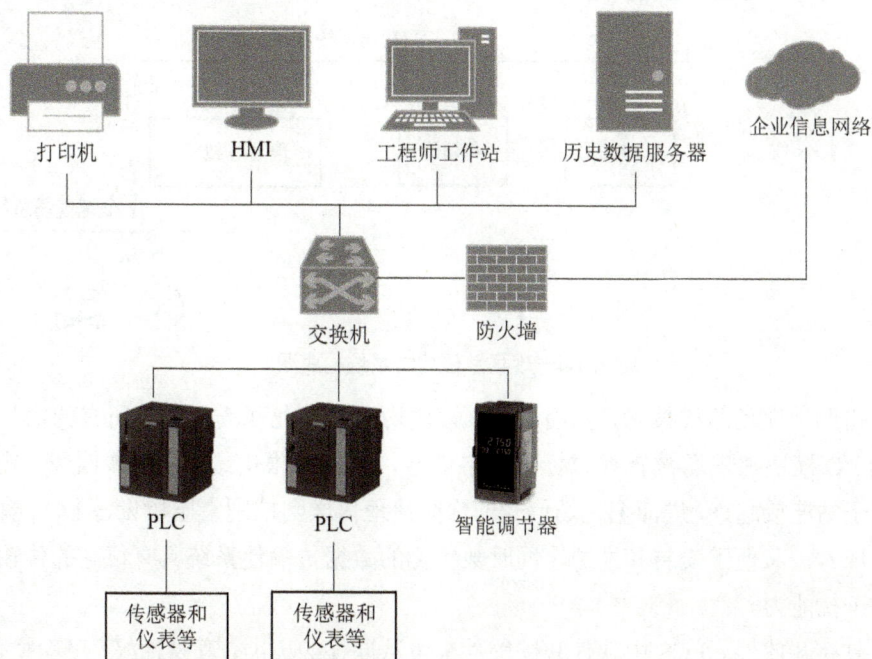

图 1-2 DCS 架构图

　　DCS 用于控制集中生产系统，系统规模较小，主要集中在工厂级层面，采用以太网方式将管理监控系统与生产控制系统相连，实现信息系统与控制过程的互联互控。

　　在 DCS 中，若一个设定值被发送到控制器，则该控制器能够指示阀门甚至执行器进行动作，以保持依所需设定值的方式运行。现场数据可以存储，以备将来参考；现场数据可用于简单的过程控制，甚至可以使用来自工厂另一部分的数据实现高级控制策略。

　　每个 DCS 使用集中监控回路来管理多个本地控制器或设备，这些控制器或设备是整个生产过程的一部分。这使运营者能够快速访问生产和运营数据。通过在生产过程中使用多个设备，DCS 能够减少单个设备故障对整个系统的影响。

　　DCS 常被用于制造业、发电、化工以及污水处理等领域。

　　(3) FCS。现场总线控制系统 (FCS) 可以认为是 SCADA 系统和 DCS 在现场层的子系统，直接对接工业生产过程，设备间通过现场总线或工业控制协议相互通信。现场总线控制系统构成如图 1-4 所示。

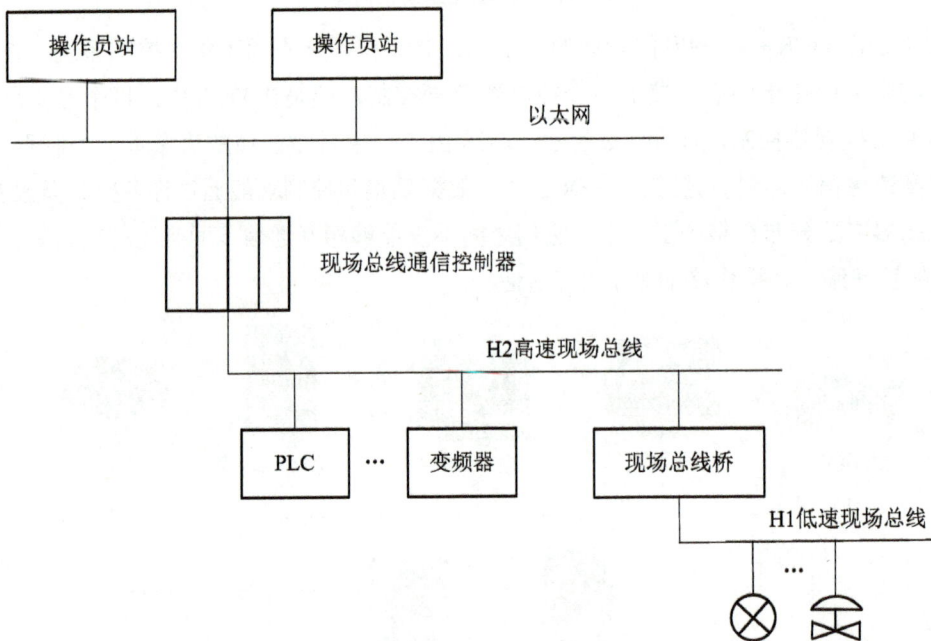

图 1-4　现场总线控制系统构成图

　　FCS 借助于现场总线技术，所有的 I/O 模块均放在工业现场；而且所有的信号通过分布式智能 I/O 模块在现场被转换成标准数字信号，只需一根电缆（两线或四线）就可把所有的现场子站连接起来，进而把现场信号非常简捷地传送到控制室监控设备上。这样一来，既降低了成本，又便于安装和维护，同时数字化的数据传输使系统具有很高的传输速率和很强的抗干扰能力。

　　FCS 具有开放性。FCS 中软件和硬软件都遵从同样的标准，互换性好，更新换代容易，编程和开发工具是完全开放的，同时还可以利用 PC 丰富的软 / 硬件资源。

　　FCS 的效率高。FCS 中一台 PC 可同时完成原来要用两台设备才能完成的 PLC 和 NC/CNC 任务。在多任务操作系统下，PC 中的软 PLC 可以同时执行多达十几个 PLC 任务，既提高了效率，又降低了成本。而且 PC 上的 PLC 具有在线调试和仿真功能，极大地改善了编程环境。

▷ 1.1.2 控制系统基本工作原理

　　控制系统是工业控制系统的物理部分，用于专门管理和操纵一组设备或系统的装置，其典型结构如图 1-5 所示。其中控制过程是指受控对象及其对应的操作，例如在化工领域，表示将原料按规程进行混合使之发生反应，并最终生成产品的一系列操作。

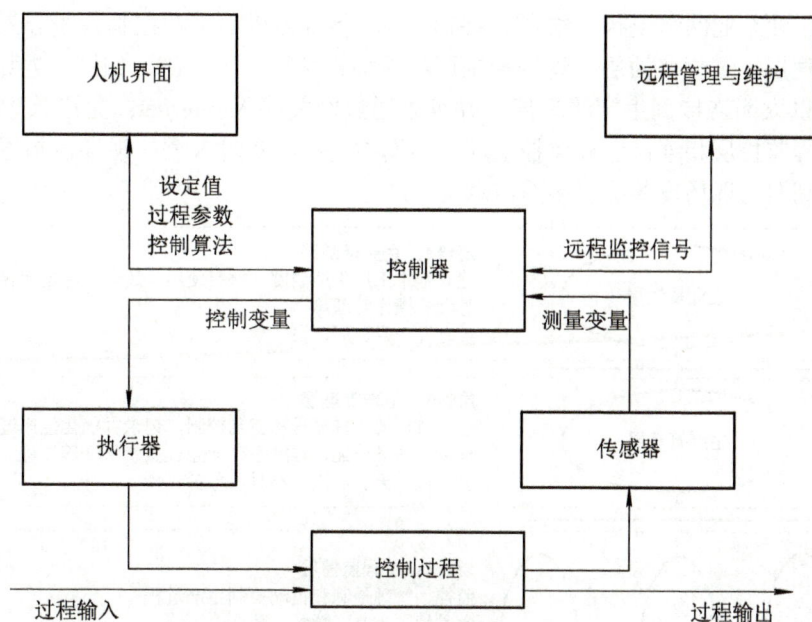

图 1-5　控制系统的典型结构

　　图 1-6(a) 所示是一个基本型的水箱控制过程，水箱是受控对象，该控制过程包含了 3 个变量：进水量、出水量和水箱液位。这些变量满足以下简单关系：进水量增加，则液位升高；出水量增加，则液位降低。

(a) 基本型　　　　　　　　　　　(b) 改进型

图 1-6　水箱控制过程图

如果为该基本型水箱添加进水阀、出水阀和液位（指示）计等设备，就构成了如图 1-6(b) 所示的改进型，则控制过程就有 2 个控制值（即 2 个阀门）和 1 个测量值（即 1 个传感器）。假设控制的目标是保持液位稳定，那么可以通过传感器来观测液位，通过控制阀门来调节流量，达到控制水箱液位的目的。在阀门和传感器之间加入一个控制器，由控制器来完成上述任务，就构成了一个闭环控制回路。控制器先读取当前液位，并计算与目标液位的偏差，然后调节阀门，阀门的开度又影响液位的变化，相应变化通过传感器反馈输入到控制器中，使之继续进行调节，就实现了一个自动控制系统。这就是工业控制系统的基础。

工业控制系统架构

▷ 1.1.3　工业控制系统架构

综合各工业企业网络现状，结合 ANSI/ISA-99 标准可以将工业控制系统分为企业资源层、生产管理层、过程监控层、现场控制层和现场设备层 5 个层次，如图 1-7 所示。企业资源层通过以太网连接到生产管理层，并可以通过网关接入 Internet；生产管理层通过工业网关与过程监控层相连；过程监控层获取现场控制层的实时数据；现场控制层通过现场总线实现控制器与现场设备层设备的信息交互。

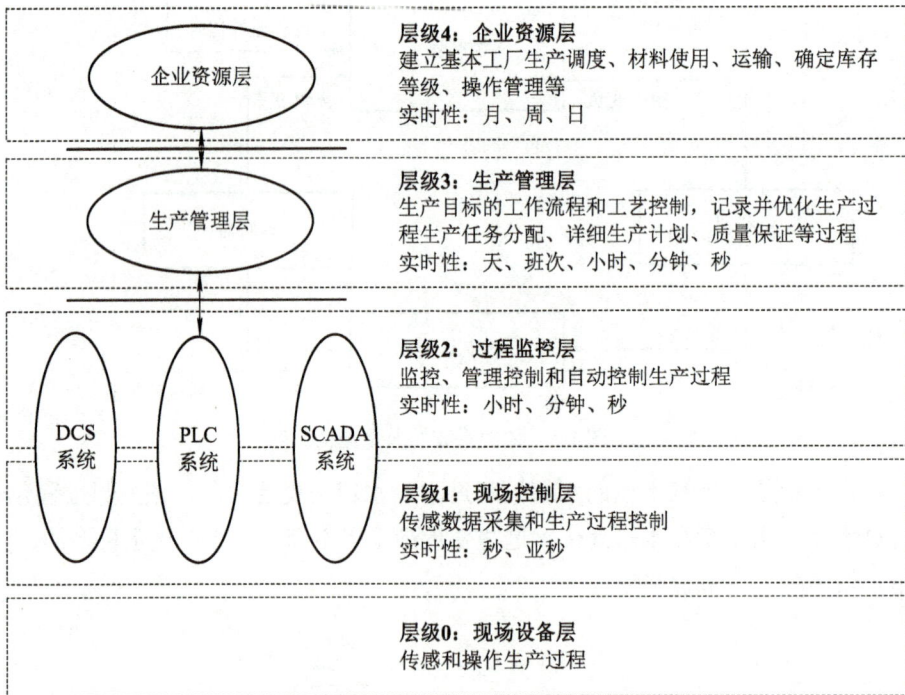

层级	说明
层级4：企业资源层	建立基本工厂生产调度、材料使用、运输、确定库存等级、操作管理等　实时性：月、周、日
层级3：生产管理层	生产目标的工作流程和工艺控制，记录并优化生产过程生产任务分配、详细生产计划、质量保证等过程　实时性：天、班次、小时、分钟、秒
层级2：过程监控层	监控、管理控制和自动控制生产过程　实时性：小时、分钟、秒
层级1：现场控制层	传感数据采集和生产过程控制　实时性：秒、亚秒
层级0：现场设备层	传感和操作生产过程

（图中椭圆：企业资源层、生产管理层、DCS 系统、PLC 系统、SCADA 系统）

图 1-7　工业控制系统参考模型

1. 第 4 层：企业资源层

企业资源层管理企业办公网，可以通过 ERP 系统进行财务管理、销售管理、人事管理及供应链管理等。ERP 系统从下层从属系统（通常是在地理位置上分散的各个子工厂）中接收数据，对企业的供应、生产和需求关系总体地进行调度和管理。企业资源层一般不与工业生产网络直接连接，但是要求来自下层生产网络和工控组件的信息必须是有效和及时的，避免企业做出错误的资源管理。

2. 第 3 层：生产管理层

企业资源层一般位于公司总部或企业控制中心，生产管理层则分布在工业生产现场、操作车间等，表示实际控制工业过程实施的 IT 系统。生产管理层从企业资源层接收生产任务，并监控下层的生产状况，进而了解企业运营状态，它的功能还包括监控生产进度、管理本地工厂，以及更新企业资源层的数据。企业资源层和生产管理层使用的是传统的企业 IT 管理系统，该系统使用的 IT 技术、设备等与非工业生产企业并没有差别。在工业控制系统中越来越多地加入 IT 技术的今天，工业生产企业的企业管理系统与工业控制系统间的联系也越来越多，一个完整的工业控制系统参考模型应该包含企业资源层和生产管理层的内容。

3. 第 2 层：过程监控层

过程监控层及以下层是网络中属于 OT 功能的系统。过程监控层具有数据采集与监控系统中的监控功能、分布式控制系统的画面和控制访问功能，以及其他监测与监控 OT 网络操作状况的监控功能。工业控制系统将系统运行状态向操作人员展示出来，操作人员可以查看监控画面、异常状态信息和报警日志，并根据自身判断对事件做出响应，以及能够对生产车间级别的本地生产过程进行监控。另外，操作人员可以通过人机界面触控面板查询本地生产过程，并对生产过程加以控制。

4. 第 1 层：现场控制层

现场控制层主要功能是操作和传感物理控制。该层的典型设备有分布式控制系统 (DCS)、可编程逻辑控制器 (PLC)、远程终端控制系统 (RTU) 等。现场控制层通过这些设备可以实现批控制、流控制、离散控制和混合控制等操作。

5. 第 0 层：现场设备层

工业控制系统的典型现场设备层设备包括开关与调节器等执行器、仪表盘等。现场设备接收来自现场控制层的指令，控制阀门的开启和关闭等，并且将工业过程中产生的实时数据向上层传送。

▷ 1.1.4 工业控制行业现状

工业控制系统是现代工业生产实现自动化、柔性化、数字化、智能化的基础手段，是高端制造装备不可或缺的重要组成部分，是发展先进制造技术的关键，是实现产业结构优化升级的重要基础，广泛应用于采矿、油气、机床、风电、纺织、交通运输、电源等行业。工业控制行业已历经百余年的发展，日趋成熟。西方国家由于较早地开始了工业化进程，制造业发展领先一步，对工业控制系统形成了巨大的市场需求，因此诞生了全球领先的工业控制企业，并逐步占领了大部分市场。

目前世界范围内工业控制系统厂家主要分为欧美系和日系，其中欧美系典型厂家主要有德国 Siemens、瑞士 ABB、法国施耐德和美国罗克韦尔等，日系代表厂家主要包括欧姆龙、安川等。在中、大型工程中机电设备的电气传动系统领域，欧美品牌占据了较大的市场份额，主要包括德国 Siemens、瑞士 ABB、法国施耐德、美国罗克韦尔和美国艾默生等；

而在伺服驱动等单机应用占主导的市场，日系品牌占据优势地位，如欧姆龙、安川、松下等厂家的设备。

我国工业控制行业起步较晚，但发展势头强劲。近 30 年，我国成功实现了工业化的快速发展，制造业产值已处于全球领先地位。工业控制行业的发展水平是推动制造业从低端向中高端升级转型的关键。我国本土企业凭借较高的性价比、灵活的业务模式以及良好的服务能力，进行工业控制系统国产替代的比例不断增加，特别是在中低端市场本土品牌占据了较大的市场份额。但是在高端市场，由于国内相关研究滞后，主要厂商的技术水平相对落后，我国工业控制行业部分关键核心技术与外资品牌尚存在显著差距。但是近年来我国陆续推出了鼓励高端装备制造业的政策，为工业控制行业的发展提供了有力的政策支持，以及随着近年技术水平的不断积累，国内领先的工业控制系统生产厂商已逐步缩小与国外品牌的技术差距，国产替代进程加速，中国工业控制行业发展取得明显进步。2021 年，我国工业自动化控制市场规模达到 2530 亿元，规模较为可观。长期来看，我国制造业亟须产业升级，将催生广阔的工控自动化产品及服务需求，工业控制行业面临着良好的发展机遇。

伴随着科技的进步，工业控制行业技术具有以下 5 个方面的发展趋势。

1) 智能控制

以现代控制理论为基础，融入模糊控制、专家控制、神经网络控制，以形成高智能化的自动控制系统为现代自动化控制领域的发展方向。模糊控制依靠模糊控制器在执行控制过程中通过不断获取现场信息，及时调整模糊控制规律，改善系统性能，使之具有自学习能力。由于模糊控制具有较强的鲁棒性和不敏感性，使得控制系统的稳定性获得改善，可以提高控制精度，抑制振荡等现象。专家控制是人工智能领域的一个重要研究目标，在提高控制系统的灵活性和智能化方面具有优越性。神经网络控制从仿生学角度出发，对人体大脑神经系统进行模拟，使机器具有感知、学习和推理能力。由于神经网络能够不断逼近任意复杂的非线性关系，能学习与适应严重不确定的系统的动态性能，所有信息都等势分布储存于网络内各神经元，因此神经网络控制具有极强的鲁棒性和容错性，在解决高度非线性和严重不确定系统控制方面具有巨大潜力。

2) 基于新材料的电力电子器件

SiC(碳化硅)是目前发展最成熟的宽禁带半导体材料，可制作出性能更加优异的高温、高频、高功率、高速度、抗辐射器件。基于 SiC 的 IGBT(绝缘双极型晶体管)综合了 GTR(电力晶体管)和 MOSFET(金属氧化物场效应晶体管)的优点，具有较大的通流能力。目前已有实验证明，使用 SiC 混合的 IGBT 与普通 IGBT 相比，功耗约减小 30%，开关频率的提高也有效降低了输出谐波，减小了电机脉动转矩，使整个系统效率提高。基于 SiC 的新型电力电子器件的研发将成为未来一个主要发展方向。

3) 边缘计算

传统的工业控制架构，围绕连接到远程现场设备的集中式可编程控制器搭建。随着计算能力逐渐嵌入到使用新型智能组件的自动化系统的边缘，与传统的集中策略相比，边缘计算在设计上具备更多优势。例如，采用整合输入/输出、控制、数据处理、通信和人机界面等功能的边缘可编程工业控制器，可以实现控制决策实时进行，在数据源附近即可获得、预处理和分析数据，从而减少边缘设备上游组件所需的网络带宽以及数据存储和处理能力。同时,边缘计算可以与其他现场自动化平台的监控系统、企业数据库进行交互,甚至可以与云端交换数据。边缘计算实现了物联网技术前所未有的连接性、集中化和智能化,由此可以满足敏捷连接、实时业务、数据优化、应用智能、安全与隐私保护等方面的需求,是未来实现分布式自治、工业控制自动化的重要支撑。

4) 控制系统网络化

随着计算机技术、通信技术和网络技术的不断发展,传统的控制领域正经历着向网络化方向发展的变革。控制系统的结构从最初的CCS(计算机集中控制系统),第二代的DCS(分散控制系统),发展到现在流行的FCS(现场总线控制系统),对诸如图像、语音信号等大数据量、高速率传输的要求,又催生了工业以太网与控制网络的结合。这种工业控制系统网络化浪潮又将诸如嵌入式技术、多标准工业控制网络互联、无线技术等多种当今流行技术融合进来,从而拓展了工业控制领域的发展空间,带来新的发展机遇。将现场总线、以太网、多种工业控制网络互联,嵌入式技术和无线通信技术融合到工业控制网络中,在保证控制系统原有的稳定性、实时性等要求的同时,又增强了系统的开放性和互操作性,提高了系统对不同环境的适应性。在经济全球化的今天,这一工业控制系统网络化及其构成模式使得企业能够适应空前激烈的市场竞争,有助于加快新产品的开发,降低生产成本,完善信息服务,具有广阔的发展前景。

5) 工业通信无线化

随着计算机网络技术、无线技术以及智能传感器技术的相互渗透、结合,产生了基于无线技术的网络化智能传感器的全新概念。这种基于无线技术的网络化智能传感器,使得工业现场的数据能够通过无线链路直接在网络上传输、发布和共享。无线通信技术能够在工厂环境下,为各种智能现场设备、移动机器人以及各种自动化设备之间的通信提供高带宽的无线数据链路和灵活的网络拓扑结构,在一些特殊环境下有效地弥补了有线网络的不足,进一步完善了工业控制网络的通信性能。

1.2　工业控制系统信息安全

通常情况下,工业控制系统安全可以分为功能安全、物理安全和信息安全三个方面。

功能安全是为了达到设备和工厂安全功能,控制设备的安全相关部分必须正确执行其功能,而且当失效或故障发生时,设备或系统必须仍能保持安全条件或进入到安全状态。功能安全规范要求通常将一个部件或系统的安全表示为单个数字,而这个数字是为了保障人员健康、生产安全和环境安全而提出的基于该部件或系统失效率的保护因子。

物理安全是为了减少由于电击、火灾、辐射、机械危险、化学危险等因素造成的危害。物理安全的保护要素主要由一系列安全生产操作规范定义。政府、企业及行业组织等一般通过完备的安全生产操作流程约束工业系统现场操作的标准性,确保事故的可追溯性,并可以明确有关人员的责任。管理和制度因素是保护物理安全的主要手段。

信息安全的范围较广,大到涉及国家军事政治等机密安全,小到防范企业机密的泄露、个人信息的泄露等。

▶ 1.2.1　工业控制系统信息安全定义与需求

在工业控制系统和互联网连接的趋势下，工业控制系统信息安全越来越受到广泛的关注。下面从工业控制系统信息安全的定义和需求方面进行介绍。

1. 工业控制系统信息安全定义

在 ISO/IEC 27002 中，信息安全的定义是"保持信息的保密性、完整性、可用性，也可包括真实性、可核查性、不可否认性和可靠性等"。

在 IEC 62443 中针对工业控制系统信息安全的定义是："保护系统所采取的措施；由建立和维护保护系统的措施所得到的系统状态；能够免于对系统资源的非授权访问和非授权或意外的变更、破坏或者损失；基于计算机系统的能力，能够保证非授权人员和系统既无法修改软件及其数据也无法访问系统功能，同时保证授权人员和系统不被阻止；防止对工业控制系统的非法或有害入侵，或者干扰其正确和计划的操作。"

若工业控制系统的信息不安全，不仅可能造成信息的丢失，还可能造成工业过程发生故障，从而造成人员伤害及设备损坏，直接财产损失是巨大的，甚至有可能引起环境问题和社会问题。

工业控制系统信息安全的评估方法与功能安全的评估有所不同。虽然都是保障人员健康、生产安全或环境安全，但是功能安全使用的安全完整性等级是基于随机硬件失效的一个部件或系统失效的可能性计算得出的，而信息安全系统有着更多的应用以及可能的诱因和后果。影响信息安全的因素非常复杂，很难用一个简单的数字描述出来。然而，功能安全的全生命周期安全理念同样适用于信息安全，信息安全的管理和维护也必须是循环往复不断进行的。

工业控制系统安全是传统信息安全问题在工业控制领域的延伸。早期的工业控制系统信息安全问题主要发生在上位机系统、工程师站、管理员或操作员站，因为这些设备的使用环境与传统 IT 系统几乎没有差别，使用通用的硬件平台和通用的操作系统，非常容易感染病毒，遭受黑客的攻击。随着"两化"融合的加快，工业控制系统面临比传统 IT 系统更为严峻的内外部威胁：非法外部组织的潜在攻击威胁；个人移动电脑、智能移动终端、U 盘等设备的不受控接入；内部人员的误操作和恶意操作行为等。在智能制造时代，随着接入信息系统的增加，工业控制系统的安全问题体现得更加突出。工业控制系统的安全问题主要体现在以下几个方面：

(1) 工业控制系统涉及的范围广泛，安全工作量呈现指数级上升。以往传统的信息安全大多数集中在传输层、数据交换层以及数据应用层等技术层面，而工业控制系统安全除了涉及上层的管理层，还包括系统监控层、数据交换传输层、设备现场过程控制层，工业控制系统安全更侧重于工业过程控制层。随着工业控制系统范围的扩大以及监控重心的转移，导致了其安全复杂性指数级上升。

(2) 传统的安全手段使用受限。由于工业控制系统的安全目标与传统 IT 系统的安全目标不同，导致一些原来对 IT 系统非常有效的安全手段在工业控制系统中并不适用，需要开发新的技术体系来应对日益复杂的安全挑战。例如对系统进行安全扫描，由于很多工业控制系统的网络协议对时延非常敏感，如果硬扫描，则可能会导致整个网络瘫痪，因此限制了安全扫描在工业控制系统中的应用。

(3) 针对工业控制系统的攻击更加具有针对性和目的性，攻击的目标由系统的管理层设备变为现场控制层设备。震网病毒是世界上首个专门针对工业控制系统的病毒，打破了人们一直认为的"病毒不会感染现场控制设备"的观念，推翻了"PLC 与 RTU 不是运行在现代的操作系统之上，没有漏洞"的说法。

(4) 工业控制信息应用系统几乎是传统 IT 信息系统的拷贝，工业控制系统大量采用 IT 通用软硬件，如 PC 服务器和终端产品、操作系统和数据库系统，但安全防护远远落后于传统 IT 系统的安全防护。由于工业控制系统兼容性的问题，以及系统补丁和杀毒软件的安全措施不到位，因此其还是以隔离为主要防护手段。

2. 工业控制系统信息安全需求

现在更多的 IT 信息技术用在工业控制系统中，工控网络与 IT 网络紧密连接，然而工控系统信息安全与 IT 系统信息安全在策略上有很大不同。工业控制系统的边缘设备是执行器、传感器、控制器等物理控制设备，IT 系统则是由计算机、服务器、路由器等网络设备组成。IT 系统注重的是数据管理，大部分数据都是公共数据和个人信息数据，而工业控制系统控制实际的物理过程，大部分控制信息是工控设备的遥信、遥测、遥控和遥调等四遥信息。

下面从 5 个方面分析工控系统和 IT 系统信息安全需求区别。

1) 性能需求

(1) 可用可靠性。大部分工业控制系统在自动化生产制造过程中，需要一年 365 天连续运行。就系统而言，不可随意断电，系统断电要事先计划，提前部署详尽计划进行测试，确保工业控制系统安全可靠。即使非预期断电，工业控制系统的停机也会影响生产，而 IT 系统经常会采用重启系统来排除故障。工业控制系统运行中断后果比较严重，一般要考虑冗余设计，目前的工业控制系统都是利用多重备份来提高可靠性的。

(2) 高时效性。工业控制系统在信息传递过程中要求实时通信，特殊工业控制系统甚至要求等时通信。因此，工业控制网络对延迟和抖动都要求限制在一定范围内，系统不能采用高流量通信方式。而 IT 系统则需求高流量通信方式，且 IT 网络可以对延迟和抖动有较大程度的容忍。

2) 风险管理需求

工业控制系统主要关注的是系统容错和人身安全，而 IT 系统优先关注的是数据的完整性和保密性。预防生命受到威胁、公众健康受损、生产受到破坏、设备受到损坏等现象发生，这就要求工业控制系统运维人员及相关安全管理人员对生产安全和网络安全之间的联系有较深的理解，提前演练。

3) 部件生命周期

由于 IT 技术的更新发展较快，IT 系统部件的生命周期预计是 3～5 年。工业控制系统主要是针对特定的需求设计、应用和实现的，更新较慢，其部件生命周期大概为 15～20 年。目前许多正在运行的工业控制系统无论在硬件还是软件方面都相对落后，使用的通信连接技术和方式更新也较慢。因此，许多应用在 IT 网络中的安全技术不能直接复制到工业控制系统上去解决工业控制系统的信息安全问题。

4) 通信方式

IT 系统采用标准化的通信协议，并且进行物理传输时使用公共数据网络。工业控制系统采用专有行业标准协议进行通信，传输信道种类较多，有传统的串口、工业总线、工业以太网，以及无线、射频、卫星等，常用的工业协议有 Modbus、Profibus、OPC、DNP3 等。

5) 数据流量

工控网络数据流量和 IT 网络数据流量特性分析对比总结如表 1-1 所示。工业控制系统数据流与 IT 网络有较大差异，采取的防护措施也应当针对不同的工业控制系统进行具体分析。

表 1-1　工控网络数据流量和 IT 网络数据流量特性分析对比表

数据流量特性	工 控 网 络	IT 网 络
数据长度	工控网络中数据长度相对小些；传输频率较高，瞬时数据量较少	IT 网络传输数据的频率相对低，瞬时传输数据量较大
周期性	工控网络中通信数据具有周期特性的信息比较多，网络流量呈周期性	IT 网络通信数据一般比较多元化，且不确定性强，不具周期性
响应时间	工控网络实时性要求较高，响应时间短	IT 网络可容忍一定的响应时间
数据包流向分析	工控网络通信行为比较固定，纵向控制命令表现为请求和响应，流向明确	IT 网络数据行为自由、突发
时序性	工业控制系统主要是控制物理过程，其控制信息存在时序性特点	IT 网络不存在特殊要求

1.2.2　工业控制系统信息安全优先原则

传统信息的安全原则按照机密性 (Confidentiality)、完整性 (Integrity)、可用性 (Availability) 依次降低 (这 3 个要素简称为 CIA)。这是因为传统信息网络对于网络的可用性有着比较高的容忍度，若网络出现异常，则允许系统设备关机重启，但对于机密性容忍度较低。这种网络中的各种敏感数据可能关乎个人私密信息或者企业核心资料乃至国家绝密信息，若信息泄露，轻则泄露个人隐私，重则危害国家安全。传统信息安全的 CIA 三要素概述如下：

(1) 机密性。机密性又称作保密性，数据信息只有授权用户才能够获取，而非授权用户无法获取，否则数据机密性将遭到破坏。针对机密性的破坏行为主要包括窃取密码文件，以及利用社会工程学黑客技术收集信息、嗅探、肩窥等。

(2) 完整性。完整性即保证数据的一致性，是指数据信息在网络的传输过程中，不被非法授权的用户非法操作进行修改和破坏。完整性在一定程度上依赖于机密性，假使信息的机密性得到了保障，那么黑客想要破坏信息完整性就需要破译信息密文，才能进一步达到目的。针对完整性的破坏因素主要有病毒、应用程序错误、逻辑炸弹等。

(3) 可用性。可用性即保证合法用户对信息和资源的使用不会被不正当地拒绝。针对可用性的威胁主要有硬件设备故障、软件错误、拒绝服务攻击以及一些不可抗力因素。

除了 CIA 三要素，传统信息的安全原则重要程度还有可控性和可审查性两个方面。

(1) 可控性。可控性是指信息使用和传播的范围可控。一般是指内网或组织内部可控，在互联网上自然就没有可控可言了。

(2) 可审查性。可审查性即事后可追溯，又叫可审计性，同时也称为不可否认性或抗抵赖性，即正常的行为或者异常的行为都能够审计。

工业控制系统涉及对现场设备的控制，与物理空间环境息息相关，ICS 信息安全必须保证所有控制系统的部件可用及功能正常，可用性原则缺失容易造成设备被破坏。由于工业生产的过程是连续的，因此 ICS 一般不接受中断。如果是不可避免的人为中断则需事先安排，且实施前的测试是必需的。越庞大的 ICS 越不允许随意地停止和启动。有些 ICS 往往设置有冗余组件，且这些冗余组件要并行运行，保证系统连续性工作。

加密防护在提高数据的完整性和机密性的同时，需要考虑到加密、解密带来的时间消耗，因为时间消耗会降低工控网络传输的实时性。此外，加密防护技术应用于工业控制系统中会产生新的问题，包括额外的网络延迟、时序变化，甚至影响稳定性，这在工业控制系统中是不容许存在的。传统 IT 系统在开放的 Internet 中会出现突发中断、非正常关闭或重复开启等影响系统可用性的情况，如 Internet 中的 TCP/IP 协议数据包会允许出现掉包等现象。所以在可用性方面 ICS 系统要求更高。

ICS 的信息安全在完整性方面的需求体现在以下两个方面：一是数据完整性，即未被授权不得篡改；二是系统完整性，即一个工艺生产往往涉及很多步骤，因此要求整个系统每个部分未被允许不得非法操作或改变。

ICS 系统在关键部位应配置必要的访问权限，阻止工业信息被盗取的事件发生。在保密性上传统的 IT 系统要求更高，IT 系统往往直接和大量经济信息系统互联在一起，如银行、电商的 IT 系统，在数据传输上会要求做复杂的加密处理等。

与传统信息网络的 CIA 原则不同，工业控制系统信息安全遵循的是 AIC 原则，其重要程度按照机密性、完整性、可用性依次递增。两者对信息安全需求的优先级区别如图 1-8 所示。

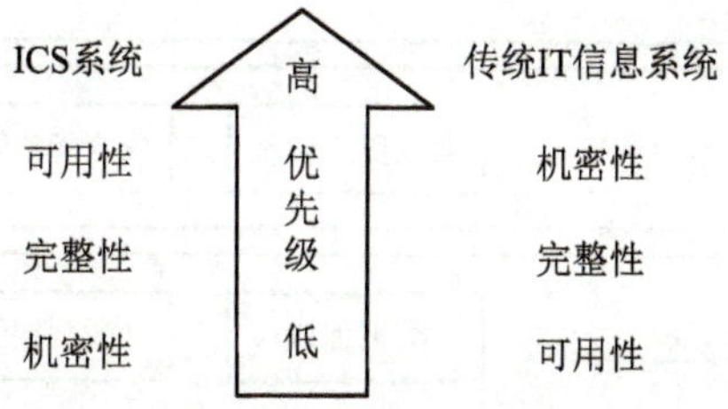

图 1-8 ICS 系统与 IT 系统信息安全优先级区别

▷ 1.2.3 国内工业控制系统安全问题

随着越来越多的工业控制系统与互联网连接，传统相对封闭的工业生产环境被打破，木马、勒索病毒等威胁从工业控制系统的网络端渗透蔓延至内网系统，使内网存在大范围感染恶意软件、高危木马等潜在的安全隐患，使黑客可从网络端攻击工业控制系统，甚至通过攻击外网服务器和办公网窃取数据。国内工业控制系统存在以下安全问题：

首先，针对数据层面的攻击方式类型多样，以暴力破解凭证、勒索攻击、撞库攻击、漏洞攻击等方式威胁数据安全的网络攻击日益增多，成为工业互联网数据安全的重大威胁。安全漏洞是工业互联网面临的主要安全问题。黑客通过工业控制系统设备存在的安全漏洞可攻击到生产网，一旦控制程序被篡改，将严重影响工业企业的生产运营，造成较为严重的损失。

其次，工业主机、数据库、App 等存在的端口开放、漏洞未修复、接口未认证等问题，都成为黑客便捷入侵的攻击点，可造成重要工业数据泄露、财产损失等严重后果。同时，数据全生命周期各环节的安全防护也面临着挑战。

最后，新一代信息技术应用带来新的数据安全风险。云环境下越来越多的工业控制系统、设备直接或间接与云平台连接，网络攻击面显著扩大，单点数据一旦被病毒感染，就可能从局部性风险演变成系统性风险。随着信息技术与制造业的融合发展，推动着工业数据的急剧增长，海量工业数据的安全管理和防护将面临挑战。另外，人工智能、5G、数字孪生、虚拟现实等新技术应用都会引入新的数据安全风险。

▶ 1.2.4　工业控制系统安全防护体系

工业控制系统安全是工业生产中的安全问题，它涵盖了工业控制系统、工业互联网、工业大数据、工业云、物联网等诸多方面。由于工业领域的特殊性，工业控制系统安全防护体系的构建既要考虑设备的安全性，又要满足设备实时性、可靠性、连续性等要求，还要满足工控协议众多且独有化的特点。相对于传统的计算机网络，工业控制系统安全防护体系对防御手段的需求更高，且维护成本更高。

工业控制系统安全防护体系的总体设计应遵循主动防御、纵深防御、动态防御和统一管理的设计思想，针对工业企业的特点和总体的安全要求，从工控设备、工控机、工控网络和工控数据等方面进行分析，建立设备安全、主机安全、网络安全和数据安全的纵深防护体系，同时在企业内部建设统一的安全管理中心，形成集漏洞扫描、入侵检测、数据审计、主机防护、威胁感知等多种防御检测手段为一体的多层次防御体系。其总体框架如图 1-9 所示。

统一安全管理	安全资产管理	安全策略管理
数据安全	数据保密	数据销毁
网络安全	入侵检测	APT识别
主机安全	安全审计	访问控制
设备安全	身份认证	工艺安全
应用安全	运行环境安全	工业云安全
安全区域划分	生产控制网	信息管理网

图 1-9　工业控制系统安全防护体系总体框架

(1) 安全区域划分：主要是指根据工业生产控制系统的特性，结合安全指标，对生产控制网、信息管理网划分安全区域，明确边界。

(2) 应用安全：主要是指工业互联网的运行环境、应用组件、工业 APP、WEB 应用防火墙和工业云端等的安全。该部分主要涉及集成系统保护、漏洞修补、系统加固、安全检测和行为管控等，可以加强对工业互联网安全系统的保护能力。

(3) 设备安全：主要是指接入工业互联网的服务器、工业网关、路由器等网络设备的安全。该部分主要涉及工业主机安全系统、芯片安全保障、工控协议测试、访问控制和可信执行环境建设等，可以为工业互联网终端设备提供全方位的安全保障。

(4) 主机安全：主要是指对主机使用安全审计技术，提升其安全防护能力，同时实现主机的访问控制、入侵防范、非法外联检测、外设管控等。

(5) 网络安全：主要是指在工业互联网环境下，企业内部的办公网、控制网、现场生产网、管理网和专用网，工厂外部的移动网、互联网和骨干网，以及用户信息等的安全。该部分主要涉及网关隔离、访问控制、工业防火墙和安全态势感知系统等，可以为工业互联网提供可靠的边界防护。

(6) 数据安全：主要是指在工业互联网环境下，企业在从事生产和开展业务等活动过程中产生、采集、传输、处理和存储的数据的安全。该部分主要涉及加密连接、安全存储、数据校验等，可以为用户提供可信、稳固的客户服务能力和容错恢复能力。

(7) 统一安全管理：主要是指建立安全管理中心，对系统整体安全进行集中管控与态势感知，实现对安全资产、安全策略、安全日志的管理，并对威胁可视化，做到攻击预警、态势分析等。

1.3 工业控制系统安全事件

工业控制系统安全事件为基础工业正常运行敲响了警钟。通过分析近十几年全球重大工业控制系统安全事件，发现其大都发生在关系到国计民生的基础流程行业。流程工业中的石化、电力、化工等基础性行业，既关系到整个制造业的能源和原料供给，也关系到千家万户的衣食住行，其工控系统的安全可靠异常敏感和关键，一旦出现问题，后果将不堪设想。2009 年始的震网病毒、2012 年的"火焰"病毒、2014 年的 Havex 病毒、BlackEnergr 病毒 (造成乌克兰电力事件) 等专门针对工业控制系统的超级病毒给用户造成了巨大的损失，直接或间接地威胁到国家安全，让越来越多的国家意识到了流程工业控制系统自主可控的重要性。网络攻击已经从虚拟世界转向现实世界，关键性基础设施成为安全威胁的指向目标，严重影响国家和社会的安全。工业控制系统一旦遭受攻击，受破坏程度巨大，可导致工控系统瘫痪、设备报废、工厂停工，甚至严重影响到人们的日常生活。工业控制系统安全事件影响范围不仅仅是某个国家或地区，也不仅仅是某个领域，它已波及全球，影响众多领域和行业，工业控制系统安全威胁日益成为各行各业不得不高度重视的严重问题。以下介绍一些影响巨大的全球性工业控制系统安全事件。

1.3.1　震网病毒事件

震网 (Stuxnet) 病毒大约在 2009 年 1 月左右就开始大规模感染伊朗的相关计算机系统。2010 年 8 月布什尔核电站推迟启动的事件将震网病毒推向前台，并在伊朗社会各界迅速升温。震网病毒的目标是伊朗的核工厂。位于纳坦兹的浓缩铀工厂需要大量的离心机来分离铀 235 和铀 238，因此广泛使用了西门子公司的 PLC 及控制软件。在震网病毒的肆虐下，伊朗纳坦兹的核工厂可用的离心机数量被破坏了五分之一，从 4700 台降低到 3000多台。该核工厂因为技术问题多次停工，工厂的浓缩铀分离能力比前一年下降了约 30%。由于震网病毒的侵袭，伊朗的核计划至少推迟了两年。

2010 年 6 月，震网病毒开始在全球范围大肆传播，截至 2010 年 9 月，已感染网络超过 45 000 个，感染计算机全球超过 20 万台。其中，近 60% 的感染发生在伊朗，其次印尼和印度约占 30%，美国与巴基斯坦等国家也有少量计算机被感染。

1. 震网病毒事件分析

震网病毒是一种恶性蠕虫计算机病毒，直接攻击西门子公司的 SIMATIC WinCC 系统。SIMATIC WinCC 系统是一款数据采集与监视控制 (SCADA) 系统，被广泛用于钢铁、汽车、电力、运输、水利、化工、石油等核心工业领域，特别是国家基础设施工程；它运行于 Windows 平台，常被部署在与外界隔离的专用局域网中。

一般情况下，蠕虫的攻击价值在于其传播范围的广阔性、攻击目标的普遍性。而此次攻击与此截然相反，最终目标既不在开放主机之上，也不是通用软件。震网病毒无论是要渗透到内部网络，还是要挖掘大型专用软件的漏洞，都不是寻常攻击所能做到的。这也表明震网病毒攻击的意图十分明确，显然是一次精心谋划的攻击。

震网病毒攻击示意图如图 1-10 所示。

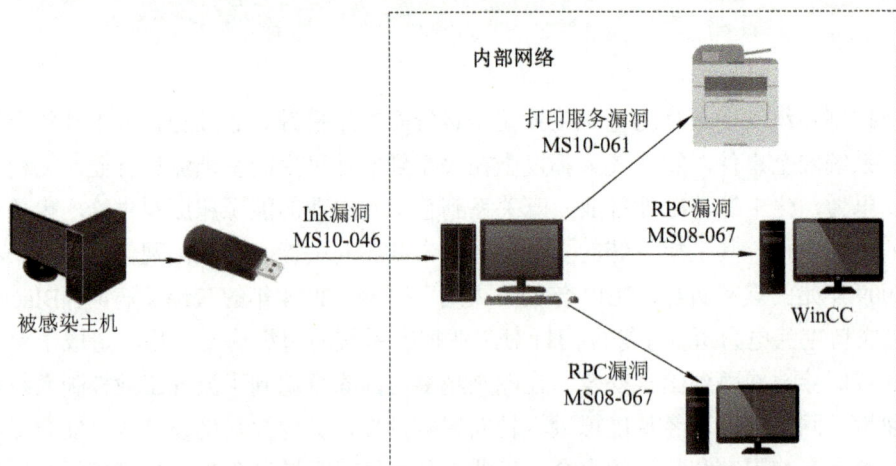

图 1-10　震网病毒攻击示意图

震网病毒可以直接攻击可编程逻辑控制器 (PLC)，感染途径是通过 U 盘传播，然后修改 PLC 控制软件代码，使 PLC 向用于分离浓缩铀的离心机发出错误的命令。与其他的恶性病毒不同，震网病毒看起来对普通的计算机和网络似乎没有什么危害，只会感染

Windows 操作系统，在计算机上搜索西门子公司的 PLC 控制软件。如果震网病毒在计算机上发现了 PLC 控制软件，就会进一步感染 PLC 软件。随后，震网病毒会周期性地修改 PLC 工作频率，造成 PLC 控制的离心机的旋转速度突然升高和降低，导致高速旋转的离心机发生异常震动和应力畸变，最终破坏离心机。

在震网病毒事件中，震网病毒利用了微软和西门子产品当时的 7 个最新漏洞进行攻击。在这 7 个漏洞中，MS08-067(RPC 远程执行漏洞)、MS10-046(快捷方式文件解析漏洞)、MS10-061(打印机后台程序服务漏洞)、MS10-073(内核模式驱动程序漏洞)、MS10-092(计划任务程序漏洞)5 个漏洞针对 Windows 系统，另外两个漏洞针对西门子 SIMATIC 的 WinCC 系统。其中有 4 个漏洞都是在震网病毒事件中首次被使用，属于真正的零日漏洞。如此大规模地使用多种零日漏洞，并不是一件容易的事情。此外，这些漏洞是经过精心挑选的。从蠕虫的传播方式来看，每一种漏洞都发挥了独有的作用。比如基于自动播放功能的 U 盘病毒被绝大部分杀毒软件防御的现状下，就使用快捷方式漏洞实现了 U 盘传播。震网病毒最初通过感染 USB 存储器进行传播，然后攻击被感染网络中的其他安装了 WinCC 系统的计算机。一旦进入计算机系统，它将尝试使用默认密码来控制应用软件。

2. 震网病毒的特点

(1) 震网病毒具有很强的毒性和破坏力。病毒代码经过精心设计，主要实现两个功能：一是使伊朗的离心机运行失控；二是掩盖发生故障的情况，以"正常运转"记录回传给管理部门，造成决策的误判。

(2) 震网病毒定向明确，具有精确制导的"网络导弹"能力。它是专门针对工业控制系统编写的恶意病毒，能够利用 Windows 系统和西门子 SIMATIC WinCC 系统的多个漏洞进行攻击，不再以刺探情报为己任，而是能根据指令，定向破坏伊朗离心机等要害目标。

(3) 震网病毒采取了多种先进技术，具有极强的隐身性。它打击的对象是西门子公司的 SIMATIC WinCC 监控与数据采集 (SCADA) 系统。尽管这些系统都是独立于网络而自成体系运行，也即是"离线"操作的，但只要工作人员将被病毒感染的 U 盘插入该系统的 USB 接口，这种病毒就会在工作人员毫无察觉的情况下取得该系统的控制权，而不会有任何其他操作要求或者提示出现。

(4) 与传统的电脑病毒相比，震网病毒不会通过窃取个人隐私信息获利。由于震网病毒的打击对象是全球各地的重要目标，因此被一些专家定性为全球首个投入实战舞台的"网络武器"。震网病毒无须借助网络连接进行传播。这种病毒可以破坏世界各国的化工、发电和电力传输企业所使用的核心生产控制计算机软件。

(5) 震网病毒具备超强的 USB 传播能力。传统病毒主要是通过网络传播，而震网病毒大大增强了通过 USB 接口传播的能力，它会自动感染任何接入的 U 盘。

3. 震网病毒事件的安全启示

在我国，PLC 和 WinCC 已被广泛应用于很多重要行业，一旦受到攻击，可能造成相关企业的设施运行异常，甚至造成商业资料失窃、停工停产等严重事故的发生。在日常安全维护中，可以从以下几个方面加以考虑。

(1) 加强主机，尤其是内网主机的安全防范，即便是物理隔离的计算机也要及时更新操作系统补丁，建立完善的安全策略。

(2) 安装安全防护软件，包括反病毒软件和防火墙，并及时更新病毒数据库。

(3) 建立软件安全意识，对企业中的核心计算机，随时跟踪所用软件的安全问题，及时更新存在漏洞的软件。

(4) 进一步加强企业内网安全建设，尤其要重视网络服务的安全性，关闭计算机中不必要的网络服务端口。

(5) 加强口令管理，所有软件和网络服务均不启用弱口令和默认口令，定期更新口令。

(6) 加强对可移动存储设备的安全管理，关闭计算机的自动播放功能，使用可移动设备前先进行病毒扫描，为移动设备建立病毒免疫，使用硬件式 U 盘病毒查杀工具。

1.3.2 乌克兰电力事件

2015 年 12 月 23 日，乌克兰首都基辅部分地区和乌克兰西部的 140 万名居民遭遇了长达数小时的大规模停电，至少 3 个电力区域被攻击，占据乌克兰全国一半地区。乌克兰的 Kyivoblenergo 电力公司表示他们公司遭到了木马 BlackEnergy 网络入侵，因此导致 7 个 110 kV 的变电站和 23 个 35 kV 的变电站出现故障，从而导致断电。乌克兰电厂遭袭事件是一次计算机恶意程序导致停电的事件，证明了通过网络攻击手段可以实现工业破坏。

1. 攻击采用的技战术

乌克兰电力事件攻击示意图如图 1-11 所示。

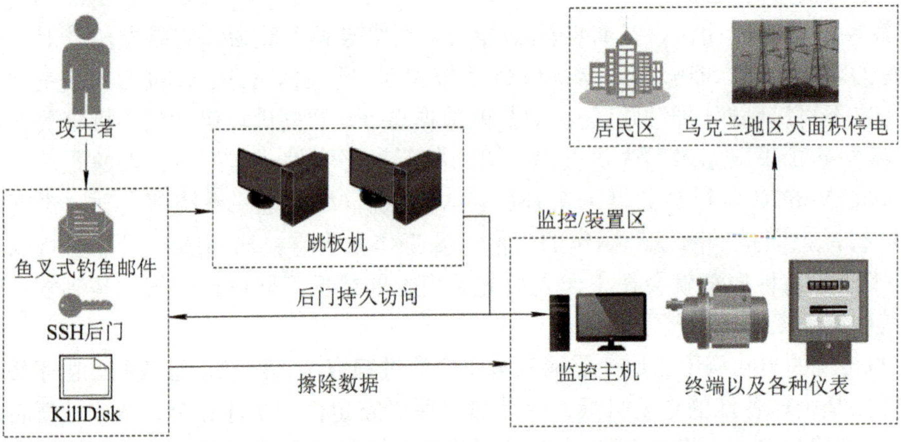

图 1-11 乌克兰电力事件攻击示意图

乌克兰网络安全部门负责人表示，本次攻击来自黑客组织使用的恶意病毒，该病毒被称为 BlackEnergy（黑暗力量）。

BlackEnergy（黑暗力量）最早可以追溯到 2007 年，由俄罗斯地下黑客组织开发并广泛使用在 BOTNET（僵尸网络），对定向目标实施 DDoS 攻击。BlackEnergy 有一套完整的生成器，可以生成感染受害主机的客户端程序和架构在 C&C（指挥和控制）服务器上的命令生成脚本。攻击者利用这套黑客软件可以方便地建立僵尸网络，只需在 C&C 服务器下达简单指令，僵尸网络受害主机便统一执行其指令。

经过数年的发展，BlackEnergy 逐渐加入了 Rootkit 技术、插件支持、远程代码执行、数据采集等功能，已能够根据攻击目的和对象，由黑客来选择特制插件进行 APT 攻击。

该病毒通过进一步升级，增加的攻击手段包括支持代理服务器、绕过用户账户认证 (UAC) 技术，以及针对 64 位 Windows 系统的签名驱动等。

BlackEnergy 攻击网络时采用鱼叉式钓鱼邮件手段，首先向电力公司员工的办公系统这样的"跳板机"植入 BlackEnergy-3 病毒，以"跳板机"作为据点进行横向渗透，之后攻陷监控 / 装置区的关键主机。同时攻击者在获得了电力系统的控制能力后，BlackEnergy-3 病毒继续下载恶意组件 (KillDisk)，通过相关方法下达电力断电指令导致断电。其后，采用覆盖 MBR 和部分扇区的方式，导致电力系统重启后不能自举；采用清除电力系统日志的方式提升事件后续分析的难度；采用覆盖文档文件和其他重要格式文件的方式，导致实质性的数据损失。这一组合方式不仅使电力系统难以恢复，而且在系统失去上层故障回馈和显示能力后，工作人员无法快速找到问题所在，从而不能使电力系统有效恢复工作。攻击者在线上变电站进行攻击的同时，在线下还对电力客服中心进行电话 DDoS 攻击，最终完成攻击目的。

2. 攻击载体的主要组成

1) 漏洞 CVE-2014-4114

漏洞 CVE-2014-4114 影响 microsoft office 2007 系列组件以及 windows VistaSP2 到 Win8.1 的所有系统，也影响 windowsServer 2008～2012 版本，但 XP 不会受此漏洞影响。

该漏洞是一个逻辑漏洞，漏洞触发的核心在于 office 系列组件的加载 Ole 对象。Ole 对象可以通过远程下载，并通过 OlePackage 加载。该漏洞于 2014 年 10 月 15 日被微软修补。

漏洞样本执行过程为：将漏洞样本传递到目标机上并执行之后会下载两个文件，一个为 inf 文件，一个为 gif(实质上是可执行病毒文件)，然后修改下载的 gif 文件的后缀名为 exe 加入到开机启动项，并执行此病毒文件 (此病毒文件就是木马病毒 BlackEnergy-3)。至此，该漏洞就完成了"打点突破"的任务。

2) 木马病毒 BlackEnergy-3

BlackEnergy 是一个恶意软件集，其中：BlackEnergy-1 是用于 DDoS 攻击的基于 HTTP 的僵尸网络；BlackEnergy-2 是由不同的高度模块化的组件构成，主要用于数据盗窃；BlackEnergy-3 允许使用各种插件，这些插件会影响计算机系统资源的正常使用。在乌克兰电力事件中，黑客组织采用了 BlackEnergy 的变种 BlackEnergy-3。该组件是 DLL 库文件，一般通过加密方式发送到僵尸程序，一旦组件 DLL 被接收和解密，将被置于分配的计算机内存中，然后等待相应的命令。例如：可以通过组件发送垃圾邮件、窃取用户机密信息、建立代理服务器、伺机发动 DDoS 攻击等。其关键组件说明如下。

(1) Dropbear SSH 组件：一个攻击者篡改 SSH 服务端程序，然后利用 VBS 文件启动这个 SSH 服务端程序，开启 6789 端口等待连接，这样攻击者可以在内网中连接受害计算机。

(2) KillDisk 组件：主要目的是擦除证据，破坏系统。样本运行后遍历文件进行擦除操作，还会擦写磁盘 MBR，破坏文件，最后强制关闭计算机。

乌克兰电力事件以漏洞 CVE-2014-4114 及木马病毒 BlackEnergy-3 等相关恶意代码作为主要攻击工具，通过前期的资料采集和环境预置，以含有漏洞的邮件为载体发送给目标，植入木马载荷实现攻击点突破；通过远程控制系统节点下达断电指令，破坏 SCADA 系统实现迟滞恢复和状态致盲；利用 DDoS 电话攻击作为干扰，最后达成长时间停电并制造整个社会混乱的具有信息战水准的网络攻击事件。本次攻击的突破点并没有选择电力设施的纵深位置，也未使用 0day 漏洞，而是沿用了传统的攻击手法，从电力公司员工的办公系统突破，利用木马实现攻击链的构建，具有成本低、打击直接、作用明显的特点。

3. 乌克兰电力事件的启示

当前，网络空间所面临的风险日趋严峻。电力行业作为关键信息基础设施，一旦遭到破坏、丧失功能或者数据泄露，可能严重危害国家安全、国计民生、公共利益。因而，必须增强网络安全意识，统筹规划好电力系统网络安全防护能力建设，做好电力监控系统日常安全防护工作。

在网络安全领域，在高级网空威胁行为体开展体系化攻击的情况下，仅仅进行单点或简单的多点防护，并不足以形成有效的防御体系，必须将单点对抗转化为体系对抗，将安全措施机械累加转化为有机融合。

保障重要信息资产和规模性信息资产安全，特别是电力系统的网络安全，必须运用体系化的防御措施。体系化的防御措施不能单纯视为将网络安全产品进行成套部署和安装，而是要发挥安全防护体系的作用，实现安全能力的有机融合与无缝对接。这就要求必须建立科学规范的安全运营流程，完善网络安全制度，通过切实可行的安全措施来堵塞漏洞。包括软硬件在内的安全资产，需要及时进行更新与维护；对于公开的补丁和漏洞，要及时打补丁、进行升级来提高安全性。只有通过制度化、体系化的运营机制，才能提升体系化的安全防护能力，防止出现重大网络安全事故。

在进行系统规划时要有效地搭建工控系统的整体网络架构，确定生产控制区和管理信息区范围，并根据业务子系统做进一步划分，为边界安全防护打牢基础。

边界安全防护需要综合考虑横向边界防护、纵向边界防护和第三方边界防护等多方面要求，通过工业网闸实现不同区域的数据摆渡。在安全区域划分的基础上，在控制区和非控制区边界及其内部子系统之间部署支持工控协议深度解析的工控安全防火墙，根据防火墙安全策略对跨越边界的流量进行管控，避免安全威胁跨区域传播。

在生产控制区关键节点交换机旁路部署工控安全审计平台，基于工控协议解析引擎实现对网络通信流量的深度解析，根据火力发电业务场景制定安全策略，在规则匹配、黑白名单匹配等常规手段的基础上，引入高速数据处理引擎组群，通过流式数据关联分析技术，实现对合法流量异常行为的监测。

在主机、服务器上安装主机卫士软件，通过白名单方式，对进程、网络、外设、文件等多类对象进行固化，限制恶意代码运行，保护文件免受篡改。同时结合安全服务，对操作系统的安全配置进行加固，提高安全防护水平。管制 U 盘的使用，专盘专用，不必要使用则不用；对于接入自动化系统网络的设备需进行接入认证，如果有无线环境，则要对接入设备进行身份认证。

工控网络要接入工控漏洞扫描系统，快速识别现场资产及其漏洞，根据各类政策文件要求对工控网络安全状况进行评估，满足关键信息基础设施必须进行定期安全检查要求。

部署综合管理平台和工业运维审计管理系统作为安全管理中心。综合管理平台与现场安全设备独立组网，实现对安全设备的集中管控，对安全策略统一下发，提高安全工作效率。部署工控信息安全管理系统，集中展现工控系统的设备日志、安全设备的报警，进行工控网全网风险的统一管理和展示，实现安全威胁早发现，早处理。

1.3.3 其他典型事件

工业控制系统安全事件频繁出现，在能源、交通运输、制造、水利等国家基础行业呈明显增多趋势。近年来各国遭受的工业控制系统安全典型事件有 12 例。

1. 美国天然气管道运营商遭勒索软件攻击

2020 年 2 月，美国网络安全和基础设施安全局 (CISA) 透露，美国一家天然气管道运营商遭勒索软件攻击。该勒索软件成功加密了运营商 IT 和 OT 系统中的数据，导致相应的天然气压缩设备关闭。攻击者首先发送了附有恶意链接的鱼叉式网络钓鱼邮件，借此成功访问了目标设备的 IT 网络。随后攻击了 OT 网络，攻击者在 IT 和 OT 网络中都植入了商用勒索软件，以加密两个网络中的数据。造成该事件发生的主要原因首先是相关方未能有效隔离 IT 网络和 OT 网络，其次是未能很好地将网络攻击列入紧急事件中，致使操作员在遇到网络攻击时无法迅速决策。

2. 欧洲能源巨头 EDP 遭受 Ragnar Locker 勒索软件攻击

2020 年 4 月，葡萄牙跨国能源公司 EDP(Energias de Portugal) 遭受了 Ragnar Locker 勒索软件袭击。EDP 集团是欧洲能源行业 (天然气和电力) 最大的运营商之一，也是世界第四大风能生产商。Ragnar Locker 勒索软件的幕后黑客声称已经获取了该公司 10 TB 的敏感数据文件，他们构建了针对性强的勒索软件可执行文件，该可执行文件为加密文件添加了特定的扩展名，具有嵌入式 RSA-2048 密钥，并加入了自定义勒索票据，如果 EDP 不支付赎金，那么黑客将公开泄露这些数据。

3. 德国硅晶圆厂商 X-FAB 遭 Maze 勒索软件攻击

2020 年 7 月，全球领先的模拟 / 混合信号集成电路技术及晶圆代工厂 X-FAB 遭受网络攻击，被迫关闭了在德国、法国、马来西亚和美国的 6 个生产厂。Maze 勒索软件攻击团伙在其主页上放置了关于 X-FAB 的相关信息，表明他们默认其是针对 X-FAB 发起网络攻击的主谋。为了证明该组织成功入侵了 X-FAB 集团，Maze 团伙在官方主页上放置了 3 个受害者信息，涉及英国、东欧和中国工作人员。一旦在约定期限内未付费，Maze 勒索攻击团伙将会持续不断地将窃取的数据公布到主页上。因此，该工厂要保证整条芯片产业链的正常运转，就需要保证这条产业链上的所有工厂做到网络安全，在做好内网隔离的同时仍需要做好数据备份，防止被勒索软件攻击后无法及时恢复生产。

4. 温哥华地铁遭到 Egregor 勒索软件的攻击

2020 年 12 月，加拿大城市公共交通网络 Translink 的首席执行官 KevinDesmond 证实，温哥华地铁遭到 Egregor 勒索软件的攻击，导致温哥华的居民和其他公共交通服务的用户无法使用他们的 Compass 地铁卡，也无法通过该机构的 Compass 售票厅购买新票。

5. 美国佛罗里达州水处理系统遭黑客攻击

2021 年 2 月，美国佛罗里达州水处理系统遭到黑客攻击，黑客试图将氢氧化钠 (NaOH) 的浓度从百万分之 100 更改为百万分之 11100，即提高超过 100 倍。氢氧化钠常见于家用清洁剂中，在含量较低的情况下，水处理设施会使用它来调节水 pH 酸度值，去除重金属。

但是如果人体摄入高浓度氢氧化钠将对身体造成严重损害，会非常危险。黑客首先通过远程访问工厂员工计算机上的 TeamViewer 远程桌面软件以控制其他系统，然后在水处理系统内部仅花费了 3～5 分钟就调整了氢氧化钠的含量。幸运的是，操作员及时发现了异常，立即进行干预并切断了黑客对于系统的远程访问。

6. 起亚汽车遭受 DoopelPaymer 勒索软件攻击

2021 年 2 月，起亚汽车美国分公司 (KMA) 遭受到 Doopel Paymer 勒索软件攻击，被开出了 2000 万美元的天价赎金。KMA 在全美拥有近 800 家经销商，所有轿车及 SUV 产品都在乔治亚州西点市郊区制造。Doppel Paymer 向来以先窃取未加密文件，再对设备进行全面加密而闻名。一旦受害者拒绝支付赎金，则相关信息将很快被公开披露在专门的数据发布站点之上。目前窃取未加密文件并借此逼迫受害者就范已经成为勒索软件中的一种常见策略。全球有超过上千家企业受到此类攻击的影响。

7. 欧洲能源技术供应商遭受勒索软件攻击

2021 年 5 月，挪威 Volue 公司遭遇勒索软件攻击，该公司是一家专为欧洲能源及基础设施企业提供技术方案的厂商。在此次攻击事件中，黑客关闭了挪威国内 200 座城市的供水与水处理设施的应用程序，影响范围覆盖全国约 85% 的居民。为了防止勒索软件进一步传播至其他计算机系统，Volue 公司不得不关闭了所托管的其他多种应用程序，并将约 200 名员工使用的设备进行隔离。

8. 伊朗各地加油站因网络攻击出现软件故障

2021 年 10 月，伊朗国有天然气分销企业 NIOPDC 疑似遭到网络攻击，全国各地的加油站出现软件故障，无法正确计费收款，加油泵屏幕与油价广告牌上还莫名显示出涉政异常内容。NIOPDC 公司因此临时关闭了加油站，司机排长队等待加油，在社交网络引发大面积讨论。根据当地媒体报道以及社交网络消息，这次网络攻击导致 NIOPDC 加油站的加油泵屏幕上显示出 "cyber attack 64411"。

9. 农业机械巨头爱科遭受勒索软件攻击

2022 年 5 月，美国知名农业机械生产商爱科 (AGCO) 宣布遭受勒索软件攻击，部分生产设施受到影响，并持续多天。有经销商表示，这次攻击导致拖拉机销售在美国最重要的种植季节停滞不前。爱科是农业机械制造行业的巨头之一，年收入超过 90 亿美元，拥有 21 000 名员工，勒索软件攻击造成的任何生产中断，都可能给爱科的设备生产与交付供应链造成重大影响。近一年来多家农业供应链企业遭到攻击，农业逐渐成为勒索攻击重点目标。

10. 印度洪水监测系统遭受勒索软件攻击

2022 年 7 月，印度果阿邦的洪水监测系统遭到勒索软件攻击，所有文件被加密，扩展名为 eking，无法再被访问，在一个弹出窗口界面和提示文件中，攻击者要求支付比特币加密货币来解密数据。该系统作为灾害管理的一部分，以便控制洪水的情况。位于帕纳吉的数据中心服务器存储了果阿州主要河流 15 个地点的洪水监测系统的数据，以监测河流的水位。由于黑客攻击，该系统无法访问 12 个站点有关的数据包。

11. 印度塔塔电力遭受网络攻击

2022 年 10 月，印度头部电力企业 Tata Power(塔塔电力) 官方发布消息，证实其遭遇了网络攻击，已采取措施来检索并恢复系统。作为南亚地区的发电、输送与电力零售商，Tata Power 计划 5 年内，把清洁能源的投资占比从当前的三分之一左右翻番至约 60%，以实现 2045 年的净零排放目标。该公司声称其安装和管理的设备发电量有 13 974 兆瓦，为印度电力市场的龙头企业，其遭受攻击对印度电力造成了较大影响。

12. 哥伦比亚能源供应商 EPM 遭受勒索软件攻击

2022 年 12 月，哥伦比亚能源供应商 EPM 遭受到 BlackCat 勒索软件攻击，公司业务被迫中断。EPM 是哥伦比亚最大的公共能源、水和天然气供应商之一，为 123 个城市提供服务。据 Bleeping Computer 报道，BlackCat 又名 ALPHV，是本次攻击的幕后黑手，在攻击期间窃取了 EPM 数据。BlackCat 勒索团伙创建的赎金票据指出，他们窃取了各种各样的数据，并列出了 40 多台设备信息。

1.4 工业控制系统安全标准

在我国，党中央、国务院高度重视信息安全问题。习近平总书记多次就网络安全和信息化工作作出重要指示，强调"安全是发展的前提，发展是安全的保障，安全和发展要同步推进"。《中国制造 2025》中提出要"加强智能制造工业控制系统网络安全保障能力建设，健全综合保障体系"。面对日益严峻的工业控制系统安全形势，我国政府和相关主管部门相继出台了多项政策法规，为规范工业控制系统安全领域的相关活动提供了政策指导和实施指南。

下面先介绍工业控制系统安全标准的国际标准体系，再介绍国内标准体系。

1.4.1 国际标准体系

国际上，研究工业控制系统安全的标准化组织主要有国际电工委员会 (International Electrotechnical Commission，IEC)、国际自动化协会 (the International Society of Automation，ISA)、美国国家标准技术研究院 (National Institute of Standards and Technology，NIST) 等。国外发布的工业控制系统信息安全标准主要有 4 个。

1. IEC 62443 标准

IEC/TC65(工业过程测量、控制和自动化) 下的网络和系统信息安全工作组 WG10 与国际自动化协会 ISA-99 委员会的专家成立联合工作组，共同制定了 IEC 62443《工业过程测量、控制和自动化网络与系统信息安全》系列标准。2011 年 5 月，IEC 62443 由最初的《工业通信网络与系统信息安全》改为《工业过程测量、控制和自动化网络与系统信息安全》。目标是定义一个通用的、最小要求集以达到各级安全保护等级 (Security Assurances Levels，SAL) 的安全保障需求。

IEC 62443 一共分为了 4 个部分，12 个文档，对资产所有者、系统集成商、组件供应商提出了相关信息安全的要求。第一部分是通用标准，第二部分是策略和规程，第三部分是制定系统级的措施，第四部分是制定组件级的措施。

IEC 62443 标准结构如图 1-12 所示。

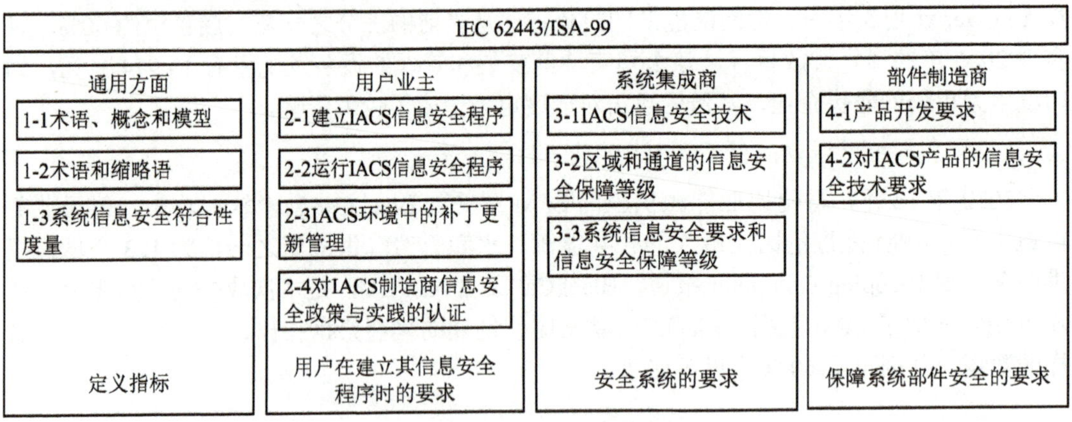

IEC 62443/ISA-99			
通用方面	**用户业主**	**系统集成商**	**部件制造商**
1-1术语、概念和模型	2-1建立IACS信息安全程序	3-1IACS信息安全技术	4-1产品开发要求
1-2术语和缩略语	2-2运行IACS信息安全程序	3-2区域和通道的信息安全保障等级	4-2对IACS产品的信息安全技术要求
1-3系统信息安全符合性度量	2-3IACS环境中的补丁更新管理	3-3系统信息安全要求和信息安全保障等级	
	2-4对IACS制造商信息安全政策与实践的认证		
定义指标	用户在建立其信息安全程序时的要求	安全系统的要求	保障系统部件安全的要求

图 1-12　IEC 62443 标准结构

第一部分描述了信息安全的通用方面，如术语、概念、模型、缩略语、符合性度量等。

IEC 62443-1-1 术语、概念和模型：为其余各部分标准定义了基本的概念和模型，从而更好地理解工业控制系统的信息安全。尤其是基于 7 个基本要求 (FR) 的安全保证等级 (SAL)，从 7 个 FR 方面将系统的网络安全能力定义为 SAL 的 4 个等级。

IEC 62443-1-2 术语和缩略语：包含了该系列标准中用到的全部术语和缩略语列表。

IEC 62443-1-3 系统信息安全符合性度量：包含建立定量系统信息安全符合性度量体系所必要的要求，提供系统目标、系统设计和最终达到的信息安全保障等级。

第二部分主要介绍针对用户的信息安全程序，涉及信息安全系统的管理、人员和程序设计方面，是用户建立其信息安全程序时必须需要考虑的问题。

IEC 62443-2-1 建立工业自动化和控制系统 (IACS) 信息安全程序：描述了建立网络信息安全管理系统所要求的元素和工作流程，以及针对如何实现各元素要求的指南。

IEC 62443-2-2 运行工业自动化和控制系统 (IACS) 信息安全程序：描述了在项目已设计完成并实施后如何运行信息安全程序，包括量测项目有效性的度量体系的定义和应用。

IEC 62443-2-3 工业自动化和控制系统 (IACS) 环境中的补丁更新管理。

IEC 62443-2-4 对工业自动化控制系统制造商信息安全政策与实践的认证。

第三部分主要介绍针对系统集成商保护系统所需的技术性信息安全要求。它主要是系统集成商将系统组装到一起时需要处理的内容，包括将整体工业自动化控制系统设计分配到各个区域和通道的方法，以及信息安全保障等级的定义和要求。

IEC 62443-3-1IACS 信息安全技术：提供了对当前不同网络信息安全工具的评估、缓解措施，可有效地应用于基于现代电子的控制系统，以及用来调节和监控众多产业与关键基础设施的技术。

IEC 62443-3-2 区域和通道的信息安全保障等级：描述了定义所考虑系统的区域和通道的要求，用于工业自动化和控制系统的目标信息安全保障等级要求，并对验证这些要求提供信息性的导则。

IEC 62443-3-3 系统信息安全要求和信息安全保障等级：描述了与 IEC 62443-1-1 定义的 7 项基本要求相关的系统信息安全要求，以及如何分配系统信息安全保障等级。

第四部分主要介绍针对制造商提供的单个部件的技术性信息安全要求。包括系统的硬件、软件和信息部分，以及当开发或获取这些类型的部件时需要考虑的特定技术性信息安全要求。

IEC 62443-4-1 产品开发要求：定义了产品开发的特定信息安全要求。

IEC 62443-4-2 对 IACS 产品的信息安全技术要求：描述了对嵌入式设备、主机设备、网络设备等产品的技术要求。

IEC-62443 标准的网络安全保证等级 (SAL) 的评价模型如下：

SAL 分为目标 SAL、设计 SAL、达到 SAL、能力 SAL 4 种类型，分别对应于全生命周期的不同阶段。

SAL 的 4 个等级：

SAL1：抵御偶然性的攻击；

SAL2：抵御简单的故意攻击；

SAL3：抵御复杂的调用中等规模资源的故意攻击；

SAL4：抵御复杂的调用大规模资源的故意攻击。

SAL 的评价值的矢量模型：FR{IAC、UC、DI、DC、RDF、TRE、RA}。

FR1：身份和授权控制 (Identification and Authentication Control，IAC)，保护对设备和/或其信息的查询的未授权访问。

FR2：使用控制 (Use Control，UC)，保护对设备未授权的操作。

FR3：数据完整性 (Data Integrity，DI)，保护防止篡改数据。

FR4：数据保密性 (Data Confidentiality，DC)，保护防止数据泄漏。

FR5：受限数据流 (Restrict Data Flow，RDF)，保护未授权信息的泄漏。

FR6：事件的时间响应 (Timely Response to an Event，TRE)，将对信息安全的侵害通知权威部门，并报告相关的证据。

FR7：资源可用性 (Resource Availability，RA)，保护整个网络资源以免遭受拒绝服务 (DoS) 攻击。

2. SP800-82《工业控制系统 (ICS) 安全指南》

SP800-82《工业控制系统 (ICS) 安全指南》是美国国家标准与技术研究院 (NIST) 于 2010 年 10 月发布的。该指南为保障工业控制系统 ICS 提供指南，包括监控与数据采集系统 (SCADA)、分布式控制系统和其他完成控制功能的系统。它概述了 ICS 和典型的系统拓扑结构，指出了这些系统存在的典型威胁和脆弱点，为消减相关风险提供了建议性的安全对策。同时，根据 ICS 的潜在风险和影响水平的不同，提出了保障 ICS 安全的不同方法和技术手段。该指南可用于电力、水利、石化、交通、化工、制药等行业的 ICS 系统安全管理。

为了确保 ICS 的安全运行，该指南包括以下 6 个方面的内容：

(1) ICS 和 SCADA 系统概述及其典型的系统拓扑；

(2) ICS 与 IT 系统之间的区别；

(3) 标识 ICS 的典型威胁、漏洞以及安全事件；

(4) 如何开发和部署 SCADA 系统的安全程序；

(5) 如何考虑建设网络体系结构；

(6) 如何把 SP800-53 中"联邦信息系统与组织安全控制方法"部分提出的管理、运营和技术方面的控制措施有效运用在 ICS 中。

前三项内容提出了安全建议的基础和理由，后三项内容则针对 ICS 安全建设中的关键环节给出了缓解威胁、弥补漏洞的建议。

NIST 的 SP800-82 指南是许多使用工业控制系统企业安全标准的基线，并且被很多其他出版物广泛引用。该标准自创建以来，已发展成为一项较为全面的工业控制系统安全标准，具有比较重要的参考价值。

3. IEC 62351 标准

IEC 62351 标准是国际电工委员会针对电力系统信息安全问题制定的通信协议安全标准。IEC 62351 针对电力系统中因广泛使用计算机、通信和网络技术带来的安全隐患，为 IEC 61850 等通信标准提供相应的安全规范，以提高和增强电力系统的数据与通信安全性。IEC 62351 通过采用认证与加密机制，可为变电站自动化系统提供机密性、完整性、可用性与不可否认性等安全保障。

IEC 62351 标准是基于以下 4 个传输规约建立安全标准，即 IEC 60870-5、DNP3.0、IEC 60870-6(ICCP) 和 IEC 60850 协议。其目的就是解决电力通信领域的数据和通信安全问题。在 IEC 62351 中，认证和加密是其核心内容。所谓认证，就是从简单的地址认证方式转变为利用安全证书，确保信息通信的合法性和完整性。所谓加密，就是从通过物理隔离保证数据保密性发展到利用 TLS 和 VLAN 来进行保密传输，用于保证通信过程中信息的私有性，防止黑客获取保密信息。国内大部分关于电力系统通信安全的研究也是基于 IEC 62351 标准推荐的认证和加密方法。

该标准各部分说明如下：

IEC 62351-1：介绍，包括对电力系统运行安全的背景，以及 IEC 62351 安全性系列标准的导言信息。

IEC 62351-2：术语，包括 IEC 62351 标准中使用的术语和缩写词的定义。这些定义将建立在尽可能多的现有的安全性和通信行业标准定义上，所给出的安全性术语涵盖电力系统及其他行业。

IEC 62351-3：提供任何包括 TCP/IP 协议的安全性规范，包括 IEC 60870-6(TASE.2) 协议、基于 TCP/IP ACSI 的 IEC 62351 ACSI 和 IEC 60870-5-104 协议等。它规范了通常用于互联网上包括验证、保密性和完整性的安全配合的传输层安全性 (TLS) 的使用，介绍了在电力系统运行中有可能使用的 TLS 的参数和整定值。

IEC 62351-4：包含 MMS 的安全性规范，提供了包括制造报文规范 (MMS)(9506 标准) 平台的安全性，包括 TASE.2(ICCP) 和 IEC 61850。它主要与 TLS 一起配置和利用它的安全措施，特别是身份认证。它也允许同时使用安全和不安全的通信，所以在同一时间并不是所有的系统需要使用安全措施升级。

IEC 62351-5：IEC 60870-5 及其衍生规约的安全性，为该系列版本的规约（主要是 IEC 60870-5-101，以及部分的 102 和 103) 和网络版本 (IEC 60870-5-104 和 DNP3.0) 提供不同的解决办法。具体来说，运行在 TCP/IP 上的网络版本，可以利用 IEC 62351-3 中描述的安全措施，其中包括由 TLS 加密提供的保密性和完整性。因此，其唯一的额外要求是身份认证。串行版本通常仅能与支持低比特率通信媒介或与受到计算约束的现场设备一起使用。因此，TLS 在这些环境中使用的计算和通信资源会过于紧张。因此，提供给串行版本的安全措施包括地址欺骗、重放、修改和一些拒绝服务攻击的一些认证机制，但不尝试解决窃听、流量分析或需要加密的拒绝。这些基于加密的安全性措施依赖于采用的通信和有关设备的能力，可以通过其他方法来提供，如采用虚拟专用网技术等。

IEC 62351-6：IEC 61850 对等通信平台的安全性。IEC 61850 包含变电站 LAN 的对等通信多播数据包的 3 个协议，它们是不可路由的。所需要的信息传送要在 4 ms 内完成，因而采用影响传输速率的加密或其他安全措施是不能接受的。因此，身份认证是主要安全措施，为报文的数字签名提供了一种涉及最少计算要求的机制。

IEC 62351-7：用于网络和系统管理的管理信息库，规定了指定用于电力行业通过以 SNMP 为基础处理网络和系统管理的管理信息库 (MIB)。它支持通信网络的完整性、系统和应用的健全性、入侵检测系统 (IDS) 以及电力系统运行所特别要求的其他安全性要求。

IEC 62351-8：基于角色的访问控制，提供了电力系统中访问控制的技术规范。通过本规范支持的电力系统环境是企业范围内的以及超出传统的边界的，包括供应商和其他能源合作伙伴。本规范精确地解释了基于角色的访问控制 (RBAC) 在电力系统中企业内的使用范围。它支持分布式或面向服务的架构，这里的安全性是分布式服务的，而应用则是来自分布式服务的消费者。

IEC 62351-9：密钥管理，指明了如何生成、分发、吊销及采用处理数字证书与加密密钥来对数据域通信进行保护，包括非对称密钥与对称密钥的处理等。

IEC 62351-10：安全架构，对基于必要安全控制措施的电力系统安全架构进行描述，这些安全控制措施包括与安全相关的组件与功能及其之间的交互等。此外，这一部分中还对这些安全控制措施之间的关系，以及如何将这些安全控制措施对应到电力系统的通用系统架构提供了指南，以便为系统集成人员进行发电、输电与配电过程中的安全部署提供可用标准。

IEC 62351-11：定义了基于 XML 的文件安全。目前，XML 文件，如根据计算机集成制造 (CIM) 以及 IEC 62351 SCL 创建的文件，其在电子或人工传输过程中没有任何的安全措施来为文档的安全性提供保证，因此需要防止文件在传输过程中遭到篡改。

4. ISO/IEC 27000 系列标准

ISO/IEC 27000 系列标准是由国际标准化组织 (ISO) 及国际电工委员会 (IEC) 联合定制的。该标准系列由最佳实践所得并提出对于信息安全管理的建议，同时对信息安全管理系统领域中的风险进行管控，它与质量管理保证系统的标准 (ISO 9000 系列) 和环境保护标准系列 (ISO 14000 系列) 有类似的架构。

ISO/IEC 27032：是 ISO/IEC 27000 标准族中关于网络安全的指南类标准，用于解决互联网安全问题，并为解决互联网安全风险提供技术指导。主要包括：① 概述；② 网络空间的资产；③ 对网络空间安全的威胁；④ 利益相关者在网络安全中的作用；⑤ 利益相关者指南；⑥ 网络安全控制；⑦ 信息安全与协调框架。

ISO/IEC 27032：利用已有的信息安全标准，给出了网络安全的构建指南，特别强调了不同安全领域之间的交集和区别。

ISO/IEC 27033：是一个由 ISO/IEC 18028 标准衍生而来的多部分标准，它为信息系统网络的管理、操作和使用及其相互连接的安全方面提供详细指导，也为实施 ISO/IEC 27002 中网络安全控制提出技术指导。该标准适用于网络设备安全管理、网络应用/服务、网络用户通信链路上的传输信息，主要面向网络安全架构师、设计人员和管理人员。具体包括以下 6 个部分：

(1) 网络安全概述和概念：定义了网络安全相关的概念，并提供网络安全方面的管理指导。

(2) 网络安全设计与实施指南：规划、设计、实施和记录网络安全。

(3) 网络场景定义——威胁、设计技术和控制问题：定义与典型网络场景相关的具体风险、设计技术和控制问题。

(4) 使用安全网关保护网络之间的通信：通过对不同体系结构的描述，提供安全网关的概述。

(5) 使用虚拟专用网络 (VPN) 保护跨网络间通信：提供使用 VPN 连接互联网络和将远程用户连接到网络所需的技术控制的选择、实施和监控指南。

(6) 保护无线 IP 网络访问：确定保护无线 IP 网络的具体风险、设计技术和控制问题，适用于所有参与无线网络安全详细规划、设计和实施的人员。

▷ 1.4.2　国内标准体系

国内工业控制系统安全标准化相关的组织主要包括全国信息安全标准化技术委员会 (SAC/TC260)、全国工业过程测量和控制标准化技术委员会 (SAC/TC124)、全国电力系统管理及其信息交换标准化技术委员会 (SAC/TC82)、全国电力监管标准化技术委员会 (SAC/TC296) 等。各标准化技术委员会针对我国工业控制系统信息安全标准化要求，开展相关研究，制定和完善标准体系。以下列举一些国内发布的工业控制系统信息安全标准。

1. 通用工业控制系统安全标准

1) GB/T 32919—2016《信息安全技术　工业控制系统安全控制应用指南》

本标准由全国信息安全标准化委员会 (SAC/TC260) 提出，全国信息安全标准化技术委员会归口管理。适用于工业控制系统拥有者、使用者、设计实现者以及信息安全管理部门，为工业控制系统信息安全设计、实现、整改工作提供指导，也为工业控制系统信息安全运行、风险评估和安全检查工作提供参考。方便规约工业控制系统的安全功能需求，为安全设计（包括安全体系结构设计）和安全实现奠定基础。

本标准于 2017 年 3 月 1 日起正式实施。

2) GB/T 36323—2018《信息安全技术　工业控制系统安全管理基本要求》

本标准规定了工业控制系统安全管理基本框架及该框架包含的各关键活动，并提出为实现该安全管理基本框架所需的工业控制系统安全管理基本控制措施。在此基础上，给出了各级工业控制系统安全管理基本控制措施对应表，用于对各级工业控制系统安全管理提出安全管理基本控制要求。

本标准适用于工业控制系统建设、运行、使用、管理等相关方进行工业控制系统安全管理的规划和落实，也可供进行工业控制系统安全测评与检查工作时参考。

本标准于 2019 年 1 月 1 日起正式实施。

3) GB/T 36466—2018《信息安全技术　工业控制系统风险评估实施指南》

本标准对工业控制系统安全的定义、目标、原则和工业控制系统资产面临的风险进行了描述，同时规定了对工业控制系统安全进行风险评估的要素及要素间的关系、实施过程、工作形式、遵循原则、实施方法，以及在工业控制系统生命周期不同阶段的不同要求及实施要点。

本标准适用于指导第三方检测评估机构在工业控制系统现场的风险评估实施工作，也可供工业控制系统业主单位进行自评估时参考。

本标准于 2019 年 1 月 1 日起正式实施。

4) GB/T 37933—2019《信息安全技术　工业控制系统专用防火墙技术要求》

本标准规定了工业控制系统专用防火墙的安全功能要求、自身安全要求、性能要求和安全保障要求，适用于工控防火墙的设计、开发和测试。

本标准于 2020 年 3 月 1 日起正式实施。

5) GB/T 37941—2019《信息安全技术　工业控制系统网络审计产品安全技术要求》

本标准规定了工业控制系统网络审计产品的安全技术要求，包括安全功能要求、自身安全要求和安全保障要求，适用于工业控制系统网络审计产品的设计、生产和测试。

本标准于 2020 年 3 月 1 日起正式实施。

6) GB/T 37954—2019《信息安全技术　工业控制系统漏洞检测产品技术要求及测试评价方法》

本标准规定了针对工业控制系统的漏洞检测产品的技术要求和测试评价方法，包括安全功能要求、自身安全要求和安全保障要求，以及相应的测试评价方法，适用于工业控制系统漏洞检测产品的设计、开发和测评。

本标准于 2020 年 3 月 1 日起正式实施。

7) GB/T 37962—2019《信息安全技术　工业控制系统产品信息安全通用评估准则》

本标准定义了工业控制系统产品安全评估的通用安全功能组件和安全保障组件集合，规定了工业控制系统产品的安全要求和评估准则，适用于工业控制系统产品安全保障能力的评估，产品安全功能的设计、开发和测试也可参照使用。

本标准于 2020 年 3 月 1 日起正式实施。

8) GB/T 40211—2021《工业通信网络　网络和系统安全　术语、概念和模型》

本标准关注工业自动化和控制系统的安全。本标准中的术语"工业自动化和控制系统"(IACS) 包括了用于制造业和流程工业的控制系统、楼宇控制系统、地理上分散的操作诸如公共设施 (例如电力天然气和供水) 管道和石油生产及分配设施、其他工业和应用如交通运输网络，以及那些使用自动化的或远程被控制或监视的资产。本标准中的术语"安全"是指防止非法或有害的渗透、有意或无意地妨碍正常的和预期的运行或者不适宜地访问 IACS 的保密信息。

本标准于 2021 年 5 月 1 日起正式实施。

9) GB/Z 41288—2022《信息安全技术　重要工业控制系统网络安全防护导则》

本标准针对重要工业控制系统特性和面临的网络安全威胁，本着通用性、可操作性、先进性和实用性原则，规定了重要工业控制系统网络安全防护的基本原则、安全防护技术、应急备用措施和安全管理要求等，涵盖了重要工业控制系统规划设计、研究开发、升级改造、运行维护等关键阶段。该标准的实施，对加强电力系统、铁路交通、航空运输等国家关键信息基础设施的网络安全防护具有重大意义。

本标准于 2022 年 10 月 1 日起正式实施。

2. 行业相关工业控制系统安全标准

1) GB/T 36047—2018《电力信息系统安全检查规范》

本标准包括前言与引言、范围、规范性引用文件、术语和定义、检查工作流程、检查内容和检查方法等部分，适用于行业网络与信息安全主管部门开展电力信息系统安全的检查工作和电力企业在本集团（系统）范围内开展相关信息系统安全的自查工作。

本标准于 2018 年 10 月 1 日起正式实施。

2) GB/T 50609—2010《石油化工工厂信息系统设计规范》

本标准中要求网络之间需要采用安全隔离。

本标准于 2011 年 10 月 1 日起正式实施。

3) GB/T 41241—2022《核电厂工业控制系统网络安全管理要求》

本标准规定了核电厂工业控制系统网络安全方面的管理、技术防护和应急管理的要求。该管理要求适用于核电厂领域工业控制系统生命周期的所有阶段（包括设计、开发、工程实施、运行和维护、退役等）网络安全活动，也适用于指导核电厂工业控制系统用户改善和提高生产系统中网络安全防护能力的系统维护活动。

本标准于 2022 年 3 月 1 日起正式实施。

4) JT/T 1417—2022《交通运输行业网络安全等级保护基本要求》

本标准规定了交通运输行业网络安全的基本保护要求，包括安全通用要求、云计算扩展要求、移动互联网扩展要求、物联网安全扩展要求、工业控制系统安全扩展要求和大数据安全扩展要求，在现有国家标准的基础框架上，细化和补充了要求指标，增加了行业需求的指标项，从实用性和可操作性出发对交通运输行业网络安全等级保护的相关要求和安全措施进行了明确、细化、补充和规范，为网络信息系统安全建设和管理提供系统性、针对性和可行性的指导和服务。

本标准于 2022 年 6 月 1 日起正式实施。

习　题

1. 简述工业控制系统的定义和主要组成部分。
2. 工业控制系统从系统规模、部署方式和拓扑结构上主要分为哪几种形式？
3. 如何划分工业控制系统架构？
4. 如何定义工业控制系统信息安全？
5. 简述工业控制系统的安全问题。
6. 说明工业控制系统和 IT 系统信息安全需求区别。
7. 简述工业控制系统安全防护体系。
8. 说明 IEC-62443 标准的网络安全保证等级（SAL）的评价模型。

第 2 章　工业控制系统应用基础

本章主要介绍工业控制系统中的应用基础，包括 PLC、分布式控制系统 (DCS)、SCADA 系统，以及一些典型的工业控制系统网络应用案例。

2.1　PLC

可编程控制器是一种工业计算机，其种类繁多，不同厂家的产品有各自的特点，但作为工业标准设备，可编程控制器又有一定的共性。

2.1.1　PLC 概述

在 PLC 面世之前，电气自动控制的设计基本上都由继电接触式控制系统完成。这种系统主要由继电器、接触器、按钮和一些特殊电器构成，具有结构简单、抗干扰能力强和价格便宜等优点。但同时，它也存在着体积大、功耗大、可靠性差、寿命短、运行速度慢等缺点。此外，这种系统缺乏良好的生产适应性，一旦生产任务或工艺流程发生变化，就需要改变硬件结构，重新进行设计。基于以上原因，继电器控制系统已经不能满足现代工业的需求。

1969 年美国数字设备公司 (DEC) 研制出了世界上第一台可编程控制器，并在美国通用汽车公司 (GM) 的生产线上获得了成功的应用。但当时只能进行逻辑运算，故称为可编程逻辑控制器，简称 PLC(Programmable Logic Controller)，这就是第一代可编程控制器。

20 世纪 70 年代后期，随着微电子技术和计算机技术的快速发展，使 PLC 从开关量的逻辑控制扩展到数字控制及生产过程控制领域，真正成为一种电子计算机工业控制装置，故称为可编程控制器，简称 PC(Programmable Controller)，但为了避免与个人计算机 (Personal Computer) 相混淆，所以现在仍把 PLC 作为可编程控制器的缩写。

20 世纪 80 年代，国际电工委员会 (IEC) 在 PLC 标准草案中对可编程控制器 PLC 做出如下定义："可编程控制器是一种实现数字运算操作的电子系统，专为在工业环境下的应用而设计。它采用了可编程序的存储器，用来在其内部存储执行逻辑运算、顺序控制、定时、计数和算术操作等面向用户的指令，并通过数字式或模拟式的输入/输出，控制各种类型的机械或生产过程。可编程控制器及其有关外围设备，都按照易于工业系统联成一个整体以及易于扩充其功能的原则设计”。

PLC 的特点包括以下几个方面：

(1) 编程简单。PLC 使用最多的编程语言是梯形图，其符号和表达式与继电器电路原理图相似，形象直观。有继电器电路基础的电气技术人员通过较短的时间就可以熟悉梯形图语言，并用来编写用户程序进行开发。

(2) 配置灵活。PLC 产品已经标准化、模块化、系列化，提供品种齐全的各种硬件装置以供用户选择，用户能灵活方便地进行系统配置，组成功能不同、规模不同的系统。PLC 用软件功能取代了继电器控制系统中大量中间继电器、时间继电器、计数器等器件，硬件配置好后，无须改变硬件，只需要通过修改用户程序就可以适应工艺条件的变化，具有很好的灵活性。

(3) 功能强，可扩展性好。一台 PLC 内包含大量可供用户使用的编程软元件，有很强的逻辑判断、数据处理、PID 调节和数据通信功能，可以实现复杂的控制功能。如果元件不够，只要加上需要的扩展单元即可，非常方便扩展。PLC 有较强的带负载能力，可以直接驱动一般的电磁阀和交流接触器。另外，PLC 的安装接线也比较方便，一般只需用接线端子连接外部接线即可，比相同功能的继电器系统拥有更高的性价比。

(4) 可靠性高。传统的继电器控制系统使用了大量的中间继电器、时间继电器，若触点接触不良，则容易出现故障。PLC 用软件替代了中间继电器和时间继电器，仅剩下与输入和输出有关的少量硬件元件，接线可减少到继电器控制系统的十分之一以下，因此大大减少了因触点接触不良而可能产生的故障。

PLC 采取了一系列硬件和软件抗干扰措施，具有很强的抗干扰能力，平均无故障时间达到数万小时以上，可以直接用于有强烈干扰的工业生产现场。PLC 是被广大用户公认为最可靠的工业控制设备之一。

(5) 体积小、能耗低。小型 PLC 的体积仅相当于几个继电器的大小，复杂的控制系统由于采用了 PLC，因此省去了传统继电器控制系统中的大量继电器元件，使得开关柜的体积大大缩小，一般可减为原来的二分之一到十分之一，同时相应地降低了系统能耗。

(6) 可维护性好。由于 PLC 的配线较少，因此可以省下大量配线，减少大量接线安装时间，缩减开关柜体积并节省大量的费用成本。一般来说可编程序控制器的故障率很低，且具有完善的自诊断和显示功能，有利于迅速排除故障。

2.1.2　PLC 的组成

PLC 种类繁多、性能各异，在组建 PLC 控制系统时，需要给 PLC 的输入端子连接有关的输入设备（如按钮、触点和行程开关等），给输出端子连接有关的输出设备（如指示灯、电磁线圈和电磁阀等）。如果 PLC 需要与其他设备通信，则可以通过 PLC 的通信接口连接其他设备；如果需要增强 PLC 的功能，可以利用 PLC 的扩展接口连接扩展单元。典型的 PLC 组成框图如图 2-1 所示。

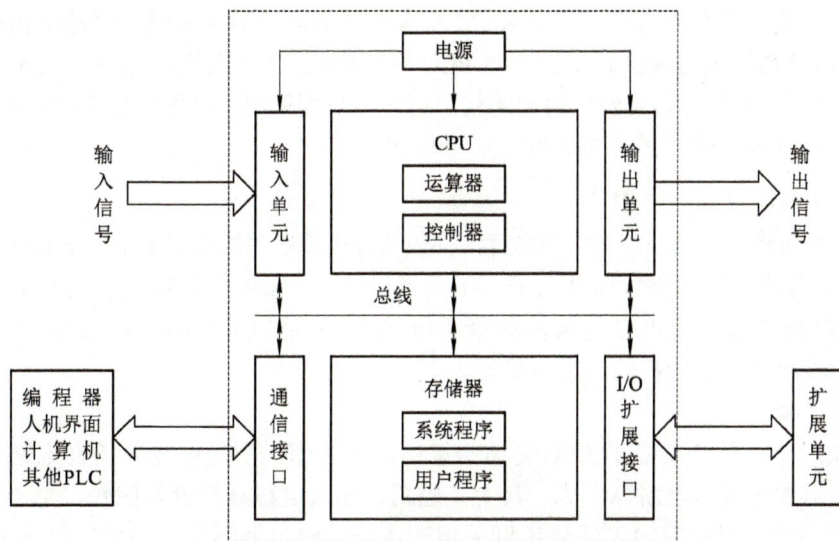

图 2-1　典型的 PLC 组成框图

从图 2-1 中可以看出，一般 PLC 主要由 CPU、存储器、输入单元、输出单元、通信接口、扩展接口和电源等组成。

1. CPU

CPU 又称中央处理器，它是 PLC 的控制中心，通过不同总线 (包括数据总线、地址总线和控制总线) 与存储器和各种接口连接，控制各部件协调工作。CPU 的性能极大地影响着 PLC 的工作速度和效率，因此大型 PLC 通常选择高性能的 CPU。

CPU 的主要功能包括以下方面：

(1) 接收通信接口发送的程序和数据，并将它们存入存储器。

(2) 采用循环检测方式不断检测输入单元送来的状态信息，以此判断输入设备的状态。

(3) 先按顺序执行存储器中的程序，并进行各种运算，再将运算结果存储下来，然后通过输出接口连接到输出设备进行有关的控制。

(4) 监测和诊断系统内部各电路的工作状态。

2. 存储器

存储器是具有记忆功能的半导体集成电路，用于存放系统程序、用户程序、逻辑变量和其他数据。系统程序由生产厂家编写，主要用来完成控制和实现 PLC 多种功能。用户程序由用户编写，主要根据生产过程和工艺要求进行控制程序的设计。

PLC 中常用的存储器包括只读存储器、随机存储器和 EPROM。

1) 只读存储器 (ROM)

只读存储器一般用于存放系统程序。因为系统程序具有开机自检、工作方式选择、键盘输入处理、信息传递和对用户程序的翻译解释等功能，直接关系到 PLC 的性能，所以由制造厂家用微机的机器语言编写并在出厂时固化到 ROM 或 EPROM(可擦除可编程 ROM) 芯片中，用户不能直接进行存取操作。

2) 随机存储器 (RAM)

随机存储器又称为可读可写存储器。读操作时，RAM 中的内容保持不变，写操作时，新写入的信息覆盖原有的内容，因此 RAM 用来存放既可读出又需经常修改的内容。因为 RAM 中的内容在掉电后就没有了，所以 PLC 为 RAM 提供了备用锂电池，正常使用情况下一般可维持 3～5 年。如果调试通过的用户程序要长期使用，可先把程序固化在 EPROM 芯片中，再把该芯片插到 PLC 的 EPROM 专用插座中。

3. 输入 / 输出单元 (I/O 单元)

实际生产过程中的信号电平多种多样，外部执行机构所需的电平也不完全相同，而 PLC 的 CPU 所处理的信号只能是标准电平。正是通过输入 / 输出单元实现了这些信号电平的转换。I/O 单元实际上是 PLC 与被控对象间传递输入 / 输出信号的接口部件。I/O 单元一般可以分为输入接口单元和输出接口单元。

1) 输入接口单元

输入接口单元是 PLC 接收控制现场信息的输入通道，由光电输入耦合电路、输入电路和微处理器输入接口电路等组成。其中光电耦合输入电路隔离输入信号，防止现场的强电干扰进入系统。对交流输入信号还可采用变压器或继电器隔离，另外有许多 PLC 采用滤波环来增强抗干扰能力。

各种 PLC 的输入接口单元电路大都相同，一般有两种类型。一种是直流输入电路，包括光耦合输入电路和传感器耦合输入电路两种，如图 2-2 所示。另一种是交流输入电路，如图 2-3 所示。

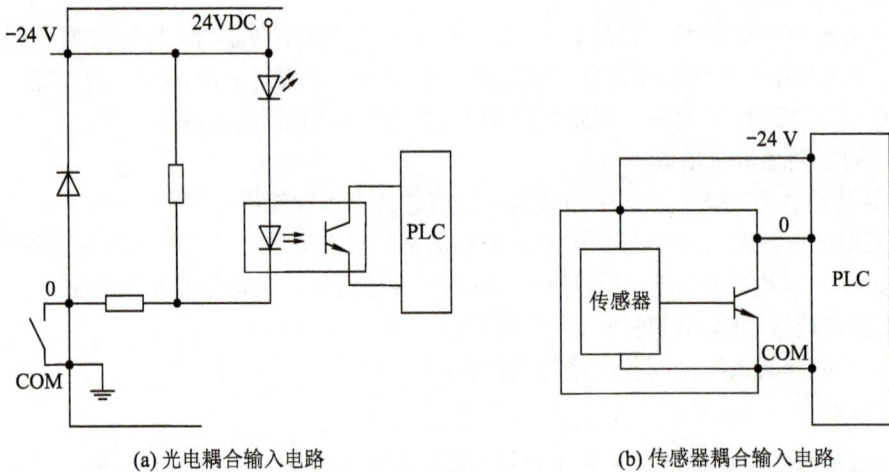

(a) 光电耦合输入电路　　　　　　　　　　(b) 传感器耦合输入电路

图 2-2　直流输入电路

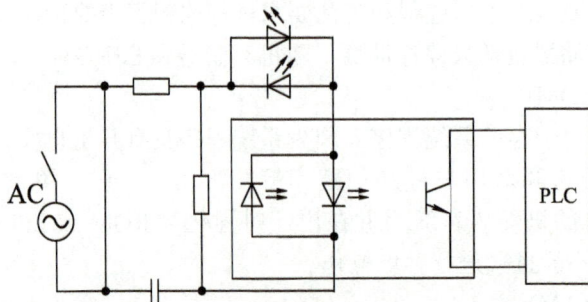

图 2-3　交流输入电路

2) 输出接口单元

输出接口单元接收主机的输出信息，并进行功率放大和隔离，然后通过输出接线端子向现场输出相应的控制信号。输出接口单元电路一般由输出接口隔离电路、功率放大电路组成。PLC 的输出接口电路有 3 种形式，即继电器输出、晶体管输出和晶闸管（双向可控硅）输出，电路如图 2-4 所示。

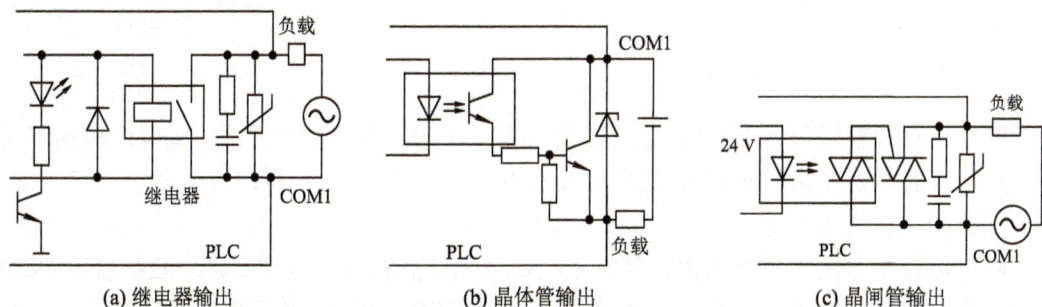

(a) 继电器输出　　　(b) 晶体管输出　　　(c) 晶闸管输出

图 2-4　输出接口单元电路

继电器输出接口电路的特点是可驱动交流或直流负载，允许通过的电流大，但其响应时间长，通断变化频率低。

晶体管（场效应晶体管或普通晶体管）输出接口电路的特点是反应速度快，通断频率高（可达 20～100 kHz），但只能用于驱动直流负载，且过电流能力差。

晶闸管输出接口电路采用双向晶闸管型光耦合器，当光耦合器内部的发光二极管发光时，内部的双向晶闸管可以双向导通。双向晶闸管输出接口电路的特点是响应速度快，动作频率高，通常用于驱动交流负载。

4. 通信接口

通信接口的作用是实现 PLC 与外设之间的数据交换。利用通信接口，PLC 不但可与编程器、人机界面、显示器等连接，而且也可与上级计算机、其他 PLC 或远程 I/O 单元连接，从而构成 PLC 控制系统网络。

PLC 的通信接口一般为 USB、RS232、RS422、RS485 等标准串行接口。其中 USB、RS232 接口常用于 PLC 与编程器、编程计算机、人机界面的通信，其传输距离一般在 15 m 以内，传输速率在 20 kb/s 以下，一般多用于低速、短距离数据传输。RS422 和 RS485 接口常用于 PLC 与其他 PLC、变频器、伺服驱动器等控制装置的全双工/半双工通信，其传输距离最大可达 1200 m 左右，传输速率为 10 Mb/s 左右，适合于远距离通信。

5. 扩展接口

为了提升 PLC 的性能，增强 PLC 控制功能，可以通过扩展接口给 PLC 增加一些专用功能模块，如高速计数模块、闭环控制模块、运动控制模块、中断控制模块等。这些模块实际是对 CPU 模块的扩充，它是在原系统中只有一块 CPU 模块而无法满足系统工作要求时使用的。另外扩展接口也指简单的 I/O（数字量 I/O 或模拟量 I/O）扩展接口，用于扩展输入/输出点数。

6. 电源

电源的作用是把外部电源（通常是 220 V 的交流电源）电压转换成内部工作电压。外部连接的电源，通过 PLC 内部配有的一个专用开关式稳压电源，将交流 / 直流供电电源电压转化为 PLC 内部电路需要的工作电源电压 (直流 5 V、±12 V、24 V)，并为外部输入元件 (如接近开关) 提供 24 V 直流电压 (仅供输入端点使用)，而驱动 PLC 负载的电压由用户提供。对于整体式结构的 PLC，电源通常封装在机箱内部。对于模块式 PLC，有些采用单独的电源模块，有些将电源与 CPU 封装到同一个模块中。

▷ 2.1.3 PLC 的工作原理

PLC 是一种存储程序的控制器。用户根据某一对象的具体控制要求，编写好控制程序后，用编程器将程序输入到 PLC(或用计算机下载到 PLC) 的用户程序存储器中进行保存。PLC 的控制功能就是通过运行用户程序来实现的。

PLC 运行程序的方式与微型计算机不同，微型计算机运行程序时，一旦执行到 END 指令，程序运行就结束。而 PLC 从 0 号存储地址所存放的第一条用户程序开始，在无中断或跳转的情况下，按存储地址号递增的方向顺序逐条执行用户程序，直到 END 指令结束，然后再从头开始执行，并周而复始地重复，直到停机或从运行 (RUN) 切换到停止 (STOP) 工作状态。PLC 这种执行程序的方式称为扫描工作方式。每扫描完一次程序就构成一个扫描周期。另外，PLC 对输入、输出信号的处理与微型计算机也不同。微型计算机对输入、输出信号实时处理，而 PLC 对输入、输出信号是集中批处理。PLC 的扫描工作过程如图 2-5 所示。

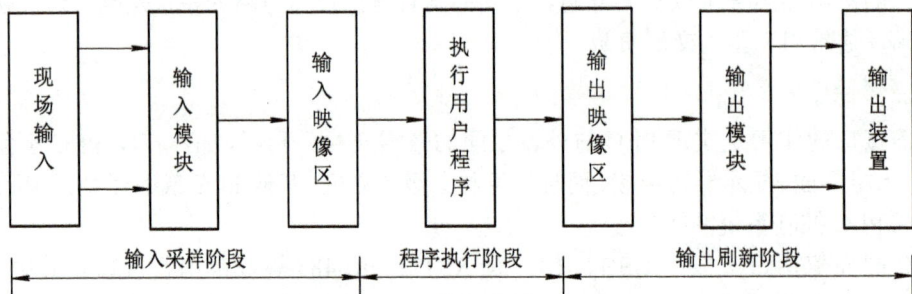

图 2-5 PLC 的扫描工作过程

PLC 扫描工作过程主要分为输入采样、程序执行、输出刷新 3 个阶段。

(1) 输入采样阶段。PLC 在开始执行程序之前，首先扫描输入端子，按顺序将所有输入信号，读入到输入映像寄存器中，这个过程称为输入采样。PLC 在运行程序时，所需的输入信号不是现时取输入端子上的信息，而是取输入映像寄存器中的信息。在本工作周期内这个采样结果的内容不会改变，只有到下一个扫描周期输入扫描阶段才被刷新。PLC 的扫描速度很快，并且取决于 CPU 的时钟速度。

(2) 程序执行阶段。PLC 完成了输入采样工作后，按顺序从 0 号地址开始的程序进行逐条扫描执行，并分别从输入映像寄存器、输出映像寄存器以及辅助继电器中获得所需的数据进行运算处理，再将程序执行的结果写入输出映像寄存器中进行保存。但这个结果在全部程序未被执行完毕之前不会送到输出端子上，也就是物理输出是不会改变的。扫描时间取决于程序的长度、复杂程度和 CPU 的性能。

(3) 输出刷新阶段。在执行到 END 指令，即执行完用户所有程序后，PLC 将输出映像寄存器中的内容送到输出锁存器中进行输出，驱动用户设备。扫描时间取决于输出模块的数量。因此 PLC 程序扫描特性决定了 PLC 的输入和输出状态并不能在扫描的同时进行改变。例如一个按钮开关的输入信号刚好在输入扫描之后输入，那么这个信号只有在下一个扫描周期才能被读入。

上述 3 个步骤是 PLC 的软件处理过程，可以认为就是程序的扫描时间。扫描时间通常由三个因素决定：一是 CPU 的时钟速度，即越高档的 CPU，时钟速度越高，扫描时间越短；二是 I/O 模块的数量，即模块数量越少，扫描时间越短；三是程序的长度，即程序长度越短，扫描时间越短。一般的 PLC 执行容量为 1 KB 的程序需要的扫描时间是 1～10 ms。

2.1.4　PLC 的功能和分类

1. PLC 的功能

PLC 的主要功能框图如图 2-6 所示。

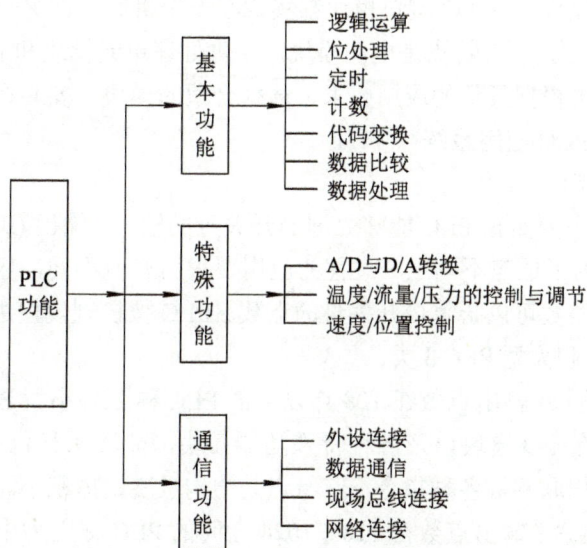

图 2-6　PLC 的主要功能框图

1) 基本功能

逻辑运算功能是 PLC 的基本功能。从本质上说，逻辑运算功能是一种以计算机二进制的位运算为基础，按照程序要求，通过对开关量信号 (例如：按钮、行程开关、接触器触点等) 的逻辑运算处理，控制执行元件 (例如：指示灯、电磁阀、接触器线圈等) 通 / 断的功能。其他如定时、计数等功能也是 PLC 的基本功能之一。此外，逻辑控制中常用的代码转换、数据比较与数据处理等也属于 PLC 的基本功能。

2) 特殊功能

在 PLC 上，除基本功能外的其他功能称为特殊功能，如模 / 数 (A/D) 转换、数 / 模

(D/A) 转换、温度 / 流量 / 压力的控制与调节、速度 / 位置的控制等。这些特殊功能一般需要通过 PLC 的特殊功能模块实现。A/D 转换与 D/A 转换一般用于过程控制与闭环调节系统。通过特殊功能模块与功能指令，PLC 可以对过程控制中的温度、速度、流量、压力、位移、电压、电流等连续变化的物理量进行数字化处理，并通过相应的运算（如 PID）实现闭环自动调节。PLC 的速度 / 位置控制一般是通过速度 / 位置控制模块实现，它以模拟量 / 脉冲的形式输出，可通过变频器、伺服驱动器来实现闭环速度与位置控制的处理。

3）通信功能

随着信息技术的发展，网络与通信在工业控制中已越来越重要。PLC 不仅可进行 PLC 与外设间的通信，而且可以在 PLC 与 PLC 间、PLC 与上位机之间、PLC 与其他工业控制设备之间、PLC 与工业网络间通信，通过现场总线、网络总线组成系统。PLC 在工厂自动化系统中发挥了重要的作用。

2. PLC 的分类

1）按组成结构分类

按组成结构，一般可以将 PLC 分为两类：一类是整体式 PLC（或称单元式），其特点是电源、中央处理单元模块和 I/O 接口模块都集成在一个机壳内；另一类是标准模板式结构化的 PLC（或称组合式），其特点是电源模块、中央处理单元模块和 I/O 接口模块等在结构上是相互独立的，可根据具体的应用要求，选择合适的模块，安装在固定的机架或导轨上，构成一个完整的 PLC 应用系统。

2）按控制规模分类

PLC 的控制规模主要是指 PLC 能够处理的开关量的输入 / 输出 (I/O) 点数及模拟量的输入 / 输出的路数，为了适应不同生产过程的应用要求而有所不同，但主要是以开关量的点数计数。模拟量的路数可以折算成开关量的点数。PLC 按控制规模进行分类，主要分为小型 PLC、中型 PLC 和大型 PLC 3 类。

(1) 小型 PLC。输入 / 输出点数在 128 点以下的 PLC 称之为小型 PLC。它可以连接开关量 I/O 模块、模拟量 I/O 模块以及各种特殊功能模块，能够执行包括逻辑运算、计数、数据处理和传送、通信联网等各种指令，其特点是结构紧凑、体积小。

(2) 中型 PLC。输入 / 输出点数在 128～1024 之间的 PLC 称之为中型 PLC。它除了具有小型机所能实现的功能外，还具有更强大的通信联网功能、更加丰富的指令系统、更大的存储容量和更快的扫描速度等。

(3) 大型 PLC。输入 / 输出点数在 1024 点以上的 PLC 称之为大型 PLC。它具有极强的硬件和软件功能、通信联网功能、自诊断功能，可以构成三级通信网络，方便实现工厂生产管理自动化。

3. PLC 控制、继电器控制和单片机控制系统的比较

PLC 控制与继电器控制相比，只需改变程序就能变换控制功能，但在进行简单控制时成本较高。另外利用单片机也可以实现控制。PLC、继电器和单片机控制系统的比较见表 2-1。

表 2-1　PLC、继电器及单片机控制系统比较表

比较内容	PLC 控制系统	继电器控制系统	单片机控制系统
功能	用程序可以实现各种复杂控制	用大量继电器布线逻辑可以实现循序控制	用程序可以实现各种复杂控制，功能强大
改变控制内容	修改程序简单方便	需改变硬件接线，工作量大	需修改程序，技术难度大
可靠性	平均无故障工作时间长	受机械触点寿命限制	一般比 PLC 差
工作方式	顺序扫描	顺序控制	中断处理，响应最快
接口	直接与生产设备相连	直接与生产设备相连	需要设计专门的接口
抗干扰	一般不用专门考虑抗干扰问题	具备一般抗电磁干扰能力	要专门设计抗干扰措施，否则易受干扰影响
系统开发	设计容易、安装简单、调试周期短	图样多，安装接线工作量大，调试周期长	系统设计复杂，调试技术难度大，需要有系统的计算机知识
通用性	适应面广	一般是专用	要进行软、硬件技术改造才能另作他用
环境适应性	可适应一般工业生产现场环境	环境差会降低可靠性和寿命	要求有较好的环境，如机房、实验室、办公室
硬件成本	比单片机控制系统高	少于 30 个继电器时成本较低	一般低于 PLC
维护	现场检查，维修方便	定期更换继电器，维修费时	技术难度较高

2.1.5　PLC 编程语言

PLC 编程语言有梯形图、指令表、逻辑功能块图以及结构化文本语言等。绝大多数 PLC 的程序设计采用梯形图进行编程。

1. 梯形图

梯形图 (Ladder Diagram，LAD) 采用类似传统继电器控制电路的符号来编程。用梯形图编制的程序具有形象、直观、实用的特点，因此这种编程语言成为电气工程人员广泛应用的 PLC 编程语言。触点、线圈、连线是组成梯形图程序的三要素。

(1) 触点。开关量输入/输出、内部继电器等的二进制状态在梯形图程序里可用触点进行表示。梯形图中的触点本质上是用来表示 PLC 内部存储器二进制数据位的状态，程序中的常开触点表示直接以该二进制数据位的状态进行逻辑运算；常闭触点表示使用该二进制数据位的"逻辑非"状态进行运算。因此，梯形图中的触点与继电器触点控制电路中的触点存在的区别为：不像物理继电器那样受到实际触点数量的限制，触点在 PLC 程序中可以无限次使用；触点在任何时刻具有唯一的状态，常开、常闭触点不可能同时为 1。

(2) 线圈。采用梯形图编程时，逻辑运算结果可用内部继电器、输出继电器等编程元件的线圈表示。但是，梯形图程序中的线圈并非实际的物理继电器，它只是对 PLC 内部某一存储器的二进制数据位进行的赋值操作，线圈接通表示将该二进制数据位置 1，线圈断开表示将二进制数据位置 0。梯形图中的线圈与继电器控制电路中的线圈的区别在于：如

果需要，二进制数据位可在程序中多次赋值，即利用梯形图编程时可使用"重复线圈"；梯形图程序严格按从上至下、从左至右的顺序执行，在同一 PLC 执行循环内，它不能改变已处理完成的输出状态，因此可以设计不同于继电器控制电路的特殊逻辑，如边沿处理等。

(3) 连线。梯形图程序中的逻辑处理顺序用"连线"表示。但它不像继电器触点控制电路那样有实际电流流过，因此，梯形图程序中的每一输出线圈都应有明确的逻辑关系，而不能使用类似继电器接点控制电路中的"桥接"方式，试图利用后面的执行条件来改变前面的线圈输出状态。

采用梯形图编程时，逻辑运算式、处理对象、输出结果等均可以用触点、线圈、连线等基本符号表示。触点、线圈等逻辑梯形图的符号在不同 PLC 上基本相同，表 2-2 为梯形图编程常用的符号表。

表 2-2　梯形图编程常用符号表

名　称	梯形图符号	名　称	梯形图符号
触点（常开）	—| |—	线圈（输出）	—（ ）
触点（常闭）	—| / |—	输出复位	—（R）
取反	—| NOT |—	输出置位	—（S）
上升沿检测	—| P |—	下降沿检测	—| N |—

表中的上升 / 下降沿检测、取反等是西门子等 PLC 使用的特殊符号，但像在发那科系统集成 PMC 上一般不能使用。

梯形图程序运行时能够进行图 2-7 所示的动态监控，其程序形象、直观，并能反映触点、线圈、线路的通 / 断情况。其中，有颜色的元件显示代表触点、线圈、线路已接通。例如从图 2-7 中可以看出：内部继电器 M0.1、输出 Q0.1 的状态为 1；M0.2 由于 I0.3 未接通而输出 0 状态；Q0.2 由于 M0.2 触点未接通而输出 0 状态。梯形图简单明了，程序检查与维护十分方便。

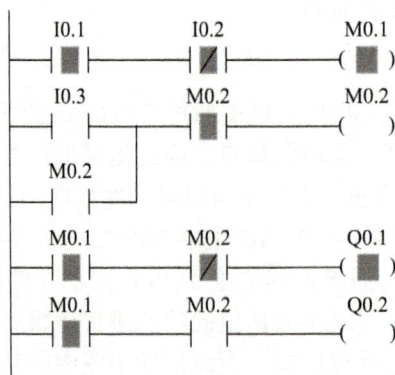

图 2-7　梯形图程序状态监控

2. 指令表

指令表（Instruction List，IL）也叫作助记符，有时也称为布尔助记符（Boolean Memonic）或列表，西门子称之为 STL 语言。其是基于字母符号的一种低级文本编程语言，是所谓面向累加器（Accu）的语言，即每条指令使用或改变当前的 Accu 内容。IEC 61131-3 将这一 Accu 标记为"结果"。通常,指令总是以操作数 LD("装入 Accu 命令")作为开始的。

表 2-3 所示为 3 个厂商用指令表写出的功能相同的程序。

表 2-3　IL 语言程序表

地　址	西门子	欧姆龙	三　菱
0	LD I0.0	LD 000.00	LD X000
1	O Q0.0	OR 010.00	OR Y000
2	AN I0.1	AND NOT 000.01	ANI X001
3	= Q0.0	OUT 010.00	OUT Y000
4	—	END	END

表 2-3 里列了 5 条指令。除第 5 条外,其他几条都含有如下 3 个部分:

(1) 指令地址:一般指令总是从 0 地址例如表开始顺序执行,一直执行到最后一条指令为止。例如表里的第 1 条为 0,标志该指令存于 PLC 程序存储区的位置。

(2) 操作码:用来指示 PLC 应该进行什么操作,例如表里的第 1 条为 LD。

(3) 操作数:是操作码操作的对象。各厂商 PLC 操作数的拼写有所差异。如表里的第 1 条操作数有的为 000.00,有的为 X000,有的为 I0.0。

操作码决定了指令有无操作数,以及有多少操作数。如表中第 5 条 END 指令,它只是表示程序结束了,其中就没有包含操作数。西门子程序不用 END 指令表示程序结束,后面无指令即表示程序的结束。

指令表语言容易记忆,方便操作,还便于用简易编程器编写程序,与其他语言多有一一对应关系,有些其他语言无法表达的程序,用它可以表达。指令表语言是 PLC 编程最基本的语言,但是用它编写的程序可读性较差,所以并不常用。

3. 逻辑功能块图

逻辑功能块图 (FBD) 是一种对应于逻辑电路的图形语言,与电子线路图中的信号流图非常相似。在程序中,它可看作是两个过程元素之间的信息流,广泛用于过程控制。该编程语言中的方框左侧为逻辑运算的输入变量,右侧为输出变量,输入、输出端的小圆圈表示"非"运算,方框被"导线"连接在一起,信号从左往右流动。图 2-8 所示为逻辑功能块图。

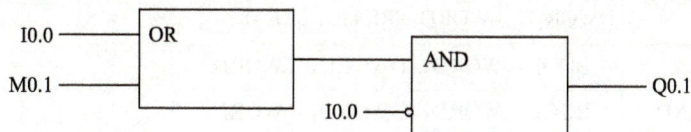

图 2-8　逻辑功能块图

逻辑功能块图是以功能模块为单位来描述控制功能。这种语言的逻辑关系清晰,便于理解。其应用于控制规模较大、控制关系较复杂的系统时,表达将更为方便。

此外,一些含有标准功能的程序用功能块语言则更便于调用。目前,PLC 厂商在推出一些高级功能及高性能硬件模块的同时,也能够提供与其有关的功能块图程序,这在很大程度上为用户使用这些硬件模块进行编程提供了便利。

由于逻辑功能模块图占用内存较大,执行时间也会较长,因此这种设计语言更多地用在大、中型可编程控制器和集散控制系统的编程及组态中。

4. 结构化文本 (Structured Text，ST) 语言

结构化文本语言是基于文本的高级编程语言。它与 C 语言等高级语言相类似，只是为了 PLC 应用方便，在语句的表达及语句的种类等方面都做了简化。

ST 语言没有单一的指令，是由一组指令构成的含义完整的各种语句。其具体语句有赋值语句、条件语句、选择语句、循环语句及其他语句。

1) 赋值语句

赋值语句格式为

　　变量 A：= 表达式；(* 注解 *)

赋值语句由被赋值变量（变量 A）、赋值符号（：=)、表达式、结束分号（；）及注解组成。注解不是必要的，而其他部分则不可缺少。表达式是由变量、运算符及括号组成的。表达式经过运算后，运算结果赋值给被赋值变量。ST 语言使用的运算符如表 2-4 所示。

表 2-4　ST 语言使用的运算符表

运算名称	符号	数 据 类 型	优先级
括号	—	—	1
函数调用	—	—	2
指数	* *	REAL、LREAL	3
非运算	NOT	BOOL, WORD, DWORD, LWORD	4
乘	*	INT, DINT, UINT, UDINT, ULINT, REAL, LREAL	5
除	/	INT, DINT, LINT, UINT, UDINT, ULINT, REAL, LREAL	5
加	+	INT, DINT, LINT, UINT, UDINT, ULINT, REAL, LREAL	6
减	−	INT, DINT, LINT, UINT, UDINT, ULINT, REAL, LREAL	6
比较	<, > <=, >=	BOOL, INT, DINT, LINT, UINT, UDINT, ULINT, WORD, DWORD, LWORD, REAL, LREAL	7
相等	=	BOOL, INT, DINT, LINT, UINT, UDINT, ULINT, WORD, DWORD, LWORD, REAL, LREAL	8
不等	<>	BOOL, INT, DINT, LINT, UINT, UDINT, ULINT, WORD, DWORD, LWORD, REAL, LREAL	8
与	&	BOOL, WORD, DWORD, LWORD	9
与	AND	BOOL, WORD, DWORD, LWORD	9
异或	XOR	BOOL, WORD, DWORD, LWORD	10
或	OR	BOOL, WORD, DWORD, LWORD	11

此外，ST 语言还提供初等数学函数，可在表达式中使用。不同品牌的 PLC 的 ST 语言所提供的函数、运算符可能略有不同。

以下为 ST 语言的赋值语句，它把一组变量进行逻辑运算，然后再赋值给变量 "work"。

　　work：=(start or work)and(NOT stop)；(* 赋值语句 *)

其中："work""start" 及 "NOT stop" 为布尔变量，使用之前一般要先定义；"(*" 与 "*)" 之间为程序注解。此赋值语句表达的就是 PLC 中典型的启保停电路逻辑。

2) 条件语句

ST 语言有"假如……那么"语句，可用于逻辑处理，有多种格式。如上述 work 赋值也可用条件语句实现，即

```
IF stop THEN
    work：=FALSE；(* 如果"stop"为真，则"work"为假 *)
ELSE(* 否则，即"stop"为假 *)
    IF start or work THEN(* 如果"start"或"work"为真，则"work"为真 *)
      work：=TRUE；
    END_IF；
END_IF；
```

3) Case(选择) 语句

Case 语句格式为

```
CASE 变量 OF
变量值为 1：表达式 1；
变量值为 2：表达式 2；
变量值为 3：表达式 3；
ELSE 表达式 m；
END_CASE；
```

上述语句的含义为：当整形变量值为 1 时，执行语句 1；当整形变量值为 2 时，执行语句 2；……；如果没有合适的值，则执行语句 m。

4) 循环语句

循环语句可使一些语句重复执行，有 FOR loop、WHILE loop 及 REPEAT loop，与计算机高级编程语言循环语句相当。

5) 其他语句

其他语句包括：EXIT 语句，一般与 IF 语句配合，可根据条件终止重复语句执行；RETURN 语句，用以结束本功能块，返回调用它的主程序；功能块调用语句等。

虽然各 PLC 厂商都采用了 ST 语言，但实现的细节不完全一样。

ST 语言功能比图形语言强，可读性比指令表语言好。用它编写复杂的程序，既方便，又易读。但是 ST 语言不如图形语言直观，对开发人员有一定的技术要求，所以使用并不普及。

2.1.6　典型梯形图程序

不同条件下的 PLC 的控制要求各不相同，但可以通过基本逻辑功能的组合实现大多数的控制动作，因此通过掌握基本梯形图程序的编写方法，有助于提高编程效率与程序可靠性。以下举例说明一些 PLC 的典型梯形图程序。

1. 信号恒为 0 或 1 程序

在进行 PLC 程序设计时，经常需要使用状态保持为 0 或 1 不变的信号，以便对输出等进行直接赋值。

PLC 程序中使内部继电器和输出线圈等固定为 0 及 1 的状态值可通过图 2-9 所示的梯

形图程序实现。

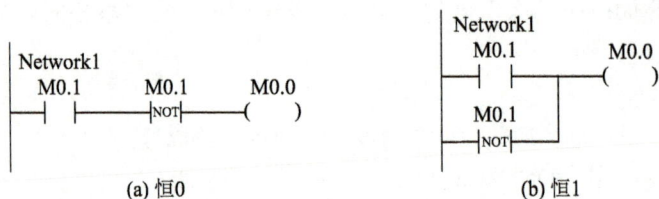

图 2-9　恒 0 和恒 1 信号的生成程序

图 2-9(a) 表示信号 M0.1 和 $\overline{\text{M0.1}}$ 做"与"运算的结果输出到 M0.0，状态恒为 0；图 2-9(b) 表示信号 M0.1 和 $\overline{\text{M0.1}}$ 做"或"运算的结果输出到 M0.0，状态恒为 1。

2. 信号状态保持程序

通过梯形图程序的自锁电路、复位/置位指令、RS(或 SR) 触发器等方式可以实现线圈的状态保持功能，分别有断开优先和启动优先两种控制方式。当启动、断开信号同时生效时，两种控制方式的输出状态将有所不同。

断开优先的梯形图程序如图 2-10 所示，图中的 I0.0 为启动信号，I0.1 为断开信号。

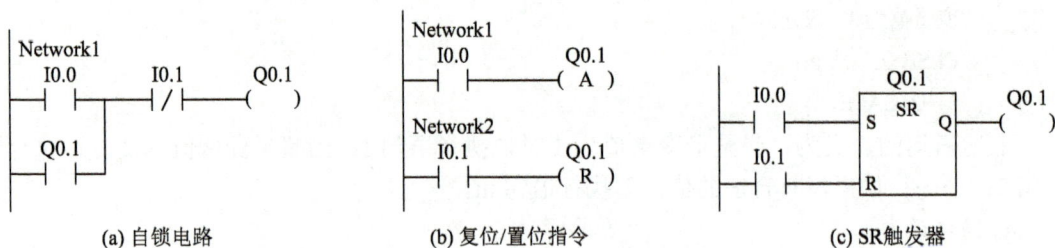

图 2-10　断开优先信息状态保持程序

当断开信号 I0.1 为 0 时，如果启动信号 I0.0 为 1，则 3 种程序中 Q0.1 输出结果都为 1 并能够保持。但是，如果信号 I0.1 为 1，则不论信号 I0.0 为 0 或者是 1，Q0.1 的输出结果始终为 0，因此这种情况称为断开优先或复位优先。

启动优先的梯形图程序如图 2-11 所示。在 3 种程序中，当断开信号 I0.1 为 0 时，如果启动信号 I0.0 为 1，那么 Q0.1 的输出结果为 1 并能够保持；当 I0.1 为 1 时，则可使得 Q0.1 输出为 0。但是，如果信号 I0.0 等于 1 时，则不论断开信号 I0.1 为 1 或者为 0，Q0.1 输出结果总是 1，因此这种情况称为启动优先或置位优先。

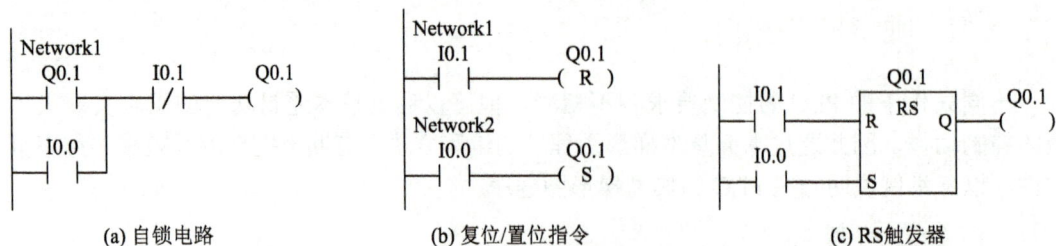

图 2-11　启动优先信号状态保持程序

3. 生成边沿信号程序

梯形图中除了使用专门的上升/下降沿检测指令以外，还可以通过程序生成上升沿脉冲，如图 2-12 所示。如果将程序中的 I0.1 改为 $\overline{I0.1}$，则可生成下降沿脉冲。

(a) 梯形图　　　　　　　　　(b) 时序图

图 2-12　边沿信号生成程序

在梯形图程序中，当首次执行循环时，如果 I0.1 由 0 变为 1，处理第 1 行程序指令时，由于 M0.1 的状态仍为上次循环的执行结果 0，故 M0.0 = I0.1&$\overline{M0.1}$，此时结果为 1，时序图中 M0.0 由 0 变为 1，产生上升沿跳变。当 PLC 继续执行第 2 行程序指令时，由于 I0.1 输入为 1，M0.1 的结果将变为 1，但不会影响 M0.0 的输出值，M0.0 在第 1 次循环结束后输出为 1。当结束第 1 次循环后，由于 M0.1 已经是 1，因此在后续循环中，M0.0 = I0.1&$\overline{M0.1}$ 将一直保持为 0。这样利用上述梯形图设计，就可以在 I0.1 为 1 的瞬间，在 M0.0 上得到一个宽度为 1 个 PLC 循环周期的上升沿脉冲信号。

4. 二分频程序

在 PLC 控制系统应用中，有时会对一个按钮反复操作，以此实现对执行元件通 / 断的交替控制，实现这一控制的程序称为交替通断程序。这一程序如果用于脉冲控制，其输出脉冲频率将成为输入信号频率的二分之一，因此又称为二分频程序。

图 2-13 所示的梯形图程序由边沿信号生成 (Network1、Network2)、启动、停止信号生成 (Network3、Network4) 以及状态保持 (Network5) 程序 3 部分组成。其中边沿信号生成、状态保持功能程序的原理与前面的程序一样。

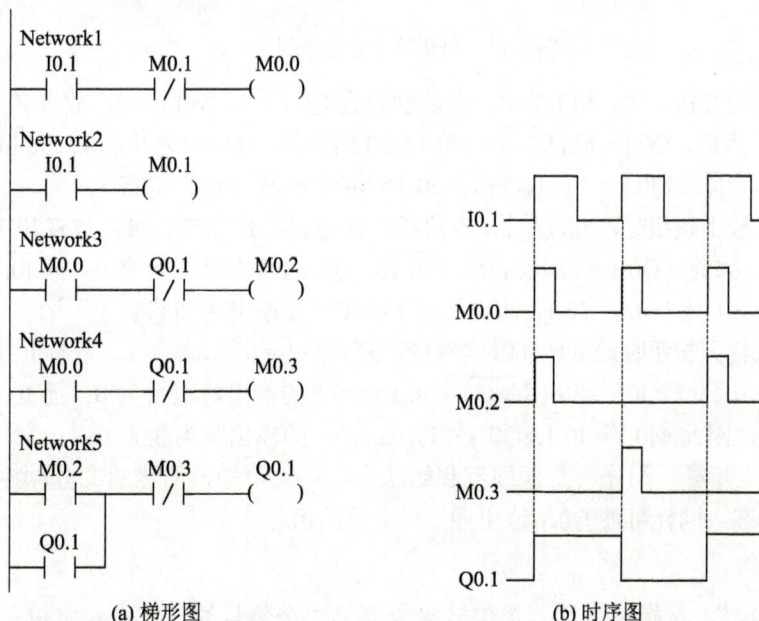

(a) 梯形图　　　　　　　　　(b) 时序图

图 2-13　二分频控制程序

当 I0.1 从 0 变为 1 时，在 M0.0 上得到 I0.1 的上升沿脉冲。如果 Q0.1 的当前状态为 0，则这一上升沿将产生状态保持程序的启动信号 M0.2 且为 1；如果 Q0.1 的当前状态为 1，则状态保持程序的停止信号 M0.3 将为 1。如果 Q0.1 的当前状态为 0，则可通过 M0.2（为 1）将 Q0.1 的执行结果重新置为 1；如果 Q0.1 的当前状态为 1，则可通过 M0.3（为 1）将 Q0.1 的执行结果重新置为 0。由于 M0.0 信号只保持 1 个 PLC 循环周期，当第 2 次执行循环时，M0.0 已经变为 0，因此，Q0.1 的状态变化不会导致 M0.2、M0.3、Q0.1 状态的循环改变。

二分频梯形图程序还可以继续简化，如图 2-14 所示。这一程序只需要两个程序段和 1 个内部信号，充分利用了 PLC 的执行特点，是一种经常采用的程序设计方式。

假设 Q0.1、M0.1 的起始状态均为 0，操作按钮 I0.1 时，程序的处理时序说明如下：

（1）第 1 次按下按钮时，I0.1 = 1，Q0.1、M0.1 的起始状态为 0，那么 I0.1&$\overline{M0.1}$ = 1、$\overline{I0.1}$&Q0.1 = 0，因此，Q0.1 = I0.1&$\overline{M0.1}$ + $\overline{I0.1}$&Q0.1 的输出将为状态 1；而 $\overline{I0.1}$&Q0.1 = 0、I0.1&M0.1 = 0，因此 M0.1 = $\overline{I0.1}$&Q0.1 + I0.1&M0.1 的输出将为状态 0。

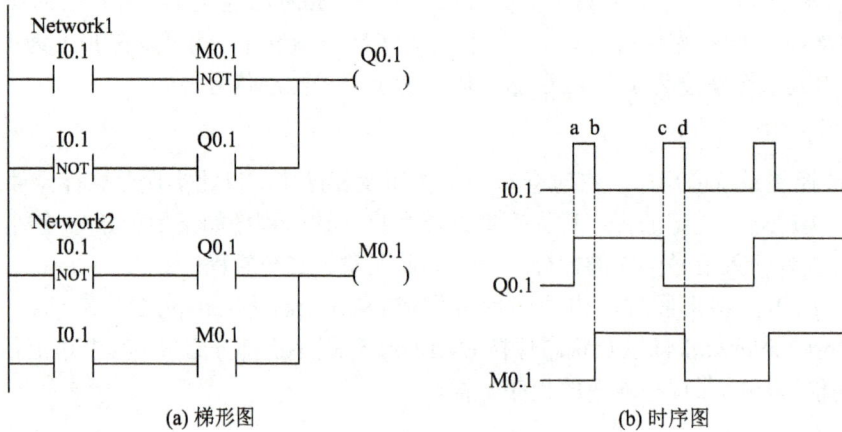

图 2-14　简化的二分频控制程序

（2）第 1 次松开按钮时，I0.1 为 0，当前状态为 Q0.1 = 1、M0.1 = 0，故有 I0.1&$\overline{M0.1}$ = 0、$\overline{I0.1}$&Q0.1 = 1，因此，Q0.1 = I0.1&$\overline{M0.1}$ + $\overline{I0.1}$&Q0.1 的输出将保持为状态 1；而 $\overline{I0.1}$&Q0.1 = 1、I0.1&M0.1 = 0，因此 M0.1 = $\overline{I0.1}$&Q0.1 + I0.1&M0.1 的输出将为状态 1。

（3）第 2 次按下按钮时，I0.1 为 1，当前状态为 Q0.1 = 1、M0.1 = 1，故有 I0.1&$\overline{M0.1}$ = 0、$\overline{I0.1}$&Q0.1 = 0，因此，Q0.1 = I0.1&$\overline{M0.1}$ + $\overline{I0.1}$&Q0.1 的输出将为状态 0；而 $\overline{I0.1}$&Q0.1 = 0、I0.1&M0.1 = 1，因此 M0.1 = $\overline{I0.1}$&Q0.1 + I0.1&M0.1 的输出将为状态 1。

（4）第 2 次松开按钮时，I0.1 为 0，当前状态为 Q0.1 = 0、M0.1 = 1，故有 I0.1&$\overline{M0.1}$ = 0、$\overline{I0.1}$&Q0.1 = 0，因此，Q0.1 = I0.1&$\overline{M0.1}$ + $\overline{I0.1}$&Q0.1 的输出将保持为 0；而 $\overline{I0.1}$&Q0.1 = 0、I0.1&M0.1 = 0，因此 M0.1 = $\overline{I0.1}$&Q0.1 + I0.1&M0.1 的输出将为状态 0。

执行完以上步骤，程序将重新回到起始状态。由此可知，简化的二分频控制程序通过控制 I0.1 的状态，同样可使 Q0.1 输出通 / 断交替的信号。

5. 采样程序

所谓"采样"，是指利用第一个信号来检测第二个信号的状态，并将第二个信号的状态保持到下次采样。这里第一个信号是采样信号，第二个信号是被测信号。实现这一要求的梯形图程序称为采样程序，如图 2-15 所示。

在图 2-15 中程序中，M0.1 为采样信号，I0.1 为被测信号，Q0.1 为采样状态输出信号。

当 M0.1 为 1 时，如 I0.1 = 1，则 M0.1&I0.1 = 1、$\overline{M0.1}$&Q0.1 = 0，因此，Q0.1 = M0.1&I0.1 + $\overline{M0.1}$&Q0.1 的输出状态为 1；

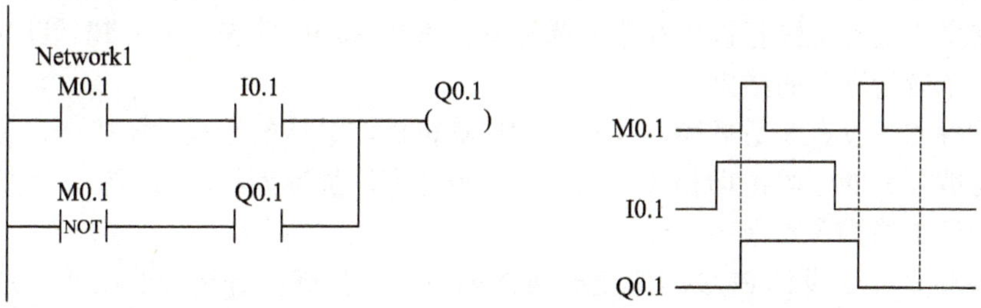

(a) 梯形图　　　　　　　　　　　　　　　(b) 时序图

图 2-15　采样程序

当 M0.1 变为 0 时，当前状态为 Q0.1 = 1，故有 M0.1&I0.1 = 0、$\overline{M0.1}$&Q0.1 = 1，因此，Q0.1 = M0.1&I0.1 + $\overline{M0.1}$&Q0.1 的输出状态将保持为 1，Q0.1 将输出并保持 M0.1 = 1 采样时的 I0.1 状态 1。

同样，当 M0.1 为 1 时，如果 I0.1 取值为 0，则 M0.1&I0.1 = 0、$\overline{M0.1}$&Q0.1 = 0，因此，Q0.1 = M0.1&I0.1 + M0.1&Q0.1 的输出状态为 0；

当 M0.1 变为 0 时，当前状态为 Q0.1 = 0，故有 M0.1&I0.1 = 0、$\overline{M0.1}$&Q0.1 = 0，因此，Q0.1 = M0.1&I0.1 + $\overline{M0.1}$&Q0.1 的输出状态将保持为 0，Q0.1 上同样可输出并保持 M0.1 = 1 时刻的 I0.1 状态 0。

6."异或"及"同或"运算程序

"异或""同或"是两种逻辑运算。所谓"异或"运算就是在两个信号状态不同时，输出信号为 1，其他情况则为 0；所谓"同或"运算就是在两个信号状态相同时，输出信号为 1，其他情况则为 0。图 2-16 所示的梯形图程序就可以实现这两种运算功能。

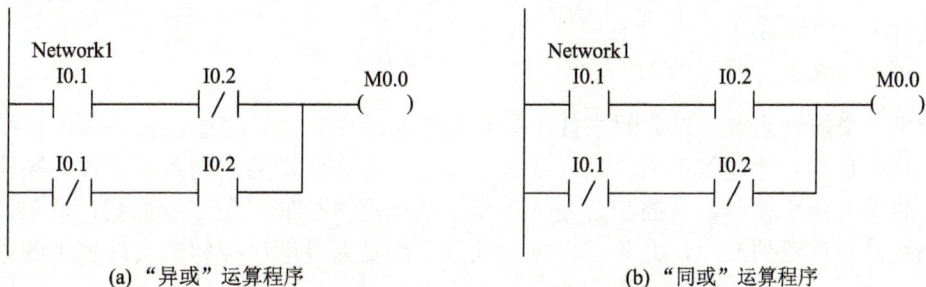

(a)"异或"运算程序　　　　　　　　　　(b)"同或"运算程序

图 2-16　"异或"及"同或"运算程序

▶ 2.1.7　顺序控制系统设计

PLC 在进行应用程序设计的过程中，应当正确选择能够反映生产过程变化的参数作为控制参量进行控制，同时应当正确处理各执行电器、各编程元件之间互相制约与互相配合的关系，即联锁关系。顺序控制系统应用程序的设计方法包括经验设计法和顺序功能图法等。

1. 经验设计法

某些简单的开关量控制系统根据继电器－接触器控制系统的设计方法就可以设计梯形图程序，即在某些典型电路的基础上，根据被控对象的具体要求，不断地修改和完善梯形图。但一般需要多次反复地进行调试和修改梯形图，不断增加中间编程元件和辅助触点，最终才能得到一个较为满意的结果。

由于这种方法没有普适规律，具有较大的随机性，最后的结果并不唯一，设计用时和设计质量与编程者的经验密切相关，因此这种设计方法被称为经验设计法，主要用来完成逻辑关系较简单的梯形图程序设计。

利用经验设计法设计 PLC 程序主要包括以下几个步骤：分析控制要求，选择控制原则；设计主令元件和检测元件，确定输入／输出设备；设计执行元件的控制程序；检查修改和完善程序。

经验设计法对于设计一些比较简单的程序来说是方便的。但是，由于这种方法需要设计人员具有一定的实践经验，因此对设计人员有较高的要求，设计者一般需要对工业控制系统和工业上常用的各种典型环节比较熟悉。利用经验设计法时，为了符合设计要求，程序往往需要反复修改和不断完善，因此一般用于设计一些简单的梯形图程序或复杂系统的某一局部程序（如手动程序等）。如果用来设计复杂系统梯形图程序，则经验设计法存在以下问题：

(1) 考虑不全面，设计复杂，设计周期长。用经验设计法设计复杂系统的梯形图程序时，需要通过一些中间元件来完成记忆、联锁和互锁等功能。由于需要涉及许多因素，这些因素可能互相影响，因此不容易进行分析，并且容易遗漏一些问题。当修改某段程序时，很可能会对系统其他部分程序造成影响，即使花费较多的时间也不能保证获得一个满意的结果。

(2) 缺乏友好的梯形图可读性，系统维护困难。由于用经验设计法设计的梯形图程序是按照设计者的经验进行设计的，因此不利于其他人员阅读程序，这给 PLC 系统的维护和改进带来一些问题。

2. 顺序功能图

如果一个控制系统可以分解成几个独立的控制动作，而且这些动作必须严格按照一定的顺序先后执行才能保证生产过程的正常运行，那么这样的控制系统被称为顺序控制系统，也称为步进控制，其控制总是一步步按照顺序执行的。在工业控制领域中，顺序控制系统具有广泛的应用，尤其在机械行业几乎都是通过顺序控制来实现加工的自动循环的。

所谓顺序控制设计法，就是一种专门针对顺序控制系统的设计方法。使用顺序控制设计法进行设计时，首先根据系统的工艺过程画出顺序功能图，然后根据顺序功能图完成梯形图程序设计。有的 PLC 为用户提供了顺序功能图语言，在编程软件中生成顺序功能图后便完成了编程工作。这种先进的设计方法很容易被初学者接受，对于有经验的工程师，则会提高程序设计的效率，也比较方便程序的阅读、调试和修改。

1) 顺序功能图的组成要素

顺序功能图 (Sequence Function Chart，SFC) 是 IEC 标准规定的用于顺序控制的标准化语言，是一种通用的技术语言，可供程序设计人员进一步进行程序设计以及和不同专业的人员之间进行技术交流使用。这种语言可以全面描述控制系统的控制过程、功能和特性，而不涉及系统所采用的具体技术。顺序功能图以功能为主线，表达准确，清晰简洁，是设计 PLC 顺序控制程序的重要工具。

顺序功能图主要由步及其对应的动作、有向连线、转换和转换条件组成。

(1) 步。顺序控制设计法基本思想是将系统的一个工作周期划分为若干个顺序相连的阶段，这些阶段称为"步"，并用位存储器 M 和顺序控制继电器 S 等编程元件来表示各步。步是根据输出量的状态变化来划分的，在任何一步之内，各输出量的位值状态不变，但是相邻两步输出量总的状态是不同的。

步分为初始步、活动步、不活动步三种。初始步是与系统初始状态对应的步，系统初始状态一般是系统等待启动命令时的相对静止的状态。初始步用双线方框表示，每一个功能图至少应该有一个初始步；活动步表示系统正处于工作阶段；不活动步表示系统处于等待或已完成工作的阶段。一个步是否为活动步，即是否处于激活状态，由上一步及与其相应的转移来决定。

(2) 与步对应的动作。控制系统中的每一步都有要完成的某些"动作"，当该步处于活动状态时，该步内相应的动作将被执行；反之，不被执行。动作是步的组成部分，一个步含有一个或多个动作。与步相关的动作用矩形框表示，框内的文字或符号表示动作的内容，该矩形框应与相应步的矩形框相连。在顺序功能图中，动作可分为"非存储型"和"存储型"两种。当相应步活动时，动作即被执行。当相应步不活动时，"非存储型"的动作返回到该步活动前的状态；"存储型"的动作继续保持它的状态。当"存储型"的动作被后续的步失励复位时，仅能返回到它的原始状态。顺序功能图中表达动作的语句需要表明该动作是"存储型"还是"非存储型"的。例如，"启动电动机 M1"与"启动电动机 M1 并保持"两条命令语句，前者是"非存储型"命令，而后者是"存储型"命令。

(3) 有向连线。在顺序功能图中，会发生步的活动状态的转换。步的活动状态的转换，采用有向连线表示，它将步连接到"转换"并将"转换"连接到步。步的活动状态的转换按有向连线规定的路线进行。有向连线是垂直的或水平的，按照从上到下或从左到右的步间连线。也可用加箭头做非上下或左右的步间连线。

(4) 转换和转换条件。在顺序功能图中，步的活动状态的转换是由一个或多个转换条件的实现来完成的，并与控制过程的发展相对应。转换的符号用在有向连线上的垂直短线来表示。与转换相关的逻辑条件用文字、布尔代数表达式、图形符号标注在转移短线旁。步间转换的规则是：步间的转换逻辑条件为真；被转移步的前一步是活动的。同时满足这两个条件才可以进行转换。为了启动顺序功能图程序的执行，需要指定一个初始步，其标志为 S0，是程序运行开始时被激活的那个步。有了这个初始步，则随着满足相应转换逻辑条件，流程图中步的激活状态将逐步转换，直到最后一步被激活，或根据有向线指定路线不停地循环转换。

2) 顺序功能图的基本结构

依据步之间的进展形式，顺序功能图有以下 3 种基本结构，如图 2-17 所示。

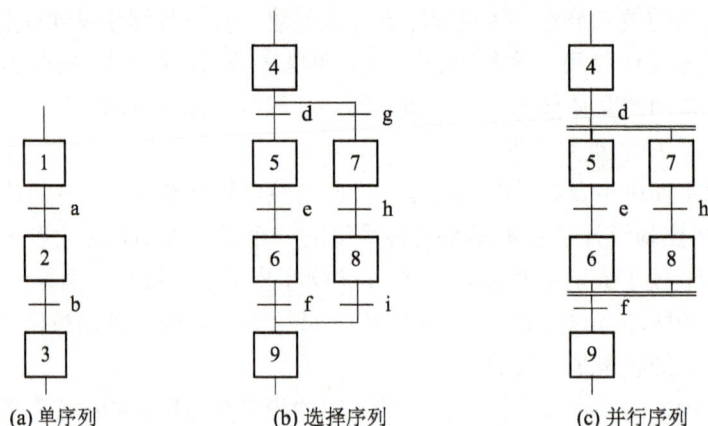

(a) 单序列   (b) 选择序列   (c) 并行序列

图 2-17　顺序功能图基本结构

(1) 单序列。单序列是由一系列相继激活的步组成的。每步的后面仅有一个转换条件，且每个转换条件后面仅有一步，如图 2-17(a) 所示。

(2) 选择序列。选择序列的开始称为分支，转换符号只能标在水平连线之下，如图 2-17(b) 所示。图中步 4 后有两个转换条件 d 和 g 所引导的两个选择序列，如果步 4 为活动步并且满足转换条件 d = 1，则步 5 被触发；如果步 4 为活动步并且转换条件 g = 1，则步 7 被触发。一般只允许选择一个序列。

选择序列的合并是指几个选择序列合并到一个公共序列。此时，用需要重新组合的序列相同数量的转换符号和水平连线来表示，转换符号位于水平连线之上。图 2-17(b) 中如果步 6 为活动步并且转换条件 f = 1，则步 6 转向步 9；如果步 8 为活动步并且转换条件 i = 1，则步 8 转向步 9。

(3) 并行序列。当转换的实现导致系统的几个序列同时被激活时用并行序列来表示，如图 2-17(c) 所示。并行序列的开始称为分支。当步 4 是活动步并且转换条件 d = 1 时，步 5、步 7 这两步同时变为活动步，同时步 4 变为不活动步。为了强调转换的实现，水平连线用双线表示。步 5、步 7 被同时激活后，每个序列中活动步将独立执行。在表示同步的水平双线上，只允许有一个转换符号。并行序列的结束称为合并，在表示同步水平双线之下，只允许有一个转换符号。当直接连在双线上的所有前级步 (步 6、步 8) 都处于活动状态，并且转换条件 f = 1 时，才会发生步 6、步 8 到步 9 的转换，步 6、步 8 同时变为不活动步，而步 9 成为活动步。

当采用顺序功能图法时，首先要根据系统的工艺流程设计顺序功能图，然后按照顺序功能图设计顺序控制程序。在顺序功能图中，实现转换时将结束前级步的活动而使后续步的活动开始，步之间没有重叠，这使系统中大量复杂的联锁关系在步的转换中得以解决。而对于每步的程序段，只需处理简单的逻辑关系。这种编程方法易于学习、规律性强，设计出的控制程序结构清晰、可读性好，程序的调试和运行也很方便，能够有效提高工作效率。S7-200 SMART PLC 采用顺序功能图法进行设计时，可以通过复位 / 置位指令 (S/R)、顺序

控制继电器指令 (SCR)、移位寄存器指令 (SHRB) 等指令实现编程。

▷ 2.1.8　PLC 控制系统设计的基本过程

PLC 控制系统设计

PLC 控制系统的设计原则是在最大限度地满足被控对象控制要求的前提下，力求使控制系统简单、经济、安全可靠，并考虑到以后生产的发展和工艺的改进需要，在选择 PLC 机型时，应适当留有扩展空间。PLC 控制系统设计的内容主要包括以下几个方面，根据具体控制对象，可以进行适当调整。

(1) 分析控制对象，明确设计任务和要求。

(2) 选择 PLC 的型号及配套所需的输入 / 输出模块，配置控制系统硬件。

(3) 编写 PLC 的输入 / 输出分配表和绘制输入 / 输出端子接线图。

(4) 根据系统设计要求编写软件规格需求说明书，然后利用梯形图等编程语言进行程序设计。

(5) 设计操作台和电气柜，选择所需的电气元器件。

(6) 编写设计说明书和操作使用说明书等文档。

PLC 控制系统的设计一般分为系统规划、硬件设计、软件设计、系统调试以及技术文件编制 5 个阶段。

1. 系统规划

实现系统设计首先要进行系统规划，内容包括确定控制系统方案与系统总体设计两部分。为了合理制定控制系统方案，需要对被控对象 (如生产线或生产过程等) 工艺流程的特点与要求做详细了解，具体分析和深入研究，明确控制的任务、范围和要求，根据工业指标，合理地制定和选取控制参数，使 PLC 控制系统能够最大限度地满足被控对象的工艺要求。

控制要求可用控制流程图或系统框图的形式进行描述，主要是指控制的基本方式、必须完成的动作时序和动作条件、应具备的操作方式 (如手动、间断和连续等)、必要的保护和联锁等。

系统规划的具体内容包括：明确控制要求，确定系统类型，确定硬件配置要求；选择 PLC 的具体型号、规格，确定 I/O 模块的数量与规格，选择特殊功能模块；选择人机界面、伺服驱动器、变频器和调速装置等。

2. 硬件设计

硬件设计是指系统规划完成后的技术设计。在这一阶段，设计人员需要根据总体方案完成电气控制原理图、连接图、元器件布置图等基本图样的设计工作。并在此基础上，应完成完整的电气元件目录与配套件清单，提供给采购供应部门购买相关的组成部件。同时，根据 PLC 的安装要求与用户的环境条件，结合所设计的电气原理图、连接图与元器件布置图，完成用于安装以上电气元件的控制柜、操作台等零部件的设计。

硬件设计完成后，将全部图样与外购元器件及标准件等制作为统一的基本件、外购件、标准件明细表，提供给生产和供应部门组织生产与采购。

3. 软件设计

PLC 控制系统的软件设计主要是指编制 PLC 用户程序、特殊功能模块控制软件，确定 PLC 以及功能模块的设置参数等。它可以与系统电气元件安装柜、操作台的制作和元器件的采购同步进行。

软件设计应符合所制定的总体方案设计要求，按照电气控制原理图所确定的 I/O 地址，编写实现满足控制要求的 PLC 用户程序。通常需要在软件设计阶段编写出程序说明书、I/O 地址表和注释表等辅助文件以便于后续的调试和维修。

程序设计完成后，首先需要利用 PLC 编程软件所具备的自诊断功能对 PLC 程序进行初步检查，排除程序中存在的语法错误，然后可以通过模拟与仿真工具进一步对程序进行模拟与仿真试验。伺服驱动器和变频器等部件如果是初次使用，可以通过检查与运行的方法进行离线调试，以方便后期的现场整体调试。

4. 系统调试

PLC 的系统调试是指检查、优化 PLC 控制系统硬件和软件设计，以提高控制系统的可靠性。为了防止调试过程中可能出现问题，确保调试工作的顺利进行，系统调试应在完成控制系统的安装、连接和用户程序设计后，按照调试前的检查、硬件调试、软件调试、空运行试验、可靠性试验、实际运行试验等设定的步骤进行。

在调试阶段，一切均应以满足控制要求、确保系统安全和可靠运行为最高准则，它们是检验软硬件设计正确性的唯一标准，任何影响系统安全性与可靠性的设计，都必须找到问题并及时修改，以免引发严重后果。

5. 技术文件编制

设备安全、可靠运行调试结束后，设计人员就可以进行系统技术文件的编制工作。例如：修改电气原理图、连接图；记录、调整设置参数；编写设备操作使用说明书，备份 PLC 使用程序等。

2.2　分布式控制系统

分布式控制系统基本的设计思想是控制操作分散和管理集中，使用的结构形式是将多层进行分级管理，集中管理和分散控制是其主要的特征。它可以充分利用网络上的计算机资源，如利用计算机网络来实现生产过程中云数据的精确计算，使系统做到成本较低而可靠性较高。当前，在冶金、电力、石化等各行业领域，分布式控制系统都获得了相当广泛的应用。

2.2.1　DCS 的概念

分布式控制系统 (Distributed Control System，DCS) 是对生产过程进行集中监视、操作管理和分散控制的一种常用的控制系统，又称集散控制系统。它是一个以通信技术为纽带，融合了控制与显示技术的计算机控制系统。微处理器的分布式控制系统采用了仪表控制系统，该系统以控制功能分散、显示操作集中和综合协调为设计原则。这种控制方式使CPU 不是集中在一处而是分散分布在各处 (即这就是分布式控制系统的特点)，但这些分散的控制点又通过通信线路将数据集中在一起进行分析处理。分布式控制系统与安全集中的控制系统相对应，集中在一处的 CPU 直接将执行元件和各种分布的传感器相连接。

分布式控制系统通常包括 3 个部分，分别是分散控制监测、管理和通信部分。其中，分散控制监测部分即现场控制单元，按照机组整体的设计架构集中安装在控制室或者分散于现场，通常可以对 1 个或者多个回路进行控制，具备几十种至上百种运算功能。分布式控制系统软件通常由组态软件、数据通信软件、实时多任务操作系统和各种应用软件等组成，并可以按用户要求将其组态软件工具、画面软件和逻辑编辑软件生成实用系统。

分布式控制系统最早产生于 1975 年，由于其控制的优势和特点，一直得到了发展并且被广泛应用于工业现场控制。按照其发展历史可以分成以下 4 个阶段。

第一代分布式控制系统于 1975—1980 年期间被开发，其标志性产品是 TDC-2000 系统，是由 Honeywell 公司开发的。同期还有 TOSDIC 系统，是由东芝公司开发的。第一代分布式控制系统的体系结构由过程控制单元、数据采集单元、CRT 操作站、上位管理计算机和数据通道 5 部分构成。这种结构也为之后分布式控制系统的发展确立了整体构架。第一代分布式控制系统与传统的仪表控制系统在功能上相似，相对侧重于控制功能的实现，但人机交互功能则相对落后。

第二代分布式控制系统于 1980—1985 年期间内被开发，可称为分布式控制系统的成熟期。其中典型代表包括 TDGC-3000 系统 (由 Honeywell 公司推出的) 和 PROVOX 系统 (由 Fisher 公司开发)。第二代分布式控制系统突出的改进是引入了局域网作为系统通信的桥梁，即通过局域网连接控制站、操作站、管理站等关键单元。这个改进使分布式控制系统的通信响应更加快速，并扩展了控制体量，摆脱了对仪表控制系统的依赖，进一步向计算机系统方向发展。这个时期的分布式控制系统在功能上增加了顺序控制、逻辑控制等功能，使分布式控制系统更加完善，加强了系统的管理和控制功能。从人机界面的交互上来看，第二代分布式控制系统的整体图形画面等可视窗口越来越丰富，方便了操作人员的使用。

第三代分布式控制系统是以 1987 年出现的 I/ASeries 为代表，由 Foxboro 公司开发。第三代分布式控制系统在功能上实现了上层网络，系统中可直接实现生产管理的功能，形成了直接控制、监督控制，以及协调优化、上层管理的标准完整结构，并且多数厂商在组态软件方面实现了标准化，对用户的使用提供了便捷。其在网络通信方面也普遍采用了标准的网络产品，低层网络实现了系统的互通，并通过网络协议进行高层网络连接。

第四代分布式控制系统在 20 世纪 90 年代出现，其最大的突破是不再使用模拟信号仪表，而改为现场数字仪表，且通过现场总线 (Fieldbus) 互联。因此也被取名为现场总线控制系统 (Fieldbus Control System，FCS)。现场总线的使用减少了导线的安装，进而减少了成本，并简化了维护的操作。数字信号的使用也提高了数据的精确度，减少了模拟信号转换引起的数据误差。典型系统代表有 Honeywell 公司的 Experion-PKS 系统等。

2.2.2　DCS 的特点

目前所应用的第四代 DCS 具有操作方便、功能强大、自动化水平高和安全可靠等优点。DCS 特点如下：

(1) DCS 的操作简单灵活。DCS 的操作界面简单且清晰，对操作人员进行短时间培训后即可掌握相应的操作使用方法，满足大多数企业的现场生产管理工作需求。DCS 是基于 TDC 系统改进而来的，适用于大多数企业的生产经营管理。

(2) 功能强大，结合了集中和分散功能。从 DCS 的组成结构和功能分析可知，DCS 具有系统化管理和分散控制功能。系统化管理是指能够将系统中收集的各数据信息进行统一管理，实现对现场生产管理过程的统一监督和监测。DCS 由多个子系统组成，可实现分散控制功能，各组成部分在不同区域进行各自操作，共同实现对整个 DCS 的控制。

(3) DCS 的可靠性高。DCS 利用了先进的计算机技术，继承了计算机"4C 技术"的各项优点，并对不足之处进行了改进，形成了优势明显的 DCS，其对现场控制的功能更加强大，通过采用先进的冗余技术提高了系统的安全可靠性。

(4) 具有层次网状结构。DCS 是类似于三角形的网络结构，在该结构中，不同功能部位的网络结构分别采用与之相匹配的拓扑结构、通信协议，然后再结合在一起形成不同形状网络结构的控制系统。这种形式的网状结构能够快速地收集数据信息并用于传输交换。

(5) 采用模块化设计。DCS 采用模块化设计，通过集成各种控制器、I/O 卡件等单元以组成整个 DCS，这样既有利于实现整个 DCS 的统一化管理，同时也有利于对各组成模块进行独立的维修保养和升级优化。

(6) 使用高速通信网络。DCS 运行过程中对生产现场数据进行收集并传递给相应控制平台，采用网络化通信手段，一方面有利于信息的快速传递和交换，增强数据信息的传递效率，另一方面有利于实现整个生产管理过程的高可靠性和高效性。

▷ 2.2.3　DCS 的网络架构与功能

DCS 的网络架构由三部分组成，从上到下依次为管理网络 (MNET)、系统网络 (SNET)、控制网络 (CNET)。其中系统网络和控制网络都是冗余配置，且管理网络为可选网络。DCS 网络架构如图 2-18 所示。

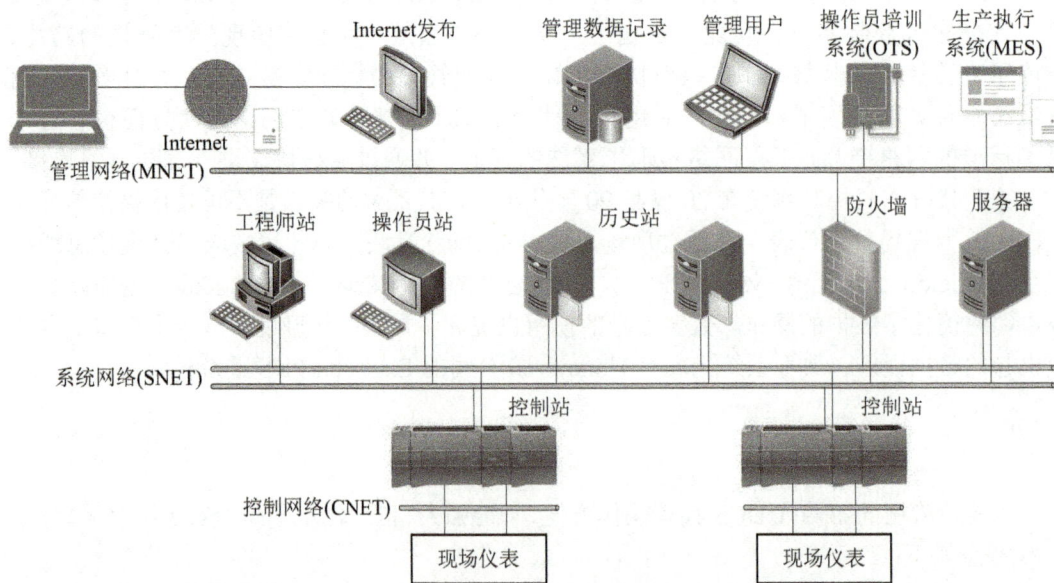

图 2-18　DCS 网络架构

1. 管理网络 (MNET)

管理网络由 100/1000 M 以太网络构成，用于控制系统服务器与厂级信息管理系统 (RealMIS 或者 ERP)、INTERNET、第三方管理软件等进行通信，实现数据的高级管理和共享。管理网络层为可选网络层。

2. 系统网络 (SNET)

系统网络由高速冗余工业以太网络构成，用于网络节点间的连接，完成现场控制站的数据下装。利用系统网络可快速构建星型、环型或总线型拓扑结构的高速冗余安全网络，符合 IEEE802.3 及 IEEE802.3u 标准，基于 TCP/IP 通信协议，通信速率为 100/1000 Mbps 自适应，传输介质可选择带有 RJ45 连接器的 5 类非屏蔽双绞线。

系统网络的节点主要由工程师站、操作员站、历史站等部件组成。

工程师站用于完成系统组态、修改及下装，包括数据库、图形、控制算法、报表的组态，参数配置，操作员站、现场控制站及过程 I/O 模块的配置组态，数据下装和增量下装等。

操作员站用于进行生产现场的监视和管理，包括系统数据的集中管理和监视，工艺流程图显示，报表打印，控制操作，历史趋势显示，日志、报警记录和管理等。

历史站 (选配可兼用系统服务器) 用于完成系统历史数据服务和与工厂管理网络交换信息等。

3. 控制网络 (CNET)

控制网络采用冗余现场总线与各个 I/O 模块及智能设备连接，可同时支持星型网络和总线型网络。控制网络可实时、快速、高效地完成与现场通信的任务，符合 IEC61158 国际标准 (国标：JB/T10308.3—2001 或欧标：EN50170，即 PROFIBUSDP 通信协议)，传输介质为屏蔽双绞线或者光缆。

控制网络的节点由控制站和 I/O 模块构成。

控制站用于完成现场信号采集、控制算法、控制输出、通过系统网络将数据和诊断结果传送到操作员站等功能。

I/O 模块用于将模拟信号转换为数字信号、工程单位变换、模块和通道级故障诊断，并通过冗余的多功能总线将相关数据送给主控制器单元。

2.2.4　DCS 与 PLC 的区别

从技术角度来看，DCS 最开始以工业自动化仪表控制系统为发展原型，后来逐渐发展为建立在工业控制计算机基础之上的集散系统，此系统在处理模拟量的过程中以及在调节回路的过程中拥有比较大的优势，主要是进行持续的过程控制，控制重点为调节回路。PLC 替代的是继电器逻辑系统，经过不断发展，在应用上主要体现在离散制造与工序控制两个方面，其主要作用就是开关量顺序控制。

DCS 大都是使用冗余设备来进行构成的，其所采用的冗余配置简单有效，费用比较低。而 PLC 如果要完成冗余控制要求，则需要安装定制电源，费用非常大，所以 PLC 基本上不会使用冗余设备。

　　DCS 和 PLC 两种产品的组态软件各具特点，同时软件工具也已各自形成体系。PLC 所使用的编程语言主要是梯形图，其次为功能块图、顺序功能表图或指令表。DCS 针对开发系统环境，主要是使用 DCS 本身或使用计算机结构构成的组态来完成构建。

　　分析软件内部集成使用的控制算法可知，DCS 内集成所使用的控制算法非常多，不需要单独进行算法开发，对比 PLC 优势非常明显。

　　在 I/O 模块方面，DCS 所对应的 I/O 模块存在总线接口，同时还会存在独立性质的数据采集和处理工作。在这个过程中，I/O 模块所表现出的智能化程度比 PLC 要更高，而 PLC 所存在的 I/O 模块针对控制器支持数据 I/O 通道，其智能性并不高，针对数据采集和处理工作，其主要是由机架内所安装的专用 I/O 处理模块来进行。

　　DCS 具有非常强大的软件编程功能，用户可以更加方便地使用计算机编程语言，以及可以使用其内部存在的系统编程模块。DCS 的单独项目可以出色地完成多任务编辑，这使得其被广泛认可和推广，在工程领域内得到大量应用。

▷ 2.2.5　DCS 的发展趋势

　　DCS 的发展与科学技术的发展密切相关。从 DCS 出现至今，四代 DCS 的升级使系统本身不断完善且提高。DCS 目前的发展趋势主要体现在以下几个方面。

1. 系统功能向开放式方向发展

　　传统 DCS 的结构是封闭式的，不同制造商的 DCS 之间难以互联互通。而开放式的 DCS 可以赋予用户更大的系统集成自主权，用户可根据实际需要选择不同厂商的设备连同软件资源接入控制系统，达到最佳的系统集成效果。这里不仅包括 DCS 与 DCS 的集成，也包括 DCS 与 PLC、FCS 及各种控制设备和软件资源的大量集成。

2. 系统采用的技术向标准化、通用化方向发展

　　DCS 在硬件平台、软件平台、组态方式、通信协议、数据中心等方面将采用通用且标准的技术，提高集散控制系统的开源性，降低系统设计、研发、调试、维护的成本。例如，更多厂家的 DCS 的应用基于 Windows 平台运行，这样既降低了硬件成本，也便于操作人员的学习和使用。

3. 工控软件正向先进控制方向发展

　　广泛应用各种先进控制与优化技术是挖掘并提升 DCS 综合性能最有效、最直接，也是最具价值的发展方向，主要包括先进控制、过程优化、信息集成、系统集成等软件的开发和产业化应用。

4. 仪表技术向数字化、智能化、网络化方向发展

　　工业控制设备的智能化、网络化发展，可以促使过程控制的功能进一步分散下移，实现真正意义上的"全数字""全分散"控制。另外，这些智能仪表具有的精度高、重复性好、可靠性高，并具备双向通信和自诊断功能等特点，可以使系统的安装、使用和维护工作变得更为方便。

5. 系统架构进一步向 FCS 方向发展

　　单纯从技术而言，现场总线集成于 DCS 可以有以下 3 种方式：

(1) 现场总线基于 DCS 的 I/O 总线上的集成。通过一个现场总线接口卡挂在 DCS 的 I/O 总线上，使得在 DCS 控制器中所看到的现场总线来的信息就如同来自一个传统的 DCS 设备卡一样。

(2) 现场总线基于 DCS 网络层的集成。在 DCS 更高一层网络上集成现场总线系统，如在 DCS 网络层集成其现场总线功能，这种集成方式不需要对 DCS 的控制站进行改动，对原有系统影响较小。

(3) 现场总线通过网关与 DCS 并行集成。现场总线和 DCS 还可以通过网关桥接实现并行集成。如现场总线系统利用 HART 协议网桥连接系统的操作站和现场仪表，从而实现现场总线设备管理系统的操作站与 HART 协议现场仪表之间的通信功能。

2.3　SCADA 系统

2.3.1　SCADA 系统的概念

SCADA 系统是 Supervisory Control And Data Acquisition(数据采集与监视控制) 系统的缩写。SCADA 系统是指对生产单位分散或分布距离远的生产系统进行数据采集、监视和控制的一种系统，可以对现场的运行设备进行控制和监视，用于实现数据采集、设备控制、测量、参数调节以及各类信号报警等各项功能。SCADA 系统应用领域广泛，可以应用于电力系统、给水系统、化工、石油等领域的数据采集与监视控制以及过程控制等行业部门。

SCADA 系统中几乎所有的控制动作都是由可编程逻辑控制器或远程终端单元自动执行的，对主机控制功能的限制是监督级干预或基本覆盖。例如：在工业过程中 PLC 控制冷却水的流动，SCADA 系统允许记录与报警所有条件和流量设定点 (如高温、流量损失等) 发生的任何变化，并能够显示；数据采集从 PLC 或 RTU 级开始，包括报告设备状态和仪表读数；控制室的操作员可以利用格式化的数据通过使用 HMI 监督、决定、调整或覆盖正常的 PLC(RTU) 控制。

SCADA 系统主要实现被称为标签数据库的分布式数据库，其中包含被称为点或标签的数据元素。点是由系统控制或监视的单个输入或输出值，有软点和硬点。系统的实际输入或输出由硬点表示，而软点是用于表示其他点的不同数学和逻辑运算的结果。这些点通常存储为时间戳值对。时间戳值对的系列给出了特定点的历史。常使用标签存储额外的元数据，这些附加数据可以包括对设计时间的注释、报警信息、现场设备或 PLC 寄存器的路径。

2.3.2　SCADA 系统的组成

典型的 SCADA 系统组成如图 2-19 所示，分为管理端和场站端。管理端一般包括前置采集、SCADA 应用。场站端主要是由三部分组成，分别是下位机、通信网络、上位机。

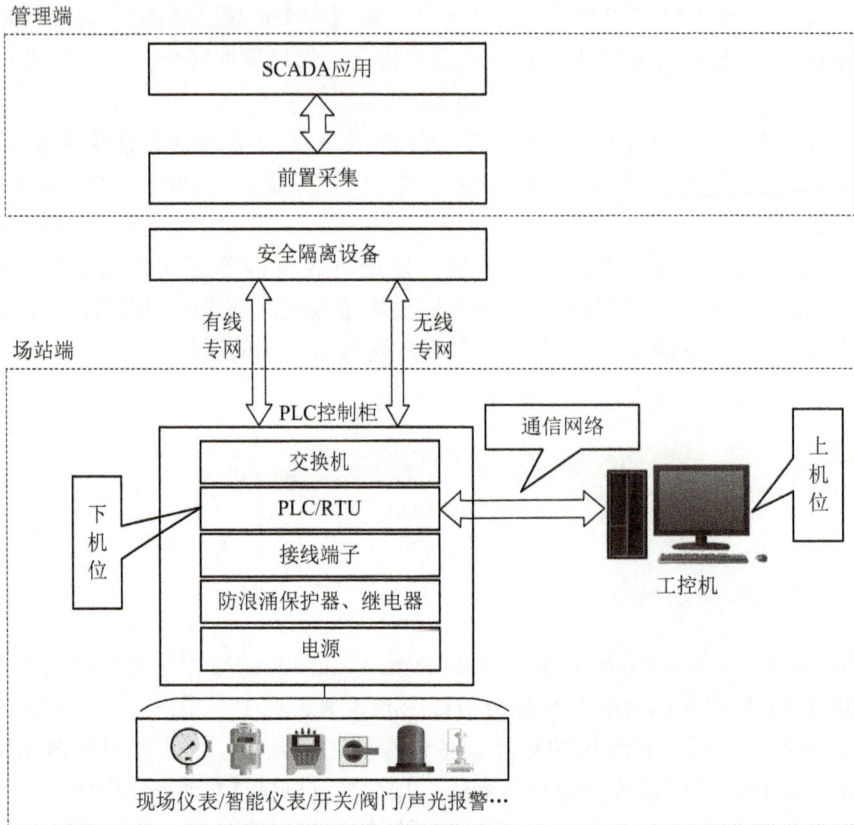

图 2-19　SCADA 系统组成图

在管理端中，SCADA 应用部分用于对场站端进行监控和管理；前置采集部分是借助有线专网和无线专网等通信系统获取现场设备的温度、压力、流量、设备运行状态等信息，实现各种采集设备的协议解析、转换、传输。

在场站端中，下位机侧重采集和控制，一般由 RTU 和 PLC 组成；通信网络实现上、下位机之间的数据交流，负责信息远距离传输工作；上位机侧重监控功能，主要起到远程监控、报警处理、数据存储以及与其他系统集合的作用。

1. 场站端传感器设备

场站端传感器设备按照检测参数主要分为四大类，即压力测量仪表、温度测量仪表、流量测量仪表、液位测量仪表。

常用的压力测量仪表：弹簧管式压力表、远传压力测量仪表。

常用的温度测量仪表：显示仪表（如玻璃液体温度计、双金属温度计）、远传仪表（如热电偶、热电阻、半导体等组成的远传仪表）。

常用的流量测量仪表：速度式流量计（如孔板、涡轮、超声波流量计等）、容积式流量计、椭圆齿轮流量计、腰轮流量计、刮板流量计等。

常用的液位测量仪表：浮子式液位计、差压式液位计。

I/O 传输信号包括模拟量信号和数字量信号。模拟量信号是一种连续变化的物理量，如电流、电压、温度、速度、压力、位移等。在 SCADA 系统中，数字量信号有二进制或十进制表示的编码数字、开关量、脉冲序列等。例如：工控系统中要对这些模拟量进行采集并传送给 PLC，必须需要先对模拟量进行模 / 数 (A/D) 转换。

2. 场站端下位机

下位机是指各种智能节点，这些节点各自都有自己独立的系统软件和应用软件，具备数据采集、设备或过程控制功能，并可将状态信号转换为数字信号。下位机通过各种通信方式将数据传递到上位机系统，并且接受上位机的监控指令。典型的下位机包括 RTU、PLC、PAC、智能仪表等。

下位机配置的各种 DI、AI 等输入设备对数据进行采集。下位机配置的各种 DO、AO 等输出设备对现场设备进行控制。下位机接收上位机的监控，并向上位机传输各种现场数据。

1) 场站端下位机的 PLC

PLC 实质上是一种专用于工业控制的计算机，其硬件结构基本上与微型计算机相同。从结构上分，PLC 分为固定式和组合式 (模块式) 两种。固定式 PLC 包括 CPU 板、I/O 板、显示面板、内存块、电源等部件，这些部件可以组合成一个不可拆卸的整体。模块式 PLC 包括 CPU 模块、I/O 模块、内存、电源模块、底板或机架等模块，这些模块可以按照一定规则组合配置。

2) 场站端下位机的 RTU

RTU 是 Remote Terminal Unit(远程测控终端) 的缩写，是一种特殊的、针对通信距离较长和工业现场环境恶劣而设计的具有模块化结构的计算机测控单元。它将末端检测仪表和执行机构与远程调控中心的主计算机连接起来，具有远程数据采集、控制和通信功能，能接收主计算机的操作指令，控制末端的执行机构动作。RTU 可以用各种不同的硬件和软件来实现，采用何种方法实现取决于被控现场的性质、现场环境条件、系统的复杂性、对数据通信的要求、实时报警报告、模拟信号测量精度、状态监控、设备的调节控制和开关控制。由于各制造商采用的数据传输协议、信息结构和检错技术不同，因此各制造厂家一般都只生产 SCADA 系统中配套的专用 RTU。

3) PLC 和 RTU 的区别

虽然 RTU 和 PLC 在工程编程、数据采集和控制等方面很相似，但它们之间还是有很大区别的。

PLC 一般主要用于在场站端内进行数据汇总和指令处理，主要应用于室内环境。

RTU 最显著的特点是远程功能，即它与调度中心之间通过远距离信息传输完成监控功能。RTU 通常具有优良的通信能力和更大的存储容量，适用于更恶劣的温度和湿度环境，提供更多的符合专有标准的计算功能。

因此，PLC 是为满足传统工厂基础自动化的发展需求而设计和研发的。而 RTU 是对传统 PLC 在远程和分布式应用的有益产品补充，更适用于现代化新兴行业的分散监控的需求。

两者具体的一些区别如下：

(1) RTU 通常比 PLC 大，一个主要原因是 RTU 增加的功能增加了设备的耐用性和坚固性，这样就占用了更多空间。PLC 更小巧紧凑，适用于可用空间通常不充足的场所。

(2) RTU 适应恶劣环境的能力强，一般不受地理环境限制，可在室外现场测量点附近安装，一个 RTU 就可以控制几个、几十个或几百个 I/O 测量点。其防护等级高，一个电池组供电工作时间有时长达数月。PLC 一般用于场站端内工业流水线的控制，工作环境要求较高，多安装在室内。一般工作环境温度要求 0～55℃，空气湿度应小于 85%。工作环境温度若超过温度 55℃，则要安装风扇通风，高于温度 60℃，则要安装风扇或冷风机降温。

(3) 因 RTU 受工作环境约束较小，故要求其技术规格符合恶劣环境要求和特定要求。它有较大的数据存储量，模拟量采集能力强（最多 24 路），模拟功能远比 PLC 更强大。

(4) RTU 通信功能强大。由于 RTU 要将采集的模拟量、开关量、数字量信息最终传输给调度中心，而调度中心有可能距离非常远，故要求它具有远程通信功能。PLC 的通信功能则仅限于场站端内部近距离传送数据，其通信功能弱于 RTU。

(5) RTU 产品具有客户/服务器式的通信能力，能够主动发起报告。而传统的控制系统（包括 PLC)的通信机制是主、从方式，这也是在工控领域专有布线结构下所遵循的通信原则。RTU 一般具备 3～5 个通信接口，如 RS485、RS232 等，支持多种通信协议，如 Modbus、DNP3 等，特别适合 SCADA 系统。PLC 通信接口及通信协议单一，只适合相对固定和统一的场站端内控制系统。

(6) RTU 与 PLC 使用功效也不尽相同。RTU 具有远程功能、当地功能以及自检与自调功能。远程功能是指它与调度中心相距遥远，与调度中心计算机通过信道相连接；当地功能是指 RTU 通过自身或连接的显示、记录设备，就地实现对网络的监视和控制的能力；自检与自调功能是指 RTU 在受到某种干扰影响而使程序"跑飞"时，能够自行恢复正常运行的能力。PLC 一般当地功能更加突出。

3. 场站端上位机

上位机通常具有友好的人机界面，通过网络从各下位机中采集数据，实现远程监视、控制功能。上位机侧重监控功能。在工业控制当中，HMI 也是上位机的一种，即就是一台计算机，只不过它的作用是监控现场设备的运行状态，当现场设备出现问题时在上位机上就能显示出各设备的状态（如正常、报警、故障等）。HMI 本质上是一个用户控制站，通常以触摸屏或者带按钮的屏幕出现在 SCADA 系统中。SCADA 系统是许多软硬件的组合，包括传感器、PLC 或 RTU，来自这些系统的数据被发送到中央 SCADA 单元。HMI 可以是 SCADA 系统的一部分，但 SCADA 系统不能是 HMI 的一部分。SCADA 系统通过组态软件开发上位机。

▷ 2.3.3　SCADA 系统的典型结构

SCADA 系统的典型结构包括集中式 SCADA 系统、分布式 SCADA 系统和网络式 SCADA 系统。

1. 集中式 SCADA 系统

集中式 SCADA 系统将所有监控功能集中到一台主机，采用广域网连接现场 RTU 和主机，网络协议比较简单，功能弱且系统不具有开放性，因而系统维护、升级以及与其他设备联网比较困难。

集中式 SCADA 系统属于第一代 SCADA 系统，在开发时网络还不存在。因此，SCADA

系统与其他系统没有任何连接，意味着它们是独立系统。后来，RTU 供应商设计了有助于与 RTU 通信的广域网，当时的通信协议是专有的，如果主机系统失败，则就有一台备用主机连接在总线上开始工作。

2. 分布式 SCADA 系统

分布式 SCADA 系统使用多台计算机和工作站作为上位机，通过局域网相互连接实时共享数据，每个站点只需要完成特定的工作，有的站点可作为操作站，为操作人员提供操作界面，有的站点作为计算处理器或数据服务器使用。此种系统相当于将 SCADA 系统功能分散到多个站点中，与单个处理器比有更强的数据处理能力。

分布式 SCADA 系统的多台站之间的信息通过局域网实时共享，数据处理分布在各个站之间。它虽然使用了专有的网络通信协议，但依然导致产生了 SCADA 系统的许多安全问题。

3. 网络式 SCADA 系统

网络式 SCADA 系统以各种网络技术为基础，是一种具备统一开放的系统架构、可集成多种第三方软件、实现网络化分布式的混合控制系统。相对于集中式 SCADA 系统和分布式 SCADA 系统，网络式 SCADA 系统在结构上更加开放，有更好的兼容性，可以方便集成到综合自动化信息化系统中。

现在使用的 SCADA 系统与主站之间的通信通过 WAN 协议 (IP 协议) 完成。由于使用的标准协议和网络化 SCADA 系统可以通过互联网进行访问，因此增加了系统的脆弱性风险。然而，安全技术和标准协议的使用意味着可以在网络式 SCADA 系统中对应用安全性进行改进。

网络化 SCADA 系统以各种网络技术为基础，控制结构更加分散化，信息管理更加集中。它在结构上更加开放，兼容性更好，可以无缝集成到全厂综合自动化系统中。由于网络式 SCADA 系统的规模大小可以从几百点到几万点不等，用户对网络式 SCADA 系统的需求不是单一的，因此对其系统架构提出了更高的要求。

网络化 SCADA 系统中包括两种访问结构：一种是客户机 / 服务器结构，另一种是浏览器 / 服务器结构。

1) 客户机 / 服务器结构

客户机 / 服务器结构即 Client/Server 结构，简称 C/S 结构。C/S 结构中客户机和服务器之间的通信以"请求 – 响应"的方式进行。客户机先向服务器发出请求，服务器再响应这个请求，如图 2-20 所示。

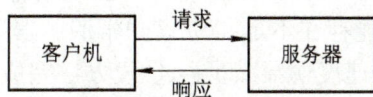

图 2-20　C/S 结构图

C/S 结构中的服务器通常采用高性能的 PC 或工作站，并配备大型数据库系统。客户机需要安装客户端软件。C/S 结构最重要的特点是它提供一个平等的环境，而不是一个主从环境，即 C/S 系统中的各计算机在不同的场合下可能作为客户机也可能作为服务器使用。此种结构可以充分利用两端硬件环境优势，将任务合理分配到客户端和服务器端来实现，降低了系统通信开销。

2) 浏览器 / 服务器结构

浏览器 / 服务器结构即 Browser/Server 结构，简称 B/S 结构，如图 2-21 所示。

图 2-21   B/S 结构图

B/S 结构是 Web 兴起之后的一种网络结构模式，Web 浏览器是 B/S 结构客户机上最主要的软件。这种结构采用统一的客户端，将用于系统功能实现的核心部分集中到 Web 服务器上，简化了系统的开发、维护和使用。B/S 结构最大的特点是用户可以通过浏览器去访问 Internet 上的文本、数据、图像等信息，这些信息都是由多个 Web 服务器产生的，而每一个 Web 服务器又可以通过各种方式与数据库服务器连接，数据库服务器保存了大量实际应用的数据，这样用户在客户端使用方便而且客户端基本不存在维护问题。

3) C/S 结构和 B/S 结构的区别

(1) C/S 结构的优点：① 可以充分发挥客户端的处理能力，很多工作能够在客户端处理以后再提交给服务器处理，C/S 客户端响应速度快；② 操作界面友好、形式多样，能够满足不同客户的个性化要求；③ C/S 结构的管理信息系统拥有比较强的事务处置能力，可以完成复杂的业务过程；④ 能够非常容易地确保安全性能，C/S 通常面向相对固定的用户群，程序注重过程管理，它能够对权限实现多层次校验，提供了更加安全的存取形式，对信息安全的控制能力非常强。通常高度机密的信息系统适宜选用 C/S 结构。C/S 结构用户留存率高，用户通过客户端就可访问 SCADA 系统。

(2) C/S 结构的缺点：① 需要专门的客户端来安装程序，分布功能弱，针对点多面广且不具备网络条件的用户群体，不足以完成快速部署安装与配置；② 兼容性差，对于不一样的开发工具，拥有比较大的局限性，如选用不一样的工具，则需要重新改写程序；③ 开发、维护费用较高，需要拥有一定专业水准的技术人员才可以执行，每当系统进行升级，所有客户端的程序就需要全部更改；④ 用户群固定，程序需要安装才可使用。

(3) B/S 结构的优点：① 分布性强，客户端零维护；② 只需有网络、浏览器，就能够随时随地进行查询、浏览等业务处理；③ 业务扩展简单便利，通过添加网页就可以增加服务器功能；④ 维护简单便利，只需要修改网页，就可以完成全部用户的同步更新；⑤ 开发简单，共享性强，能够实现动态更新。

(4) B/S 结构的缺点：① 个性化特征明显减少，无法完成拥有个性化的功能要求；② 在跨浏览器处理时，B/S 结构性能存在不足；③ 客户端服务器端的交互是请求 - 响应形式，常常需要动态刷新页面，响应速度明显减少；④ 没办法完成分页显示，给数据库访问造成较大的压力；⑤ 在速度与安全性上需要花费更多的设计费用；⑥ 功能弱化，难以完成传统形式下的特殊功能需要；⑦ 用户留存率低，用户需要自己访问网址，无法一键到位。

C/S 结构和 B/S 结构具有各自的特点，但都是通用的 SCADA 系统结构。一般而言，SCADA 系统普遍以 C/S 结构和 B/S 结构为基础，大多数系统同时包含了这两种结构。在运行速度、数据安全、人机交互等方面，C/S 结构比 B/S 结构要强，但在 Internet 应用、维护与升级等方面，B/S 结构优于 C/S 结构，更适合于远程监控的需要。

▷ 2.3.4　SCADA 系统与 DCS 的区别

SCADA 系统和集散控制系统 (DCS) 的共同点表现在以下方面：

(1) 两者具有相同的系统结构。从系统结构看，两者都属于分布式计算机测控系统，普遍采用客户机 / 服务器模式，具有控制分散、管理集中的特点。两者的现场控制站 (或下位机) 主要承担现场测控工作，上位机则侧重于监控与管理工作。

(2) 通信网络在 SCADA 系统和 DCS 中都起着重要的作用，且通常都具有至少两层网络结构。早期 SCADA 系统和 DCS 都采用专有协议，当前更多的是都采用国际标准或事实的标准协议。

(3) 下位机编程软件采用符合 IEC 61131-3 标准的编程语言，两者编程方式的差异进一步缩小。

虽然 SCADA 系统与 DCS 具有一些共同点，但是二者之间也存在着不同，主要表现在以下方面：

(1) DCS 是产品的名称，也代表某种技术，而 SCADA 系统则更侧重于功能和集成，虽然很多厂家宣称自己有类似产品，但在市场上找不到一种公认的 SCADA 产品。SCADA 系统的构建更加强调集成，是根据生产过程监控要求从市场上采购各种自动化产品而构造的满足客户要求的系统。正因为如此，SCADA 系统的构建十分灵活，可选择的产品和解决方案也很多。有时候也会把 SCADA 系统称为 DCS，主要是这类系统也具有控制分散、管理集中的特点。但由于 SCADA 系统的软、硬件控制设备可能来自不同的厂家，而不像 DCS 那样，主体设备来自一家 DCS 制造商，因此，把 SCADA 系统称为 DCS 并不恰当。

(2) DCS 的可靠性等性能更有保障，具有更加成熟和完善的体系结构，而 SCADA 系统是用户集成的，因此其整体性能受到用户集成水平的影响，通常要低于 DCS。也正因为 DCS 是专用系统，因此，DCS 的开放性不如 SCADA 系统。

(3) DCS 主要用于控制精度要求高、测控点集中的流程工业，如石油、化工、电站、冶金等工业过程。而 SCADA 系统特指远程分布式计算机测控系统，主要用于测控点分散、分布范围广泛的生产设备或过程的监控。通常情况下，测控现场是无人或很少有人值守，如移动通信基站、长距离石油输送管道的远程监控、流域水文的监控、城市煤气管线的监控等。一般来说，SCADA 系统中对现场设备的控制要求低于 DCS 中被控对象要求。有些 SCADA 系统应用中，只要求进行远程的数据采集而不需要进行现场控制。

(4) 由于 DCS 是成套系统，设备及软件授权等费用高，如果 I/O 点数少于百点，则 DCS 的单点成本会较高。而 SCADA 系统中采用的控制器，其控制点数配置更加灵活，可以根据 I/O 点数选择相应的控制器。因此，对于小点数的系统来说，SCADA 系统的相对成本更低，更容易被用户选用。由于 SCADA 系统的控制器配置灵活，同时远程监控的需求也更多，因此，从市场规模角度看，SCADA 系统的需求要超过 DCS。

▷ 2.3.5　SCADA 系统的应用

采用 SCADA 系统可以带来一系列的经济和社会效益，包括：极大地提高了生产和运行管理的可靠程度和安全性能；生产配方管理的自动化可大大提高产品的质量和生产的效率；保证了工作过程中要求第一位的人员的安全性，极大地减少了生产人员面临恶劣工作环境的可能性；通过生产过程的集中控制和管理，极大地提高了企业作为一个有机整体运行的竞争能力；系统通过对设备生产趋势的保留和处理，可提高预测突发事件的能力，以及在紧急情况下的快速反应和处理能力，可降低生命和财产的损失，从而带来潜在的社会效益和经济效益。正因为如此，SCADA 系统在各领域得到了大量的应用。以下通过在风电系统和楼宇自动化系统中的应用为例介绍 SCADA 系统的具体应用。

1. SCADA 系统在风电系统中的应用

1) SCADA 系统的结构

SCADA 系统是一种对生产数据进行监测与采集的分布式控制系统，该系统不受生产设备的位置因素影响，能够实时监测设备的运行状态并对其进行远程控制，广泛应用于各种工业现场。风电厂中的 SCADA 系统主要是完成风电机组的实时监测和控制，经过对收集到的大量数据分析可以实现风电机组运行状态的评估。如果在早期发现异常并及时发出警报，运维人员就可以针对风电机组异常运行进行快速的处理，减少风电厂意外停机的频率。现有的风电系统中的 SCADA 系统主要由风电厂设备、监控中心和远程终端 3 个部分组成，如图 2-22 所示。

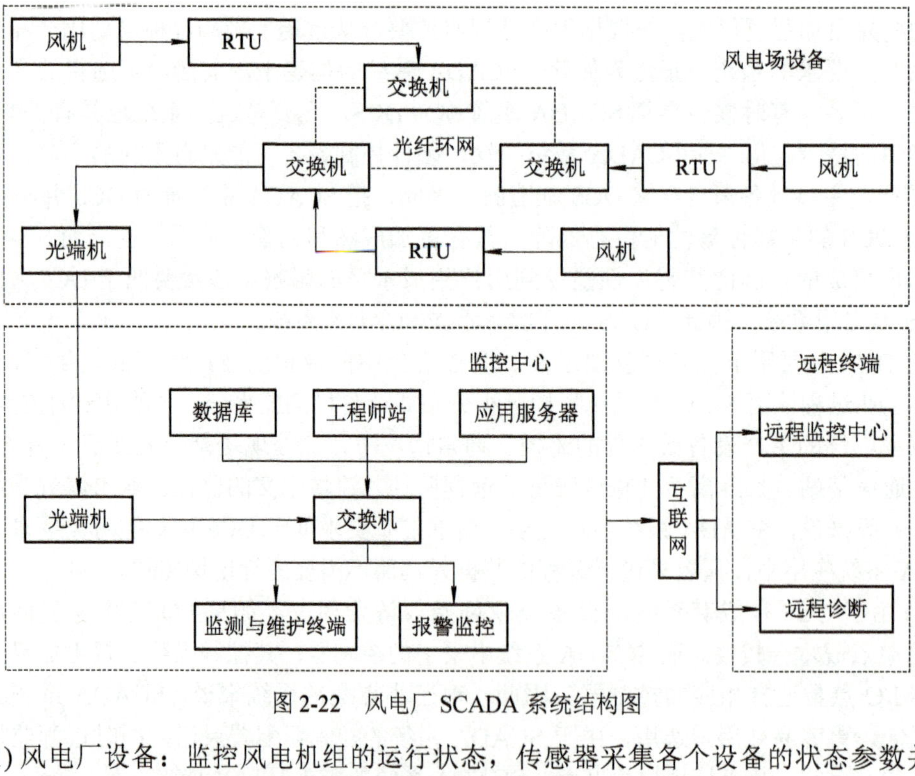

图 2-22　风电厂 SCADA 系统结构图

(1) 风电厂设备：监控风电机组的运行状态，传感器采集各个设备的状态参数并存储在硬盘等介质中，就地监控部分一般设置在风电机组塔架内的控制柜中。

(2) 监控中心：对风电厂所有的风电机组进行监控，工作人员可以通过切换监控画面控制和监视每一台风电机组，监控中心一般设置在风电厂的控制室内。

(3) 远程终端：通过远程集控中心对主控室进行访问和控制，远程监控中心可以实现远程调度和运营。

SCADA 系统设备主要包含数据通信和存储模块、远程监测诊断模块和传感器等。SCADA 系统收集了风电厂各个机组不同时刻的状态和性能数据，这些数据经过远程终端单元 RTU 的初步处理之后最终被存储在监控中心，监控中心根据接收到的状态信号远程监视并控制风电机组的运行。

2) SCADA 系统的状态参数

SCADA 系统作为状态监测领域的重要工具，有助于风电厂工作人员时刻掌握风电机组的运行状态，进行电力调度并有效维护风电机组的健康运行等。该系统记录了风电厂的风电机组大量的运行数据，这些数据分为遥信量数据与遥测量数据两部分。前者是离散型的状态参量，包括各设备开关量和动作量，比如刹车状态、风机状态、偏航停止、报警编码等信息；后者是连续型的状态参量，包括温度、电流、电压、转速、压力、角度、风速、有功功率、无功功率等信号。离散信号一般用数字 0 或 1 表示，无法准确反映风电机组运行状态缓慢连续的变化过程。相比于离散信号，连续信号则包含的数据信息丰富，更能体现风电机组的运行状态。风电机组 SCADA 数据的连续信号大致分为 3 种参数，即风机环境参数、风机状态参数和电网状态参数。

风电机组的环境参数主要由位于机舱顶部的风速风向仪、温度传感器和湿度传感器采集，这些传感器提供风机运行时的环境参数，采集的数据有风向、风速、环境温度、环境湿度等，为风电机组的故障排查提供参考。风电机组的状态参数包括各种发电机转速、振动数据、偏航角度、桨距角等参数，涵盖风电机组丰富的运行特征，是风电机组状态监测和故障诊断所使用的主要参数；风电机组的电网状态参数主要包括电网频率、电网侧电流和电压、功率等参数，反映了在风电机组不同运行状态下电网的变化情况，可以用于判断风电机组是否启动、停机或发生故障。SCADA 系统通过设置的阈值来判断风电机组是否发生故障，但是当 SCADA 系统检测到异常并发出警报时，设备往往已处于严重的故障状态。

2. SCADA 系统在楼宇自动化系统中的应用

楼宇 SCADA 系统采用工业以太网、工业现场总线连接。工业以太网具有运行稳定、速度高、兼容性好等优点。楼宇自动化系统中的 SCADA 系统结构分为 4 部分，即自动控制系统、客户端、服务器、监控中心。自动控制系统完成现场设备的自动控制功能；客户端运行界面和管理平台；服务器为无人工作站，主要任务为数据采集、数据存储、运行实时数据库系统；监控中心通过客户端／服务器结构组成上位监控平台。通常楼宇 SCADA 系统由多个子系统组成，包括高压配电监控系统、低压配电监控系统、供水监控系统、排污监控系统、照明监控系统、中央空调系统、电梯集群管理系统、停车场监控系统等。

(1) 高压配电监控系统。高压配电监控系统主要实现对市电进线和高压出线的电流、电压、不平衡电流、有功功率、无功功率、功率因数、相角等参数的采集与显示，包括对变压器各参数的采集显示。

(2) 低压配电监控系统。低压配电监控系统主要是实现对各控制柜 (例如：市电进线柜、市发电转换柜、低压联络柜、供水动力开关柜、排污动力开关柜、路灯照明开关柜、空调动力开关柜、设备间动力开关柜、电梯动力开关柜、安防动力开关柜、楼层动力开关柜、停车场动力开关柜、地下层动力开关柜等) 电参数的采集、显示。

(3) 供水监控系统。供水监控系统主要是实现对供水加压泵 (包括补压泵) 状态的监控、地下水池水位的检测（例如：生活水位、消防水位、溢出水位）、变频器及进水蝶阀状态的监控。加压泵组变频调速采用一台变频器带多台泵方式，当压力过大时，依次变频调速直到停止各加压泵，当用水量较小时用补压小泵供压，从而达到节能的目的。为延长加压泵组的使用寿命，需要均衡各个加压泵的运行时间，且每次启动的第一台加压泵是累计工作时间最少的加压泵。

(4) 排污监控系统。排污监控系统主要是实现对各个排污泵运行状态的监控及污水池污水液位的监测，控制排污泵定时启动排污，污水池污水液位过低时连锁关闭排污泵，污水液位过高时自动启动排污泵并进行报警。

(5) 照明监控系统。照明监控系统主要是实现对各个楼层照明的监控、楼顶照明灯的监控、地下室照明的监控、路灯的监控、航空指示灯的监控等。该系统需要采集和控制的点比较多，数据量大。

(6) 中央空调系统。中央空调系统参考供水温度、回水温度及其温差，通过 DDC 控制器对制冷机组进行状态控制；参考供回水压差控制冷水机组／冷却机组的运行状态；按顺序启动和停止冷冻系统，以保证系统正常运转；在新风机组及风机盘管的控制中按时间程序和最佳启停控制送风机运行，并对启动次数、运行时间进行累计；根据新风温度和房间温度设定值，通过最佳启停控制器，计算出空调机开／关的最佳时间，以达到节能的目的。DDC(直接数字控制)系统按温度传感器提供的送风温度与其设定值的偏差做 PID 计算，调节冷冻水阀的开度，以保持送风温度，且可以根据用户的要求和现场的具体情况，对这些程序中的参数及连锁点进行设定和修改。

(7) 电梯集群管理系统。电梯集群管理系统由上位机完成对电梯运行情况的管理、监测，以及启动、停止、定时维护等控制工作，由下位机 PLC 完成电梯运行过程中的逻辑控制功能。上位机可实现的功能包括电梯到层数、电梯运行状况，以及运行、停止、电梯维护状态等。

(8) 停车场监控系统。停车场监控系统是对出入车辆进行管理的系统。车辆的出入及收费采用 IC 卡管理系统，对长期用户可采用月卡，对来访车辆可采用临时 IC 卡，所有 IC 卡均经读卡机自动收费。此外，还可在出入口设置摄像机对来往车辆进行自动监控，把车辆的资料（如车牌号码、颜色等）上传到上位机监控系统中。当有车辆离开时，司机所持的 IC 卡必须和电脑资料一致时才能升杆放行。

SCADA 系统应用到楼宇自动控制系统中，与人工控制系统相比较，其显著的优点主要体现在以下 4 个方面：

(1) 优化了楼宇各个子系统的运行管理。

(2) 降低了楼宇的能耗。

(3) 提高了工作效率，减少了技术操作人员的数量及费用。

(4) 为楼宇提供了良好的环境。

2.4 工业控制系统网络应用案例

工业控制系统是工业控制网络的服务对象。一些通过信息技术手段对工业控制系统实施的攻击都是通过工业控制网络完成的，因此保护好工业控制网络的安全，就能预防工业控制系统免遭非法入侵等攻击行为。以下介绍一些具体行业的工业控制网络。

2.4.1　石油化工行业控制系统网络应用案例

典型的炼化厂生产控制系统的网络拓扑图如图 2-23 所示。大型石油化工产业控制系统庞大，安全要求标准高，现场由多个控制系统完成控制功能。大型石油化工工程全场 DCS 采用大型局域网架构，网络架构复杂。其现场的主要控制功能都是由 DCS 来完成的，其他系统的集中控制在某种程度上可以完全由 DCS 监控。DCS 提供大量的数据接口，是构建企业信息化的数据来源与执行机构。除 DCS 外的其他系统一般对外并没有数据接口，且相对独立，网络结构简单。

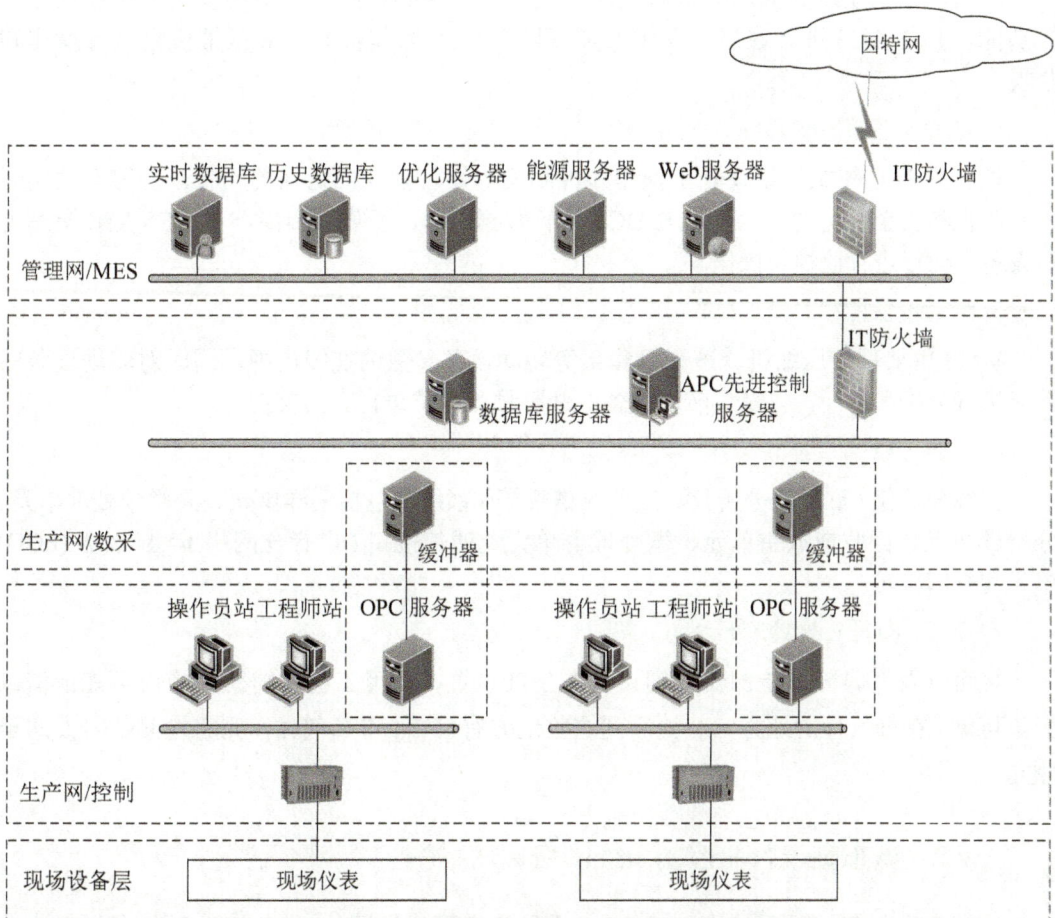

图 2-23　典型炼化厂生产控制系统网络拓扑图

下面分别介绍石油化工行业控制系统的各子系统的主要功能。

1. 分布式控制系统 (DCS)

DCS 完成生产装置的基本操作、监视、管理、过程控制、顺序控制、工艺联锁，部分先进过程控制也由 DCS 完成。大型石油化工工程全场 DCS 采用大规模的局域网架构，根据生产需求、系统规模和全局布置划分为若干个独立的局域网，以确保每套生产装置能够独立开、停车和正常运行。

2. 安全仪表系统 (SIS)

SIS 设置在现场机柜室 (FAR)，与 DCS 独立设置，以提高操作人员及生产装置、关键设备和重要机组的安全性。SIS 按照故障安全型设计，能够与 DCS 实时进行数据通信，并能在 DCS 操作员站上显示有关信息。大型石油化工工程全场 SIS 采用局域网架构，根据生产需求、系统规模和全局布置也划分为若干个独立局域网，以确保采用 SIS 的生产装置能够独立开、停车和安全运行。

3. 压缩机控制系统 (CCS)

压缩机控制系统完成压缩机组调速控制、负荷控制、防喘振控制以及安全联锁保护等功能，并与 DCS 进行通信，操作人员可以在 DCS 操作员站上对压缩机组进行操作和监视。

4. 可编程逻辑控制系统 (PLC)

独立的 PLC 控制系统适合于操作和控制相对比较独立或特殊的设备，能够有效实现控制监视和安全保护功能。PLC 与 DCS 进行数据通信，操作人员能够在 DCS 操作员站上对设备的运行进行监视与操作。

5. 转动设备监视系统 (MMS)

MMS 主要用于压缩机、透平机和泵等转动设备参数的在线监视，同时对转动设备的性能进行分析和诊断，以及对转动设备的故障预测维护进行有力支持。

6. 在线分析仪系统 (PAS)

在线分析仪 (红外线分析仪、工业色谱仪等) 系统应包括采样单元、采样预处理单元、分析器单元、回收或放空单元、微处理器单元、通信接口 (串行与网络)、显示器 (LCD) 单元和打印机等。

7. 可燃 / 有毒气体检测系统 (GDS)

将可燃及有毒气体检测器分别设置在生产装置、公用工程及辅助设施内可能泄漏或聚集可燃 / 有毒气体的地方，若检测到这些地方有可燃 / 有毒气体，则将检测信号发送至 GDS。

2.4.2　城市燃气行业控制系统网络应用案例

在城市天然气控制系统中，SCADA 系统为主要工控网络。SCADA 系统在燃气企业中用于控制、监测整个现场内工艺设备的运行，保证输气生产安全、可靠、平稳、高效、经济地运行，发布调度指令及各站的气量统计、结算等信息，对管道各站点进行实时工艺状态监视。该系统可大大增强燃气企业的整体管理能力，提高燃气管网的安全系数，并能起到降低企业运营成本的作用。城市燃气行业典型网络结构如图 2-24 所示。

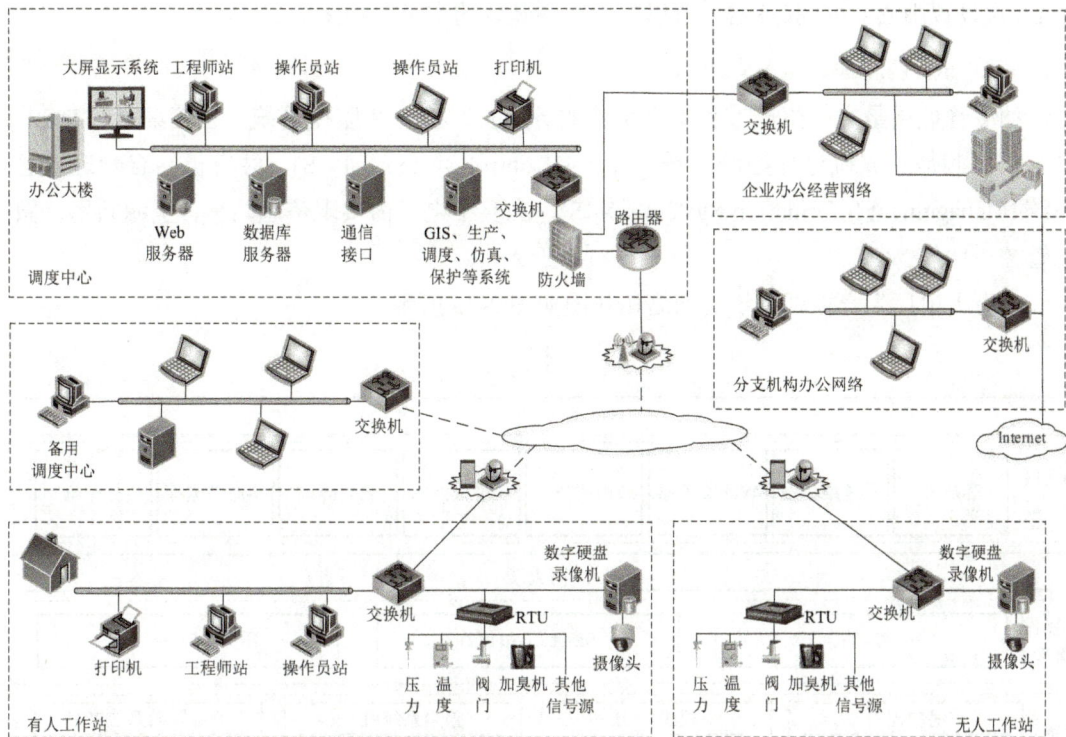

图 2-24　城市燃气行业典型网络结构图

2.4.3　电力行业控制系统网络应用案例

大型电厂全场 DCS 采用大规模局域网架构，网络架构较为复杂。以下是大型电厂 DCS 网络的架构说明。

1. L1——基础控制层

基础控制层完成控制生产过程的功能，主要由工业控制器、数据采集卡件，以及各种过程控制输入输出仪表组成，也包括现场系统间的通信设备。该层可以在本地实现连续控制调节和顺序控制、过程数据采集、信号转换、协议转换、设备检测和系统测试与自诊断等功能。

2. L2——监控层

监控层包含各个分装置的工程师站以及操作员站，可以对生产过程进行生产过程的监控、系统组态的维护、现场智能仪表的管理。事实上，电厂通过 L1 和 L2 层就能进行正常运行，但是在大型电厂中，为了实现生产管理信息化和智能化，通常都会设置 L3 及以上的网络层。

3. L3——操作管理层（集控 CCR）

操作管理层通过 L3 层交换机将各分区 L2 层的 LAN 汇聚起来，利用全局工程师站对分区内所有装置的组态进行维护，查看网络内各装置的监控画面、趋势和报警信息。另外在 L3 层设置中心 OPC 服务器，可以实现对各装置的实时数据采集。

4. L4——调度管理层（厂级 SIS）

调度管理层是实行生产过程综合优化服务的实时管理和监控系统，它汇集全厂 DCS、PLC 以及其他计算机过程控制系统 (Process Control System，PCS)，并有机结合管理信息系统 (Management Information System，MIS)，在整个电厂内实现信息共享、资源共用，做到管控一体化。

典型火电厂生产控制系统的网络拓扑图如图 2-25 所示。

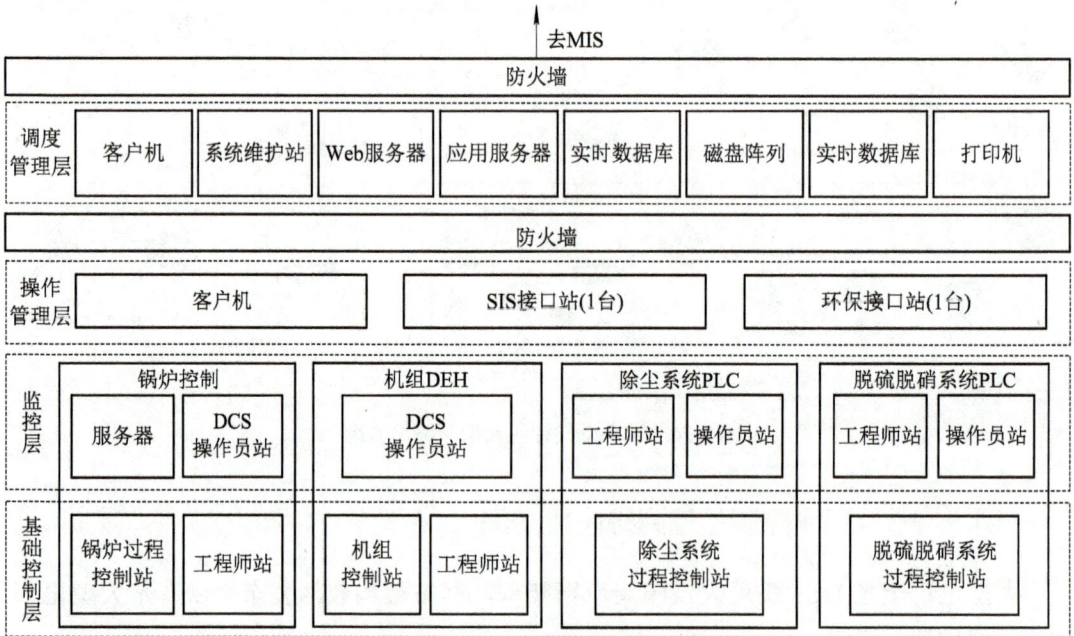

图 2-25　典型火电厂生产控制系统的网络拓扑图

2.4.4　地铁交通行业控制系统网络应用案例

典型的地铁综合控制系统的总体架构如图 2-26 所示。它主要由中央综合监控系统、车站综合监控系统（包括车辆段综合监控系统）以及将它们连接的综合监控系统骨干网组成。

1. 中央综合监控系统

中央综合监控系统安装在线路监控中心，用于监视全线各个车站（包括车辆段）的各个子系统的运行状态，完成中心级的操作控制功能。中央综合监控系统由中央监控网、运行控制中心 (Operating Control Center，OCC) 实时服务器、历史和事件服务器、各类操作员工作站、磁盘阵列、打印机、中心互联系统、UPS、机柜和附件等部分组成。此外，还有全系统的网络管理系统 (NMS)、大屏幕系统 (OPS)。

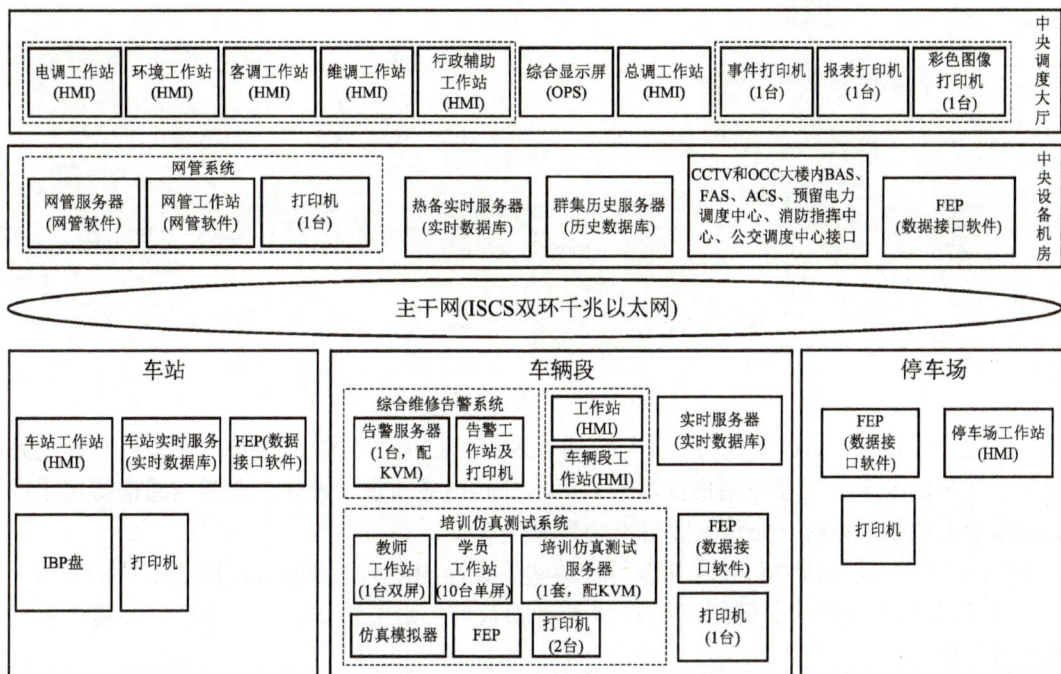

图 2-26 典型地铁综合控制系统架构图

2. 车站综合监控系统

车站级监控网采用的网络为双冗余高速交换式以太网，数据传输率为 100 Mb/s 或 1000 Mb/s，遵循 IEEE802.3 标准，使用 TCP/IP 协议，网络交换机为冗余配置。

3. 综合监控系统骨干网

综合监控系统骨干网 (MBN) 可利用地铁工程通信骨干网的传输信道，也可单独组建骨干网。地铁综合监控系统实际上是一个地理分散的大型 SCADA 系统，它可在分布于方圆几十平方千米的广域网上进行构建。

习　题

1. 简述 PLC 的组成。
2. 简述 PLC 的工作原理。
3. PLC 有哪些主要功能？
4. 利用顺序功能图编程有什么特点？
5. 分布式控制系统 (DCS) 如何进行结构层次划分？
6. 分布式控制系统 (DCS) 有什么特点？
7. 什么是 SCADA 系统？
8. 简述 SCADA 系统与 DCS 的区别。

工业控制协议（简称工控协议）是沟通 ICS 组件之间的桥梁，其安全性和稳定性关系到整个 ICS 的安全。工业控制协议基于高可靠性和高效率进行设计，互联网通信协议不一定适用于工业控制系统。协议大致可以分为以下 3 类：

(1) 标准协议。例如 Modbus 协议等，这类协议是国际标准或者被国际所公认的协议。

(2) 私有但公开协议。例如三菱的 Melsec 协议等，这类协议一般由生产厂商提供协议的官方文档。

(3) 私有不公开协议。例如西门子的 S7 协议等。相对于标准协议和私有公开协议，私有不公开协议受到的威胁会有所降低。但对于一些私有协议，同样也会被破解。因此私有协议也无法确保工业控制系统安全。

工业控制协议的安全性也影响着 ICS 的安全。部分厂商的 PLC 以太网通信模块及其专用协议如表 3-1 所示。

表 3-1　部分厂商的 PLC 以太网通信模块及其专用协议

厂商	产品	端口	协议
AB(罗克韦尔)	Control logix	TCP/44818	EtherNet/IP
	Compact logix	TCP/44818	EtherNet/IP
General Electric(通用电气)	RX3i	TCP/18245	GESRTP
Mitsubishi Electric(三菱电机)	QSeries	TCP/5007	MELSOFT protocol
		UDP/5006	MELSOFT protocol
OPTO22(奥普图)		TCP/44818	EtherNet/IP
OMRON(欧姆龙)	CJ2	TCP/2001	OPTO22 EtherNet
		TCP/44818	EtherNet/IP
		TCP/9600	OMRON FINS
Schneider Electric(施耐德)	Quantum	TCP/502	Modbus TCP
Siemens(西门子)	S7 Series	TCP/102	ISO-TSAP
MOXA(摩莎)	Nport	TCP/4800	MOXA NPORT 专用协议
ECHELON 公司	iLON_SmartServer	TCP/1628	iLON-SmartServer 专用协议
RedLion Controls(红狮控制系统制造公司)	Crimson3	TCP/789	Crimson3
KW-Software GmbH(德国科维公司)	ProConOs	TCP/20547	ProConOs 专用协议

最初设计工业控制协议时，为了兼顾工业控制系统通信的实时性，大都忽略了协议通信的机密性、可认证性等在当时看起来不必要的附加功能。但是随着工业控制系统与信息网络的联系日益密切，有攻击意图的黑客很容易就可以利用工业控制协议存在的各种漏洞。因为早期人们认为工业内网与互联网物理隔离，所以几乎所有的现场总线协议都是明文通信。虽然明文通信方便设备之间交换数据，快速便捷，但是也会带来很多的安全问题。以下介绍几种工业控制系统常用的网络协议。

3.1 Modbus TCP 协议

Modbus 协议由 MODICON 公司在 1979 年开发，是全世界首个真正用于工业现场的总线协议。Modbus 协议能够让不同的工控设备实现在多种网络体系结构中进行数据交互通信功能，例如 PLC、HMI、输入 / 输出等多种设备使用 Modbus 协议进行通信，实现远程控制操作。由于 Modbus 协议具有消息帧格式简单紧凑、协议标准公开免费、支持多种电气接口以及基于 Modbus 进行通信程序开发方便快捷等特点，它已经成为工业自动化领域应用最为广泛的通信协议。经过多年的发展，Modbus 又陆续推出多个版本：用于串行链路中的 Modbus RTU 和 Modbus ASCII 协议，MODICON 公司专有的经过扩展的 Modbus Plus 协议，以及用于以太网通信的 Modbus TCP 协议等。下面重点介绍 Modbus TCP 协议。

3.1.1 Modbus TCP 协议概述

Modbus TCP 协议通过把 Modbus 协议与 TCP 数据帧相结合，实现了在 TCP/IP 网络中的通信。在串行链路的通信环境下，使用 TCP/IP 网络进行客户端与服务器间的信息交互的 Modbus TCP 通信网络如图 3-1 所示。

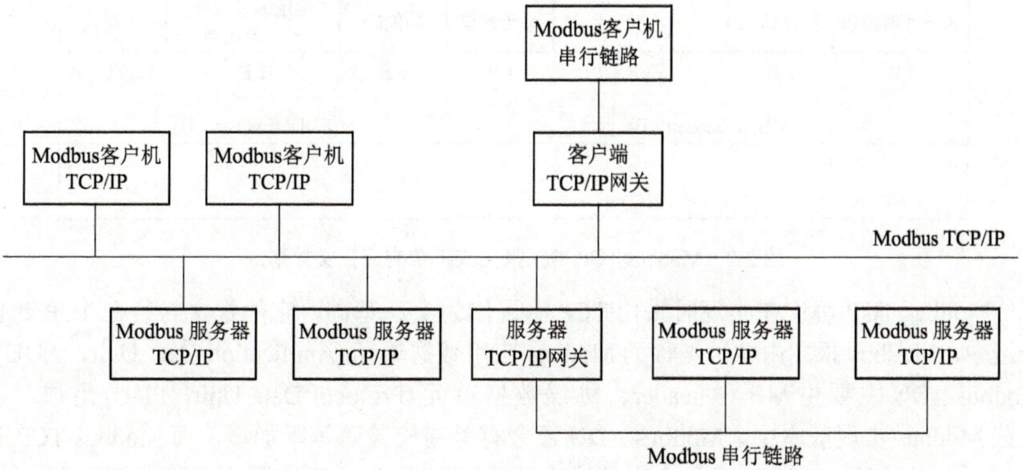

图 3-1 Modbus TCP 通信网络

实际使用过程中通常将 502 号端口作为 Modbus TCP 协议的通信端口。如表 3-2 所示，Modbus TCP 协议属于应用层的数据传输协议，在 OSI 模型中处于第 7 层，为不同工控设备间的交互提供了方便的连接方式。

表 3-2　Modbus TCP 协议在 ISO/OSI 模型中的对应关系表

层	ISO/OSI	模　型
7	应用层	Modbus 应用协议
6	表示层	空
5	会话层	空
4	传输层	空
3	网络层	空
2	数据链路层	Modbus 串行链路协议
1	物理层	EIA/TIA-485(EIA/TIA-232)

在 Modbus 串行链路版本中，Modbus 采用主 / 从架构，或者说是单客户端 / 多服务器端架构。而在 Modbus TCP 版本中则演变成多客户端 / 多服务器端架构，即可以有多个主站或者从站。客户端相当于主 / 从架构下的主设备，而服务器端相当于从设备。作为主设备的客户端向作为从设备的服务器端发送请求报文，服务器端在收到请求报文后会处理报文并执行相关命令，随后给客户端发送响应报文，响应报文中包含是否执行成功或者客户端所请求的数据等信息。

按照数据包是否为请求报文进行划分，Modbus TCP 数据报文可以分为请求报文、正常响应报文、异常响应报文 3 种。Modbus TCP 的请求报文和正常响应报文具有相似的帧格式，如图 3-2 所示。

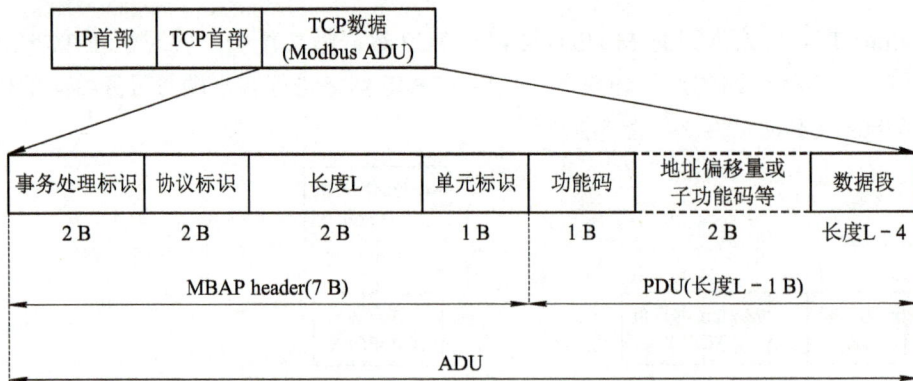

图 3-2　Modbus TCP 请求报文或正常响应报文帧格式

Modbus TCP 协议在实现时采用 TCP 协议作为实现基础，它的报文封装在 TCP 数据分组中，Modbus 报文内容也被称为 Modbus 应用数据单元 (Application Data Unit，ADU)。Modbus ADU 主要由 MBAP header、协议数据单元 (Protocol Data Unit，PDU) 组成。在某些 Modbus 实现版本中，Modbus ADU 还会有差错校验码等附加域，而 Modbus TCP 基于 TCP 协议实现，TCP 本身包含有差错校验功能，Modbus TCP 则不包含该部分附加域。Modbus PDU 由功能码和数据段等组成，Modbus MBAP header 相当于其他 Modbus 版本中的地址域，它用于标识一个 Modbus 应用数据单元，主要由事务处理标识、协议标识等部分组成。

下面对 Modbus ADU 的组成部分说明如下：

(1) 事务处理标识 (Transaction Identifier) 由客户端生成，占有两个字节。Modbus 协议中一次请求与响应的过程称为事务处理过程。在同一时刻，事务处理标识是唯一的，用于标识某个事务处理过程，具有相同事务处理标识的报文属于相同的事务处理过程。

(2) 协议标识 (Protocol Identifier) 由两个字节表示，当它的值为 0x00 时表示 Modbus 协议，非 0 则表示其他协议。

(3) 长度 L(Length) 为两个字节，表示 Modbus TCP 报文中的长度字段后的字节数。

(4) 单元标识 (Unit Identifier) 由 1 个字节表示，这个字段适用于串行链路通信的 Modbus 协议版本，可以用于标识同一个网桥或者网关后的子网的从设备。在串行链路通信环境下，一个网关下最多只能有 247 个从设备，标识为 1～247，0 标识为广播地址。而在 Modbus TCP 协议中，对于从设备，即 Modbus 服务器的寻址可以使用 IP 地址，这个字段是无用的，需要使用 0xff 值进行填充。

(5) 功能码 (Function Code) 由 1 个字节表示，用于标识请求 Modbus 服务器执行的操作类型。

(6) 数据段非固定长度，其长度为长度字段值减去两个字节。数据段中包含的内容与功能码和 Modbus 数据报文类型有关。比较典型的内容有起始地址偏移，用于表示操作的数据块的内存地址，此外还有操作数据块的数量和子功能码等。

一次正常的 Modbus TCP 事务处理过程如图 3-3 所示。

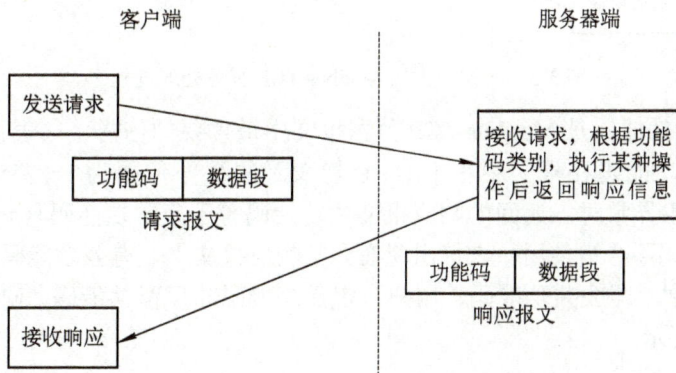

图 3-3　一次正常的 Modbus TCP 事务处理过程

当服务器执行完客户端请求返回响应信息时，将使用响应报文中的功能码来表示服务器端是否发生了某种异常。如果没有发生异常，则功能码与原来请求报文中的功能码相同。如果发生了某种异常，则功能码数值等于请求报文中的功能码值加上 0x80 而成为异常码 (Exception Code)，比如 03 功能码对应出现的异常功能码是 0x83，16 功能码对应出现的异常功能码则是 0x90。同时数据段的内容也是异常码，用 1 个字节表示，以说明在执行请求时发生了何种异常。

Modbus TCP 异常响应报文帧格式如图 3-4 所示。

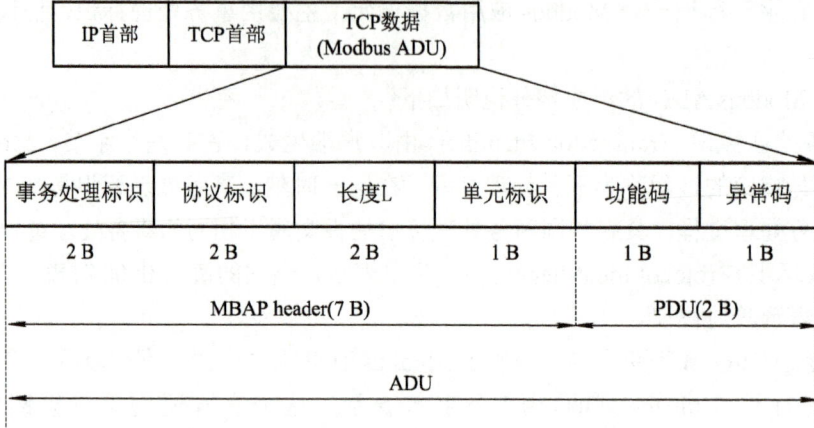

图 3-4　Modbus TCP 异常响应报文帧格式

一次异常的 Modbus TCP 事务处理过程如图 3-5 所示。

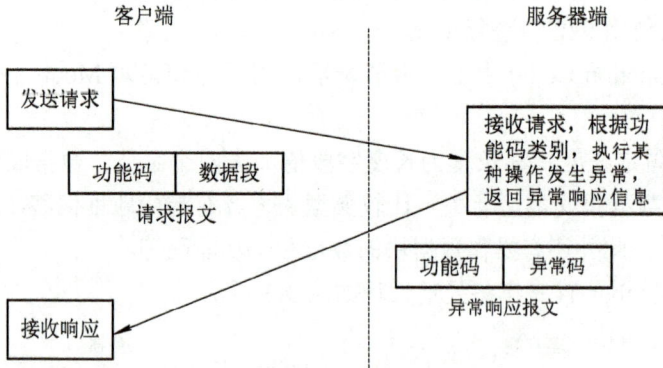

图 3-5　一次异常的 Modbus TCP 事务处理过程

Modbus TCP 功能码是 Modbus TCP 数据报文中最重要的信息，它表示从站设备要执行何种操作等。功能码在报文中占 1 B，它能表示的数据范围为 1～255。由于 Modbus TCP 事务处理发生异常时，返回的响应报文中功能码等于正常功能码与 0x80 之和，因此128～255 的功能码不会被使用，它仅出现在异常响应报文中。有效功能码范围为 1～127，又可分成 3 种类别，即公共功能码、用户自定义功能码和保留功能码。Modbus TCP 功能码分类如图 3-6 所示。

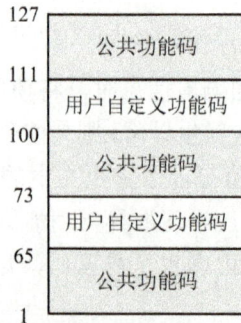

图 3-6　Modbus TCP 功能码分类

公共功能码的范围为 1～64、73～99 及 111～127，它们具有唯一性，所表示的功能定义明确。公共功能码主要用于完成线圈 / 寄存器 / 离散量的读写、设备诊断和异常响应等功能。用户自定义功能码的范围为 65～72 及 100～110。用户可根据自己需要自定义功能码的功能，但这些功能码不具有唯一性，具体含义取决于使用的用户。

保留功能码是一些公司对一些历史产品使用的功能码，不作为公共码使用。

常用的 Modbus TCP 功能码如表 3-3 所示。

表 3-3　常用的 Modbus TCP 功能码表

数据访问格式	访问功能	读写功能	功能码	功能子码	十六进制
比特访问	物理离散量输入内存比特或物理线圈	读输入离散量	02	—	0x02
		读线圈	01		0x01
		写单个线圈	05		0x05
		写多个线圈	15		0x0F
16 比特访问	输入存储器内部存储器或物理输出存储器	读输入寄存器	04	—	0x04
		读多个寄存器	03		0x03
		写单个寄存器	06		0x06
		写多个寄存器	16		0x10
		读 / 写多个寄存器	23		0x17
		屏蔽写寄存器	22		0x16
文件访问	文件访问记录	读文件记录	20	6	0x14
		写文件记录	21	6	0x15
设备访问	读设备识别码	读设备识别码	43	14	0x2B

Modbus TCP 协议中的数据类型可以分成 4 种：线圈、离散量输入、保持寄存器、输入寄存器。表 3-4 描述了这 4 种数据类型。

表 3-4　Modbus TCP 协议中的 4 种数据类型表

数据类型	存储类型	读写特性	说　　明
线圈	1 比特	可读写	可由应用程序读写，用于设定端口的输出状态，如电磁阀的 ON/OFF 等
离散量输入	1 比特	只读	由 I/O 系统提供，只读，但是可以通过外部设定来改变输入状态
输入寄存器	2 字节	只读	由 I/O 系统提供，可读不可写，用于存储控制器运行时从外部设备获得的参数
保持寄存器	2 字节	可读写	可读可写，用于存储输出、保持参数和控制器运行时被设定的某些参数等，可通过应用从程序修改

▷ 3.1.2　Modbus TCP 协议安全性分析

由于工控网络的封闭性以及 Modbus 协议本身的设计缺陷，使得 Modbus 协议成为最容易遭受网络攻击的协议之一。

Modbus 协议攻击

Modbus TCP 协议设计缺陷包括如下 5 个方面：

(1) 报文缺乏加密机制，Modbus 数据报文采用明文传输，攻击者只要捕获到数据包就能够轻松解析和篡改报文信息。Modbus TCP 协议通信过程中的所有数据都直接通过明文传输，包括操作码和操作数据等关键信息全部未被加密，窃听者可轻易获取整个通信过程的所有明文数据，也便于攻击者进行解析和进行重放攻击等。

(2) 缺乏认证机制，认证主要用来确保接收到的数据来自被认证的合法用户，服务器不会响应未被认证的用户发送的数据。然而在客户端和服务器使用 Modbus TCP 协议进行通信的过程中，没有进行任何身份认证的操作，攻击者只需要获取服务器的 IP 地址，就可以建立一个临时 Modbus TCP 协议会话连接，并进行下一步操作。

(3) 缺乏授权机制，Modbus TCP 协议没有实现基于角色的访问控制机制，所有用户具有相同的权限，甚至能够执行重要操作。攻击者只要进入到 Modbus 网络内，就能够执行任意危险的指令，例如重启 Modbus 服务器等。

(4) 功能码滥用，Modbus PDU 的关键组成部分就是功能码，功能码指示接收报文的设备应当执行何种操作。这使得攻击者可以先滥用功能码从而构造各类数据报文，然后去实现拒绝服务攻击或者窃取系统关键信息等。例如短周期的无用命令、不正确的报文长度等都有可能导致 DoS 攻击。

(5) TCP 协议存在自身设计上的缺点，攻击者可以利用这些缺点去构造洪泛攻击等拒绝服务攻击。

Modbus TCP 协议受到的攻击主要分为信息扫描攻击、响应注入攻击、命令注入攻击、拒绝服务攻击 4 类。

信息扫描攻击是黑客实施更危险、更复杂的攻击前的准备阶段，它旨在收集工控系统中的各种网络信息，识别工控设备的各种关键属性，如设备厂商、型号、支持的工控协议、系统合法地址和内存映射等，基于这些信息去寻找边界突破的方法以获取生产环境访问权限。具体的实现细节如下所述：

(1) 向所有合法的 Modbus 地址发送请求，通过 Modbus 服务器端发送的响应报文判断有效的设备地址。

(2) 构造各种功能码的请求报文，如果 Modbus 服务器端收到不支持的功能码报文，则会收到一个异常响应数据包，通过这样的方法，扫描出哪些 Modbus 功能码是可用的。

(3) 通过 Modbus TCP 协议中内置的读设备标识函数来获取设备信息，然后继续去匹配可用的漏洞。

(4) 当对 Modbus 线圈、寄存器进行读写时，如果地址不合法，则 Modbus 客户端会收到一个异常响应数据包，从而扫描出被攻击设备线圈和寄存器的可用地址范围。

响应注入攻击是指通过捕获工控系统内的 Modbus 响应数据包，然后恶意篡改数据包内容（例如使系统测量值为非法数据类型或者超出合法范围等），再注入到工控系统的一种攻击方式。这种攻击方式可以欺骗系统操作人员或者导致工控系统做出错误的反应。

命令注入攻击是指向工控系统中注入错误控制或配置指令。例如利用工控系统漏洞注入恶意命令，破坏从设备的工作状态，使其由正常工作状态转变成危险的临界状态。注入恶意参数命令以修改工控系统内的某些关键参数，这些参数可以是水箱水位、管道压强等，从而使工控系统或从设备工作异常。注入恶意功能码，控制工控系统去执行某些特定操作，从而导致 Modbus 服务器重启或者停止传输消息等，以此达到攻击目的。

拒绝服务攻击是指通过大量合法或者伪造的请求去占用被攻击设备的带宽或者系统资源，使得其无法正常工作的一种攻击方式。对于 Modbus TCP 来说，主要包括 TCPFIN 洪泛攻击、TCPRST 洪泛攻击、TCP 连接池耗尽等。

3.1.3　Modbus TCP 协议安全防护技术

为了针对性地解决 Modbus TCP 通信协议中的安全威胁，需从协议设计阶段、开发阶段、测试与部署阶段分段实施 Modbus TCP 安全防护。例如，在协议设计阶段，可融入异常行为预警功能。该功能可对工控系统的每次操作行为子属性进行扫描分析，并综合各子属性的安全等级，最终通过子决策融合实现单次操作行为的综合判定。对于异常行为，可采用报警触发或实例记录等手段，实现安全威胁预警。

在线下阶段，可利用每次预警的实例记录组建综合的异常操作数据库，对数据库中单次操作进行深度解码分析，输出预警系统的虚警率、漏警率、预警率。这些综合指标可反映预警安全防护系统的性能，同时可反向地指导预警安全防护系统检测标准的改进。利用该协议操作数据库可使得工控系统中发生的安全事件具有可追查性。

深度包检测技术是一种基于应用层的流量检测和控制技术。当 IP 数据包、TCP 或 UDP 数据流通过基于该技术的带宽管理系统时，该系统会深入读取 IP 包载荷的内容，对 OSI 七层协议中的应用层信息进行重组，从而得到整个应用程序的内容，然后按照系统定义的管理策略对流量进行整形操作。为了保障 Modbus TCP 协议在工业控制网络中数据传输的安全性，可建立基于深度包检测技术的防护模型，如图 3-7 所示。防护模型包括身份合法性检测、协议完整性检测、功能码使用安全性检测等组成模块。其中，身份合法性检测模块通过对访问地址的解析判断访问者身份的合法性；协议完整性检测模块则通过对 Modbus TCP 协议特征的解析判断数据包的规范性；功能码使用安全性检测通过对 Modbus TCP 数据报文中功能码和数据的解析判断用户操作的合法性。

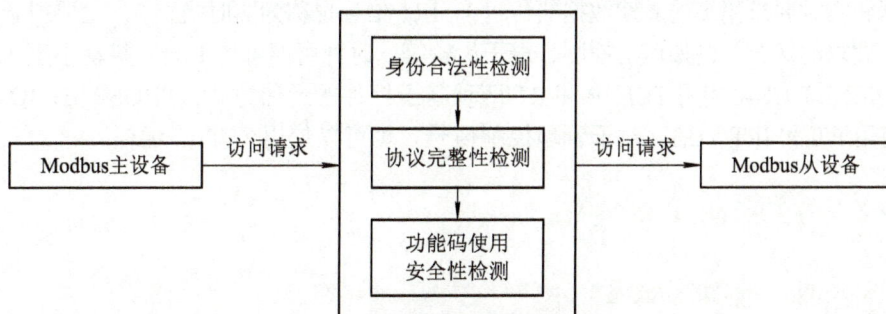

图 3-7　基于深度包检测技术的防护模型

身份合法性检测主要包括数据链路层检测和网络层检测。数据链路层检测通过对数据包源 MAC 地址和目的 MAC 地址的解析和过滤可以阻断非法设备的访问，网络层检测则通过解析数据包中的源 IP 和目的 IP 以保护合法的 IP 访问顺利进行。

协议完整性检测主要包括端口检测、协议标识符检测和超长数据报文检测。端口检测通过解析数据报文的源端口和目的端口是否为 502 来识别 Modbus TCP 协议报文，协议标识符检测则通过解析协议标识符是否为 0X0000 来判断 Modbus TCP 协议数据，同时对数据报文的长度进行检测，若数据载荷过长则判断报文为恶意构造的数据包。

进行功能码使用安全性检测时，可以设置访问控制规则，允许符合规则的 Modbus TCP 协议数据报文通过，不符合的数据报文则丢弃。其检测内容应包括功能码、地址范围、阈值范围，并且是基于白名单的工作机制，以限制主站对从站的访问。

例如：白名单规则为 Pass[功能码：15][地址范围：5-9][阈值范围：50-100]；默认规则为全部禁止。

3.2　PROFINET 协议

PROFINET 协议是由 PROFIBUS 国际组织在 2000 年提出并于 4 年后构建起来的一套全面的标准，包含安装技术、实时通信、分布式现场设备、分布式智能以及运动控制等。

依据应用场景的不同，PROFINET 协议可分为两种类型：一是 PROFINET IO，用于集成分布式 IO，支持分布式现场设备直接接入以太网；二是 PROFINET CBA，用于在分布式自动化系统中创建模块化设备系统。

PROFINET 通信分为 3 个等级，可以在一根电缆上提供适应各种类型设备的 3 种通信信道，即 TCP/IP、实时通信 (Real-Time, RT) 和等时同步实时 (Isochronous Real-Time, IRT) 通信。

PROFINET 协议应用层的数据被划分为标准数据和实时数据。标准数据使用传统的以太网标准通道，即基于 TCP/IP 协议的非实时通信通道，传输的数据一般是对传输时间没有严格要求的数据，包括设备参数、非周期数据、诊断数据、信道组态数据等；实时数据使用 PROFINET 优化的实时通道，分别是 RT 实时通道和 IRT 实时通道。RT 信号主要用于工厂自动化控制，没有时间同步的要求，一般只要求响应时间为 5～10 ms，传输的是对时间有较高要求的数据 (数据分为两种类型：实时类型 1，适合周期信号传输；实时类型 2，适合中断数据和实时要求稍高的周期数据的传输)。IRT 信号也称为实时类型 3，主要用于有苛刻时间同步要求的场合，例如运动控制、电子齿轮等，时钟周期可达 1 ms，抖动小于 1 μs。

PROFINET CBA 使用 TCP/IP 和 RT 两种基于组件的通信方式；PROFINET IO 对分布式 I/O 使用 RT 和 IRT 通信，对于管理控制信号，也可以使用 TCP/IP 通信。

3.2.1　PROFINET-RT 协议

1. PROFINET-RT 协议概述

所谓实时，表示系统在一个确定的时间内处理外部事件。所谓确定性，表示系统有一个可预知的响应。因此，实时通信的一般要求是确定性的响应和标准应用的响应时间小于等于 5 ms。

使用标准的通信协议 TCP/IP 或 UDP/IP 是实现实时通信的一种方法，然而使用它们会存在相应的缺点：当帧过载时，帧的长度会增加，从而引起线路上传输时间的增加。此外，由于标准通信协议分层较多，因此占用处理器的时间会相对较长，从而导致发送周期增加。

PROFINET-RT 通信使用优化的通道进行实时通信，该通道基于 ISO/OSI 参考模型的第

2 层。此外，其数据包使用接收设备的 MAC 地址进行寻址，在放弃了路由功能的代价下保证了工业控制系统网络中的不同站点能够在可预见的时间间隔内传输时间要求严格的数据。

2. 通信流程

在 PROFINET IO 应用中，实时信号主要分为周期 I/O 数据和警报信号 (非周期)。

系统启动之后，已配置好的 IO 控制器和 IO 设备之间开始周期性的数据交换。每条 I/O 数据 (RTC：实时周期) 都包含两种属性：IO 供应者状态 (IO Provider Status，IOPS) 和 IO 消费者状态 (IO Consumer Status，IOCS)。IO 控制器和 IO 设备依次评估数据传输的质量。

PROFINET IO 周期信号的传输流程如图 3-8 所示。

图 3-8　PROFINET IO 周期信号的传输流程

警报的传输是通过非周期实时协议实现的，警报信号需要 IO 控制器的确认，警报处理流程如图 3-9 所示。

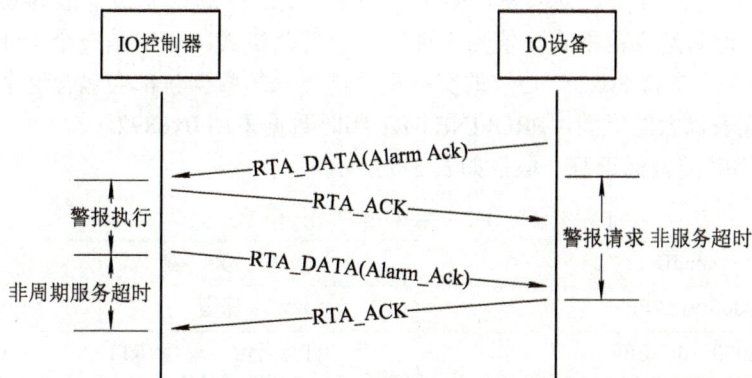

图 3-9　PROFINET IO 警报处理流程

其中 RTA_DATA(Alarm_Ack) 请求表示警报通知，可传输的信息包括警报标志、地址信息、常规参数、有关通道诊断。RTA_DATA(Alarm_Ack) 请求用于 IO 控制器应用层的警报确认，IO 设备只有在接收到警报的确认之后才会安全地保存该警报通知。

RTA_ACK 帧是对 RTA_DATA 帧的确认，代表 RTA_DATA 帧已经接收，且具备接收下一帧的资源。

3. PROFINET-RT 通信协议结构

PROFINET-RT 通信协议是在 Ethernet II 标准报文的基础上，加入了 IEEE802.1Q 标签头以及 PROFINET-RT 专有数据，其帧结构如图 3-10 所示。

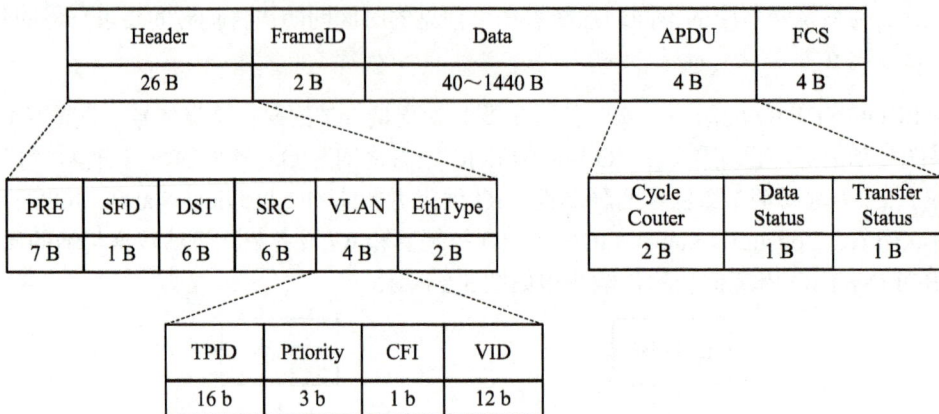

Header	FrameID	Data	APDU	FCS
26 B	2 B	40～1440 B	4 B	4 B

PRE	SFD	DST	SRC	VLAN	EthType
7 B	1 B	6 B	6 B	4 B	2 B

Cycle Couter	Data Status	Transfer Status
2 B	1 B	1 B

TPID	Priority	CFI	VID
16 b	3 b	1 b	12 b

图 3-10　PROFINET-RT 通信协议帧结构图

帧结构各部分说明如下：

PRE 表示前导码，代表数据包的开始部分，由 7 个字节的 1 和 0 交替的二进制序列构成，用于接收器同步。

SFD 表示帧开始定界符。

DST 和 SRC 分别代表目的 MAC 地址和源 MAC 地址，MAC 地址中前 3 个字节用于标识制造商。

VLAN 包括 4 部分：TPID 为一个特定的值 0x8100，表明紧随其后的是 VLAN 标签协议标识符；Priority 占用 3 b(bit)，代表帧的优先级，此优先级可以设置 0x00～0x07 的优先级别，数值越大代表的优先级越高 (PROFINET-RT 帧结构的优先级一般为 0x06)；CFI 占用 1 b，值为 0 说明是规范格式，值为 1 说明是非规范格式；VID 是一个 12 b 的域，指明 VLAN 的 ID，每个支持 802.1Q 协议的交换机发送出来的数据包都会包含这个域。

EthType 代表以太网类型，PROFINET-RT 实时数据采用 0x8892。

FrameID 为帧类型标识符，取值如表 3-5 所示。

表 3-5　帧类型标识符表

FrameID	帧 类 型
0x0000～0x7FFF	保留
0x8000～0xBEFF	RT 类型 2，单播 (RT)
0xBF00～0xBFFF	RT 类型 2，多播 (RT)
0xC000～0xFAFF	RT 类型 1，单播 (RT 以及 RT Over UDP)
0xFB00～0xFBFF	RT 类型 1，多播 (RT 以及 RT Over UDP)
0xFC00	保留
0xFC01	警报 (高)(RT 以及 RT Over UDP)
0xFC02～0xFE00	保留
0xFE01	警报 (低)(RT 以及 RT Over UDP)
0xFE02～0xFFFF	保留

Data 部分在 PROFINET IO 中表示 I/O 数据，如果实时帧的长度小于 64 B(Byte)，则 PROFINET 实时数据的长度必须扩展到最少 40 B，最长为 1440 B。

APDU 表示 PROFINET 实时数据帧的状态，由 3 部分组成，具体的取值及含义如表 3-6 所示。

表 3-6　APDU 取值及含义表

APDU		说　明
Cycle Count		周期计数器，每经过一个发送周期计数器值加 1
Data Status	bit 0	0：次要的，标识冗余模式中的次通道 1：主要的，标识冗余模式中的主通道
	bit 1	0
	bit 2	0：数据无效，仅在启动阶段允许 1：数据有效
	bit 3	未使用
	bit 4	0：生成数据的过程处于不活动状态 1：生成数据的过程处于活动状态
	bit 5	0：问题存在，已发诊断信号，或诊断正在运行 1：无可知的问题
	bit 6	0
	bit 7	0
Transfer Status		传输状态，取值为 0

Cycle Count 表示周期计数器，每经过一个发送周期，计数器的值增加 1。

Data Status 代表传输的数据状态，每一位都有其固定含义，例如标识通道、数据有效性、问题指示器等。

Transfer Status 代表传输状态，取值为固定值 0。

FCS 为帧检验序列。

3.2.2　PROFINET-DCP 协议

1. PROFINET-DCP 协议概述

PROFINET-DCP 为发现和基本配置协议，由 PROFINET 协议簇定义，协议结构与 PROFINET-RT 通信协议相似，寻址方式、EtherType 取值和 PROFINET-RT 通信协议信号相同，但在 PROFINET IO 中被分类为标准数据。PROFINET-DCP 是以太网链路层协议并提供多种服务。它用来发现、识别和配置设备信息，例如 PROFINET 设备名称和 IP 地址。每个 PROFINET 设备分配一个唯一的基于域名系统 (DNS) 命名约定的设备名称和一个 IP 地址。

2. PROFINET-DCP 通信流程

PROFINET-DCP 是系统初始化时的重要协议之一，主要负责给 IO 设备分配名称和 IP 地址。

1) 给 IO 设备分配名称

在系统开始工作之前，IO 设备必须被分配名称，分配名称过程一般由 IO 监视器完成。

在系统运行期间名称是 IO 设备的标识，且可以由用户按一定规则选择。IO 设备名称也可以由 IO 控制器分配。

IO 设备名称分配分为以下 3 个阶段：

(1) 识别 (DCP_Identify) 请求：IO 监视器或 IO 控制器以名称为标识搜索设备。

(2) 设置 (DCP_Set) 请求：当检测设备名称但无回应时，向 IO 设备写入设备名称。

(3) 设置 (DCP_Set) 响应：对设置请求进行确认。

使用 PROFINET-DCP 分配 IO 设备名称的流程如图 3-11 所示。

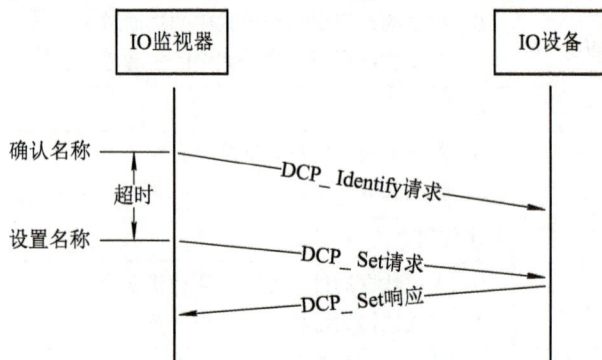

图 3-11　PROFINET-DCP 分配 IO 设备名称流程

2) 给 IO 设备分配 IP 地址

在系统启动阶段，IO 控制器会为 IO 设备分配一个 IP 地址。IO 设备地址分配分为以下 5 个阶段：

(1) 识别 (RTC_Identify) 请求：IO 控制器或 IO 监视器依据设备名称搜索设备。

(2) 请求 (RTC_Identify) 响应：表示已搜索到设备。

(3) 地址解析 (ARP) 请求：确认 IP 地址与设备 MAC 地址的对应关系。

(4) 设置 (DCP_Set) 请求：向 IO 设备写入 IP 地址、网关地址等。

(5) 设置 (DCP_Set) 响应：对设置请求进行确认。

使用 PROFINET-DCP 分配 IO 设备 IP 地址的程序如图 3-12 所示。在 DCP_Set 请求被正确接收之后，IO 控制器与 IO 设备之间建立应用关系 (Application Relations，AR)，建立成功后开始传输 I/O 数据。

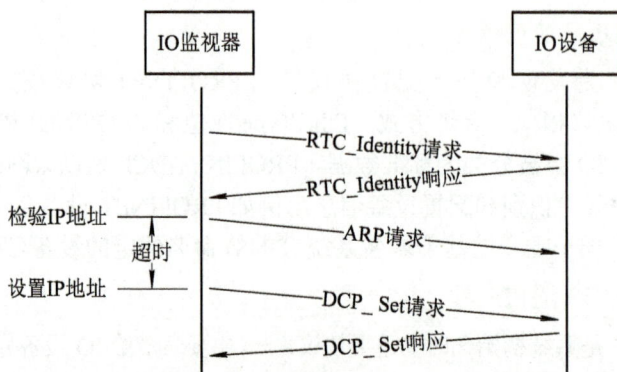

图 3-12　PROFINET-DCP 分配 IO 设备 IP 地址流程

3. PROFINET-DCP 帧结构

PROFINET-DCP 的帧结构 (不包括前导码和帧开始标志) 如图 3-13 所示。

DST	SRC	EtherType	FrameID	ServiceID	ServiceType	Xid	Reserved	Vlen	Block
目的地址	源地址	以太网类型	帧ID	服务ID	服务类型	交换标识	保留信息	数据块长度	数据块信息
6 B	6 B	2 B	2 B	1 B	1 B	4 B	2 B	2 B	Vlen长度

图 3-13　PROFINET-DCP 帧结构

图中 DST 和 SRC 分别代表目的 MAC 地址和源 MAC 地址。EtherType 字段与 PROFINET 实时信号相同，取值为 0x8892。FrameID 代表传输的实时数据帧的类型，对于 PROFINET-DCP，FrameID 取值处于 0xFEFD～0xFEFF 之间。对于一些有优先级要求的数据报文，源地址 SRC 和以太网类型 EtherType 字段之间，按照 IEEE802.1Q 规范被分配传输优先级，存储在 VLAN 标签中。Xid 代表交换标识，为一个 4 B 的随机数，一般情况下请求和响应的 Xid 相同。Reversed 代表保留位，取值为 0。Vlen 代表其后 Block 的长度。ServiceID 和 ServiceType 以及 Block 决定了报文的具体操作内容。PROFINET-DCP 帧结构与 PROFINET-RT 帧结构相比，取消了末尾的 APDU 和 FCS 字段。

4. 字段详解

PROFINET-DCP 协议的大部分字段都有固定取值范围和意义。ServiceID 代表服务类型，它的取值如表 3-7 所示。

表 3-7　ServiceID 取值及含义表

取值 (十六进制)	含　义
0x00～0x02	保留 (Reserved)
0x03	获取 (Get)
0x04	设置 (Set)
0x05	识别 (Identify)
0x06	快速启动 (Hello)
0x07～0xFF	保留 (Reserved)

ServiceID 部分取值及含义具体介绍如下：

DCP Get 即 ServiceID 取值为 0x03，为单播的一种报文，用来从设备中读取相关信息。例如通过配置或诊断工具可以读取设备名称、设备 IP、设备制造商信息以及供应商 ID、设备 ID、设备角色 (控制器或设备) 等。

DCP Set 即 ServiceID 取值为 0x04，为单播的一种报文，用来设置设备名称或设备 IP。设备名称可以设置为保持型名称或临时型名称。保持型名称在设备断电后依然保留 (默认情况下为保持型)；临时型名称在设备断电后即返回到默认值。

DCP Identify 即 ServiceID 取值为 0x05，为多播的一种报文，用来使用特定的设备名称以便在网络上寻找对应的设备。一般由 PROFINET 控制器在启动时用于识别每个设备并检查其名称、IP 地址设置，以及在参数化之前查询网络中是否具有所需的设备。它的另一个用途是在工程师工具中使用。例如，假设已经设置了某设备的名称，即可使用工程师工具中的检查名称服务来检测设备上是否已设置名称。如果设备已经连接并且已分配名称，则设备响应且检查成功。如果没有，则可以使用 DCP_Set 服务设备设置名称。

DCP Hello 即 ServiceID 取值为 0x06，为多播的一种报文。当在设备上使用并启用快速启动时，可以使用 DCP Hello 服务。它不是使设备在断电重启后等待控制器找到它，而是通知控制器此设备已重新在线，从而缩短启动时间。

ServiceType 代表报文的状态，例如请求或响应成功以及响应失败。ServiceType 的取值如表 3-8 所示。

表 3-8　ServiceType 取值及含义表

取　值	含　义
0	请求 (Request)
1	响应成功 (Response Success)
5	响应失败 - 请求不支持 (Response-Request not supported)

Block 中保存着数据报文传输的具体信息，每一个报文可以包含多个 Block，每个 Block 中可以包含多个选项 Option 和子选项 Suboption，每一对都有其具体含义。

(1) IP 相关信息 (0x01)。Option 取值为 0x01 时表示传输 IP 相关信息，Suboption 取值及其含义如表 3-9 所示。

表 3-9　IP 相关 Option&Suboption 取值及含义表

Option	Suboption	含　义
0x01	0x01	MAC 地址
	0x02	IP 信息

(2) 设备相关信息 (0x02)。当 Option 取值为 0x02 时，表示传输的是设备相关信息，包括工厂自定义信息、设备 ID、设备角色 (控制端或被控制端) 等。Suboption 取值及含义如表 3-10 所示。

表 3-10　设备相关 Option&Suboption 取值及含义表

Option	Suboption	含　义
0x02	0x01	工厂自定义信息
	0x02	站名称
	0x03	设备 ID
	0x04	设备角色
	0x05	设备选项
	0x06	设备别称
	0x07	设备实例
	0x08	原始设备制造商 ID、设备 ID
	其他	保留

(3) 动态主机相关信息 (0x03)。Option 取值为 0x03 时代表传输的是动态主机配置相关信息，包括主机名、供应商信息、服务端标识、请求参数列表等。Suboption 取值及其对应关系如表 3-11 所示。

表 3-11　动态主机相关 Option&Suboption 取值及含义表

Option	Suboption	含　义
0x03	12	主机名
	43	供应商信息
	54	服务端标识
	55	请求参数列表
	60	类标识符
	61	DHCP 客户端标识
	81	完整网域名称
	97	UUID/GUID 客户端
	255	地址解析服务控制
	其他	保留

(4) 控制相关信息 (0x05)。Option 取值为 0x05 时代表传输的是控制相关信息，包括启动传输、终止传输、重置出厂设定、信号标识、响应信息等。Suboption 取值及其对应关系如表 3-12 所示。

表 3-12　控制相关 Option&Suboption 取值及含义表

Option	Suboption	含　义
0x05	0x01	启动传输
	0x02	终止传输
	0x03	信号标志
	0x04	响应
	0x05	重置出厂设定
	0x06	恢复出厂设定
	其他	保留

(5) 设备主动发起信息 (0x06)。Option 取值为 0x06 时代表传输的是设备主动传输的信息，Suboption 只开放了 0x01。

(6) 所有信息 (0xff)。Option 取值为 0xff 时代表获取了设备的所有信息，此时 Suboption 取值也为 0xff。

3.2.3　PROFINET 协议安全性分析

一般早期的工业控制系统都是与 IT 网络相互隔离的，因此大部分应用于工业控制系统的协议都没有考虑安全性问题。与其他应用在工业控制系统中的通信协议一样，PROFINET 协议缺乏认证、授权和加密等安全机制。

PROFINET 除了存在工控协议的常见安全问题之外，还有 PROFINET-DCP 协议中的服务 ID 与服务类型成为主要的攻击目标问题。ServiceID 和 ServiceType 是 PROFINET-DCP 的重要组成部分，在使用过程中，ServiceID 和 ServiceType 虽然仅开放了其中的一小部分，但仍具有一定的潜在脆弱性。一旦黑客非法入侵工控网络成功，他们会利用其漏洞实现非法目的。例如某些不合规的数据报大小、异常的操作流程都会引起 DoS 攻击。入侵者一旦渗透进入工控网络，将会控制一台甚至若干台主机，就可以在内网使用基于以太网的实时协议继续扩大入侵范围，造成更严重的损害。

根据 PROFINET-DCP 应用场景分析可知，其主要负责设备的名称和 IP 分配，这也就导致了其容易被利用进行攻击。如果分配设备名称或 IP 地址时出现冲突，就会造成分配失败。在分配设备名称阶段，控制器或监视器首先通过 DCP Identify 报文来判断通过设备组态期间确定和计划连接的设备的名称是否已被分配，若原设备未分配名称，而攻击者假冒此名称应答，则后续的 DCP_Set 流程不会继续进行，系统会与攻击者假冒的设备建立通信流程，原定设备无法工作。

若设备名称已分配，则设备会在收到 DCP Identify 报文后做出应答，而如果攻击者同时也做出应答，且 IO 控制器在 DCP 超时之前收到两条回应，则控制器与设备间的连接建立会失败，用户会收到报错信息。

若已正常分配 IO 设备名称但未分配 IP，则控制器会首先通过 ARP 查询即将分配给 IO 设备的 IP，查看此 IP 是否已经占用。若已占用则会重新开始建立连接。

此外，使用被恶意篡改的协议向控制器或监控器发送数据时，控制器或监控器往往会导致一些异常的响应或者宕机。工业控制系统正常运转时，不会出现大量的异常报文。因为大量异常报文造成的宕机是十分危险的行为，所以不规范的协议报文往往标志着系统网络可能遭受到入侵。

由于工业控制系统的分布、构造等往往与常见 IT 系统不同，常见的对传统 IT 网络进行嗅探的手段并不适合工业控制系统网络，为此可以利用 PROFINET Identify Request All 报文探测网内所有的设备以获取其详细信息。而此报文通常仅用于 IO 监控器查看网内所有设备状况，如果在网内监测到来自非 IO 监控器的探测报文，则有可能发生了嗅探攻击。

PROFINET-RT 信号中的周期 IO 信号一般传输的是生产数据，通常不会有针对其报文格式的攻击，但是如果 IO 设备被假冒，则会遭遇中间人攻击，从而造成严重威胁。及时发现此威胁的一种有效手段是检测 IO 信号通信双方的 MAC 地址是否合法。

PROFINET-RT 信号中的警报信号必须在确定的时间内得到来自协议层和用户层的确认，用户可以设置在得到一个明确的确认之前能够发送的警报次数。在工控网络中如果监测到大量警报流量，则说明系统可能遭受拒绝服务攻击。

对 PROFINET 应用系统中常见的异常行为总结如表 3-13 所示。

表 3-13　异常行为描述表

编号	异常行为描述
1	监控站检查设备名称收到多个回应
2	监控站检查 IP 收到多个回应
3	数据包长度异常
4	PROFINET-DCP 不合规的服务 ID
5	PROFINET-DCP 不合规的服务类型
6	广播查询设备详细信息报文
7	显示状态正常，设备无响应
8	PROFINET-DCP 无效的 Block 信息
9	异常的警报信息
10	非法收发 PROFINETIO 信号

3.2.4　PROFINET 协议安全防护技术

PROFINET 的一个重要特征就是可以同时传递实时数据和标准的 TCP/IP 数据。在其传递 TCP/IP 数据的公共通道中，各种经过验证的 IT 技术都可以使用（如 HTTP、HTML、SNMP、DHCP 和 XML 等）。在使用 PROFINET 的时候，可以通过使用一些 IT 标准服务加强对整个网络的管理和维护，这有利于在调试和维护中节省成本。

PROFINET 实现了从现场级到管理层的纵向通信集成。这样，一方面，方便管理层获取现场级的数据，另一方面，原本在管理层存在的数据安全性问题也延伸到了现场级。为了保证现场级控制数据的安全，PROFINET 提供了特有的安全机制，通过使用专用的安全模块，可以保护自动化控制系统，使自动化通信网络的安全风险最小化。

在过程自动化领域中，故障安全是相当重要的一个概念。所谓故障安全，是指当系统发生故障或出现致命错误时，系统能够恢复到安全状态（即"零"状态）。在这里，安全有两个方面的含义，一方面是指操作人员的安全，另一方面是指整个系统的安全，因为在过程自动化领域中，系统出现故障或致命错误时很可能会导致整个系统的爆炸或毁坏。故障安全机制就是用来保证系统在故障后可以自动恢复到安全状态，不会对操作人员和过程控制系统造成严重损害。

PROFIsafe 是由 PROFIBUS 国际组织提出的加载在 PROFIBUS 和 PROFINET 通信协议基础上的功能安全通信行规，符合 IEC 61508(《电气 / 电子 / 可编程电子安全相关系统的功能安全》) 功能安全国际标准，满足 SIL3 等级的故障安全，很好地保证了整个系统的安全。PROFIsafe 使标准现场总线技术和故障安全技术合为一个系统，即故障安全通信和标准通信在同一根电缆上共存，安全通信不通过冗余电缆来实现。这不仅在布线上和品种多样性方面可以节约成本，而且也方便日后系统的改造。采用 PROFIsafe 既可使用单总线结构也可根据要求采用标准总线和安全总线分开的结构。与标准 ROFIBUS 相比，标准通信部件，如电缆、专用芯片、堆栈软件等，无任何变化，简化了设备、工程设计和安装成本。PROFIsafe 既可用于低能耗的过程自动化，又可用于反应迅速的制造业自动化。

此外，PROFIsafe 还采用了 SIL-Monitor 专利技术，借助 SIL-Monitor，系统能够在故障率超过一定限度之前即采取有效的安全保护措施，从而避免系统出现危险故障。PROFIsafe 通过一系列的现场案例证明系统的灵活性，同时可满足工业 4.0 中的柔性化生产需求。

3.3 Siemens S7 协议

西门子 (Siemens)PLC 使用私有协议进行通信，端口为 102。西门子 PLC 协议有 S7Comm 协议、早期 S7Comm-Plus 协议和最新的 S7Comm-Plus 协议 3 个版本。S7-200、S7-300、S7-400 系列的 PLC 采用早期的西门子私有协议 S7comm 进行通信；S7-1200 系列 V3.0 版本之前的通信协议采用早期 S7Comm-Plus 协议；S7-1200 系列 V4.0 版本、S7-1500 系列采用了最新的 S7Comm-Plus 协议；最新的 S7Comm-Plus 协议引入了会话 ID 来防止重放攻击，且对关键流量进行了加密处理。

3.3.1 Siemens S7 协议概述

S7comm 通信协议（简称 S7 协议）是西门子的私有协议，主要应用于西门子 S7 系列的 PLC 设备上，帮助西门子设备之间交换数据。S7comm 是一个主从协议，现场 PLC 设备一般作为从站，装有上位机软件的 PC 作为主站，主站向从站发送请求数据。

S7comm 协议也是根据 TCP/IP 协议栈实现的，属于 OSI 7 层模型中的应用层协议。S7comm 协议和 OSI 7 层模型对应关系如表 3-14 所示。

表 3-14 S7comm 协议和 OSI 7 层模型对应关系表

OSI 7 层	S7comm 协议
应用层	S7 communication
表示层	S7 communication(COTP)
会话层	S7 communication(TPKT)
传输层	ISO-on-TCP(REC 1006)
网络层	IP
数据链路层	Ethernet
物理层	Ethernet

其中：S7comm 低 4 层主要完成底层驱动程序；第 5 层 TPKT 层是用来在第 4 层和第 6 层之间建立纽带作用的应用数据传输服务协议；第 6 层是 COTP 层，是位于 TCP 之上的协议，以"包"为基本单位传输数据，使接收方获得和发送方具有相同边界的数据；第 7 层 S7 communication 层对应于 OSI 的应用层，该层主要封装用户执行操作的数据。如图 3-14 所示，S7comm 协议包前面封装 COTP 头，再接着封装 TPKT 头，数据包打包完成后通过 TCP 建立连接进行数据传输。

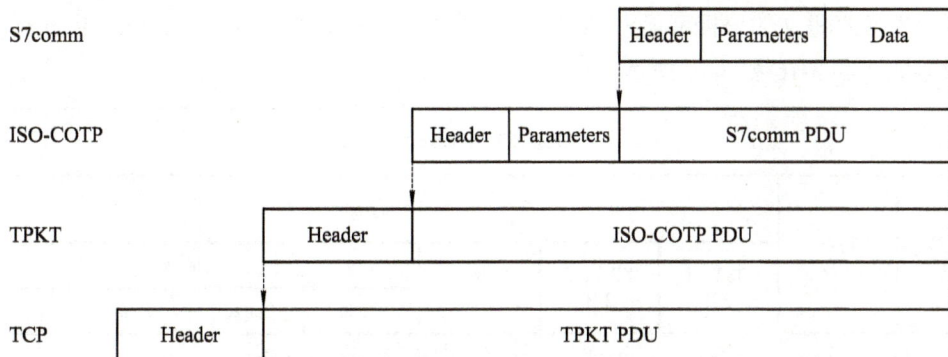

图 3-14　S7comm 协议模型

S7comm 是私有协议，可以使用 Wireshark 抓包工具来分析 S7comm 报文的格式及通信过程。Wireshark 是一款网络分析工具，可以抓取网络中的通信数据包，并能显示出最为详细的网络封包信息。

1. TPKT 协议格式分析

S7comm 协议在通信传输过程中是被封装在 COTP 协议中的，而 COTP 协议又被封装在 TPKT(ISO transport services on top of the TCP) 协议中，S7comm 协议报文封装格式如图 3-15 所示。

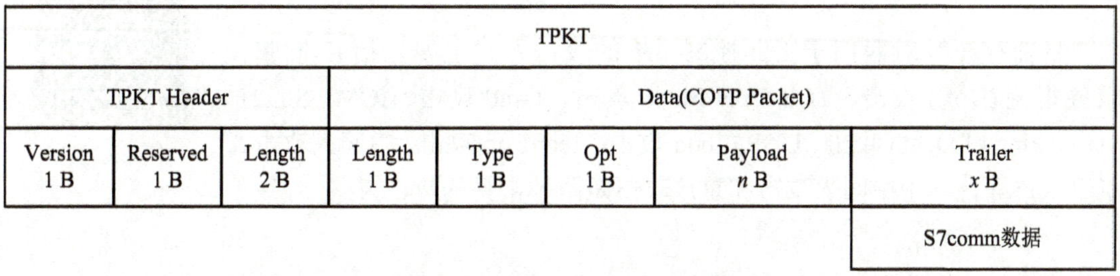

图 3-15　S7comm 协议报文封装格式

图 3-15 中 TPKT 包括 TPKT Header(头部) 和 Data(COTPPacket) 两部分，S7comm 协议的数据包就封装在 COTP 包中。在 TPKT 头部中 Version 表示 TPKT 的协议版本号；Reserved 为保留字段；Length 表示数据包的长度。

2. COTP 协议格式分析

COTP 协议数据包包括 Connection Packet 和 Function Packet 两种形式。其中，Connection Packet 又分为 Connection Requestion Packet 和 Connection Confirm Packet 两种。在 COTP 数据包中，Payload 和 Trailer 部分均可能为 0，并且只有在 Type 字段为 0xf0 时，OPT 字段才存在。Type 字段的含义如表 3-15 所示。

表 3-15　COTP 协议包中 Type 字段的含义表

Type	Type Function	Payload 部分	Trailer 部分
0xd0	Connection response	不为 0	为 0
0xe0	Connection resquest	不为 0	为 0
0xf0	Data	为 0	不为 0

通过对数据报文的分析可得出 COTP 协议的 Connection Packet 和 Function Packet 报文格式分别如下图 3-16 和 3-17 所示。

Data(COTP Packet)							
Length 1 B	Type 1 B	Payload					
		DST ref 2 B	SRC ref 2 B	Opt 1 B	Chunk		
					Code	Length	Data ...

图 3-16   COTP 的 Connection Packet 报文格式

COTP Packet			
Length 1 B	Type 1 B	Opt 1 B	Trailer *n* B
			S7comm数据

图 3-17   COTP 的 Function Packet 报文格式

3.3.2   Siemens S7 协议脆弱性分析

目前存在针对西门子工业控制系统的攻击方式主要包括 IP 欺骗、服务拒绝 (DoS) 攻击、TCP SYN Flood 攻击、Land 攻击、ICMP Smurf 攻击、Ping of Death 攻击、UDP Flood 攻击、Teardrop 攻击、中间人攻击、重放攻击等。其中中间人攻击和重放攻击是两种常见的攻击方式。

中间人攻击

1. 中间人攻击

中间人攻击 (Man-in-the-MiddleAttack，简称 MITM 攻击) 是一种间接的入侵攻击，这种攻击模式是通过各种技术手段将受入侵者控制的一台计算机虚拟放置在网络连接中的两台通信计算机之间，这台计算机就称为"中间人"。

中间人攻击中有两个受害者，分别为上位机和 PLC。中间人在双方都不知情的情况下实施攻击，攻击对象是经过中间人传送的上位机和 PLC 的传输内容。传输内容被中间人截获，如果截获信息中有用户名和密码，则危害就会更大，但中间人攻击不会损害两者之间的通信。

工业控制系统中中间人攻击是利用 S7 协议缺乏认证的弱点，前提是攻击者与 PLC 设备在同一网段内。中间人攻击过程为：首先通过 ARP 地址欺骗来进行流量劫持，正常情况下，PLC 设备之间是互相不通信的，劫持的流量大概率是 PLC 和上位机之间的或者是触摸屏与 PLC 之间的；然后对截取的流量进行一系列的分析，例如寻找 PLC，判断其端口是否为西门子 PLC 指定的 102 通信端口；接着通过获取 CPU 信息的数据包对寻找到的 PLC 的类型进行判断；最后模拟加载 payload，比如停止 PLC 工作，读取内存等。中间人攻击过程示意图如图 3-17 所示。

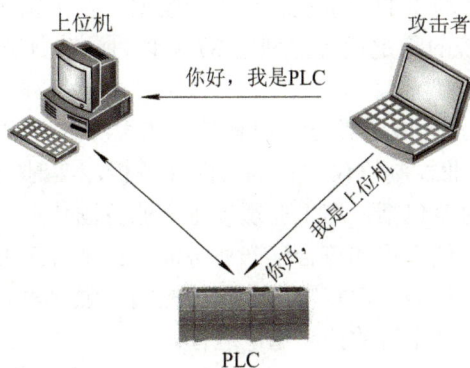

图 3-18　中间人攻击过程示意图

2. 重放攻击

重放攻击 (Replay Attacks) 又称重播攻击、回放攻击，是指攻击者发送一个目的主机已接收过的包，来达到欺骗系统的目的，主要用于身份认证过程，破坏认证的正确性。工业控制系统中的重放攻击利用了 S7 协议缺乏认证的脆弱性问题，将上位机软件编译好的程序重新下载到 PLC 机器中，而把以前窃听到的数据原封不动地重新发送给接收方。很多时候网络上传输的数据是加密过的，此时攻击者无法得到数据的准确意义，但如果知道这些数据的准确意义，就可以在不知道数据内容的情况下通过再次发送这些数据达到欺骗接收端的目的。

重放攻击过程示意图如图 3-19 所示，即上位机给 PLC 发送的报文被攻击者截获，然后攻击者伪装成上位机给 PLC 发送其截获来的报文，而 PLC 会误以为攻击者就是上位机，就把回应报文发送给了攻击者。

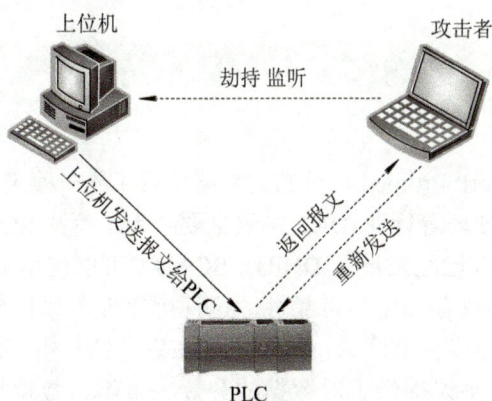

图 3-19　重放攻击过程示意图

▷ 3.3.3　Siemens S7 协议安全防护技术

在目前工业控制系统网络安全形势下，加强安全防护显得更为重要。S7 协议通过对工控网络流量、工控主机状态等进行监控，收集并分析工控网络数据及软件运行状态，建立工业控制系统正常工作环境下的安全状态基线和模型，全面构筑工控安全技术体系，进而保障西门子工业控制系统的稳定运行。利用 S7 协议进一步加强工业控制系统安全防护的措施如下：

(1) 区域边界访问控制。区域边界访问控制是指在生产网上位机与 PLC 设备之间部署工业防火墙，实现 S7 等工业控制协议的识别与深度解析，实时拦截非法指令和恶意指令下发等不法行为。其具体内容包括：在工业现场生产业务固化后，通过工业防火墙智能学习功能固化安全防护策略，使之更加符合生产业务需求；结合工业防火墙硬件级安全策略写保护特性功能，实现安全策略只读权限的物理级控制；强化对西门子工业控制系统的边界隔离与防护，确保工业控制系统的持续稳定运行。

(2) 工控主机安全防护与加固。工控主机安全防护与加固是指在生产网工控主机上部署工控安全防护软件，通过白名单技术、漏洞防御、安全基线及外设管控等技术措施实现对工控主机的安全防护与加固，杜绝重放攻击、中间人攻击等攻击手段危害生产业务安全。

(3) 生产网络流量监测及预警。生产网络流量监测及预警是指在生产网内部关键网络节点处旁路部署工控安全监测与审计系统，实时检测针对 S7 协议的网络攻击、用户误操作、用户违规操作、非法设备接入，以及蠕虫、病毒等恶意软件的传播并实时报警，同时有效记录一切网络通信行为，包括值域级的 S7 协议的通信记录，以便运维人员快速发现安全问题并及时排除隐患；同时采用不影响控制网络正常工作的工控安全监测与审计系统，做到单向接收流量，从硬件上杜绝报文回注的可能性。

(4) 统一安全管控。统一安全管控是指构建安全管理中心并部署统一安全管理平台，对生产网络中部署的工业防火墙、工控安全防护软件、工控安全监测与审计系统等工控安全设备进行集中管控；同时统一安全管理平台兼备基于资产的集中管理功能，有效帮助运维人员提升网络安全运维工作效率，降低安全运维成本。

3.4　DNP3 协议

DNP(Distributed Network Protocol，分布式网络协议) 是一种应用于自动化组件之间的通信协议，常用于电力、水处理等行业。DNP 协议主要是为了解决 SCADA 行业中协议混杂、没有公认标准的问题，如今已经发展到 DNP3。SCADA 可以使用 DNP 协议与主站、RTU 及 IED 进行通信。DNP 协议有一定的可靠性，这种可靠性可以用来对抗恶劣环境中产生的电磁干扰、元件老化等信号失真现象，但不保证在黑客的攻击下或者恶意破坏控制系统的情况下的可靠性。DNP 协议提供了对数据的分片、重组、数据校验、链路控制、优先级等一系列的服务，在协议中大量使用了 CRC 校验来保证数据的准确性。

3.4.1　DNP3 协议概述

DNP3 协议层是基于 IEC60870-5 标准的增强型性能架构 (EPA)。但是，DNP3 协议引入了一个称为"伪传输层"的"透明"层，作为现有 EPA 结构的附加层。因此，DNP3 协议由应用层、伪传输层、数据链路层和物理层组成。各层功能如下：

(1) 应用层：该层主要负责为用户提供访问应用进程的服务，其报文形式参考 IEC 60870 标准定义的数据报文格式。

(2) 伪传输层：该层的主要功能是对应用层数据包进行处理，将输入的数据分解，以数据块为单位传送给链路层。

(3) 数据链路层：该层主要负责将应用层数据分成多个有序的传输数据单元，并将每个数据单元传送到链路充当链路层数据。

(4) 物理层：为链路层提供基本服务以及相应的接口。

DNP3 可以通过 TCP/UDP 进行封装，以便在以太网上运行，支持 DNP3 协议的从设备会开放 TCP 的 20000 端口用于通信。DNP3 在主站会话上需要约定目的地址、源地址，而从设备收到后需要验证目的地址，再进行处理，如果目的地址不相同则会根据在协议栈实现的处理来决定是否不响应和关闭连接，或者返回异常功能报文等。

1. 应用层结构

应用层数据单元 APDU 包含了报文头、对象标题和数据，其结构如表 3-16 所示。

表 3-16　应用层 APDU 结构表

Header	Object Header	Data	⋯	Object Header	Data
报文头	对象标题	数据	⋯	对象标题	数据

报文头：表示了报文的目的，其中包含了应用协议控制信息 (APCI)，可分为请求报文头和响应报文头。

对象标题：表示随后的数据对象。

数据：表示对象标题指定的数据对象类型。

1) 应用层报文头

在应用层中，应用层报头 APCI 包含请求报文和响应报文，其结构如图 3-20 所示。APCI 负责主从站之间传输报文的顺序与流向，以及控制应用服务数据单元 (ASDU)。在 APCI 部分，从站响应报文包含了 2 B 的内部信号标志 (Internal Indications，IIN)，而主站请求报文没有此标志。

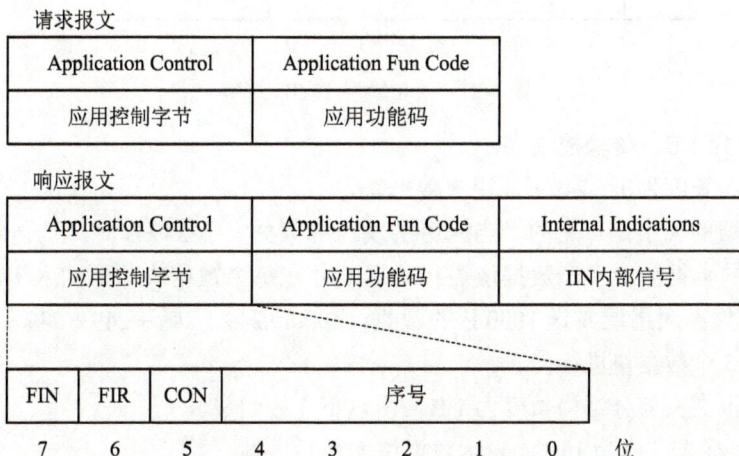

图 3-20　应用层 APCI 结构

应用控制字节 (AC) 长度为 1 B，表示构造分段报文的基本信息。其各个位含义如下：

FIN：尾包标志，值为 1 时，表示整个报文的最后一个分段。

FIR：首包标志，值为 1 时，表示整个报文的第一个分段。

CON：确认标志，值为 1 时，需要接收方给予确认。

序号：表示分段序号。

应用层功能码 (FC) 长度为 1 B，它表示请求 / 响应报文的目的。

2) 应用层对象标题 (Object Header)

DNP3 应用层对象标题表示报文中的数据，具体的含义要取决于报文中的功能码字段。无论是请求报文还是响应报文，对象标题的格式没有变化，其具体结构如表 3-17 所示。

表 3-17　应用层对象标题结构表

Object Field	Qualifier Field	Range
对象 (2 B)	限定词 (1 B)	变程 (0～8 B)

对象：长度为 2 B，表示指定对象以及后面对象的变化。

限定词：长度为 1 B，规定后面变程的意义。

变程：长度为 0～8 B，表示对象的数量。

2. 伪传输层结构

伪传输层的功能是将应用层数据分成多个有序的传输数据单元 (TPDU)，并将每个 TPDU 送到链路层充当链路层数据。伪传输层对于数据链路层来说执行了传输功能，其 TPDU 结构如图 3-21 所示。

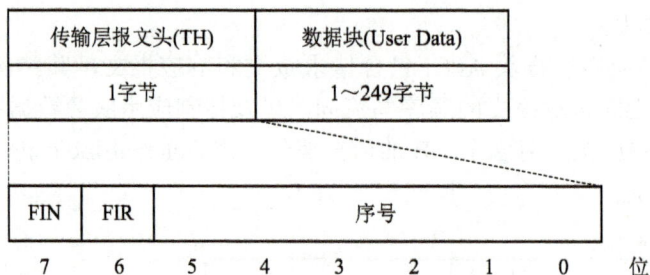

图 3-21　伪传输层 TPDU 结构

TH：长度为 1 B，传输控制字。

User Data：长度为 1～249 B，用户数据块。

应用层数据的大小是可变的，当应用层发送的数据大于 249 B 时，伪传输层的功能是将大于 249 B 的数据分成多个数据块进行传送，并在每个数据块前面加入 1 B 的传输层报文头 (TH)。例如：应用层发送 1000 B 的数据，1000 ＝ 249 ＋ 249 ＋ 249 ＋ 249 ＋ 4，伪传输层可将数据分成 5 个数据块进行传送。

其中传输报文头部分结构长度为 1 B，由以下 3 段组成。

FIN：尾包标志，值为 1 时，表示数据块为最后一帧。

FIR：首包标志，值为 1 时，表示数据块为第一帧。

序号：表示第几帧数据，范围为 0～63。

3. 数据链路层结构

DNP3 协议数据链路层数据单元 (LPDU) 长度不超过 292 B，采用一种可变帧长格式 FT3，其结构如图 3-22 所示。

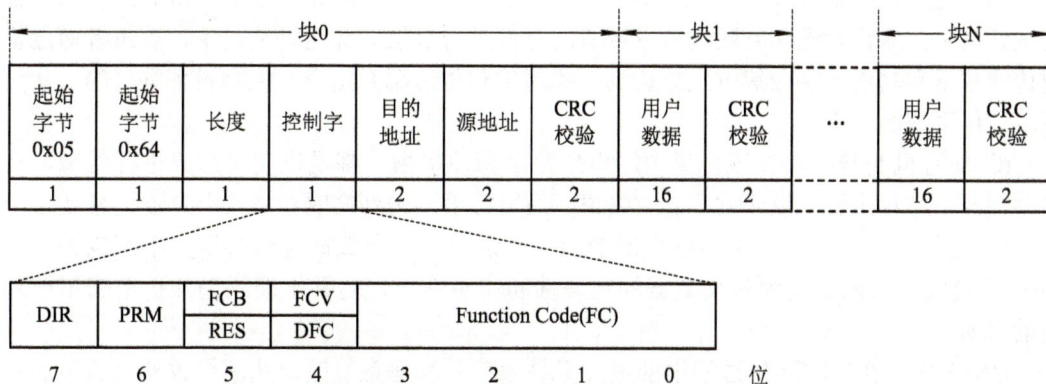

← 块0 →							← 块1 →		...	← 块N →	
起始字节 0x05	起始字节 0x64	长度	控制字	目的地址	源地址	CRC校验	用户数据	CRC校验	...	用户数据	CRC校验
1	1	1	1	2	2	2	16	2		16	2

DIR	PRM	FCB	FCV	Function Code(FC)			
		RES	DFC				
7	6	5	4	3	2	1	0　位

图 3-22　数据链路层 LPDU 结构

起始字节：长度为 2 B，为 0x05 和 0x64；

长度：长度为 1 B，表示用户数据、源地址、目的地址和控制字本身之和，长度在 5～255 B 之间。

控制字：长度为 1 B，表示帧传输方向和类型。

目的地址：长度为 2 B，表示到达地址。

源地址：长度为 2 B，表示发送地址。

用户数据：长度为 1～16 B，跟在链路层报文头之后的用户数据块。

CRC：长度为 2 B，校验数据，在每个数据块之后。

其中链路层控制字部分长度为 1 B，结构为：

DIR：表示方位，1 代表主站发出，0 代表发向主站。

PRM：表示原发标志，1 表示报文来自通信发起站，0 表示报文来自通信应答站。

FCB：表示帧的计数位。

FCV：表示帧计数有效位，它可使 FCB 位生效。

RES：表示保留。

DFC：表示数据流控制，用于防止从站缓存溢出，如果主站送入的数据导致从站数据溢出，则相应消息中包含这个标示位，需要主站通过查询链路状态进行恢复。

FC：链路层功能码，表示帧的类型。

3.4.2　DNP3 协议脆弱性分析

DNP3 协议虽然具有一定的可靠性，但由于其公有的协议规约进而导致协议结构和数据格式都是对外开放的，在本质上与 Modbus TCP 协议存在的脆弱性较为相似，都是具有固有的安全问题。其主要面临着如下问题：该协议由于对主和外站所采用的判别方法过于简单，根据 DIR 标志位的状态 (0 或 1) 很容易判断当前报文发送方向，这相比于其他协议更容易遭受中间人攻击，从而导致 SCADA 系统发生异常。

从 DNP3 协议本身来看，具体存在如下问题：

(1) 认证机制缺失。认证机制缺失会导致入侵者能够非法建立 DNP3 通信会话，扰乱工业控制系统正常运转。在标准 DNP3 协议中，通过观察数据链路层的数据包格式可以发现，通过链路层控制字部分中的 DIR 标识来表示主从站，链路层传输单元中并不包含任何认证信息，这样就无法判断信息发送者的身份是否合法。在这种情况下，攻击者通过篡改传输数据和功能码字段等方式来达到干扰通信和传达恶意指令、控制设备等目的，从而威胁通信系统的安全。

(2) 加密机制缺失。在该协议中，用户数据和控制指令都是以明文形式进行传输，在这种情况下，攻击者可以通过监听、嗅探、假冒等手段达到窃取和修改用户数据等目的。

(3) 完整性保护缺失。虽然在标准 DNP3 协议中，每个数据链路层报文中都包含一个 CRC 校验码，它能够校验传输数据的正确性和完整性，但是并不能达到保护数据不被篡改的目的。

DNP3 协议在实时通信过程中的报文极易被截获和恶意篡改，从而导致安全隐患的发生。其主要存在被攻击的行为有窃听、中间人攻击等，具体表现在以下方面：

(1) 无法抵抗窃听攻击。当所有的用户数据和控制指令都是通过明文形式进行传输的时候，攻击者很容易获取有效的通信地址，并且对系统中传输的信息进行窃听，从而获取相应的报文信息。窃听攻击非常隐蔽，这种攻击方式只获取系统中的各项信息，造成数据信息泄露，但是不会影响系统本身的正常运行，所以很难被管理员察觉，也就难以及时制止。窃听并不会给 SCADA 系统带来物理伤害，但这种行为会窃取非常敏感的工艺生产数据，并且通过进一步分析所得到的数据为接下来继续渗透攻击打下基础。

(2) 无法抵抗中间人攻击。该协议由于对主和从站所采用的判别方法过于简单，根据 DIR 标志位的状态 (0 或 1) 很容易判断当前报文发送方向，这相比于其他协议更容易实施遭受中间人攻击，从而引发导致 SCADA 系统发生异常。当主、从站设备建立通信连接并进行信息传输时，攻击者在通信过程中截获传输报文，进而获取通信地址；然后攻击者假冒主站设备向从站设备发送篡改过的异常报文，例如异常的控制指令，这可能会导致从站设备不能进行正常工作；同时，攻击者也可以假冒从站设备向主站设备发送错误的请求报文，例如做出虚假响应，致使 SCADA 系统不能正常运行。攻击者还可以利用功能码进行恶意攻击，致使通信双方做出错误响应，最终导致系统整体故障或者瘫痪，影响系统的正常运行。其实从通信过程入手可以发现，如果不对 DNP3 协议进行加固，它并不能抵抗常见的攻击方式。

另外，当入侵者模拟从站向主站发送非请求报文时，不需要主站给予权限便能上传数据，因此攻击者还可利用这一漏洞发动拒绝服务攻击等。

3.4.3 DNP3 协议安全防护技术

为了弥补 DNP3 协议中存在的不足，认证和加密机制相继被引入其中，Secure DNP3 和 DNPSec 是具有代表性的解决方案。Secure DNP3 是针对标准 DNP3 协议的改进，通过修改其应用层报文结构，同时引入认证技术，保证数据的真实性和完整性，但是该方案缺乏加密机制，传输的数据仍旧是明文形式，所以攻击者能够通过监听等方法收集到系统数据。DNPSec 安全机制修改的对象则是数据链路层，通过添加必要的字段实现认证和加密功能，但是这种方案对设备的计算能力和存储能力要求较高，在实际中使用并不广泛。

目前，一些 SCADA 系统中针对 DNP3 协议实现安全通信采用的措施仍然是通过防火墙结合 SSL 和入侵检测实现的。通过采取传输层协议安全措施，如使用传输层安全协议 (TLS) 等，即将 DNP3 数据流视为机密信息，尽量使用各种 TCP/IP 安全手段进行保护。在实际工程部署中，DNP3 主控站与子站往往被隔离到只包含授权设备的唯一分区中，因此可以通过防火墙、IDS 等设备部署，对 DNP3 链路上的数据类型、数据源及其目的地址进行严格控制，实现分区全面的安全加固。

3.5　OPC 协议

1990 年微软提出了动态数据互换技术，到了 1992 年对象链接与嵌入技术 2.0 相对成熟，推出了面向对象的设计和编程，包括 COM/DCOM 技术用于不同对象间的数据交换。1996 年 OPC 基金会正式成立并发布了 OPC DA1.0，之后陆续发布了 DA2.0、DA3.0，以及 OPC UA 即 OPC 统一架构。

OPC 是 OLE for Process Control 的缩写，即用于过程控制的 OLE。我们所熟知的 OPC 规范一般是指 OPC Classic，被广泛应用于各个行业，包括制造业、楼宇自动化、石油和天然气、可再生能源和公用事业等领域。

3.5.1　OPC 协议概述

OPC 出现的目的是实现不同的供应商设备与应用程序之间的接口标准化，从而使它们之间的数据交换更加简单，这样可以使开发者不依赖于特定开发语言和开发环境的过程控制软件。OPC 协议是把 PLC 特定的协议 (如 Modbus、Profibus 等) 抽象成为标准化的接口，作为"中间人"的角色把通用的 OPC"读写"请求转换成具体的设备协议来与 HMI/SCADA 系统直接对接，反之亦然。由此出现了一个完整的产品行业，因此终端用户可以借助其来最优化产品，通过 OPC 协议来实现系统的无缝交互。

OPC 协议是一项应用于自动化行业及其他行业的数据安全交换可互操作性标准，独立于平台，并确保来自多个厂商的设备之间信息的无缝传输。OPC 基金会负责该标准的开发和维护。OPC 标准是由行业供应商、终端用户和软件开发者共同制定的一系列规范。这些规范定义了客户端与服务器之间以及服务器与服务器之间的接口，比如访问实时数据、监控报警和事件、访问历史数据和其他应用程序等，都需要 OPC 标准的协调。

早期的过程监控系统中硬件和软件主要利用驱动器进行系统连接，如图 3-23 所示。该系统中各种应用软件都必须提供设备的驱动程序，即需要若干个驱动程序维持系统的正常运行，而且各软件间不能相互通信。因为各个软件来自不同的开发商，具有对同一设备有不同的相互独立的驱动程序，所以多个软件也不能同时对同一个设备存取数据，否则可能造成系统的瘫痪。同时，某一个设备的升级也要求该设备的所有驱动程序升级，否则会存在严重的安全隐患。另外，长期维护这样的一个系统工作量是非常大的。

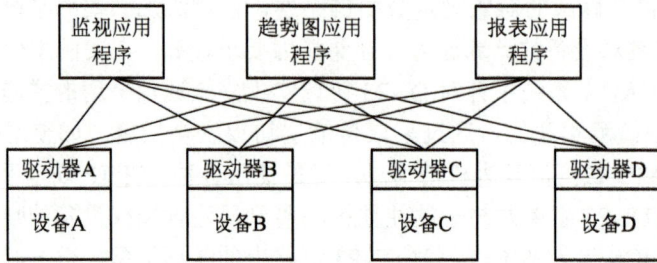

图 3-23　利用驱动器的系统连接图

为了避免驱动器连接存在的不足，还可以采用 OPC 控制的方法进行系统连接，如图
3-24 所示。这样就大大优化了系统间的通信，数据传输变得更加简便快捷。

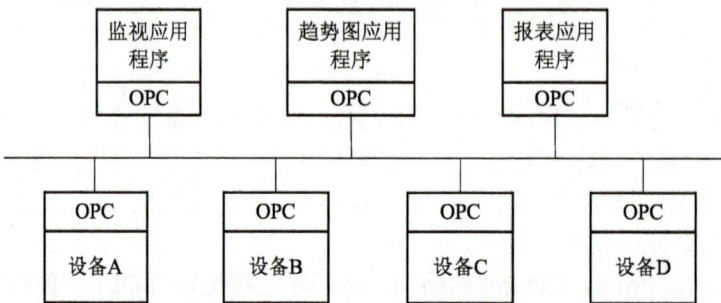

图 3-24　利用 OPC 控制的方法的系统连接图

OPC 技术包含一系列的标准规范，如 DA、HDA、A&E 等。这些标准规范都是由
OPC 基金会创建、发行并维护的，这些标准从根本上保证了 OPC 技术的兼容性。

随着制造系统以服务为导向架构的引入，如何重新定义架构来确保数据的安全性，这
给 OPC 带来了新的挑战，也促使 OPC 基金会创立了新的架构——OPC UA，以满足这些
需求。与此同时，OPC UA 也为新的系统开发和拓展提供了一个功能丰富的开放式技术平台。

OPC 协议采用客户端 / 服务器模式，在客户端和服务器端都各自定义了统一的符合
OPC 标准的接口，此接口具有不变特性。接口明确定义了客户端与服务器之间的 COM 方
式的通信机制，它是连接客户端与服务器的桥梁和纽带。现场设备的访问接口（驱动及总
线协议）由设备厂家或第三方开发，并将其封装到 OPC 服务器中（硬件驱动模块）；客户
端通过 OPC 标准接口实现与服务器的数据交换。

当 OPC 客户端与服务器在同一台计算机上时，客户端通过 COM 进行本地过程调用
(LPC) 服务；当客户端与服务器不在同一台计算机上时，客户端通过 DCOM 进行远程过
程调用 (RPC) 服务与服务器进行通信。

OPC 服务器通常支持两种类型的访问接口（自动化接口 (Automation interface)，自定
义接口 (Custom interface))，这两种接口分别为不同的编程语言环境提供访问机制。自动
化接口通常是为基于脚本编程语言而定义的标准接口，可以使用 Visual Basic、Delphi、
Power Builder 等编程语言开发 OPC 服务器的客户应用。自定义接口是专门为 C++ 等高级
编程语言而制定的标准接口。

OPC 规范了接口函数，不管现场设备以何种形式存在，客户都以统一的方式去访问，

从而保证软件对客户的透明性，使用户完全从低层的开发中脱离出来。对于软件开发商而言，不再专注于开发各种硬件设备的驱动程序，而是把焦点集中在增加和完善软件的功能上，使自己的软件更易被用户接受和使用。对于硬件设备制造商，再也不必担心自己的产品因为没有为某些软件提供驱动程序而被用户所忽视或放弃。一次性编写的驱动程序 (OPC 服务器) 可以被所有的应用软件所用，不仅节省了各种 I/O 驱动程序的开发费用，而且可以让制造商集中精力生产更易于用户使用的、功能完善的硬件。

1. OPC 逻辑对象模型

OPC 服务中有 OPC Server 对象、OPC Group 对象、OPC Item 对象三类对象，每一类对象都包含一系列的接口。

OPC Server 对象主要功能是创建和管理 OPC Group 对象、管理服务器内部的状态信息。

OPC Group 对象主要功能是管理该对象的内容状态信息、创建和管理 Item 对象以及服务器内部的实时数据的存取服务 (同步与异步)，通常分为私有组和公有组。公有组由多个客户共享，而私有组只属于某个客户，大多数的服务器均未实现公有组。

OPC Item 对象主要功能是描述实时数据，一个 Item 对象不能单独被 OPC 客户端访问，所有的对象的访问必须通过 OPC Group 访问。

2. OPC 通信方式

(1) 同步通信：OPC 客户端对 OPC 服务端进行读取操作时，OPC 客户端必须等到 OPC 服务器端完成对应操作后才能返回，在此期间 OPC 客户端处于一直等待的状态。

(2) 异步通信：OPC 客户端对 OPC 服务器端进行读取操作时，OPC 客户端发送请求后立即返回，不用等待服务器端是否完成操作，当 OPC 服务器端完成操作后再通知客户端程序。

(3) 订阅：需要服务器端支持 OPC AE 规范，由客户端设定数据的变化限度，如果数据源的实时数据变化超过了该限度，则服务器通过回调返回数据给客户端。

3. OPC Classic 规范

OPC Classic 规范基于 Microsoft Windows 技术，使用 COM/DCOM(分布式组件对象模型) 在软件组件之间交换数据。该规范为访问过程数据、报警和历史数据提供了单独的定义。

(1) OPC Data Access (OPC DA)：OPC 数据访问规范，定义了数据交换，包括值、时间和质量信息。

(2) OPC Alarms & Events(OPC A&E)：OPC 报警和事件规范，定义了报警和事件类型信息的交换，以及变量状态和状态管理。

(3) OPC Historical Data Access(OPC HDA)：定义了可应用于历史数据、时间数据的查询和分析的方法。

OPC 经典规范已经很好地服务于工业企业。然而随着技术的发展，企业对 OPC 规范的需求也在增长。OPC 基金会发布的 OPC 统一架构 (OPC UA) 是一个独立于平台的面向服务的架构，集成了 OPC Classic 规范的所有功能，并且兼容 OPC Classic。

4. OPC UA 规范

OPC UA 规范包含核心规范部分与存取类型规范部分，其中核心规范部分包括 OPC UA

Data Access、OPC UA Alarms and Conditions、OPC UA Programs 以及 OPC UA Historical Access 规范；存取规范部分包括 OPC UA Security Model、OPC UA Address Space Model、OPC UA Services、OPC UA Information Model、OPC UA Service Mappings 和 OPC UA Profiles 等。

在生产管理软件的不断发展过程中，标准的采用也在不断更新，为适应应用需求的发展，OPC UA 规范为企业软件架构的建立指明了新的方向。

OPC UA 具备以下特点：

(1) 功能方面。OPC UA 不仅支持传统 OPC 的所有功能，更支持以下更多新的功能：

网络发现：自动查询本 PC 中与当前网络中可用的 OPC Server。

地址空间优化：所有的数据都可以分级结构定义，使得 OPC Client 不仅能够读取并利用简单数据，也能访问复杂的结构体。

互访认证：所有的读写数据 / 消息行为都必须有访问许可。

数据订阅：针对 OPC Client 不同的配置与标准，提供数据 / 消息的监控，以及数值变化时的变化报告。

方案功能：OPC UA 中定义了通过在 OPC Server 中定义方案，以便让 OPC Client 执行特定的程序。

复杂数据内置：在数据获取标准 OPC DA 中增加了复杂数据规范。

增强的命名空间：在目前的 OPC 规范中支持将数据组织成层次结构，OPC UA 更支持无限的节点命名和无限的关系设定，同时每个节点均可以对其他节点有无限的关系设定。

大量的服务功能：OPC UA 规范定义了大量的通用服务。

采用 OPC UA 二进制编码，可使数据快速编码和解码，提高了数据的传输速度，同时还能集成现有的基于 COM/DCOM 技术开发的 OPC 服务器 (DA、HDA、A & E)，使它们很容易通过 OPC UA 映射和使用。

(2) 平台支持方面。OPC UA 标准解决了跨越微软系统平台问题，实现了多平台的互操作性，提供了更多的可支持的硬件或软件平台。硬件平台有传统 PC 硬件、云服务器、PLC、微控制器 (ARM 等)。操作系统有 Microsoft Windows、Apple OSX、Android 或任何 Linux 发行版本等。OPC UA 为企业之间的互操作性提供了必要的 M2M、M2E 及两者之间的基础架构。

(3) 安全性方面。集成的 OPC UA 数据加密功能符合国际安全标准，为 Internet 及各企业网络内的远程访问和数据共享、客户端和服务器之间的安全通信提供了保障。OPC UA 最大的变化是可以通过任何单一端口 (经管理员开放后) 进行通信，这使得 OPC 通信不再会由于防火墙受到很大的限制。

和现行 OPC 一样，OPC UA 系统包括 OPC UA 服务器和客户端两个部分，每个系统允许多个服务器和客户端相互作用。以下从 OPC UA 系统的客户端、服务器和信息模型 3 方面进行介绍。

1) OPC UA 客户端

OPC UA 客户端的体系结构包括客户端的客户端 / 服务器交互。客户端的客户端 / 服务器交互包括 OPC UA 客户端应用程序、OPC UA 通信栈、OPC UA 客户端 API 等。使用 OPC UA 客户端 API 与 OPC UA 服务器端 API 可以发送和接收 OPC UA 服务请求及响应。

图 3-25 所示为 OPC 客户端架构，说明了典型的 OPC UA 客户端的主要元素以及它们

之间的相互关系。

图 3-25   OPC UA 客户端架构

2) OPC UA 服务器

OPC UA 服务器代表客户端 / 服务器相互作用的服务器端点，主要包括 OPC UA 服务器应用程序、真实对象、OPC UA 地址空间、发布 / 订阅实体、OPC UA 服务器接口 API、OPC UA 通信栈。使用 OPC UA 服务器 API 可以从 OPC UA 客户端传送和接收消息。

OPC UA 服务器架构为客户端 / 服务器交互的服务器节点建模。图 3-26 为 OPC UA 服务器端架构，说明了 OPC UA 服务器的主要元素以及它们之间的相互关系。

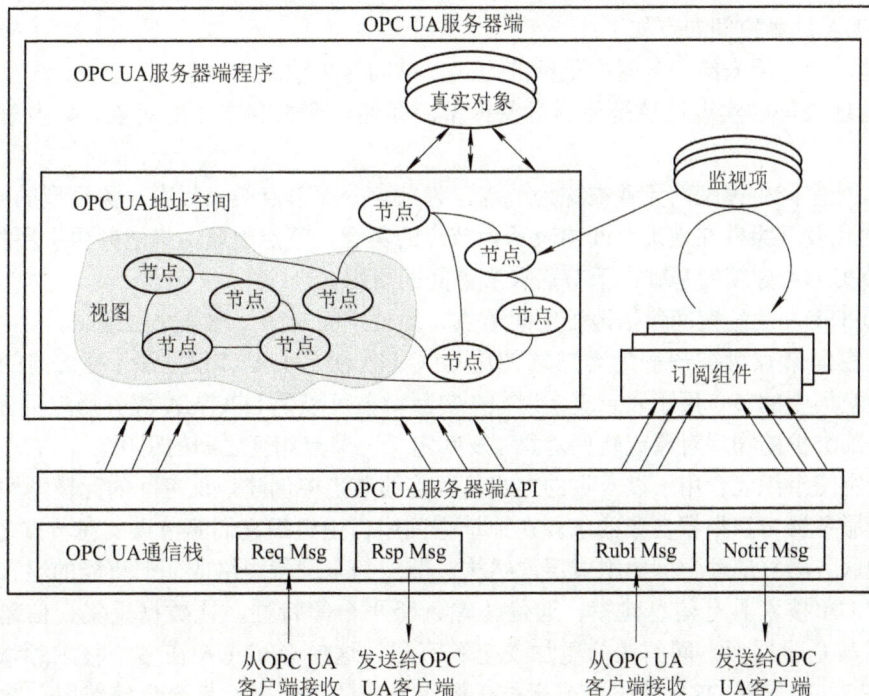

图 3-26   OPC UA 服务器端架构

OPC UA 客户端与服务器主要的交互形式是：通过客户端发送服务请求，经底层通信实体发送给 OPC UA 通信栈，并通过服务器接口调用请求 / 响应服务，在地址空间的节点上执行指定任务之后，返回一个响应；客户端发送发布请求，经底层通信实体发送给 OPC UA 通信栈，并通过服务器接口发送给订阅组件，当订阅组件指定的监视项探测到数据变化或者事件 / 警报发生时，监视项生成一个通知发送给订阅组件，并由订阅组件发送给客户端。

3) OPC UA 信息模型

OPC UA 使用了对象 (Objects) 作为过程系统表示数据和活动的基础。对象包含了变量，事件和方法，它们通过引用 (Reference) 来互相连接。

OPC UA 信息模型是节点的网络 (Network of Node)，或者称为结构化图 (Graph)，由节点 (Node) 和引用 (References) 组成。这种结构图称之为 OPC UA 的地址空间。这种图形结构可以描述各种各样的结构化信息 (对象)。OPC UA 地址空间表示图如图 3-27 所示。

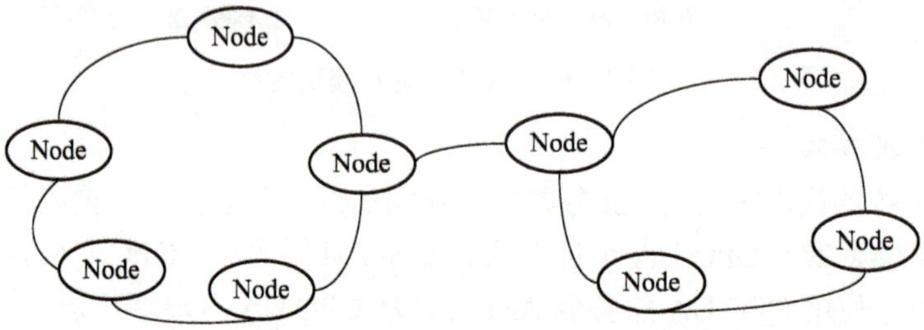

图 3-27　OPC UA 地址空间表示图

OPCUA 中的节点是在一个 OPC UA 服务器中，而不是一个服务器对应一个节点。

OPC UA 地址空间要点如下：

(1) 地址空间用来给服务器提供标准方式，以向客户端表示对象。

(2) 地址空间的实现途径是使用对象模型，即通过变量和方法的对象，以及表达关系的对象。

(3) 地址空间中模型的元素被称为节点，为节点分配节点类来代表对象模型的元素。

(4) 对象及其组件在地址空间中表示为节点的集合，节点由属性描述并由引用相连。

(5) OPC UA 建模的基础在于节点和节点间的引用。

(6) OPC UA 地址空间包括地址空间节点、地址空间视图、地址空间组织。

地址空间节点可被理解为客户端使用 OPC UA 服务 (接口和方法) 可访问的一组节点。地址空间中的节点用于表示真实对象 (实际对象可以是 OPC UA 服务器应用程序可访问或在内部维护的物理对象或软件对象) 及其定义、节点相互之间的引用。

地址空间组织包含用于以一致的方式从互连的节点中创建地址空间的元模型"构件块"的细节。服务器可以根据自己的选择在地址空间中自由组织它们的节点。在节点之间使用引用允许服务器将地址空间组织成层次结构、节点的全网状网络或任何可能的组合。

OPC UA 技术具有信息建模、通信传输、跨平台等特性，让数据采集、信息模型化以及底层与企业层面之间的通信更加安全和可靠。这使 OPC UA 在多个技术领域获得应用，如 IEC、美国和 DKE 等国家或标准化组织发布的智能电网标准化路线图，都将 OPC UA 技术作为重要的支撑标准列出。德国提出的新一代工业制造技术"工业 4.0"中，也将 OPC UA 作为支撑技术之一。OPC UA 技术作为重要的信息集成标准，在不同领域和企业不同层级获得了广泛应用。

3.5.2　OPC 协议存在的安全问题

随着 OPC 技术的广泛使用，OPC 所面临的安全问题也日益严峻，例如控制系统和外部网络暴露较多的接口、接入协议的多样性、不同操作人员的控制权限限制、连接认证的加密性和时效性、对 OPC 服务器的 DoS 等都需要去加以解决。

OPC 协议的安全性问题主要体现在以下几个方面：

(1) 已知操作系统的漏洞问题。由于 OPC 协议基于 Windows 操作系统，通常的主机安全问题也会影响 OPC。微软的 DCOM 技术一方面具有高度复杂性，另外一方面也存在着大量漏洞，这些操作系统层面的漏洞成为典型 OPC 协议漏洞的来源和攻击入口。虽然 OPC 及相关控制系统漏洞只有国际安全基金会的授权才能获得，但大量现存的 OLE 与 RPC 漏洞早已被发现。

(2) Windows 操作系统的弱口令。OPC 协议使用的最基本的通信握手过程需要建立在 DCOM 技术上，通过 Windows 内置账号的方式进行认证。但大量的 OPC 服务器使用弱安全认证机制，即使启用了认证技术也常常使用弱口令。

(3) 动态端口无法进行安全防护。OPC 协议通过 135 端口建立通信链路后，采用了随机端口 (1024～65 535) 传输数据，广泛的数据传输端口给安全防护带来了问题，即无法使用传统的五元组方式进行防护。

(4) 过时的授权机制。受限于维护窗口、解释性问题等诸多因素，工业网络系统升级困难，导致不安全的授权机制仍在使用。

(5) 部署的操作系统承载了多余的、不必要的服务。许多操作系统应用中大量部署了与 ICS 无关的额外服务，导致非必需的运行进程和来访端口，如 HTTP、NetBIOS 等，这些问题都使 OPC 服务器暴露在攻击之下。

(6) 审计记录不完善。由于老旧系统的审计设置默认不记录 DCOM 连接请求，因此攻击发生时日志记录往往过于简单甚至没有保存，以致无法提供足够的详细证据。

3.5.3　OPC 协议安全防护技术

使用 OPC 技术的工业控制系统继承了与 Microsoft Windows 环境中的基础 RPC 和 DCOM 服务相关的漏洞。这些服务一直是许多严重漏洞的来源，因此广泛存在对于未打补丁系统的攻击。OPC 使用所需的系统配置可能未安装操作系统的安全补丁和服务包的自动应用。用户应该了解使用这些服务的未修补系统所存在的漏洞，并确保在不能应用传统修补程序时，能够采取其他适当的安全控制手段。

OPC UA 在通过防火墙时通过提供一套控制方案来提高系统通信时的安全性，具体为：

(1) 传输：定义了许多协议，提供了诸如超快 OPC 二进制传输或更通用的 SOAP-HTTPS 等选项。

(2) 会话加密：信息以 128 位或 256 位加密级别安全地传输。

(3) 信息签名：信息接收时的签名与发送时必须完全相同。

(4) 测序数据包：通过排序消除已发现的信息重放攻击。

(5) 认证：每个 UA 的客户端和服务器都要通过 OpenSSL 证书标识，提供控制应用程序和系统彼此连接的功能。

(6) 用户控制：应用程序可以要求用户进行身份验证（登录凭据、证书等），并且可以进一步限制或增强用户访问权限和地址空间"视图"的能力。

(7) 审计：记录用户和 / 或系统的活动，提供访问审计跟踪。

习　　题

1. 工业网络控制协议一般可以分为哪几类？
2. Modbus TCP 数据报文分为哪几种类型？
3. 说明 Modbus TCP 协议存在的安全问题。
4. 说明 PROFINET 协议通信时可以提供的数据通道有哪些。
5. 简述 Siemens S7 协议通信时中间人攻击和重放攻击过程。
6. 说明 DNP3 协议的层次结构。
7. 简述 DNP3 协议存在的安全问题。
8. 简述 OPC 协议存在的安全性问题。

第 4 章　工业控制系统漏洞分析

本章主要分析了工业控制系统当中潜在的安全威胁以及面临的常见攻击技术，针对工业控制系统漏洞问题介绍了漏洞扫描技术和漏洞挖掘技术。

4.1　工业控制系统安全威胁与攻击技术

工业控制系统安全威胁的表现形式可分为人为失误（设置错误、配置错误、操作失误等），管理缺失（策略和制度不完善、操作规程不明晰、职责不明确等），越权或滥用（未授权连接访问、滥用权限非正常修改或破坏重要信息等），信息泄密（内部或外部的信息泄露等），安全漏洞（软硬件漏洞、通信协议漏洞、网络漏洞等），软硬件故障（工业控制系统自身缺陷、应用软件故障、设备故障等），恶意代码（病毒、蠕虫、木马、后门、逻辑炸弹等），入侵攻击（数据和应用的窃取和破坏、拒绝服务攻击、敌对势力或工业间谍的攻击摧毁等），自然灾害（地震、洪灾、其他不可预知事件等），物理影响（停电、静电、电磁干扰、断网等）。

4.1.1　工业控制系统的威胁源

工业控制系统面临的威胁具有多种来源，包括对抗性来源如敌对政府、恐怖组织、工业间谍、恶意入侵者、心怀不满的员工，自然来源如从系统的复杂性、人为错误和意外事故、设备故障和自然灾害。为了防止对抗性的威胁以及已知的自然威胁，工业控制系统需要为 ICS 创建一个纵深的防御策略。表 4-1 列出了工业控制系统可能存在的针对 ICS 的威胁。

表 4-1   工业控制系统存在的针对 ICS 的威胁

威胁代理	描　述
攻击者	攻击者入侵网络，只为获得挑战的快感或为了追逐经济利益。虽然远程攻击曾经需要一定的技能或计算机知识，但是攻击者现在却可以从互联网上下载攻击脚本和协议，并向受害网站发动攻击。因此攻击工具越来越高级，也变得更加容易使用。许多攻击者并不具备必要的专业知识来威胁如美国的关键网络这样比较困难的目标。然而，攻击者遍布全球，构成了一个比较高的威胁，其造成的孤立的或短暂的中断可引起严重损害
僵尸网络操纵者	僵尸网络操纵者侵入系统不是为了挑战或炫耀，而是将多个系统联合起来发动攻击并分发网络钓鱼方案、垃圾邮件和恶意软件攻击。有时在地下市场也可以获得攻破系统和网络的服务
犯罪集团	犯罪团伙试图攻击系统以获取钱财。具体来说，有组织的犯罪集团利用垃圾邮件、网络钓鱼、间谍软件/恶意软件进行身份盗窃和在线欺诈。国际企业间谍和有组织的犯罪集团也通过自己的能力进行工业间谍活动和大规模的货币盗窃，并聘请或发展攻击人才，从而构成对国家安全的威胁。一些犯罪团伙可能用网络攻击威胁某个组织从而试图勒索金钱
外国情报服务	外国情报部门使用网络工具作为他们的信息收集和间谍活动的一部分。此外，一些国家正在积极发展信息战理论、计划和能力。这类能力使单一的实体就能造成显著的和严重的影响，通过扰乱供电、通信和支持军事力量的经济基础设施，其后果可能会影响公民的日常生活
内部人员	心怀不满的内部人员是计算机犯罪的主要来源。内部人员基于他们对目标系统的了解，可能并不需要大量的计算机入侵相关知识，往往就能够不受限制地访问系统，从而对系统造成损害或窃取系统数据。内部威胁还包括外包供应商以及员工意外地引入恶意软件到系统中。内部人员可能包括员工、承包商或商业合作伙伴等。不恰当的策略、程序和测试也会导致对 ICS 的影响。对 ICS 和现场设备的损坏程度可以从轻微到重大。来自内部的意外影响是发生概率最高的事件之一
钓鱼者	钓鱼者是执行钓鱼计划的个人或小团体，企图窃取身份或信息以获取金钱。钓鱼者也可以使用垃圾邮件和间谍软件/恶意软件来实现其目标
垃圾邮件发送者	垃圾邮件发送者包括个人或组织，他们散布不请自来的电子邮件，包含隐藏的或虚假的产品销售信息，进行网络钓鱼计划，散布间谍软件/恶意软件或有组织的攻击（例如 DoS）
间谍/恶意软件作者	具有恶意企图的个人或组织通过制作和散布间谍软件及恶意软件对用户进行攻击。已经有一些破坏性的电脑病毒和蠕虫对文件及硬盘驱动器造成了损害，包括 Melissa 宏病毒、Explore.Zip 蠕虫、CIH（切尔诺贝利）病毒、尼姆达、红色代码、Slammer（地狱）、Blaster（冲击波）等
恐怖分子	恐怖分子试图破坏、中断或利用关键基础设施来威胁国家安全，造成大量人员伤亡，削弱国家经济，并损害公众的士气和信心。恐怖分子可能使用网络钓鱼或间谍软件/恶意软件，以筹集资金或收集敏感信息，也可能袭击一个目标，以便从其他目标上转移人们视线或资源
工业间谍	工业间谍活动旨在通过秘密的方法获得知识产权和技术秘密

▷ 4.1.2　工业控制系统攻击技术

工业控制系统攻击是指某人非法使用或破坏某一信息系统中的资源，以及非授权使系统丧失部分或全部服务功能的行为。通常可以把对工业控制系统的攻击活动大致分为内部攻击和远程攻击两种。现在随着互联网络技术的进步，其中远程攻击技术得到很大发展，威胁也越来越大。常见的远程攻击手段包括口令攻击、拒绝服务攻击、数据驱动攻击等。

1. 口令攻击

口令攻击是一种主流的攻击方法，同时也是黑客常用的攻击手段。口令攻击的目的是获取工业控制网络中各服务器、工程师站、操作员站等需要口令验证的主机的口令。通过获得有效的口令，攻击者能够在目标系统中随意进出，并执行任意操作，以实现对目标系统的攻击。此种攻击会让攻击者实现对系统的登录，使攻击者能够远程操纵控制系统，从而严重影响系统的可用性和完整性。口令攻击的影响范围为监控层网络中各服务器、工程师站、操作员站等需要口令验证的组件。

1) 口令攻击的类型

口令攻击类型如下：

(1) 词典攻击。词典攻击是指将人们可能用作口令的英文单词或者字符组合制作成一个词典，利用逐个试探的方式进行破解。一般根据人们设置自己账号口令的习惯来建立词典，该词典可能包含各种跟用户有关的信息，如名字、生日等。

(2) 暴力攻击。暴力攻击是指利用穷举搜索法在所有的组合方式中试探口令的攻击方式，通常需要将指定的字母、数字、特殊符号集合中所有符号的可能排列组合进行穷举试探。暴力攻击所需时间在很大程度上受到口令复杂程度与 CPU 的运行速度的影响。为了缩短破解时间，攻击者可以采用分布式攻击，即将一个大的破解任务分解成若干个小任务，然后利用分布在其他设备上的资源来完成任务。此种方法给口令安全带来巨大威胁。

(3) 重放攻击。重放攻击的基础是窃听。攻击者一旦截获口令报文，即使不知道准确口令，依然能够通过重放口令报文而冒充用户登录系统。

2) 口令攻击的方法

口令攻击的方法主要有从远程系统中获取口令、从用户主机上获取口令、在传输过程中获取口令 3 种。

(1) 从远程系统中获取口令。从远程系统中获取口令是指利用 Web 服务器对目标服务器的口令进行破译，破译的对象主要有系统中的普通用户的口令、网络管理员的口令、FTP、TELNET 以及基于 Web 的访问口令等。一般来说，由于普通用户的口令破译代价小，因此，当黑客对目标系统进行攻击时，会优先选择破译普通用户的口令。虽然普通用户访问权限不高，但也能满足黑客的基本需要，利用系统中存在的漏洞即可进一步得到系统的控制权限。从远程系统中获取口令的攻击方式主要是利用 Web 页面欺骗、强行破解用户口令以及获取服务器上的用户口令文件，继而利用破译脚本来实现对用户口令的破译。

(2) 从用户主机上获取口令。如果攻击者已经具有普通权限，那么只需利用破译密码的软件就能获取口令信息。如果攻击者没有任何权限，则先需要获取控制权，再获得系统口令，通过缓冲区溢出的方法来获取系统控制权，利用键盘记录或木马等方法来获取系统的口令。

(3) 在传输过程中获取口令。采用嗅探技术是在传输过程中获取口令的主要手段。嗅探技术主要通过两种方式来实现。一种是在目标系统中安装嗅探监听软件，且必须保证整个安装过程没有被网络管理员察觉。因此，这种方式需要通过木马等攻击方式的配合才能实现。另外一种适合于一些安全性较低的局域网。例如，一个局域网中的网络设备在发送数据时缺少针对性，直接将数据以广播的方式向整个局域网中发送，从而导致主机能够获取网络中的全部信息，因此，在这个局域网中的任意主机上直接安装嗅探监听软件，就能实现对整个局域网的嗅探和监听。

2. 拒绝服务攻击

拒绝服务攻击即 Denial of Service，常简称为 DoS，主要通过控制网络中的大量主机，并通过这些主机向目标系统发送超量的请求，造成网络阻塞，从而导致目标系统无法提供正常的服务。它通过使组件功能或性能崩溃来阻止对方提供服务，例如使实施数据服务器充斥大量的要求回复的请求，占据大量的网络带宽等资源，导致网络或系统负担过重以至于瘫痪而无法提供正常功能的服务。ICS 对服务可用性要求极高，特别是对监控层网络中的关键组件 (包括数据库服务器、控制服务器、OPC 服务器等) 要求更为严格，如果关键主机宕机，不仅会使生产过程中断，带来经济损失，更有甚者会带来灾难性的后果。拒绝服务攻击影响范围为监控层网络中的所有组件和部分现场控制层的控制器，受影响的网络协议类型为基于 TCP/IP 的所有工业网络协议，如 DNP3.0、Modbus TCP、OPC、ICCP 等。

1) 拒绝服务攻击的目的

拒绝服务攻击的目的可分为 3 种。

(1) 消耗带宽：指以非常大的通信量冲击网络信道，耗尽几乎所有可用的网络资源，最后使合法的请求无法到达目标组件。

(2) 侵占资源：指用大量的 TCP 连接请求冲击网络中的组件，耗尽几乎所有可用的操作系统资源，最终使组件无法再处理合法用户的请求。

(3) 使系统和应用崩溃：指利用程序本身的脆弱性使系统无法完成正常工作。

2) 拒绝服务攻击的类型

拒绝服务攻击的类型包括以下 5 种：

(1) 大数据攻击。大数据攻击利用数据接收方在处理大容量数据包时的缺陷，攻击者发送的数据包会超过正常数据包的大小，这样造成接收方程序错误、缓冲区溢出等故障，从而中断接收方的正常服务功能。例如，在早期版本中，许多操作系统限制了网络数据包的最大尺寸，对基于 TCP/IP 栈的 ICMP 包规定为 65 536 B。当发送 ping 请求的数据包的大小超过 65 536 B 时，就会使 ping 请求接收方出现内存分配错误，导致 TCP/IP 堆栈崩溃，致使接收方宕机。

(2) 重组攻击。目前，工业控制系统广泛采用 TCP/IP 协议，在协议栈实现过程中，对于一些大的 IP 数据包，往往需要对其进行拆分传送 (这也是基于满足链路层 MTU(最大数据传输单元) 的要求)。在 IP 报头中有一个偏移字段和一个拆分标志 (MF)。如果 MF 标志设置为 1，则表示该 IP 数据包是一个大 IP 包的片段，其中偏移字段指出了这个片段在整个 IP 包中的位置。接收端在接收完片段后会根据偏移字段值重组 IP 包，若片段的偏移字段值出现错误，接收端就无法实现大 IP 包的重组，导致接收方因不断尝试重组报文而耗尽资源或者直接导致系统崩溃。

(3) 连接攻击。连接攻击利用建立连接需要经过握手的机制，攻击者向受害组件发送连接建立请求，受害组件响应请求并为攻击组件分配资源，但此时连接的建立仍需要攻击组件的确认，若攻击者不发送确认数据包，就会导致浪费受害组件的资源，无法为正常用户提供服务。

(4) 广播攻击。广播攻击将源 IP 地址伪装成受害对象的 IP 地址，并向一个子网的广播地址发送带有特定请求的数据包，子网上的所有相关组件都回应该请求而向受害组件发送响应包，以致受害组件无法正常提供服务。

(5) 分布式拒绝服务攻击。分布式拒绝服务攻击 (Distributed Denial of Service，DDoS) 是 DoS 攻击的扩展形式，它利用互联网的分布式特征，将分散的攻击源集中后向目标主机同时发起攻击。随着计算机与网络技术的发展，计算机的处理能力日益增强，内存空间明显增加，出现了万兆级别甚至更高带宽的网络，这使得 DoS 攻击的困难程度大大增加。这时候就可以利用 DDoS 进行攻击。简单来说，DDoS 就是利用更多的傀儡机发起进攻，以比从前更大的规模攻击受害者。其最大特点是攻击源具有分布性，攻击源数量巨大，具有攻击范围广、攻击强度大、难以跟踪和消除等特点。分布式拒绝服务攻击形式多样，可以结合重组攻击、广播攻击、连接攻击、大数据攻击当中的一种或多种，是一种潜在的危害极大的攻击。

DDoS 攻击示意图如图 4-1 所示。

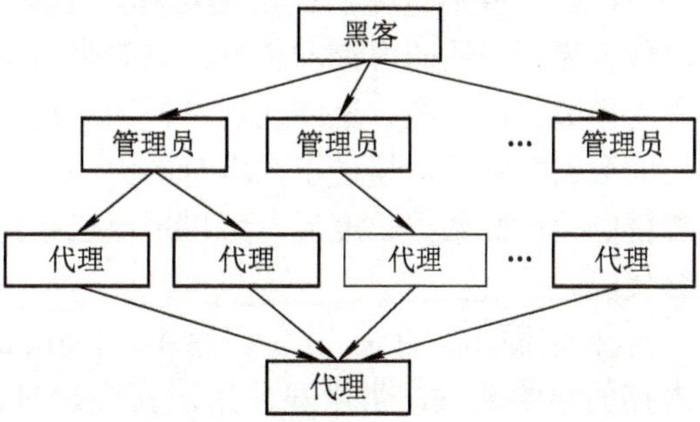

图 4-1　DDoS 攻击示意图

3. 数据驱动攻击

数据驱动攻击是一类试图直接对组件进行控制的攻击。为了实现更准确的攻击和更大程度的破坏，攻击者试图利用各种安全脆弱性进行权限提升、隐藏痕迹、数据篡改、安装后门等操作。受害组件被攻陷后，会被攻击者再欺骗攻击，实现对其他组件数据的篡改等。数据驱动攻击使攻击者能够获取系统特权，实现对网络中组件的操纵，能够对系统可用性和数据完整性造成极大威胁。更为严重的是，攻击者可能利用被攻陷的组件进行欺骗攻击，导致操作员无法了解现场真实状况，从而做出错误的控制操作，引发严重后果。数据驱动攻击影响范围为现场控制层和监控层网络中的所有存在安全脆弱性的控制器及组件。

数据驱动攻击类型有 3 种。

1) 数据污染

数据污染利用广泛存在于操作系统和应用程序中的安全脆弱性，试图破坏系统或应用程序运行状态的重要数据信息，干扰其正常运行过程，除了能使程序无法正常提供服务外，还能执行非授权指令，使攻击者获取系统特权。其中，数据污染最为流行的攻击方式为缓冲区溢出攻击。

(1) 缓冲溢出的产生。缓冲区是一个连续的包含相同数据类型实例的计算机内存块，保存了给定类型的数据。向缓冲区写入的数据如果超出其预定容量，会引起缓冲区数据的溢出，从而覆盖缓冲区相邻的内存空间，导致缓冲区溢出问题的发生。

总的来讲，缓冲区溢出的产生可以归结为以下两个因素：

① 对于输入的数据，没有检查其临界值。比如 C 语言中的 strcpy 函数，在拷贝字符串时，并不会检查缓冲区的大小，如果字符串超长，在执行拷贝操作后，会覆盖缓冲区后面的数据，导致缓冲区溢出。

② 可以被执行的代码被嵌入到了内存中的数据段。一般来说，内存中的数据都存放在堆栈空间，如果在其中嵌入了可执行代码，则会造成一些潜在的安全威胁。

(2) 缓冲区溢出的类型。缓冲区溢出可以分为栈溢出、堆溢出和 BSS 溢出 3 种类型。

① 栈溢出。栈操作通常是由操作系统自动完成内存分配和释放的操作。当调用一个函数时，会依次把函数参数、执行完函数后返回的地址和栈的基地址先压入栈中，然后函数内部在此之上再分配局部变量，如图 4-2 所示。

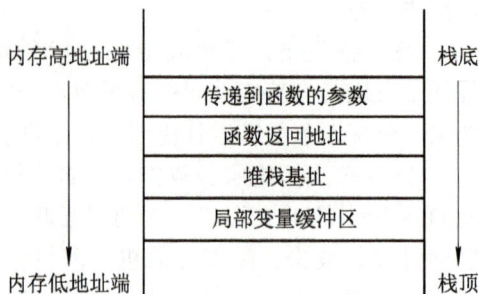

图 4-2　被调用函数执行时的堆栈内容

栈是一种后进先出的数据结构，利用 PUSH 指令将数据压入栈，利用 POP 指令将栈顶数据弹出。栈的内存增长方向一般是自高向低，即栈底在高地址，栈顶在低地址。每次调用函数时，参数、返回地址、栈顶地址、栈底地址和局部变量会依次压入栈中。如果入栈的数据特别多，超过了栈本身的大小，则会覆盖掉栈底处的参数和地址等信息。当攻击者精心设计好数据长度后，可以用自己指定的地址信息替换掉函数返回地址，进而执行恶意代码。

② 堆溢出。在 C 语言程序中，malloc 函数可以从堆上申请一块内存，并返回该块内存的起始地址，供用户使用。在实现时，为了方便堆内存的管理，malloc 函数申请的内存中还有 8 B 的内存块信息，包括本堆字节数和上一个堆字节数。根据这一特点，攻击者可以写入超长的数据，覆盖掉这 8 B 的数据，并替换成自己指定的地址，执行恶意代码。

③ BSS 溢出。BSS 段是内存中的一块区域，用来存放未被初始化的全局变量。在内存中，静态变量会依次存放在 BSS 段，如果使某个静态变量溢出，那么超长的数据会覆盖掉相邻的区域，从而影响到其他的静态变量数据。攻击者在进行 BSS 溢出攻击时，可以替换掉 BSS 指针所指向的地址，执行恶意代码。

缓冲区溢出攻击主要采用直接法和植入法两种方式。直接法是把恶意代码直接嵌入到程序中，当攻击者向代码传递事先定好的参数时，程序就会跳到恶意代码处执行攻击。而植入法没有将代码嵌入到程序中，而是向堆栈空间或者 BSS 段植入恶意代码，从而实现攻击。

2) 数据篡改

数据篡改主要被用在数据库注入攻击当中。ICS 中的实时数据库位于监控层，主要用于存储实时数据，为工程师站和操作员站提供现场实时数据，是进行现场控制和决策制定的依据。历史数据库用于数据的收集和分析，通常位于安全区中或企业网络中。ICS 中的数据库通常采用商用数据库管理系统，如常见的 SQL Server 软件等。历史数据库的安全不容忽视。由于客户端通过 Web 浏览器或其他应用程序获取数据，因此客观上也能够为攻击者提供一种入侵控制系统的通道。如果数据库受到攻击，将会造成系统数据完整性和保密性被破坏，甚至带来重大经济损失。另外，攻击者进入控制网络后，可以利用某些通信协议的功能，将自己编写的恶意代码上传到控制器中，同时也可以删除应用程序中的代码，如将恶意固件代码下载到现场控制设备的网卡之中等，造成严重危害。

3) 数据欺骗

数据欺骗主要形式为中间人攻击，即攻击者将受控主机插入到互信的通信双方之间，控制会话过程，并向数据请求端发送欺骗数据，以达到间接破坏的目的。

▷ 4.1.3　APT 攻击技术

1. APT 攻击的基本概念

APT(Advanced Persistent Threat) 攻击是以先进的攻击方式、高水平的手段，以窃取特定目标的核心数据为目的，是具有持续性、高隐蔽性的网络攻击行为。

相对于普通网络攻击行为，APT 攻击有以下典型特点。

(1) 目标针对性强。APT 攻击主要目的是窃取指定目标的核心信息，是对指定目标的点对点攻击。在攻击之前会通过各种渠道和各种方式收集被攻击者的一切相关信息，如目标经常访问的网站、目标使用的操作系统、目标的上网习惯等。如已知目标经常访问的网站，则 APT 攻击可以优先对该网站进行渗透，当目标重新登录该网站时，借机窃取其账户等信息。

(2) 攻击伪装性强。APT 攻击者为了达到对指定目标的长期攻击，必须在渗透成功后要较好地伪装自己，且在不同的攻击阶段采用不同的伪装方式。如在建立通道控制访问阶段，攻击者可能会通过伪造合法签名的方式，以达到伪装的目的。

(3) 持续时间久。APT 攻击是针对某个目标的长时间渗透，因此 APT 攻击展开实施会有多个阶段，一般会优先攻击安全性较低的网络系统。利用目标相关的网络系统为跳板对网络安全级别更高的指定目标进行渗透，这就导致了 APT 攻击的时间持久性。

(4) 间接访问为主。APT 攻击者为了能达到隐藏自己、长时间控制的目的，会对入侵目标以间接的方式进行访问。如利用已入侵过的主机服务器作为媒介对指定目标访问和控制，这样即使攻击行为被发现，攻击者也可以快速清理入侵痕迹，切断入侵检测回溯链路，从而更好地隐藏自己。

2. APT 攻击的过程

典型的 APT 攻击场景如图 4-3 所示。

图 4-3 中标识了攻击者的攻击时间链。攻击者首先利用关联网站漏洞渗透到相关官方网站等关联网站，当内部人员登录到关联网站输入个人账号信息时，攻击者就可进行信息采集，并以此为依据攻击内网中相应权限的边缘主机；得到边缘主机的权限后建立 C&C 通道，以边缘主机为跳板，通过监听内网流量信息进而得到核心主机的信息，最终达到入侵核心主机的目的。APT 攻击的主要目的是获取情报信息，在得到核心主机的控制权限后，会将核心主机上的情报信息收集和上传。在上传的过程中攻击者为了隐藏自己避免被发现，一般会通过一个数据中转服务器进行中转，然后通过中转服务器把数据传输给攻击者。攻击者完成核心信息窃取后，为了减少被发现的可能和为了以后再次入侵，会将入侵痕迹进行清理。入侵痕迹清除主要以清除服务器上的日志为主。

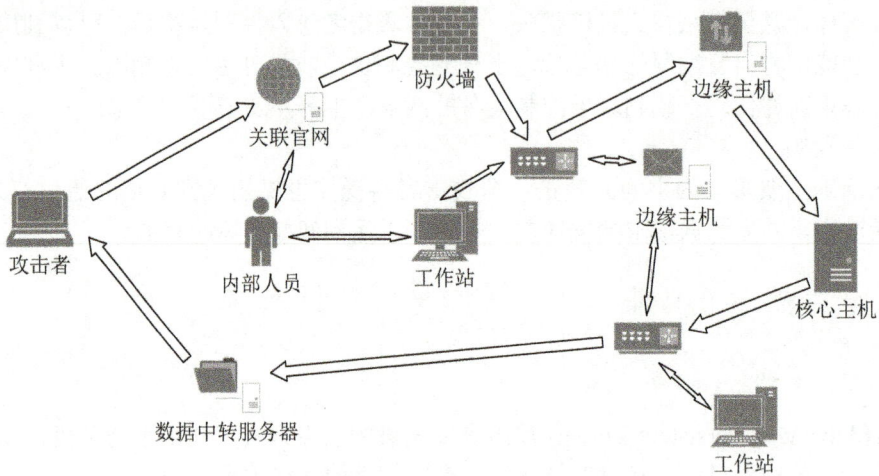

图 4-3　APT 攻击场景图

　　情报收集一般通过关联网站实现。边缘内部主机入侵和建立监控通道主要发生在边缘主机上。高级内部主机渗透和数据资源发现与上传主要发生在核心主机上，在发现数据后会把数据上传到数据中转服务器，这样既能建立稳定中转站，又能进一步隐藏攻击者本身。入侵痕迹清除一般是在核心数据窃取完成后进行。

　　经过以上分析可知，APT 攻击过程可以分为 6 个阶段，分别是定向情报收集、边缘内部主机入侵、建立监控通道、高级内部主机渗透、数据资源发现与上传、入侵痕迹清除，如图 4-4 所示。

图 4-4　APT 攻击阶段图

　　由图 4-4 可知，在定向情报收集阶段会有 WebShell 攻击发生，在建立监控通道阶段和数据资源发现与上传阶段会有 C&C 通信攻击发生。下面对这 6 个阶段进行详细说明。

　　1) 定向情报收集阶段

　　定向情报收集阶段是 APT 攻击的第一个阶段，也是后面攻击阶段的基础。随着人们的网络安全意识的不断提高以及网络安全防御软件的不断升级更新，较低端的网络系统漏洞已经大为减少，这样对指定攻击目标的定向情报收集就变得非常重要了。为了找到高安全等级网络中的可入侵切入点，APT 攻击会对指定目标进行充分的信息搜索和信息挖掘。搜索和挖掘的方法包括对于指定目标隐私信息的大数据分析和利用社会工程学对指定目标进行直接数据窃取。

　　攻击者会对用户信息基于大数据进行分析，从中挖掘出有用的隐私信息。首先通过互联网最大程度地收集指定目标的公开信息；然后从大量的公开信息中进行数据挖掘，找出指定目标的行为规律及其他与目标网络系统相关的信息,为后续攻击提供相对充分的信息。

攻击者能够基于社会工程学实现目标信息收集。社会工程学主要根据用户本身的弱点开展行动。由于外围人员安全防范意识相对薄弱,因此攻击者一般最开始都是从指定目标的外围人员入手。通过外围人员可以收集所使用电脑或服务器的可能的系统版本、使用网络习惯、系统业务的流程及详细信息、服务器可能的开放端口、可能的系统漏洞。掌握这些情报后可开展对其电脑和所使用服务器的攻击。一旦攻击成功即可获得大量的与指定目标相关的电子文件信息,进一步实现对指定目标的 APT 攻击。

攻击者还可以实现基于特定目标关联网站渗透的信息收集。关联网站是被攻击目标人员经常上的网站,如单位官网、相关技术网站等。攻击者会优先通过网站漏洞对网站渗透,通过 WebShell 获得网站特权,窃取访问网站的人员的相关信息。

2) 边缘内部主机入侵阶段

边缘内部主机是指定目标系统中功能相对低级、核心数据量较少、与核心主机同在一个内网并且可直接通信的主机。当 APT 攻击完成所有的情报搜集工作后,就开始准备对边缘内部主机进行入侵。一般来说,边缘内部主机已经有较高的网络安全防卫级别,因此攻击者会选择使用 0day 漏洞对边缘内部主机进行攻击。除了利用 0day 漏洞攻击以外,攻击者还会用通用软件如 word、Adobe Reader、常用浏览器等的一些漏洞。除了对漏洞的利用外,攻击者对边缘内部主机还会通过劫持的方式将正常网站地址重定向到钓鱼网,诱导使用者输入敏感信息。攻击者在入侵边缘主机的过程中要尽量避免被用户或防御软件发现,因为攻击者的主要目的是为了得到核心主机上的数据,而边缘主机的入侵只是 APT 攻击的一个环节,要在用户未察觉之前得到边缘内部主机的控制权。

常见的恶意程序代码传入方式有两种,分别是直接传入方式和间接传入方式。直接传入方式是比较常见的传入方式,它通过邮件或钓鱼网站将恶意代码以文件的形式直接植入到目标用户的电脑,并诱导目标用户点击和使用。如果是通过邮件,则大多数采用附件的方式,因为附件名称大多比较有吸引力,可诱导目标用户下载和浏览。如 Google 极光攻击行动就是采用恶意邮件的方式入侵到内部员工电脑。如果是通过钓鱼网站,则主要方式是在网站挂载能吸引目标用户的木马文件,诱导被入侵者下载运行。间接传入方式主要是在目标用户经常使用的第三方网站上进行挂马操作。挂马操作是把第三方网站原有的文件进行修改或替换,使其包含攻击者需要的功能模块。为了提高被入侵者点击的概率,一般会在同一网站多个位置进行挂马操作。一旦被入侵者用户下载安装了挂马后的文件,攻击者就获得了被入侵者主机的控制权,可以开始进一步的 APT 攻击。

3) 建立监控通道阶段

一旦被入侵者的主机下载安装了包含木马的恶意代码,攻击者就可以得到被入侵的主机的控制权。由于 APT 攻击的主要目的是获取数据信息,而且最好能持久地获取信息,因此必须在得到控制权后建立稳定的监控通道。只有通过监控通道才能使被控制主机不断地接收攻击者新指令以完成进一步的入侵。一般来说,监控通道建立后会先静默一段时间,分析被入侵主机的通信规律,然后再按已有规律发起联络请求。攻击者在收到联络请求后就可以对被监控主机进行监控操作了。从通信方向上看,一般都是被入侵主机先主动向攻击者发送联络请求,然后再接收攻击者的指令,这种连接方式使得安全检测会变得比较困难。

4) 高级内部主机渗透阶段

对边缘主机的入侵只能获得内网入口，而攻击的真正目的是对核心主机的入侵渗透。核心主机在系统网络中有较多的核心数据信息，同时也有很高的安全防御级别。攻击者在进入内网后可以对内网进行横向渗透。内网相对来说是一个比较封闭和对内开放的网络，且所有流量都是共享的。攻击者可以通过侦听内网网络流量，进而搜集核心内部主机的信息。通过侦听内网网络流量并进行解析，可以得到核心内部主机的登录口令信息、漏洞信息、通信规律信息等。攻击者通过不断地侦听和解析跟核心内部主机相关的信息，不断提升自己的权限，直到最后获得核心内部主机的控制权。

5) 数据资源发现与上传阶段

在数据资源发现与上传阶段，APT 攻击者会对核心内部主机信息进行扫描搜索，发现具有较高价值的数据并等待上传指令下达后进行信息数据输出工作。APT 攻击者在扫描搜索的过程中，通常会对所有文档进行归类，归类后扫描文档的列表信息，按名称等优先方式进行分级别整理、压缩，生成的压缩文件并在上传之前会进行加密和打包操作。完成打包工作后会对数据进行外传，外传通道通常由攻击者下发外传指令指定。在外传时攻击者会优先将数据信息转存到中转服务器以便隐藏自己和躲避安全检测，之后再从中转服务器上获得转发数据信息。

6) 入侵痕迹清除阶段

APT 攻击的主要目的是窃取核心数据信息，一旦获得核心数据信息，攻击者会撤离入侵主机。在撤离之前会进行入侵痕迹的清除。清除的目的一方面是对攻击者本身的非法行为进行隐藏，另一方面降低自己被安全防御软件检测到的可能性，以便进行持续入侵。入侵痕迹清除主要是对服务器上日志的清除，需要清除的日志为系统类日志，主要包括系统终端日志、系统日志、服务器日志，另外还包括网络类日志（主要有防火墙日志、数据库网络日志等）。APT 攻击通过对这些日志的清除，可以在很大程度上清除自己入侵的痕迹，降低以后被回溯追踪到的可能性。

4.2　工业控制系统漏洞概述

工业控制系统安全漏洞是在工业控制系统具体实现和使用过程中产生的错误，但并不是工业控制系统中存在的错误都是安全漏洞，只有能威胁到工业控制系统安全的错误才是漏洞。在通常情况下，工业控制系统中的许多错误并不会对该系统安全造成危害，只有在某些条件下被人故意使用时才会影响工业控制系统的安全。

漏洞虽然可能最初就存在于工业控制系统当中，但这个漏洞必须要有人发现。在实际使用中，工业控制系统安全漏洞从被发现到被纠正的一般过程是用户会发现系统中存在错误，而入侵者会有意利用其中的某些错误并使其成为威胁工业控制系统安全的工具，这时人们才会认识到这个错误是一个系统安全漏洞。工业控制系统供应商发现漏洞后会尽快发布针对这个漏洞的补丁程序，纠正这个错误。

工业控制系统攻击者往往是安全漏洞的发现者和使用者，因为攻击者要对一个工业控制系统进行攻击，假如不能发现和使用系统中存在的安全漏洞是绝对不可能成功的。对于安全级别较高的系统尤其如此。

工业控制系统安全漏洞与工业控制系统攻击活动之间密切相关，不能脱离工业控制系统攻击活动来谈论安全漏洞问题。因此，了解常见的工业控制系统攻击方法对正确理解工业控制系统漏洞问题和找到相应的补救手段是十分必要的。

▷ 4.2.1　系统漏洞问题

漏洞是在硬件、软件、协议的具体实现或系统安全策略上存在的缺陷，进而可以使攻击者能够在未授权的情况下访问或破坏系统。即某个程序（包括操作系统）在设计时未考虑周全，当程序遇到一个看似合理但实际无法处理的问题时所引发的不可预见的错误。

系统漏洞会对用户造成不良后果：若漏洞被恶意用户利用，则会造成信息泄漏；若黑客攻击网站即利用网络服务器操作系统的漏洞，则会对用户操作造成不便，如不明原因的死机和丢失文件等。只有堵住系统漏洞，用户才会有一个安全和稳定的工作环境。

漏洞的产生大致有 3 个原因，具体如下所述。

(1) 编程人员的人为因素，即编程人员在程序编写过程中，为实现非法的目的，在程序代码的隐蔽处保留了后门。

(2) 受编程人员的能力、经验和当时安全技术所限，程序设计并不完善而产生了漏洞，轻则影响程序效率，重则导致非授权用户的权限升级。

(3) 由于硬件原因，使编程人员无法弥补硬件的漏洞，从而经由软件表现出硬件的问题。

由于漏洞与具体系统环境之间的关系及其时间相关特性，漏洞会影响到很大范围的软硬件设备，包括系统本身及其支撑软件、网络客户和服务器软件、网络路由器和安全防火墙等。在不同种类的软、硬件设备中，同种设备的不同版本之间、由不同设备构成的不同系统之间，以及设置为不同条件的同种系统中，都会存在各自不同的安全漏洞问题。

漏洞问题与时间紧密相关。一个系统从开始发布起，随着用户的深入使用，系统中存在的漏洞会被不断暴露出来，系统供应商也会不断发布补丁软件修补早先发现的漏洞，或在以后发布的新版系统中得以纠正。同时在新版系统纠正旧版本中的漏洞，但也会引入一些新的漏洞和错误。因此随着时间的推移，弥补旧漏洞的同时，新的漏洞会不断出现，漏洞问题会长期存在。脱离具体的时间和具体的系统环境来讨论漏洞问题是没有意义的，因此只能针对目标系统的版本、其上运行的软件版本以及服务运行设置等实际环境来具体谈论其中可能存在的漏洞及其可行的解决办法。同时应该看到，对漏洞问题的研究必须要跟踪当前系统最新的发展动态。如果不能保持对新技术的跟踪，就没有办法针对性地解决系统安全漏洞问题，即使是以前所做的工作也会逐渐失去意义。

漏洞可以从以下 4 个方面进行分类划分。

(1) 按漏洞的形成原因分类。根据漏洞的形成原因可以把漏洞分为编码错误和环境配置错误两大类，其中包括输入验证错误、访问验证错误、缓冲区溢出、意外情况处理错误、边界条件错误、配置错误、竞争条件错误、环境错误、设计错误、未知错误等。

(2) 按威胁的来源分类。根据漏洞威胁的来源可以把漏洞分为：操作系统、主机设备方面引起的主机方面漏洞；环境区域、设备安全等引起的物理方面的漏洞；引起 SQL 注入、OS 注入漏洞、跨站脚本 (XSS) 漏洞等原因的网络入侵、协议缺陷、网络介质脆弱性等网络方面的漏洞；由人员管理、培训等问题引起的管理方面的漏洞。

(3) 按漏洞被攻击者利用的方式分类。根据漏洞被攻击者利用的方式可以把漏洞分为本地漏洞和远程漏洞。本地漏洞指的是攻击者在拥有本地系统访问权限的前提下引发的漏洞。攻击者获得本地权限之后，攻击者的主机系统就可获得更高的管理权限。本地漏洞最为常见和广泛存在。远程漏洞指的是攻击者通过网络对远程的主机系统进行入侵攻击或者破坏性攻击，通过此类漏洞攻击者可以随意地操控远程主机，所以危害性极大。

(4) 按漏洞的严重性分类。按照漏洞造成的严重性可以将漏洞分为危级、高危、中危、低危、潜在等漏洞。危级漏洞会使网络蠕虫和病毒在用户不知情的情况下在网络上任意传播和繁殖；高危漏洞会危害到用户的数据的机密性、完整性以及有效性；中危漏洞的利用效果已经显著降低，一般而言已经很难被利用；潜在漏洞是指系统或者软件开发商内部调试时发现的系统或者软件有可能潜在的危险，一般是漏洞还没有被外界发现公布利用之前，开发商就已经将漏洞的相关补丁完成，以保障系统和软件的安全。

4.2.2　工业控制系统漏洞分类、统计分析及发展态势

1. 工业控制系统漏洞分类

与传统信息系统相比，工业控制系统采用了很多专用的工控设备、工控网络协议、操作系统和应用软件，因此工业控制系统的安全漏洞也具有工业控制系统独有的特性。

工业控制系统漏洞可以分为通信协议漏洞、操作系统漏洞、安全策略和管理流程漏洞、杀毒软件漏洞、应用软件漏洞等。

1) 通信协议漏洞

随着工业化与信息化的融合及物联网的发展，TCP/IP 协议和 OPC 协议等通用协议越来越广泛地应用在工业控制网络当中，随之而来的通信协议漏洞问题也日益严重。例如，OPC Classic 协议是基于微软的 DCOM 协议，而 DCOM 协议出现在网络安全问题被广泛认识之前，极易受到攻击，并且 OPC 通信采用不固定的端口号，导致目前几乎无法使用传统的 IT 防火墙来确保其安全。因此，确保使用 OPC 通信协议的工业控制系统的安全性和可靠性给工程师带来了极大的挑战。

2) 操作系统漏洞

目前大多数工业控制系统的工程师站、操作员站、HMI 以基于 Windows 平台为主，为保证工业控制系统的相对独立性，同时考虑到系统要稳定运行，通常现场工程师在系统开始运行后不会对 Windows 平台安装任何补丁，但由此造成的问题是不安装补丁的系统就有可能受到攻击，从而埋下安全隐患。

3) 安全策略和管理流程漏洞

追求可用性而忽视安全性是很多工业控制系统普遍存在的现象，缺乏完整、有效的安

全策略与管理流程也给工业控制系统信息安全带来了一定的威胁。例如，工业控制系统中移动存储介质 (包括笔记本电脑、U 盘等设备) 的使用和不严格的访问控制策略等。

4) 杀毒软件漏洞

为了保证工控应用软件的可用性，许多工业控制系统操作员站通常不安装杀毒软件。即使安装了杀毒软件，在使用过程中也有很大局限性。原因在于使用杀毒软件有一个关键要求是其病毒库需要不定期更新，但这一要求不太适合于工业控制环境，并且杀毒软件对新病毒的处理相对滞后，导致每年都会爆发大规模的病毒攻击，尤其是新病毒的攻击。

5) 应用软件漏洞

由于工业控制系统的应用软件多种多样，很难形成统一的防护规范以应对安全问题。另外，当应用软件面向网络应用时，就必须开放其应用端口。因此，常规的 IT 防火墙等安全设备很难保障系统的安全性。互联网攻击者很有可能会利用一些工程自动化软件的安全漏洞获取大型设备 (如污水处理厂、天然气管道等) 的控制权，一旦这些控制权被不良意图的黑客所掌握，后果将不堪设想。

2. 当前工业控制系统漏洞统计分析

工业控制系统漏洞数量呈现逐年增长的明显趋势。在产业标准、政策尚不成熟的情况下，技术融合加速了工控产业发展的同时也破坏了传统工控系统的体系结构，攻击者可能会采取更加丰富的攻击手段攻击工业控制系统，导致工业控制系统漏洞危害发生的数量逐年上升。

根据国家信息安全漏洞共享平台 (CNVD) 统计，近年工业控制系统新增漏洞年度走势如图 4-5 所示。

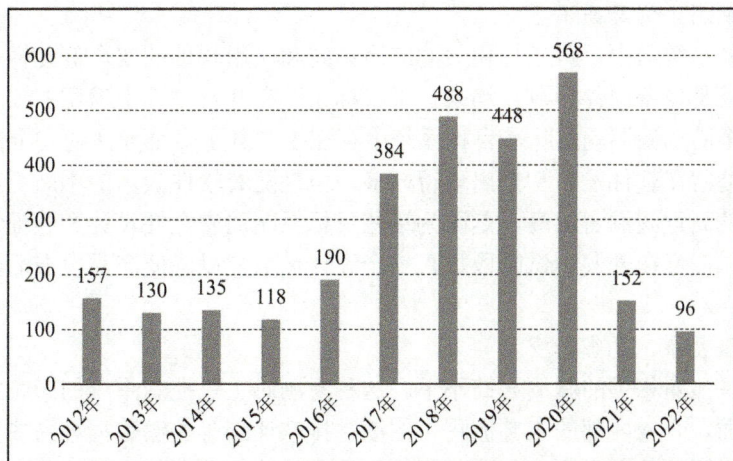

图 4-5　2012—2022 年工业控制系统漏洞走势图

截止到 2022 年年底，新增工业控制系统漏洞 96 个，其中高危漏洞 35 个，中危漏洞 51 个，低危漏洞 10 个。与 2021 年相比，漏洞数量减少了 56 个，高危、中危和低危漏洞数量均有一定减少，其中，中高危漏洞数量减少了 54 个，约占 2021 年中高危漏洞总数的 39%，高危工业控制系统漏洞约占全年漏洞总数量的 36%，与 2021 年相比相差不大。虽然工业控制系统漏洞数量略有下降，但是漏洞隐蔽性越来越高，安全形势依然严峻。漏洞是工业控制互联网面临的首要安全问题之一。黑客通过工业控制系统设备存在的漏洞可以攻击到生产网，一旦控制程序被篡改，将严重影响工业企业的生产运营，从而造成较为严重的损失。其中，制造业漏洞最多，存在较高的安全漏洞风险，并且攻击手段多样化，攻击技术高达几十种，攻击破坏力较强，对关键基础设施的安全防护存在重大威胁。

3. 工业控制系统安全漏洞发展态势

工业控制系统安全漏洞发展态势包括以下几点：

1) 工业控制系统漏洞的价值被高度重视

工业控制网络已经成为信息安全人员关注的新焦点，一些恶意的攻击者不断扫描工业控制系统的漏洞，并使用针对工业控制系统的专用黑客工具发动网络攻击。

随着近些年各种系统漏洞的数量呈现爆发式增长的趋势，主流的工业控制系统也未能幸免，存在大量安全漏洞，且多为能够造成远程攻击、越权执行的严重威胁类漏洞。此外，工业控制系统当中普遍存在着工业控制网络通信协议种类繁多、系统软件难以及时升级、设备使用周期长，以及系统补丁兼容性差、发布周期长等现实问题，造成了系统的补丁管理困难，难以及时处理具有严重威胁的漏洞。造成这一趋势的原因如下：

一方面，工业控制系统的主要厂商意识到其产品在安全方面的脆弱性并加强了自身产品的安全性设计和开发，使漏洞挖掘的难度增加。另一方面，由于政治、军事等因素的影响，因此作为国家基础设施建设的工业控制系统已经成为信息战场的必争之地，导致部分漏洞信息可能被限制公开或转为地下交易。例如从美国 ICS CERT 每年发布的安全事件数量就可以加以证明。虽然每年公开的新增漏洞数量在下降，但是工业控制系统安全事件数量却依然呈现明显的上升趋势。因此，及早发现工业控制系统中的漏洞是提高其保护能力的关键所在。

2) 中高危漏洞比例居高不下

在工业控制系统当中，跟工控相关的应用系统和应用软件的安全健壮性不足。无论是应用软件漏洞还是设备固件漏洞，均来自于目标系统在开发过程中遗留的安全设计和实现缺陷，例如 1 个高危漏洞就意味着目标系统中存在 1 个甚至多个致命的安全性缺陷。

软件缺陷通常在软件发布初期出现得较多，但是随着软件版本的不断更新而减少。工业控制系统中的高危漏洞占比高，是因为这些目标系统的安全性设计和验证还处于初期阶段，急需自动化厂商在开发测试阶段加入安全设计环节，以降低产品发布后潜在的中高危漏洞的数量。

3) 漏洞类型复杂，危害严重

首先，信息泄露相关的漏洞居高不下。这种漏洞对工业控制系统的影响主要体现在两个方面：一方面，企业内部的工艺流程、图纸、排产计划等关键数据容易成为攻击者窃取的对象；另一方面，攻击者利用间谍工具收集的各种涉密信息，为后续具有破坏性的网络攻击提供安全情报。

其次，还存在缓冲区溢出漏洞和跨站攻击漏洞，其中缓冲区溢出在各种操作系统、应用软件中广泛存在。利用缓冲区溢出漏洞，恶意攻击代码可以导致应用程序运行失败、系统宕机、重新启动，甚至用于执行非授权代码，对工业现场的智能设备下达非法指令，如修改运行参数、关闭阀门开关等。

工业控制系统中的跨站攻击漏洞主要出现在现场设备提供的 Web 服务上，利用该漏洞攻击者可以盗取现场工程师或操作员的账号等信息，并利用盗取的信息进行非法操作，进一步将处于工作区域的工作站变为恶意代码和程序攻击目标设备的跳板。

另外一个问题是密码类漏洞明显增多，这类漏洞在传统信息网络漏洞中已经较少见到。其主要是在密码存储和传输过程中未对密码进行加密和编码变换处理，让攻击者很容易就能获取管理密码。

4) 漏洞的补丁发布严重滞后

虽发现漏洞并打补丁在信息安全领域是安全防护工作的基本要求，但在工控安全领域却经常面临着发现了漏洞却无补丁可补的现实问题。

▷ 4.2.3 PLC 设备漏洞分析

PLC 设备是最靠近生产环境的控制设备，能够传输管理层和设备层之间的数据与命令，其安全性对整个工业控制系统影响很大。而现有的 PLC 设备在设计时主要考虑控制和监控功能，对日益增加的网络攻击威胁关注较少，同时因为 PLC 设备主要应用于工业生产，一旦系统运行后，在很长的时间内不会停机进行升级维护，这使得许多漏洞在发布很久后依然未被修复。

工程 PLC 设备
主要漏洞类型

过去工业控制系统通过串行电缆和专有协议连接到计算机网络，而随着业务的发展以及传统 IT 基础设施的开放和技术渗透，目前越来越多的工业控制系统通过以太网电缆和标准化的 TCP/IP 通信协议连接到计算机网络。工控环境中 PLC 支持多种通信协议，集成了 Web 服务器、FTP 服务器、工控协议通信组件等设备，工作人员能够在远程完成 PLC 系统可视化状态监控、维护和更新，极大地提高了工作效率。但是开放的网络环境导致 PLC 更容易受到攻击。这些开放的端口和服务为工控终端设备漏洞被挖掘和利用打开了通道，给工控系统带来了巨大的安全隐患。

需要注意的是，工控网络渗透测试不能在实际运行的系统中进行。因为渗透测试的某些测试样本会导致系统达到极限性能或者出现异常，所以渗透攻击测试一般都在模拟平台上，或者正在开发、测试的系统当中进行。

另外，工业控制系统通常不公开其内部结构，且其设备品牌众多，体系也各不相同，漏洞挖掘人员对此普遍接触较少，导致对其内部结构的相关研究也比较少。这是目前直接针对工业控制系统漏洞的挖掘方法比较少的一个重要原因。

目前，公开的工业控制系统漏洞数目并不多，但这些漏洞直接关系到是否能正确控制生产等实际业务流程的现场设备，并分布在大量的基础设施中，如果控制设备受到攻击，将会直接造成严重的后果，如设备损坏、停机甚至人员伤亡。

PLC 设备主要的漏洞有：任意代码执行 (Code Execution) 漏洞、拒绝服务 (Denial-of-Service) 漏洞、关键信息获取 (Gain Information) 漏洞、缓冲区溢出 (Buffer Overflow) 漏洞。以下对 4 种类型的漏洞分别进行说明。

(1) 任意代码执行漏洞。攻击者利用这类漏洞劫持 PLC 设备，写入非法内容，例如 CVE-2019-10938 漏洞导致西门子 PLC 设备的 Ethernet 模块 CP300 允许未授权攻击者在设备中插入代码并执行。

(2) 拒绝服务漏洞。攻击者通过构造非法数据报文触发 PLC 设备协议组件错误，引发设备拒绝之后的服务，例如在 CVE-2018-7830 漏洞中施耐德型号为 M340 的 PLC 在接收到特定的 HTTP 头报文后会停止服务 1 分钟。

(3) 关键信息获取漏洞。这类漏洞引发的原因很多，比如 CVE-2019-12265 中西门子

PLC 使用的 VxWorks 系统的 IGMPv3 协议组件存在漏洞，导致 IGMP 信息被泄露。工控协议在设计时缺少加密方法也会造成关键信息泄露，例如在 CVE-2015-0987 漏洞中欧姆龙 PLC 设备 CJ2H 依靠明文传输密码，导致攻击者可以通过抓包获取敏感信息。

(4) 缓冲区溢出漏洞。这类漏洞主要出现于 PLC 内核中，攻击者利用该漏洞将导致设备崩溃，例如在 CVE-2019-12256 漏洞中西门子 PLC 中广泛使用的 VxWorks 内核 IPv4 组件在解析 IPv4 报文时存在栈溢出漏洞。

通过分析现有 PLC 设备存在的漏洞，可以发现 PLC 设备功能越来越复杂，随着网络环境的逐渐开放，攻击者可以借此直接对工业控制系统进行入侵破坏。针对 PLC 设备漏洞频发的问题，使用漏洞挖掘的方法提前发现 PLC 设备缺陷并加以解决，能够有效降低被攻击造成的损失。

▷ 4.2.4 DCS 漏洞分析

DCS 中的通信协议在当初设计时注重保证通信的实时性，但却没有考虑通信协议的机密性和可认证性等，因此随着 DCS 与信息技术的不断融合，系统内的漏洞逐渐增多，攻击面越来越大。同时，绝大部分现场总线协议都是利用明码进行通信的，虽然明码通信极大地方便了设备之间交换数据，但也给 DCS 埋下了众多信息安全隐患。

DCS 的漏洞在系统设计之初即存在，其系统漏洞数量几乎每年都在大幅增长。下面从现场总线控制网络、过程控制与监控网络和企业办公网络 3 个方面进行分析。

1. 现场总线控制网络漏洞分析

现场总线控制网络所处的现场环境通常恶劣、复杂，因此很难进行布线。一些控制系统网络采用无线、微波等接入技术将现有网络进行延伸，这无疑增加了 DCS 被攻击的风险。另外，工作人员在维护现场设备时，如果没有考虑串口连接的安全性或未配置有效的核查程序，也可能造成设备运行参数被非法篡改，使 DCS 运行异常。若现场总线控制网络中的工控设备存在大量安全漏洞、网络内数据未进行加密，同时检测和入侵防御机制不健全，则系统数据很容易被篡改或泄露。

由于现场总线控制网络要求要有很高的实时性，同时 DCS 的通信协议又具有很强的私有性，因此当基本的访问控制及认证机制尚未完全实现时，即使将防火墙、网闸等物理隔离设施布置在了企业办公网与监控网之间，仍然存在由于策略配置不当导致被穿透的风险。

2. 过程控制与监控网络漏洞分析

过程控制与监控网络在设计时主要任务是部署服务器、数据库和人机界面 HMI 等关键组件，使操作人员通过 HMI 等远程控制设备可以监控、评估、分析现场控制和采集设备的运行状态，并据此进行调整及控制。DCS 在进行远程无线控制、维护监控设备时，就需要考虑如下安全威胁：

(1) 存在安全风险的笔记本电脑、移动 U 盘等移动设备在未经同意的情况下接入 DCS 网络，极易造成恶意代码在系统网络中非法传播。

(2) 因企业合作需求，DCS 网络与第三方合作网络可能存在重要的数据交换，即使二者之间布置了安全访问策略，但层出不穷的新型攻击技术仍然可能使防护措施失效，故而第三方合作网络带来的安全隐患也需要引起重视。

(3) DCS 的现场设备层和过程控制层使用的通信协议主要是现场总线与工业以太网协议。工程师在设计现场总线协议时大多都没有考虑信息安全问题，即未设置认证、授权以及加密机制，控制网中的数据信息以明文的开放传输方式进行传递。另外，工业以太网协议也只进行了简单、无安全机制的封装。这些不完备协议设计给攻击者创造了实施攻击的条件。

3. 企业办公网络漏洞分析

随着国家两化融合的不断推进，工业生产过程的各个环节都有传统信息技术的应用，信息化已经成为工业企业经营管理必不可少的技术手段。在石油、化工等工业企业中，随着企业资源计划 (ERP)、客户关系管理 (CRM)、办公自动化 (OA) 等信息系统的使用，控制网络和企业办公网络之间的联系日益密切。另外，信息化进程和工业化进程越来越不独立，各个层面相互渗透，传统信息技术在 DCS 中的广泛应用导致控制系统被攻击的风险大大增加，工业用户传统的"物理隔离即绝对安全"的理念逐渐被颠覆。企业办公网络的安全威胁体现在以下几个方面：

(1) 缺乏安全意识带来的安全威胁。DCS 在设计时大多只考虑系统的可用性，很少对信息安全问题加以考虑，同时工控人员安全意识普遍比较淡薄。而随着 DCS 在国家基础设施中的重要程度日益提高，工业化与信息化不断融合，工控人员安全意识薄弱也很容易导致 DCS 的安全性不高。

(2) 内部管理机制缺失带来的安全威胁。由于 DCS 监控及数据处理的需要，企业办公网与监控网甚至控制网之间都存在数据访问路径，同时 DCS 的通信协议具有很强的局限性，操作人员在访问过程中多数情况没有实现基本认证机制，因此设备存在随意接入、非授权访问、越权访问等诸多风险。

(3) 信息资产自身漏洞的安全威胁。随着传输控制协议 (TCP)、网际互联协议 (IP)、OPC 协议、Windows 操作系统等通用技术和产品广泛应用在工业企业中，由此带来的通信协议漏洞、应用软件漏洞等问题层出不穷。随着两化融合的不断发展，石油、化工、电力、交通等国家关键基础设施中控制系统的自身漏洞将很有可能被未来网络战所利用。

(4) 系统网络互连带来的安全威胁。工业企业应用场景不尽相同，企业办公网络可能会与外部互联网进行通信，而用户产生的通信流量以及通信请求也是难以预测的。这极有可能将互联网的安全威胁引入到工业 DCS 中，这些安全威胁包括来自互联网的拒绝服务攻击、重放攻击、虚假数据注入攻击等。

▷ 4.2.5　SCADA 系统漏洞分析

SCADA 系统存在的漏洞多种多样，以下分析几种常见的 SCADA 系统漏洞。

SCADA 系统漏洞

1. 通信协议漏洞分析

大多数 SCADA 系统的通信协议都是不同企业开发的专有标准。近年来，业界已普遍接受通用的开放标准协议。在众多开放协议中，大多数专业机构争取接受与自己行业最大程度相匹配的协议标准，如 DNP3、IP、DeviceNet、PROFIBUS、IEC 60870-5、IEC 60870-6、IEC 60850 等协议。由于 SCADA 系统的很多协议不支持加密技术，攻击者可以

成功侵入网络进行嗅探且可以检测到数据和控制命令，并使用这些控制命令发送错误信息，甚至还可以在传输网络上篡改数据，导致设备不能正常工作。更严重的情况是攻击者可能会篡改操作员站的显示值，导致当警报响起时人们并不能及时察觉，延迟人们对紧急情况的反应时间，以至于可能会危及到工作人员的生命安全。

2. SCADA 系统硬件漏洞分析

SCADA 系统硬件设备包括 RTU、IED、SCADA 服务器等，它们与常规的计算机系统的脆弱性相同，如中断、窃听和拦截等，且它们之间的通信链路的脆弱性也与常规的计算化网络相似，极易受到攻击。SCADA 系统的信息通常无加密传输，无论使用什么样的通信协议，数据和密码都容易被拦截。SCADA 系统的监控器通常并没有被隔离，使其传输的数据存在可能被窃听的风险。SCADA 系统的硬件补救措施需要考虑采用安全策略，且新硬件应该通过国家计算机安全中心（National Computer Security Center，NCSC)C2 等级，而且通信链路上传输的数据必须要加密。在某些情况下，使用光缆通信可减少 SCADA 系统的数据被拦截、伪造和修改的可能性。如果无法保证 SCADA 系统硬件处于一个安全的环境下进行控制，其监控器也应该被隔离。

3. SCADA 系统软件漏洞分析

SCADA 系统软件包括系统软件和应用软件，如操作系统、应用软件等。SCADA 系统软件常见的脆弱性有中断、窃听和修改。SCADA 系统软件可能被攻击者故意删除导致潜在的严重故障，最致命的攻击往往是由于软件被修改引起的导致软件不能正常工作或者执行破坏性的任务。通常由软件的脆弱性产生的漏洞都相对比较严重。如果不及时修补 SCADA 系统软件的漏洞，技术水平一般的攻击者也可以利用公布的漏洞去攻击 SCADA 系统。

4. 数据完整性漏洞分析

对于攻击者来说，SCADA 系统的数据具有更高的价值。如果不及时地对 SCADA 系统的数据完整性漏洞进行处理，计量值、状态和控制数据都可以被用来攻击应用程序。在普通的网络中，SCADA 数据很可能被窃取而被竞争对手或者破坏者利用，也极有可能被篡改，给企业或者工作人员带来严重后果。仅仅使用 CRC 错误校验方式无法保护 SCADA 系统的数据完整性，因此重要的数据都需要被加密以保护数据完整性。

4.2.6　工业控制网络安全漏洞标准化工作

虽然漏洞标准化工作在传统信息系统中已经比较完善，但是需要对已发现的工业控制网络安全漏洞进行标准化管理。其主要原因如下：

(1) 规范漏洞的描述体系，为漏洞的多种属性提供规则。
(2) 有利于信息安全产品的研发和自动化。
(3) 为信息安全测评和风险评估创造条件。
(4) 标准化工作是对漏洞进行有效管控的重要手段，有利于指导漏洞的预防、收集、削减和发布等活动。

漏洞编号是一种漏洞标准化的表述方式，美国的安全研究机构与组织先后推出了一系列有影响力的标准，其中 CVE、CVSS 等 6 个标准已被国际电信联盟 (ITU) 的电信标准化部门 (ITU-T) 纳入了其 X 系列 (数据网、开放系统通信和安全性) 建议书中，成为 ITU-T 推荐的国际漏洞标准。另外，国际标准化组织 (ISO) 和国际电工委员会 (IEC) 的联合技术委员会也先后发布了《信息技术—安全技术—漏洞披露》(ISO/IEC 29147) 和《信息技术—安全技术—漏洞处理流程》(ISO/IEC 30111) 两个有关漏洞管理的国际标准。我国也相继制定了《信息安全技术　安全漏洞标识与描述规范》(GB/T 28458—2020)、《信息安全技术　网络安全漏洞管理规范》(GB/T 30276—2020)、《信息安全技术　网络安全漏洞分类分级指南》(GB/T 30279—2020) 等国家标准。

以下是国际和我国在工业控制漏洞管理领域比较有代表性的平台：

(1) 通用漏洞披露库。通用漏洞披露库 (Common Vulnerabilities & Exposures，CVE) 是公开披露的网络安全漏洞列表，它为广泛认同的信息安全漏洞或者已经暴露出来的脆弱性提供一个约定俗成的编号和漏洞名。使用这个漏洞编号，用户可以在各自独立的各种漏洞数据库和漏洞评估工具中共享数据，这样就使 CVE 成为安全数据信息共享的基础索引。如果在一个漏洞报告中指明某个漏洞具备 CVE 编号，就可以快速地在任何其他 CVE 兼容的评估工具中索引到相应漏洞修补措施，以解决对应的安全问题。

(2) 美国工控系统网络应急响应小组。美国工控系统网络应急响应小组 (The Industrial Control Systems Cyber Emergency Response Team，ICS-CERT) 作为美国国家国土安全部的一部分，主要工作是保证工业控制系统的安全性和风险可控，协调相关安全事件和信息共享。我国的很多机构、组织、社区平台都引用该平台发布的漏洞信息报告。

(3) 中国国家信息安全漏洞库。中国国家信息安全漏洞库 (China National Vulnerability Database of Information Security，CNNVD) 隶属于中国信息安全测评中心，是中国信息安全测评分析和风险评估的职能中心，负责建设国家级信息安全漏洞库，为我国信息安全保障提供基础服务。

(4) 国家信息安全漏洞共享平台。国家信息安全漏洞共享平台 (China National Vulnerability Database，CNVD) 是由国家计算机网络应急技术处理协调中心 (即国家互联网应急中心，CNCERT) 联合国内重要信息系统单位、基础电信运营商、网络安全厂商、软件厂商和互联网企业建立的信息安全漏洞信息共享知识库。

4.3　漏洞扫描技术

漏洞扫描技术是指利用扫描等手段检测目标主机或网络的安全脆弱性，并发现可利用的漏洞的一种安全检测技术。

防火墙技术、入侵检测技术和漏洞扫描技术都是安全检测的主流技术。其中，防火墙技术和入侵检测技术属于被动防御措施，而漏洞扫描技术则属于一种主动的防范方法。将这三种技术结合起来，能够有效地保证网络的安全性。网络管理员通常利用漏洞扫描技术来更好地了解当前网络正在运行的服务和应用以及网络的安全设置，并将其作为网络风险评估的主要依据。同时，也能够及时地发现网络中存在的安全问题，并对网络安全系统中的设置进一步进行修正和完善，从而加强对入侵者攻击的防御，提高网络的安全性。

4.3.1 漏洞扫描分类

按照部署方式，漏洞扫描可以分为基于主机的漏洞扫描和基于网络的漏洞扫描两大类。

1. 基于主机的漏洞扫描

基于主机的漏洞扫描采用被动的、非破坏性的方法对系统进行检测。通常，这种扫描方式涉及系统的内核、文件的属性、操作系统的补丁等内容。同时，这种扫描方式还涉及口令解密，能够把一些简单的口令剔除。因此，这种扫描方式可以非常准确地定位系统的问题，及时发现系统存在的漏洞。

1) 基于主机的漏洞扫描器 (EMS) 的体系结构

基于主机的漏洞扫描器一般采用客户端 / 服务器模式，由 EMS 管理器、EMS 代理和 EMS 控制台三部分组成。

2) 基于主机的漏洞扫描器的扫描流程

基于主机的漏洞扫描器的 EMS 管理器直接安装在网络中，负责管理整个漏洞扫描流程；EMS 控制台安装在指定的计算机中，负责展示漏洞扫描报告；EMS 代理则安装在目标系统中，负责执行漏洞扫描任务。基于主机的 EMS 具体扫描流程如下：

(1) EMS 管理器向 EMS 代理发送扫描任务。

(2) EMS 代理分别执行各自的扫描任务。

(3) EMS 代理将漏洞扫描结果发送给 EMS 管理器。

(4) EMS 控制台展示漏洞扫描报告。

3) 基于主机的漏洞扫描器的优缺点

基于主机的漏洞扫描器的主要优点如下：

(1) 实现了扫描管理的集中化。利用一个集中的服务器统一控制扫描任务，当服务器的代理程序升级时，会给各个 EMS 代理自动发送，从而实现集中化的扫描管理。

(2) 实现了网络负载最优化。扫描任务基本都是由 EMS 代理独立完成的，只有在发送扫描任务和接收扫描结果时才涉及 EMS 管理器和 EMS 代理之间的通信，这样大大减少了网络中的流量，实现了网络负载的最优化。

(3) 实现了数据的安全可靠传输。为了保证数据能够安全可靠地传输，在网络中设置了防火墙，由于只有在发送扫描任务和接收扫描结果时才涉及 EMS 管理器和 EMS 代理之间的通信，因此，非指定的端口可以关闭。

(4) 实现了扫描范围的扩展性。由于扫描任务基本都由 EMS 代理独立完成，因此如果要扩展扫描范围，则只需增加 EMS 代理，并进行相应的设置即可。

基于主机的漏洞扫描器的主要缺点如下：

(1) 设计和实现的周期较长。由于 EMS 需要在目标系统中的每一个目标主机上安装

EMS 代理，因此 EMS 的设计和实现过程中需要和相关人员进行沟通。如果扫描的范围较大，则 EMS 需要花费很长的时间才能完成漏洞扫描。

(2) 增加了额外的风险。一般来说，管理员需要考虑兼容性和安全性等因素，不希望在主机上安装一些不确定的软件，但 EMS 需要在每个目标主机上安装 EMS 代理，因此增加了额外的风险。

(3) 价格因素不确定。由于目标系统中的每个目标主机都需要安装 EMS 代理，因此当目标系统中的目标主机数量较多时，EMS 代理的数量也会随之增多，从而导致 EMS 价格的增加。

2. 基于网络的漏洞扫描

基于网络的漏洞扫描采用主动的、非破坏性的方法对系统进行检测。这种扫描方式利用特定的脚本对系统进行模拟攻击，并分析攻击的结果，从而判断系统是否存在崩溃的可能性。同时，这种扫描方式还针对已知的网络漏洞进行检验。因此，这种扫描方式通常用于进行穿透实验和安全审计。

1) 基于网络的漏洞扫描器 (EMS) 的体系结构

基于网络的漏洞扫描器一般由漏洞数据库、用户配置控制台、扫描引擎、当前活动的扫描知识库、扫描结果存储和报告生成工具组成，其中扫描引擎负责控制和管理整个扫描过程，是漏洞扫描器的关键模块。其体系结构如图 4-6 所示。

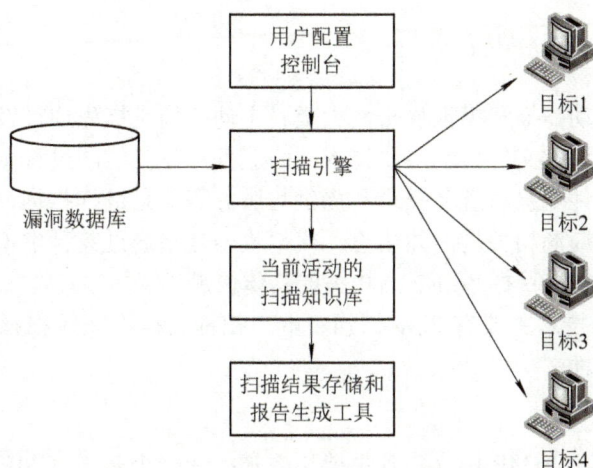

图 4-6　基于网络的漏洞扫描器体系结构

2) 基于网络的漏洞扫描器的扫描流程

基于网络的漏洞扫描器的具体扫描流程如下：

(1) 用户配置控制台向扫描引擎发送扫描请求。

(2) 扫描引擎启动相应的子功能模块来扫描目标主机。

(3) 扫描引擎接收目标主机的回复信息并将其与存储在当前活动的扫描知识库中的扫描结果进行比对。

(4) 报告生成工具自动生成扫描报告。

(5) 用户配置控制台展示扫描结果。

3) 基于网络的漏洞扫描器的优缺点

基于网络的漏洞扫描器的主要优点如下：

(1) 操作简便。在整个操作的过程中，无须与目标系统的管理员沟通，简便且高效。

(2) 安全可靠。在完成扫描任务的过程中不需要将不确定的服务或代理安装在目标系统中，从而保证了系统的安全可靠运行。

(3) 价格合理。影响基于网络的漏洞扫描器价格的因素相对来说不会发生显著变化，价格也比较合理。

(4) 维护简便。如果网络情况发生任何变化，通过扫描网络中的特定节点，即可实现对整个目标系统的扫描。

基于网络的漏洞扫描器存在的主要缺点如下：

(1) 扫描范围受权限限制。由于权限的限制，漏洞扫描器无法直接访问目标系统的文件，因此，无法扫描到相关的漏洞。例如：Windows 系列的操作系统如果需要连接数据库，则必须提供密码，而漏洞扫描器无法对其进行关于弱口令的检测；在 Unix 的操作系统中，由于权限的限制，扫描器无法扫描到 SetGID 和 SetUID 等功能。

(2) 防火墙限制问题。漏洞扫描器无法直接穿过防火墙进行扫描。

(3) 加密机制的缺陷。扫描服务器与用户配置控制台之间的数据是通过密文进行传输的，而扫描服务器与目标主机之间没有对传输的数据进行加密，基于这个问题，攻击者利用网络流量捕获工具就可以实现对网络的监听和截获，从而获得目标系统的详细信息。

▷ 4.3.2　常见漏洞扫描技术

漏洞扫描分为主动扫描和模拟攻击两大类。主动扫描是指先通过发送报文给目标主机或网络建立连接，再通过文件传输协议请求网络服务，在扫描的过程中针对目标主机或网络的端口分配、软硬件配置、匿名登录和提供的服务等信息进行扫描，并根据收到的回复信息提取跟目标系统漏洞相关的具体信息。模拟攻击是指通过某种虚拟攻击方式对目标主机或网络进行扫描，扫描目标系统漏洞相关的具体信息。

常见的漏洞扫描技术主要有 Ping 扫描、端口扫描、操作系统扫描、脆弱点扫描、防火墙规则扫描等技术。

1. Ping 扫描

Ping 扫描通常基于 ICMP 协议，其主要思想是构造一个基于 ICMP 的数据包，发送给目标主机，并根据回复的响应数据包来进行判断。Ping 扫描主要用于探测主机的 IP 地址，通过探测目标主机的 TCP/IP 网络是否连通来判断探测的 IP 地址是否分配了主机。一般来说，网络的信息对攻击者来说都是非预知的，因此，通过 Ping 扫描获取网络的基本信息是攻击者进行漏洞扫描和入侵的基础。而对于熟悉网络的 IP 分布的管理员来说，通过 Ping 扫描，也能准确地确定 IP 的分布情况。

根据构造的 ICMP 数据包的不同，Ping 扫描分为 ECH0 扫描和 non-ECH0 扫描两种。

1) ECH0 扫描

ECH0 扫描通过向目标 IP 地址发送一个 ICMP 类型为 8 的 ICMP ECH0 请求包，并等待是否收到 ICMP 类型为 0 的 ICMP ECH0 响应包。假如可以收到就说明目标 IP 地址上存在主机，否则就说明目标 IP 地址上不存在主机。

如果目标网络的防火墙配置为阻止 ICMP ECH0 流量，则 ECH0 扫描不能探测出目标 IP 上是否存在主机。

ECH0 扫描通过将 ICMP ECH0 请求包广播发送的方式扫描目标主机的操作系统，如果收到响应数据包则说明操作系统是 Unix，如果没有收到响应数据包则说明操作系统是 Windows。

2) non-ECH0 扫描

non-ECH0 扫描通过向目标 IP 地址发送一个 ICMP 类型为 13 的 ICMP TIME STAMP 请求包，或 ICMP 类型为 13 的 ICMP ADDRESS MASK 请求包，等待是否收到响应包。如果可以收到则说明目标主机存在，如果没有收到则说明目标主机不存在。

当将目标网络的防火墙配置为阻止 ICMP ECH0 流量时，non-ECH0 能够探测出目标 IP 地址上是否存在主机。

2. 端口扫描

端口扫描主要用于对目标主机开放的端口进行探测。一般来说，端口扫描只对目标端口进行简单的连通性探测，因此，端口扫描比较适用于扫描范围较大的网络。端口扫描支持直接对指定 IP 地址扫描端口段和指定端口扫描 IP 段的模式。

根据使用协议的不同，端口扫描可以分为 TCP 扫描和 UDP 扫描两种方式。

1) TCP 扫描

主机间建立 TCP 连接分 3 步，即 3 次握手的过程。3 次握手过程如下：

(1) 请求端向目的端口发送一个 SYN 包。

(2) 等待目的端回复数据包：如果回复 SYN/ACK 包，则说明目的端口正在进行监听；如果回复 RST/ACK 包，则说明目的端口没有进行监听，重置连接。

(3) 当回复是 SYN/ACK 包时，为了完成第 3 次握手，请求端会再次向目的端口发送 ACK 包，从而建立 TCP 连接。

根据建立 TCP 连接的情况，TCP 扫描主要分为 TCP 全连接与半连接扫描两种方式，以及 TCP 隐蔽扫描。

TCP 全连接扫描是指通过完整的 3 次握手来实现和目的主机之间连接的建立，连接的过程将记录在目的主机的日志文件中。而 TCP 半连接扫描是指在收到回复的 SYN/ACK 包时，直接向目的端口发送 RST 包来终止第 3 次握手，由于 TCP 半连接扫描没有实现完整的 3 次握手，因此不会在目的主机的日志文件中记录连接的过程。

TCP 隐蔽扫描是指根据 TCP 协议，如果目的端口正在监听，则会直接将探测包忽略；如果目的端口处于关闭状态，则会在收到请求包时回复 RST 包。按照探测包中标志位的设置方式，TCP 隐蔽扫描又可以分为 4 种扫描，分别是 FIN 扫描、SYN/ACK 扫描、NULL 扫描及 XMAS 扫描。

FIN 扫描和 SYN/ACK 扫描比较相似，都是向目的主机直接发送 FIN 包和 SYN/ACK 包，由于 TCP 是面向连接的，因此目的主机会默认 SYN 包没有发送成功，从而定义本次连接失败，并回复 RST 包来实现连接的重置。因此，只要收到回复 RST 包，则说明目标端口正处于关闭的状态。

NULL 扫描和 XMAS 扫描的最大区别在于标志位的设置。NULL 扫描将 TCP 的全部标志位都关闭，而 XMAS 扫描则设置了 SYN、FIN、ACK、RST、PSH、URG 等全部的 TCP 标志位。

2) UDP 扫描

UDP 扫描通常构造一个 NULL 的 UDP 包并发送到目的端口，当目的端口正在关闭时，则目的主机会直接回复端口不可达的消息，当目的端口正在等待服务时，则目的主机会直接回复错误的消息。UDP 端口扫描过程中需要统计丢包率，这将造成 UDP 扫描时间的延迟。

3. 操作系统扫描

操作系统扫描的主要目的是实现对目标主机的操作系统以及提供服务的程序的具体信息的探测，包括二进制信息探测、HTTP 响应分析、栈指纹分析等。

1) 二进制信息探测

二进制信息探测是最简单的 OS 探测技术，主要通过登录目标主机，并从主机回复的 banner 中得知操作系统的类型、软件的版本等。

2) HTTP 响应分析

HTTP 响应分析主要是指通过与目标主机建立 HTTP 连接，并对服务器回复响应进行分析来获得操作系统的类型。

3) 栈指纹分析

网络中主机之间的通信主要基于 TCP/IP 协议。不同的操作系统和软件开发商造成了操作系统的架构和软件版本的差异，从而导致了协议栈实现的多样性。典型的栈指纹分析分别是主动栈指纹探测和被动栈指纹探测，以下分别进行说明。

(1) 主动栈指纹探测。主动栈指纹探测通过向目标主机直接发送请求，并根据回复的响应来判断操作系统的具体信息。其具体包括以下内容。

FIN 探测：会向目标主机发送 FIN 包，按照 RFC793 中的规定，通常不会收到回复，但某些操作系统会回复一个 RST 包。

Bogus 标志探测：主要是利用 SYN 包的未定义位，有些操作系统会将其设置，而有些操作系统如果收到这种 SYN 包，则会将连接重置。

整理 ICMP 错误报文：RFC 标准中针对不同的操作系统中的 ICMP 错误报文的发送速度提出了相关要求。由于探测过程中需要发送大量的数据包，因此这种探测方式的时间延迟较长。此外如果网络中发生丢包将会导致统计误差。

引用 ICMP 错误报文：RFC 标准中针对 ICMP 错误报文的引用提出了相关要求，不同的操作系统引用的内容不同。

(2) 被动栈指纹探测。被动栈指纹探测通过监听网络中的流量并对其进行分析来判断操作系统的类型。其具体包括以下内容。

TCP 初始化窗口尺寸：不同的操作系统的初始化窗口的尺寸不同，通过分析响应中的初始窗口尺寸来判断操作系统是比较合理的方法。

Don't Fragment 位：某些操作系统为了提高其系统的性能，在发送数据时将数据包中的 DF 位进行设置，因此，通过 DF 位能够帮助判断出目标主机所采用的操作系统。

TCP ISN 采样：SYN/ACK 中的初始序列号 ISN 是在 TCP 连接建立时生成的，其生成的过程存在着一定的规律性。

4. 脆弱点扫描

脆弱点扫描主要针对的是目标主机的指定端口，其中，大多数的脆弱点扫描都是基于操作系统中指定的网络服务来实现的。脆弱点扫描分为基于插件的扫描和基于脆弱点数据库的扫描两类。

1) 基于插件的扫描

基于插件的扫描是指通过调用插件来实现脆弱点扫描，其中，插件是一个子程序模块，由专用的脚本语言编写而成。插件的升级和维护都非常方便，有利于脆弱点特征信息的更新，从而保证扫描结果的准确性。基于插件的扫描具有较好的扩展性，当需要添加新功能或新类型时，只需对插件进行相应的调整就可以实现。

2) 基于脆弱点数据库的扫描

基于脆弱点数据库的扫描的关键是脆弱点数据库，脆弱点数据库是否有效且完整直接决定了脆弱点扫描的准确性。其扫描流程如下：

(1) 构造扫描的环境，收集并整理系统的脆弱点、相关攻击案例及网络中的安全配置。

(2) 生成标准且全面的脆弱点匹配规则和数据库。

(3) 利用脆弱点数据库和匹配规则进行扫描。

5. 防火墙规则扫描

防火墙规则扫描采用类似于 trace route 的 IP 数据包的分析方法，探测是否能够通过防火墙向目标主机发送特定的数据包，为更深层次的探测提供基本信息。通过这种扫描方式，能够探测到防火墙允许通过的端口与防火墙的基本规则。例如，是否能允许携带了控制信息的数据包通过等，甚至能够通过防火墙探测到网络的具体信息。

4.3.3　漏洞扫描工具

传统的漏洞扫描工具主要有端口扫描工具、通用漏洞扫描工具、Web 应用扫描工具和数据库漏洞扫描工具等。

1. 端口扫描工具

端口扫描的典型工具是 Nmap。Nmap 功能非常强大，常用于对大型的网络进行扫描并对其进行安全评估。Nmap 是一种渗透测试的扫描工具，用于发现网络上的设备以及设备的类型、操作系统、端口开放及端口服务等信息。在默认情况下，Nmap 会扫描常用协议的端口，攻击者也可以通过设置参数使其为 1 到 65 535 的全端口扫描方式，并且 Nmap 有一个基于 TCP 标志位特征的指纹库，根据这个指纹库，Nmap 能够推测出目标设备的类型和操作系统类型的概率。此外，Nmap 还可作用于局域网，在端口的扫描方式和范围的选择上比较灵活，且能做到实时扫描。Nmap 还支持隐匿性扫描，并可绕过大多数的入侵检测系统。Nmap 利用集成的 NSE 脚本可以复现诸多网络攻击，例如暴力破解、拒绝服务攻击、模糊测试等。因此，对于 IP 地址暴露的工控设备，Nmap 端口扫描会对其造成很大威胁。

2. 通用漏洞扫描工具

通用漏洞扫描的典型工具是 Nessus，主要用于对目标系统的配置信息和常见的漏洞进行扫描，能够提供完整的计算机漏洞扫描服务，并随时更新其漏洞数据库。不同于传统的漏洞扫描软件，Nessus 可同时在本机控制或远端上遥控进行目标系统的漏洞分析扫描。其运行效率能随着系统的资源变化而自行调整。如果对主机增加更多的资源，例如提高主机CPU 的处理速度或增加内存容量，其效率可以进一步提高。

3. Web 应用扫描工具

Web 应用扫描的典型工具是 Appscan，通常用于网络安全的评估。总体来说，Web 应用扫描工具比较有针对性，主要针对 Web 应用的信息的泄露和数据的交互等问题，而不关注目标系统的一些基础信息。

4. 数据库漏洞扫描工具

数据库漏洞扫描的典型工具是 App Detective，主要用于 Oracle、DB2、MSSQL、Sybase 等数据库的漏洞扫描。

5. 工控系统漏洞扫描工具

工控系统漏洞扫描的典型工具是 ICSScan，主要用于对工控系统进行漏洞扫描，支持典型的工控协议。

6. Shodan 扫描工具

Shodan 是一个全球化的在线网络设备搜索引擎，搜索的对象可包括服务器、工控设备、家用电器、摄像头等。Shodan 会定期地对 IPv4 的全网段进行扫描，获取每个 IP 地址的地理和公司信息、端口开放和服务的部署情况以及主机服务存在的 CVE 漏洞信息，甚至能识别大部分中低交互性蜜罐。其会定期将扫描结果进行缓存，因此每次搜索得到结果的时间非常快。Shodan 用户在其官方网站注册后，会提供高级过滤搜索机制，用户甚至能指定服务搜索，比如获取全球开放的摄像头服务、开放了 Elasticsearch 服务的服务器、开放了 Modbus 协议 502 端口的工控设备等。Shodan 的存在是对当下智能化连入 Internet 的工控网络的安全的一种挑战，智能化的工控设备需要规避类似于 Shodan 搜索引擎的扫描。

常见漏洞扫描工具如表 4-2 所示。

表 4-2　常见漏洞扫描工具表

序号	类别	工具名称	描述
1	端口扫描工具	Nmap	主要用于网络探测和网络安全评估
2	通用漏洞扫描工具	Nessus	主要用于网络 / 操作系统 (Linux、Windows) 弱点扫描
3		X-scan	网络 / 操作系统弱点扫描工具
4	数据库漏洞扫描工具	App Detective	主要用于 Oracle、DB2、MSSQL、Sybase 等数据库的漏洞扫描
5		WebRavor	主要用于 SQL 注入、XSS 跨站、CSRF 漏洞、源代码泄漏等扫描
6		IBM Rational AppScan	主要用于 Web 应用程序安全测试和漏洞评估

续表

序号	类　别	工具名称	描　　述
7	Web 应用漏洞 扫描工具	AppScan	通常用于网络安全的评估
8		Acunetix Web Vulnerability Scanner	主要用于测试网站安全，检测流行的攻击，如交叉站点脚本，SQL 注入等
9		N-Stealth	主要用于检测跨站脚、SQL 注入等
10	工控系统漏洞 扫描工具	ICSScan	主要用于针对工控系统的漏洞扫描
11		Shodan	可用于针对工控系统的漏洞扫描

4.4　漏洞挖掘技术

漏洞挖掘技术有多种，如果只采用一种漏洞挖掘技术，是很难完成漏洞分析工作的，一般是将几种漏洞挖掘技术优化组合，寻求效率和质量的最优化。

4.4.1　漏洞挖掘技术分类

漏洞挖掘技术多种多样，可以根据漏洞挖掘执行过程中的侧重点，将漏洞挖掘技术分为不同的类别。根据程序是否需要运行才可以调试，可以将漏洞挖掘技术分为静态分析技术和动态检测技术；根据在测试过程中人工参与程度，可以将漏洞挖掘技术分为手动、半自动和自动测试技术；根据漏洞挖掘过程中能够分析得到源代码的程度，可将漏洞挖掘技术分为白盒、灰盒和黑盒测试。下面对常见的白盒测试、黑盒测试和灰盒测试进行说明。

1. 白盒测试

白盒测试是指测试者通过其他的途径充分掌握了被测试对象的设计方法、代码结构等相关信息，进而有针对性地生成测试用例或变异测试用例，以达到可以遍历测试目标所有可能存在的执行路径的目的。

从理论上说，白盒测试可以根据目标源代码有针对性地设计测试用例，而这些测试用例可以覆盖到所有代码，这也说明白盒测试可以挖掘出所有潜藏在测试目标中的 bug。换句话说，测试人员可以在设计测试用例时参考已经获取到的源代码，从而对所有的逻辑路径都进行测试，这样就可以用测试用例遍历所有的执行路径，挖掘出测试目标中的 bug。

代码审计是白盒测试中的一种有效方法，同样也是一种效果良好的漏洞挖掘技术。代码审计方法主要分为手工分析和自动化代码审计两种方法，这两种方法都具有一定的优缺点。对于经验丰富的测试人员来说，手工分析方法的效率比较高，可能会挖掘出大量的漏洞，但缺点在于不仅工作量巨大，还对测试人员的专业水平有比较高的要求。自动化代码审计方法虽然可以提高审查代码的速度，但容易出现误报的情况，这是因为该方法在设计时就选择了通过牺牲准确度来提高代码审查的速度。因此该方法具有明显的缺陷，无法准确检测出所有漏洞。可以将自动化代码审计方法和手工分析方法结合起来使用，这样在一定程度上可以相互补充，使漏洞挖掘的效率大大提高。实际上，掌握被测目标的源代码、执行逻辑和具体信息是白盒测试能够进行的前提，如果无法获取源代码，也就无法进行白盒测试了。

2. 黑盒测试

黑盒测试是一种对测试目标输入测试用例并观察测试输出从而判断系统是否正常运行的方法。大多数的系统都会对输入进行校验，能够处理合理范围内的输入，这也就为漏洞挖掘提供了一种解决方式，即不断地对系统输入大量的异常数据，同时对系统运行情况进行监测，如果能够发现系统出现了自身无法处理的情况，则可以判定系统存在漏洞。从使用特征来看，黑盒测试不需要深入理解测试目标，也就是完成测试无须获得源代码和设计方法等，因此黑盒测试的测试对象的范围更加广泛。

与白盒测试类似，黑盒测试也由人工分析和自动测试两类方法组成。黑盒测试需要人工设计的地方在于测试用例的设计以及检测执行过程和输出结果。另外黑盒测试生成的测试用例也可以用在其他多个测试目标上，在通用性上优于白盒测试。

3. 灰盒测试

灰盒测试是一种对测试对象有一定程度的了解并且在执行过程上类似于黑盒测试的一种测试方法。灰盒测试基于先验知识的测试过程能够较好地提高对测试目标的代码覆盖率、测试智能性和测试的效率，并且和黑盒测试类似，有较好的可用性。

基于白盒测试、黑盒测试和灰盒测试的传统信息系统漏洞挖掘技术对于工控终端设备的适用性分析表如表 4-3 所示。

表 4-3　漏洞挖掘方法适用性分析表

方　法	指　标			
	必备条件	优点	缺点	可使用性
白盒测试方法	源代码	高效、快速	误报率高	无源代码，不可用
灰盒测试方法	目标文件、调试工具	准确度高	效率低、技术要求高	无目标文件，不可用
黑盒测试方法	无	准确度高	覆盖率低	可用

现阶段，因为安全研究人员对于工控设备的内部结构了解不足，且逆向工控设备的技术处于起步阶段，又因为无法获取工控系统的源代码和目标文件，不容易采用白盒测试和灰盒测试挖掘漏洞，所以现阶段采用黑盒测试来挖掘工控设备漏洞的方法较为常见。

4.4.2　漏洞挖掘分析技术

漏洞挖掘技术的研究是信息安全研究的核心内容之一，面对安全漏洞带来的严峻挑战，如何实现自动化、高效的漏洞挖掘是亟待解决的问题。因此迫切需要采取新的措施来研究高性能的漏洞挖掘模型，或者需要对当前工控网络协议的漏洞挖掘技术做进一步的优化。学术界和工业界目前提出了多种漏洞挖掘分析技术，下面分别进行介绍。

1. 人工测试技术

人工测试是完成人工测试软件缺陷的过程，是一种灰盒的漏洞挖掘技术。人工测试技术是一种需要测试人员代入终端用户的角色，使用人工构造的各种输入在测试过程中观察获取到的目标反馈，并根据结果来直观地推导发现问题的漏洞检测技术。在人工测试过程中，测试人员无须额外的手动测试辅助工具，也不用遵循任何严格的测试过程，而是使用尽可能多的特性来探索被分析的应用程序。测试者可独立完成整个测试流程，实现简单。但人工探索性测试的成功在很大程度上依赖于测试人员的专业知识和对测试目标的了解程度，如果缺乏对目标的了解可能会造成测试的不完整性。

2. 模糊测试技术

模糊测试技术是指导入大批无效或意外的数据到指定系统，用于挖掘系统漏洞和测试系统异常 (如目标系统程序抛出异常、内存泄漏或执行异常操作) 的一种技术。一般情况下，模糊测试模型适用接受具有特定规则输入的应用软件的测试。这个模糊测试模型结构已被设定好，比如在协议或文件格式中，区别有效输入和无效输入。测试人员想要的模糊测试模型并不需要一直生成完全合法的测试用例，而是需要生成一种部分合法的测试输入。这种测试输入因为其部分的合法性，服务器不会直接拒绝它们，但是又由于并非完全的合法，为其在程序中触发更深层的异常乃至漏洞提供了可能性。

与其他的漏洞挖掘技术相比，模糊测试技术的整体框架思路更为简单，挖掘漏洞的过程容易复现。然而大部分的模糊测试技术也存在黑盒漏洞挖掘技术的全部缺点，即存在模糊测试模型创建时间长、测试效率和有效性无法得到保证等缺陷。同时，基于模糊测试的现有技术很多都是基于特定目标设计对应的畸变策略或模型，适用范围窄，灵活性较差，不具备良好的普适性。比如，对于同一个 Modbus 协议下的不同变体，包括 Modbus TCP、Modbus UDP 等，由于这两种变种协议消息包中的功能码、标志位和具体的标示符含义具有很大的差别，因此测试工作无法实现两种协议间的相互替代。

3. 二进制比对技术

二进制比对技术的主要思想是对照两组机器码补丁文件以判定它们是否完全相同。当编程人员创建或修改应用程序并需要确保新生成的文件与旧文件相同时，通常需要通过可执行程序进行二进制比较来判断。二进制比对技术可以用于查明未明确指出漏洞的成因和确切位置的补丁所影响的二进制文件的区域。相较于其他的漏洞挖掘技术而言，该技术重点是被用来判断已经被利用的漏洞的位置的。在此基础上，其他相关的漏洞挖掘技术会被结合使用，用以确认漏洞的细节之后可编码对应的攻击代码。因此在某种程度上而言，二进制比对技术也是一种漏洞分析技术。

4. 静态分析技术

静态分析技术是在目标程序没有编译的状态下对目标程序进行研究检测，从而发现目标程序中潜在安全缺陷的一种漏洞检测技术。其主要特点就是能够在很短的时间内完成对程序代码的检查，具有代码覆盖率高、漏报少的优点。但是，由于静态分析技术是一种简化的漏洞检测分析技术，只考虑即时更改的影响，而不考虑系统对该更改的长期响应，并且缺少对运行过程中随程序变化而变化的数据、非静态测试流程以及细粒度的安全评估等检测，因此静态分析技术的漏洞挖掘精确度较低，具有较高的漏洞误报率。

5. 动态分析技术

动态分析技术通过监测发现程序运行过程中状态的变化和寄存器的非正常状况以挖掘潜在的漏洞。相对于静态分析技术而言，该技术具备较高的检测漏洞精确度，但其对检测的代码的覆盖程度要差一些。而且当代码不能运行时，就无法使用该技术进行漏洞挖掘了。

不同的漏洞挖掘技术面对不同的应用场景时，有着各自的优势和不足，仅采用一种漏洞挖掘技术去完成漏洞分析工作是十分困难的。因此，面临不断产生的新的威胁，一般在进行漏洞挖掘的过程中，不同的漏洞挖掘技术会被优化结合起来使用，以期找到漏洞挖掘有效性和效率之间的平衡。而在上述 5 种漏洞挖掘分析技术中，模糊测试技术是当下最常用的软件漏洞主动检测挖掘技术，它结合了覆盖引导、污点分析、调度算法、符号执行等多种实用技术。虽然基于模糊测试的漏洞挖掘分析技术还有着很多的不足，但是与目前已有的主要漏洞挖掘技术相较而言，其在利用深度学习算法的优势上还是非常明显的。

4.4.3　Fuzzing 测试技术

Fuzzing 测试技术即模糊测试技术，它不依赖测试目标源代码，测试原理简单，测试范围较广，同时 Fuzzing 的自动化程度较高，不需要大量的人工参与，是一种效果良好的测试方法。此外，因为 Fuzzing 测试执行的过程是动态的，所以通常不会出现没有问题而报告异常的情况，误报的发生概率很低。

1. Fuzzing 测试的概念

Fuzzing 测试是将大量经过构造的数据输入到被测目标中，同时监视被测目标，一旦有异常和错误产生就立即进行分析、定位、记录触发漏洞的用例，以此来发现漏洞的过程。其提供的数据输入通常是经过精心构造的输入，这些输入可以是经过不确定性很高的随机变异方法产生，也可能是建立在对测试目标进行严谨分析基础上精确生成的。在 Fuzzing 测试过程中，普遍选择目标程序的正常输入边界上的一些数据来作为输入，以查看是否会引起测试目标崩溃，尽管在理论上凡是可以引起测试目标出现异常或者崩溃的输入都可以作为测试用例以进行 Fuzzing 测试。

2. Fuzzing 测试的工作流程

Fuzzing 测试的工作原理就是将事先构造好的测试用例发送给测试目标以测试目标是否能够发生崩溃或产生错误，所以 Fuzzing 测试的工作流程包含构造测试用例以及监控异常和错误测试目标等。Fuzzing 测试的工作流程示意图如图 4-7 所示，具体说明如下：

(1) 确定测试对象。明确测试目标是进行 Fuzzing 测试的第一步。测试人员通常会根据测试目标的特征为依据来选择不同的工具或框架，由开发好的工具或框架完成一些通用性的操作。因此，进行 Fuzzing 测试的第一步就是确定测试对象并以测试对象为依据来决定后续选择的测试方式和测试工具。

(2) 分析输入数据。很多安全漏洞都是因为程序对输入的数据没有进行有效的校验，或者是在程序设计时没有事先充分考虑到非法输入，对非法输入的处理不清晰等所造成的。所以，必须先对输入数据进行分析，构造有效输入。程序输入可以引起崩

图 4-7　Fuzzing 测试的工作流程示意图

溃的测试数据是 Fuzzing 测试的关键，盲目的测试不仅浪费时间和人力，也无法得到良好的测试效果。

(3) 构造测试用例。在分析了输入数据应该由哪些字段构成之后就可以开始构造测试用例了。Fuzzing 测试发送输入数据的方法通常采用自动或半自动的方式，这样更有利于提高效率。为了能够高效地构造测试用例，使用程序来生成测试用例的过程是必不可少的，也就是在生成测试用例前需要先编写一个包含了测试用例必备要素的程序，并以此为依据来实现测试用例的生成，然后就可以通过测试器调用事先准备好的测试用例生成文件来自动生成测试用例。在测试用例生成的过程中，需要结合其他因素综合考虑，做好漏洞挖掘正式实施前的关键一步。

(4) 启动 Fuzzing。当构造好测试用例之后，就可以启动 Fuzzing，向目标软件发送测试用例，通常这个过程是一个自动化处理的过程。该过程与测试用例构造的过程紧密连接，通常是在构造用例成功的同时就会启动 Fuzzing。

(5) 监控异常和错误。在对目标程序进行 Fuzzing 测试的过程中，还需要监控目标程序是否会产生异常或崩溃。这个过程是非常重要的。因为大多数程序在设计之初就会尽可能地考虑到可能的输入值并对其进行处理，所以可以引发崩溃的数据输入一般是很少的。崩溃发生时需要记录下来这些引发崩溃的数据输入，同时还需要记录崩溃信息，以便后续的分析工作能够正常进行。

(6) 分析可利用漏洞。分析可利用漏洞在 Fuzzing 测试的最后阶段进行，但并不是必须进行的一步。在完成 Fuzzing 测试后，如果目标程序有异常或者错误被检测出来，就需要判断这些异常或错误是否有被利用的可能。因为分析可利用漏洞过程涉及的信息内容较多，所以这个过程通常是通过手工完成的，这也需要分析人员具备相当的知识储备。

以上是 Fuzzing 测试的实现步骤。通常情况下，前 5 个步骤是 Fuzzing 测试的必要过程。无论是针对网络协议还是各类软件，即使步骤顺序不一致，前 5 个步骤每步都需要仔细设计。尽管 Fuzzing 测试具有非常多的优点，但是由于它无法真正监测程序的内部情况，无法生成满足所有条件的测试用例，无法遍历所有路径，因此不能保证发现测试对象中的所有漏洞。

3. Fuzzing 测试的主要形式分类

Fuzzing 测试的形式主要包括强制型测试和智能型测试两种。这两种形式的区别是测试用例的生成是基于用哪种方法产生的。基于变异的 Fuzzing 测试就是强制型测试，而基于生成的 Fuzzing 测试就是智能型测试。下面将对这两种形式进行介绍。

1) 强制型测试

强制型测试又称为基于变异的 Fuzzing 测试。它是指测试者在进行正式测试之前，需要先获取测试目标输入的样本数据，然后将样本数据发送到测试用例生成程序，对样本数据中的某些字段进行变异并以此来构造测试用例。在网络协议相关的 Fuzzing 测试中，测试者通常会先通过抓包工具获取网络数据流，从而获取测试目标样本数据，再以目标样本数据为基础，对可变字段进行变异，以此生成测试用例。这种方法的优点很明显，可以方便快捷地构造测试用例，但是缺点也很明显，就是如果不能收集到包含了所有测试功能的样本数据集，就很有可能会遗漏测试功能，而收集这种理论上存在的样本明显是非常困难的。此外，这种 Fuzzing 测试可能会受到网络协议中的校验的阻止，因为构造的测试用例很有可能会不能通过校验而导致无法引起程序崩溃就被直接丢弃了。

2) 智能型测试

智能型测试也称为基于生成的 Fuzzing 测试。它是指测试者通过一定的方法在测试前就已经获取了目标对象的字段格式，以这个为基准来构造测试数据，执行 Fuzzing 测试。相较于强制型测试，智能型测试方式生成的用例一般情况下是可以通过协议的校验和检验的，也可以对测试目标有一个完备且有重点的测试，这显然是一种能够提高测试准确度的方法。

习　题

1. 什么是系统攻击？常见攻击手段有哪些？
2. APT 攻击技术的特点是什么？
3. 说明工控系统漏洞的分类。
4. 工控系统中 PLC 设备主要的漏洞类型有哪些？
5. 简要说明漏洞扫描分类。
6. 对比白盒、黑盒、灰盒三种漏洞挖掘测试的区别。
7. 说明漏洞挖掘时可以采用的分析技术。
8. 简述 Fuzzing 测试技术的工作流程。

第 5 章　部件制造安全技术

部件制造的安全特指工业控制系统自主可控的安全性，即 CPU、存储、操作系统内核、基本安全算法与协议等基础软硬件完整可信及自主可控。部件制造的自主可控的安全性的核心在于部件制造安全的免疫性，也就是说希望设备自身能够具有排除破坏、攻击、篡改的能力。在满足条件的情况下，人们应实现对自有系统与设备的自主安全性改造，但是在真正实现前往往都需要对设备进行改造、升级，或者经过厂商植入安全部件。为了提高部件制造的安全性，所采取的技术有以下几类。

5.1　可信计算技术

可信计算 (Trusted Computing，TC) 是由国际可信计算组 (Trust Computing Group，TCG) 推动和开发的一种技术。其本质是在计算和通信系统中使用基于硬件安全模块支持下的可信计算平台，进而提升整个系统的安全性。从技术角度来讲，"可信"意味着使用者可以充分相信引入了可信计算的计算机行为会更全面地遵循设计要求，执行设计者和软件编写者所禁止的行为的概率很低。

5.1.1　可信计算概述

可信计算是为了解决计算机和网络结构上的不安全性，从根本上提高其安全性的技术方法。可信计算是逻辑正确验证、计算体系结构和计算模式等方面的技术创新，以解决逻辑缺陷不被攻击者所利用的问题，形成攻防矛盾的统一体，确保完成计算任务的逻辑组合不被篡改和破坏，实现正确计算。

关于可信，目前尚未有一个统一的定义，不同的组织给出了自己的定义，主要有以下几种说法。

1999 年，国际标准化组织与国际电子技术委员会在 ISO/IEC 15408 标准中定义可信为：参与计算的组件、操作或过程在任意的条件下是可预测的，并能够抵御病毒和一定程度的物理干扰。

2002 年，国际可信计算工作组 (TCG) 用实体行为的预期性来定义可信：如果一个实体的行为总是以预期的方式，朝着预期的目标前进，那么这个实体是可信的。这一定义的优点是抓住了实体的行为特征，符合哲学上实践是检验真理的唯一标准的基本原则。

电气电子工程师学会 (IEEE) 可信计算技术委员会认为：可信是指计算机系统所提供的服务是可信赖的，而且这种可信赖是可以论证的。

我国沈昌祥院士认为：可信计算系统是能够提供系统的可靠性、可用性、信息和行为安全性的计算机系统，系统的可靠性和安全性是现阶段可信计算最重要的两个属性。

这几种定义虽然说法各异，但都强调行为和预期的一致性。可信计算技术就是基于这种思想，通过完整性度量和信任链传递来保证计算平台的行动与预期保持一致，从而认定平台为可信的一种安全防护技术。

从 20 世纪 90 年代开始，随着科学计算研究的体系不断规范化、规模的日益扩大，可信计算产业组织和标准逐步形成体系并不断完善。1999 年，IBM、HP、Intel 和微软等著名 IT 企业发起成立了可信计算平台联盟 (Trusted Computing Platform Alliance，TCPA)，这标志着可信计算进入产业界。2003 年，TCPA 改组为可信计算组织 (Trusted Computing Group，TCG)。目前，TCG 已经制定了一系列的可信计算技术规范，如可信 PC、可信平台模块 (Trusted Platform Module，TPM)、可信软件栈 (TCG Software Stack，TSS)、可信网络连接 (Trusted Network Connection，TNC)、可信手机模块等，并在推出后不断地对这些技术规范进行了修改完善和版本升级。

国际上已形成以 TPM 芯片为信任根的 TCG 标准系列，我国已形成以 TCM 芯片为信任根的双体系架构可信标准系列。

国际与国内两套标准最主要的差异为：

(1) 信任芯片是否支持国产密码算法。国家密码局主导提出了中国商用密码可信计算应用标准，并禁止加载了国际算法的可信计算产品在国内销售。

(2) 可信软件栈是否支持操作系统层面的透明可信控制。国内部分学者认为国际标准需要程序被动调用可信接口，不能在操作系统层面进行主动度量，为此，提出在操作系统内核层面对应用程序完整性和程序行为进行透明可信判定及控制的思路。

(3) 信任芯片是否支持板卡层面的优先加电控制。国内部分学者认为国际标准提出的 CPU 先加电后依靠密码芯片建立信任链的模式强度不够，为此，提出基于 TPCM 芯片的双体系计算安全架构，TPCM 芯片除了密码功能外，必须先于 CPU 加电，先于 CPU 对 BIOS 进行完整性度量。

5.1.2　可信计算平台

可信计算平台 (Trusted Computing Platform，TCP) 是一个集合可信硬件、可信软件和可信操作系统在内的平台，该平台可被本地用户和远程实体信任，是可信软硬件结合的综合实体。它以底层的安全芯片为核心，结合标准化的软件协议栈以及上层的可信机制为用户的计算机平台构建一个完整的安全执行环境，为通用的计算机平台提供一种安全的系统架构层面服务。

可信计算平台通过可信平台模块 TPM 提供硬件系统，并通过可信软件在可信软件栈 TSS(TCG Soft-ware Stack) 来实现对上层应用的信息交互。可信计算平台通过双体系架构

(一个是被保护的应用体系——计算机体系;一个是可信体系——防护体系,对应用体系进行主动保护) 来实现安全,并通过对内外总线的控制来达到双体系的保护结果。可信根在总线上,具备总线控制能力,可以访问总线上的所有资源,但 CPU 不能访问它的资源,在加载时优先启动,并且在可信计算平台中作为密码模块和计算节点。现在的操作系统非常复杂,单从总线、内存上这些底层很难感知到上层应用的行为,但可信软件基作为一个软件,相当于一个代理,可以感知这种行为,通过两边的配合来达到防护的效果。

可信计算要求基于可信根对系统引导程序、系统程序、重要配置参数和通信应用程序等进行可信验证。而可信验证一般通过度量与验证的方式实现,即可信计算会对当前环境运行的硬件与软件的运行数据进行采集,并将采集的数据结果与可信计算设定的期望值进行比较以检测是否一致。在可信计算平台中,硬件层面的度量与验证可通过 TPM 芯片来完成,而软件的安全则需要由可信软件供应商来保证。此外,TPM 芯片可以与信任域中的安全服务提供者进行安全通信,用以反馈当前运行系统的安全状态。

可信计算平台通用架构可分为 3 个层次,包括基础硬件层、可信服务层和安全应用层,如图 5-1 所示。

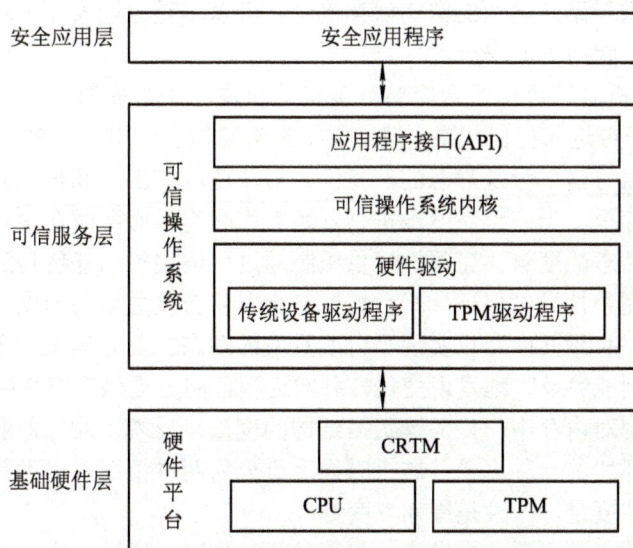

图 5-1 可信计算平台通用体系架构图

基础硬件层由可信平台模块 (TPM)、可信度量根 (CRTM) 和 CPU 组成,TPM 和 CRTM 共同作为整个平台的可信根。TCG 认为,在基础硬件中以安全芯片形式存在的 TPM 是可信计算平台的核心,也是可信计算平台构建的前提,它为整个平台提供物理可信根,是最基本的、可以无条件信任的。在平台上电启动时,以信任根为起点,对引导程序、系统、软件一一度量,建立一条信任链,一级度量一级,一级信任一级,最终将信任扩展到整个平台。

可信服务层跨越了系统内核层和用户应用层,主要包括操作系统内核及可信软件栈。操作系统内核是运行计算机系统的基础,为系统提供进程管理、内存管理、设备驱动、文件系统、网络连接等重要功能。针对安全芯片 TPM 的可信软件栈是 TSS。TSS 为上层应用提供可信计算服务的调用接口,通过统一、规范的软件接口让上层应用程序能访问底层安全芯片的所有功能。

安全应用层位于可信计算平台系统的最顶层。它基于硬件可信根和基础可信执行环境，是直接面向用户的应用层，通过调用 TSS 不同的可信计算软件接口，为用户提供不同的安全应用服务。

基础硬件层为整个计算平台提供物理可信根。可信服务层与硬件层实现交互，通过信任扩展和完整性度量构建信任链，为用户应用层提供基础可信执行环境。安全应用层利用硬件层和可信服务层提供的可信功能和调用接口，实现用户安全应用。各层功能共同发挥作用，为用户构建一个满足安全需求的可信计算平台。

可信计算平台核心机制包括安全存储机制、完整性度量机制和证明机制。

(1) 安全存储机制。安全存储是 TPM 的一个重要功能，通过 TPM 的密钥技术对信息进行绑定和计算，并且提供一些密钥的管理方案，以防止外部访问，从而对本地的数据做一个安全的存储。TPM 通过其中的密码协处理器部件来实现 TPM 的签名密钥、加解密密钥的生成以及一些相应的密码运算、计算功能。因为密钥对在芯片内部是受保护的、不可见的，所以即使是密钥所有者也无法随意获得私钥。不同于应用软件对密钥的保护，TPM 的安全存储机制提供了硬件层面的密钥保存机制，可以不受应用层面上攻击者利用软件漏洞来窃取密钥影响，因而更加安全。

(2) 完整性度量机制。可信平台完整性度量是获得与平台完整性相关的平台特性的度量值的方法，允许平台进入任何状态，但这些状态都被如实地记录下来，供其他过程参考。在启动信任链的时候可信平台是静态的，验证的对象还没有工作和被加载执行，可能在硬盘里，也可能在内存里。当完整性度量机制开始工作和提供服务时在内存中开始不断发生变化，这时候进行动态的度量。完整性度量机制通过可信根的信任链传递对度量平台可信状态信息摘要值的完整性提供保证，平台配置寄存器将新度量值与旧度量值做“与”操作生成新的度量值并保存到其中，以实现平台度量值的动态扩展。当可信平台的状态信息改变时完整性度量机制能够及时地发现变化，并向远程证明方提供完整性的保证机制。

完整性度量机制对内存中一些关键数据结构的度量，反映了对当前业务应用的程序和业务程序所存在的环境的一种度量。这个时候度量分为两种情况：一种是根据策略触发行为进行度量的触发性度量，一种是周期性度量。

触发性度量就是当操作系统中发生一些事件或动作时，通过主客体模型来描述一个动作。例如，当一个应用发起系统调用，如加载程序、打开一个文件等时，可信软件基就感知到了这个系统调用，通过调用还原出这个行为。这个调用是谁发起的，它就是这个行为的主体，这个系统调用就是它的客体，打开就是行为。在这种情况下完整性度量机制会依赖系统调用表，根据策略进行度量，度量之后可信根就会给出返回值（是安全的还是不安全的），再与其他安全机制去协同操作。

(3) 证明机制。可信计算平台要向远程证明方提供证明机制，以证明当前平台的可信状态。例如一台主机需要和服务器通信，当发出网络请求时，服务器也要向主机发出请求，请求主机的静态和动态验证可信验证的结果，通过主机的可信根进行签名发给服务器，服务器根据策略来判断请求主机是否安全可信，能否允许接入。

通过 TPM 对可信平台的度量值进行承诺计算，并且利用密码算法生成的身份认证密钥对可信平台的度量值进行签名，发给远程证明方，远程证明方通过对平台配置信息的度量值进行验证，确保度量值的生成是来自有效的 TPM。

▶ 5.1.3　可信平台模块 (TPM)

TPM 是具有密钥存储、管理和签名认证的小型系统芯片。作为可信平台的核心部件，通过 TPM 芯片的可信度量机制可实现从硬件到操作系统到应用的过渡，生成平台配置信息并保存到平台配置寄存器中，也通过平台配置寄存器的扩展机制实现平台配置信息的动态存储，同时通过 TPM 对平台配置信息进行承诺计算以及签名，并提供密钥存储、可信报告和可信认证等诸多功能。TPM 1.2 的组成结构如图 5-2 所示。

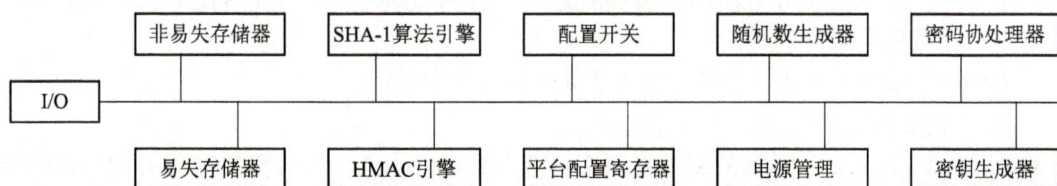

图 5-2　TPM 1.2 的组成结构图

TPM 1.2 子模块的功能如表 5-1 所示。

表 5-1　TPM 1.2 子模块功能表

子　模　块	说　　　明
随机数生成器	生成随机数
SHA-1 算法引擎	SHA-1 的消息认证码引擎
HMAC 引擎	对数据进行哈希值验证
密钥生成器	产生 RSA 密钥对
易失存储器	存储 (断电或重启系统时数据丢失)
平台配置寄存器	存储可信度量值
电源管理	管理电源状态
非易失存储器	存储 (断电或重启系统时数据保持)
I/O 接口	总线形式联通外部进行交互和支持内部运算
密码协处理器	保障密钥运算
配置开关	控制 TPM 的状态

TPM 安全芯片作为可信计算功能体系基础硬件层中的核心部件，相应的可信平台中一般有 3 个可信根：度量可信根 (Rootof Trustfor Measurement，RTM)、存储可信根 (Root of Trust for Storage，RTS) 和报告可信根 (Root of Trust for Reporting，RTR)。TPM 可以提供的功能有以下 4 种：

(1) 平台数据保护：对外提供密钥管理的各类数据机密性、完整性保护功能，是直接体现密码学系统的功能类别。作为 TPM 最基本的应用方式，计算平台可依赖该功能构建安全的密钥管理和密码学计算器。

(2) 身份标识：对外提供身份标识密钥的申请与管理功能，是远程证明 (即对远程验证方报告本机完整性) 的基础。TPM 可向外部实体提供系统平台的身份证明，并提供数据封装功能。TPM 将数据、指定类型的密钥及平台寄存器状态一起绑定，只有被授权的用户使用该密钥在相同的平台状态下才可以解密被加密过的数据，实现数据与平台的绑定。

(3) 完整性存储与报告：作为 TPM 的主要应用方式，对外提供完整性数据存储和报告功能以体现可信性，计算平台可依赖该功能构建平台内部的信任链，还可以在内部信任链的基础上，对外部实体进行远程证明。完整性存储的数据来自于完整性度量的结果，而完整性报告的数据又来自于完整性存储的结果。

(4) 资源保护：主要是保护 TPM 内部资源的访问控制机制。

TPM 是可信计算平台的核心，为整个计算平台提供物理可信根，其规范也随着技术的更新不断完善和修改。2015 年，TCG 发布了 TPM 规范 2.0，此版本在 1.2 版本基础上进行了一系列的升级和改进。

TPM 2.0 相较于 TPM 1.2 的升级主要体现在以下方面：

(1) 密码算法的升级。

在 TPM 1.2 协议中用到的算法主要有哈希算法 (SHA-1) 和非对称加密算法 (RSA)，不支持对称加密算法和椭圆曲线算法 (Elliptic Curve Cryptography，ECC)。RSA 虽然是经典的非对称加密算法，但也不能保证绝对安全，即使是 1024 b RSA 密钥也已被破解，为了增强 RSA 算法强度不得不增大密钥长度。因此，TPM 2.0 规定 RSA 密钥长度最低为 2048 b，并将 3072 b RSA 密钥长度列为必须支持。此外，非对称加密算法还增加了椭圆曲线算法 ECC，相较于 RSA，在实现相同算法安全强度的情况下，ECC 密钥长度要短很多。特别是针对直接匿名认证机制 (Direct Anonymous Attestation，DAA)，ECC-DAA 的算法效率要明显优于 RSA-DAA。TPM 1.2 协议中 SHA-1 算法的安全性强度也被证明无法满足应用需求，在 2.0 协议中升级为密钥长度更长、安全强度更高的 SHA-2 族哈希算法，其主要包括 SHA256、SHA384 和 SHA512。TPM 2.0 协议中还增加了对称加密算法的支持，相较于非对称加密算法，同等安全强度的对称加密算法密钥更短，128 b 的对称密钥强度相当于 256 b 的 ECC 密钥强度和 3072 b 的 RSA 密钥强度。

此外，芯片厂商还可以通过扩展算法列表来灵活增加新的算法，比如国内安全芯片必须支持的国密算法 SM2、SM3、SM4 等。

(2) 授权机制的升级。

授权是指授予访问 TPM 内部某些实体（密钥、NV 空间、计数器等）的权利。在 TPM 1.2 协议中，授权方式比较有限，支持的授权方式仅有 PCR 绑定和口令授权 (password)。对于单一的授权方式，系统管理员如何进行资源的分配和管理是一个难点。比如，软件要访问 TPM 内部的一个密钥，为了证明其拥有，需要将其 password 的摘要包含在命令中，且该密钥还可能要与特定的 PCR 状态绑定。通常在一个计算平台会有多个用户，用户的口令不一致，且知道的密钥集合也相互独立，系统管理员如何管理来让其共享密钥和数据是有一定难度的。

在 TPM 2.0 协议中，针对授权机制进行了升级和改进，除了口令授权和 PCR，还增加了明文授权和 HMAC 授权来应对不同安全需求的场合。此外，在以上基础授权上，TPM 2.0 协议还提出了增强授权机制 (Enhanced Authorization，EA)，这是 TPM 2.0 协议授权方式最大的特点。EA 使密钥和数据的授权方式可以有更多的选择，可使授权会话变成策略会话，从而使策略会话单独用于哈希认证。在创建策略时，TPM 内部会创建一个策略会话缓冲区，之后修改的每一种认证形式都会更改策略会话缓冲区的值。当后续命令需要对实体的授权进行检验时，TPM 对实体关联的策略与策略缓冲区中的值进行比较，只有在 TPM 内部能够重现策略的属主才能使用它们。

EA 的认证方式也多种多样，可以是简单的口令或者 HMAC 值，也可以是 TPM 内部状态 (计数器值、定时器值)，还可以是平台辅助认证 (指纹、虹膜识别、面部识别、读证卡等)，而且多种授权方式之间还可以通过布尔逻辑的形式进行组合。

(3) 主密钥的升级。

TPM 1.2 的主密钥只有一个，就是芯片出厂时厂商预先设置的背书密钥 EK(Endorsement Key)，难以更换。EK 经过 take owner 操作后产生属主和唯一的存储根密钥 SRK(Storage Root Key)，SRK 的地位几乎等效于 EK，后续的存储体系密钥也是基于 SRK 进行构建。TPM 1.2 基于一个 SRK 来进行构建密钥体系有两个原因：一是受限于算法，封装密钥时它只有一种算法和密钥大小，即 RSA2048；二是 TPM 1.2 只有一个存储控制域，存储控制域的 owner 为用户，SRK 只需为用户创建密钥体系，提供安全功能即可。

TPM 2.0 中将控制域划分为平台域、存储域和背书域，相应地也扩展为多个根密钥。三个控制域可以适用于不同对象。平台域处于平台制造商的控制之下，用于保护平台固件的完整性。存储域的目标是供平台所有者使用，可以是企业的 IT 部门，也可以是终端用户，为用户提供安全功能。背书域属于隐私域，用于保护用户的隐私。TPM 和平台制造商可以通过证书链证明，背书域中的主密钥 EK 与依附于一个可信平台上的可信 TPM 相绑定，这意味着当远程方收到来自 TPM EK 数字签名时，可以验证签名的有效性，确定是否来自一台真实存在的可信设备，但无法确认来自于哪一台设备。

另外，这三个控制域都可创建各自独立的密钥体系，且根密钥不再由厂商预置，而是通过主种子生成。由主种子加不同的密钥生成模板，使用密钥派生算法 KDF(Key Derivation Function) 可以生成不同算法 (RSA、ECC、SHA256 等)、不同类型 (存储、签名) 的密钥，不再局限于 RSA2048。存储主种子的空间比存储根密钥的空间小，且主种子派生密钥是可以重复的过程，相同的种子值和密钥模板可派生出相同的根密钥。这样，不用存储所有根密钥，在需要时就可以重新生成。根密钥还可以经加密后被输出到 TPM 外部，作为上下文进行存储，设备启动时再加载，避免了重新生成密钥所需的时间。

(4) 面向平台的服务。

TPM 1.2 是基于 PC 设计实现的，而类似的可信计算思想完全可以扩展到移动设备、嵌入式产品、服务器、网络连接和云计算环境等。TPM 本身是以安全芯片的形式独立存在的，并在计算平台上划分出来一块安全的拥有独立执行能力和存储能力的区域，本质上和智能卡、虚拟技术、TrustZone 是一致的，只是具有更高的安全性。因此，TPM 2.0 不再局限于 PC 平台，而是将可信计算思想扩展到了服务器、嵌入式应用、移动端、可信网络连接、vTPM、边缘计算、云计算等领域。

▷ 5.1.4 可信计算涉及的关键技术

可信计算技术包括多个方面，其研究对象也覆盖了计算机技术中的绝大多数领域。计算机软硬件、网络通信、虚拟网络中的用户行为等都在可信计算技术的研究范围中。其中涉及的主要可信计算技术包括以下

可信计算关键技术

几个方面：

(1) 信任链传递。在系统启动或者软件运行时，利用可信计算技术构建一条信任链，通过信任链保证系统或软件在整个生命周期传递的可信性。信任链按照从底层向顶层的顺序进行传递，最初从信任根开始 (例如保证硬件可信或者使用可信芯片)，之后系统加电启动 BIOS，紧接着将可信链传递到操作系统的启动过程，保证操作系统可信之后，运行系统层应用，保证软件应用执行过程可信。通过建立应用程序运行过程的可信链，实现完整的信任链传递，以此来保证整个软件运行环境是安全可信的。

(2) 可信 BIOS。可信 BIOS 技术是通过可信验证来保证 BIOS 的可信性及安全性。BIOS 可以对计算机中的 I/O 设备以及计算机硬件进行直接控制，在计算机加电后，BIOS 实现各种计算机硬件的检测以及操作系统的启动或系统启动的控制，并负责连接硬件设备和软件系统。通过可信组建对 BIOS 的验证来实现计算机系统的物理信任根。

(3) 可信安全芯片。除了可信 BIOS 之外，可信安全芯片是另一种物理信任根的实现方法。在可信计算机中，可信安全芯片是整个计算机架构中底层的核心，发挥着关键的作用。安全芯片内部具有强大的密码运算能力，能够单独实现密钥生成和安全加密功能，并且其包含独立的存储单元，可以持久地存储重要信息或者用户身份信息。

(4) 可信计算软件栈。为了加强系统的可信性以及可靠性，人们设计了可信计算软件栈。可信计算软件栈是一种可信计算平台的支持软件，通过它，软件应用能够与安全芯片进行对接，从而利用物理信任根来保证软件应用的可信，加强系统和软件的可靠性。系统通过建立多个层级的可信协议栈实现信任机制，并且可以为一些基本数据提供必要的认证和保护。

(5) 可信网络连接。可信网络连接的意义在于实现在网络通信中计算机联网的可信接入。当计算机接入网络时，要确保接入网络的流程符合网络的预期接入策略，例如符合白名单的 ip、主机安装某些特定软件等，对不符合接入策略的主机将被限制联网，只有满足接入流程中所有网络的接入条件的主机才可以接入网络。

5.2　加解密技术

密码技术是网络信息保密与安全的核心和关键，它提供了许多有效的核心技术来确保信息的安全，在保证信息的机密性、认证性方面发挥着重要的作用。加解密技术的主要任务是解决信息的保密性和可认证性问题，也就是保证信息在生成、传递、处理、保存的过程中不被非法授权者更改或者伪造等。

5.2.1　数据加解密算法概述

密码学的基本思想是两种不同形式的消息之间的变换。密码学中用到的各种变换称为密码算法。如果一个变换能够将一个有意义的消息 (明文) 变换成表面上无意义的消息 (密文)，从而使得非授权者无法读懂消息 (明文) 的内容，则这个变换称之为加密算法，这个变换的过程称为加密。同样，如果合法授权用户用一个变换能够将一个非授权用户难以读懂的信息变换成有意义的信息，那么这个变换被称为解密算法，这个变换过程称为解密。

假如一个变换使消息变成可以证明某个实体对消息内容的认可的消息，那么这个变换称为签名算法。

早期的密码学算法通常是将明文输入字符流逐字处理，然后使用字母替换或者换位等方法来进行加密。替换方法是用字母表中的一个新字母替换掉输入字符流中的一个原始字母，如凯撒密码；换位方法是将输入字符流中的一些字母顺序交换，一般是先把明文分割成不同块，然后将不同块间的字符使用某种程序混杂。

随着电子计算机的出现，现代初期的加密算法也使用了相似的方法，即换位或替换方法。与早期不同的是这些加密算法的转换通常发生在二进制数据的比特层，比较常见的例子就是使用 XOR 操作。由于其操作简单，因此很容易被破解。目前加密算法分为两类：流加密 (Stream cipher)，如比特 XOR 算法；块加密 (Block cipher)，该算法先把明文分割成相同长度的若干块 (通常情况下每块长度等于或者大于 64 b)，然后每次对每块进行相同的加密变换。

现代密钥密码学中加密方法的强度只依赖于加密密钥的安全性，可以公开加密算法。根据加密算法的特点，密码体制可以分为对称密码体制 (又称为单钥密码体制或者私钥密码体制) 和公钥密码体制 (又称为双钥体制或者非对称密码体制)。在对称密码体制中，一对加解密算法使用相同的密钥，或者实质上等同，即从一个密钥能够方便地得到另一个密钥，而且通信双方都知道这个密钥，并保证密钥的保密性。公钥密码体制中，加密和解密 (或签名和验证) 算法使用的密钥不同，并且对于非授权者来说很难从一个密钥得出另一个密钥。

密码学有两个重要分支，一个是密码编码学 (Crotography)，另外一个是密码分析学 (Cryptanalysis)。

密码编码学研究如何保密，是对信息进行编码实现隐蔽信息的一门学科。人们通过信息变换，将敏感的消息变成在保存和传输过程中人们无法直接理解的内容，以达到保密信息的目的。

密码分析学研究如何破译密码，是运用各种分析手段在未知密钥的情况下从密文中找出有用的信息，从而破译密文或者伪造消息。

根据功能的不同，密码系统可以分为保密系统 (Privacy System) 和认证系统 (Authentication System) 两种。保密系统用来确保消息的保密性，认证系统用来确保消息的认证性。

互联网已经成为最重要的信息传播通道，如何保证信息安全成为了密码学的首要任务。密码学主要用于保证信息的安全性，由此密码必须具有以下特性：

(1) 保密性 (Confidentiality)：要求即便被隐藏的明文内容被人截获时也可保证原有信息不会被泄露。

(2) 消息鉴别 (Authentication)：消息的接受方可鉴别消息来源，入侵者无法伪装成其他人，即用密钥和公开函数产生一个固定长度的值作为认证标识，消息的接收者使用这个标识确认消息的完整性和真实性。

(3) 完整性 (Integrity)：完整性包含数据完整性和系统完整性两方面，即消息的接收者能够验证接收到的消息在传送过程中是否被人改动，同时入侵攻击者难以用伪造的消息替换原有的合法消息。

(4) 抗抵赖性 (Non-Repudiations)：要求发送消息方必须承认已发送过消息，同样消息接收方在接收消息后必须承认，以防止消息双方某一方抵赖。

(5) 可用性 (Availability)：要求在需要时，各个授权方都可以合理地使用计算机的有用资源。

5.2.2　数据加解密技术的常用术语

数据加解密技术是当今信息安全的主流技术同时也是信息安全的核心技术，主要用来保护关键信息的安全传输与存储。数据加解密过程为：信息发送者将关键数据使用加密密钥进行加密，将所得到的密文传送给接收方，信息接收者则使用解密密钥将传输的密文数据解密后恢复出数据原文。下面是数据加解密技术中常用的基本术语。

消息（明文）是指未被加密的数据信息，它是加密输入的原始信息，一般用 m 或 p 表示。所有明文的集合称为明文空间，一般用 M 或 P 来表示。

密文是指明文经过加密变换后的数据，即经过加密运算处理后的消息数据，通常用 c 表示。所有密文的集合称为密文空间，一般用 C 来表示。

密钥是指控制密码变换操作的关键数据或参数，一般用 k 表示，它由加密密钥和解密密钥 k_d 组成。所有密钥的集合称为密钥空间，一般用 K 来表示。

加密算法是指将明文变换成密文的函数，相应的变换过程称为加密过程，这是一个编码的过程，通常用 E 表示，即 $c = E_k(m)$。数据加密的基本原理如图 5-3 所示。

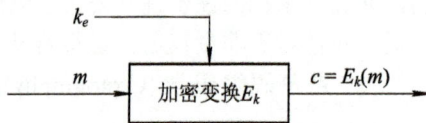

图 5-3　数据加密基本原理

解密算法是指将密文恢复为明文的函数。相应的变换过程称为解密过程，即解码的过程，通常用 D 表示，即 $m = D_k(c)$，它与加密过程是互逆的关系。数据解密的基本原理如图 5-4 所示。

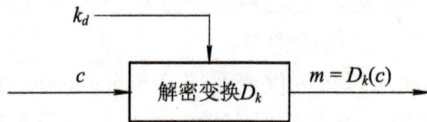

图 5-4　数据解密基本原理

在数据加密技术中，密码信息系统的典型模型如图 5-5 所示。

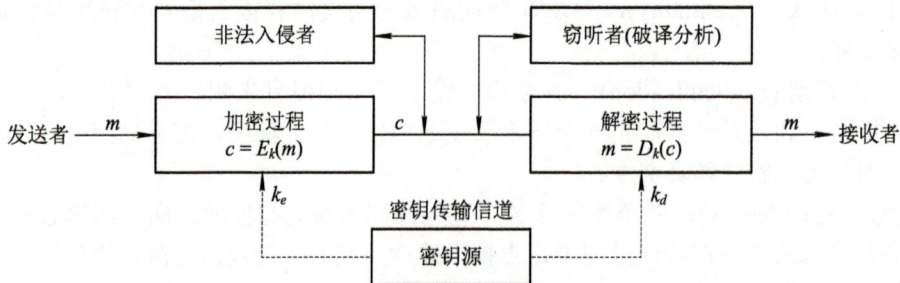

图 5-5　密码信息系统模型

在数据加解密系统中，密钥 k_e 和密钥 k_d 是比被保护的信息数据总量短得多的随机数或伪随机数。根据 k_e 和 k_d 的关系，数据加密技术可分为对称加密技术和非对称加密技术，相应的密码体制分为对称密码体制和非对称密码体制，包括密码算法以及所有可能的明文、密文和密钥。

近年来，数据加密技术应用领域不断扩展，它不仅服务于信息的加密和解密，为信息提供机密性和完整性保护，还广泛应用于访问控制、身份认证、数字证书和数字签名等多种安全技术领域，为通信业务信息提供机密性保护。

5.2.3 对称与非对称加密算法的区别

加解密算法分为两个大类，分别是对称密码算法和非对称密码算法，其中非对称密码算法很多时候也叫作公开密钥算法。

1. 对称加密算法

对称加密算法是指在加密数据和解密数据时使用相同密钥的加密算法，即加密者生成密钥后使用该密钥加密明文数据，同时将该密钥与授权使用数据的使用者共享，人们利用相同的密钥将加密数据解密以获取明文数据，因此该加密算法也被称为共享密钥加密算法。对称加密算法的流程如图 5-6 所示。对称加密算法加密数据计算开销小，且只要确保密钥不泄露即可满足数据加密的安全性要求，是一种使用最为广泛的加密算法。由于对称加密算法的安全性依赖于密钥，因此使用对称加密算法的系统需要重点考虑使用者的信用。目前成熟且常用的对称加密算法有 DES、3DES、AES 等。

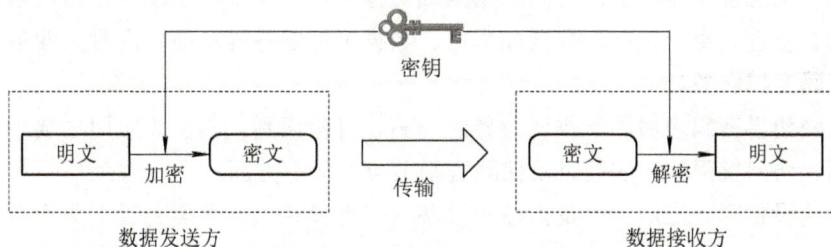

图 5-6 对称加密算法的流程图

2. 非对称加密算法

非对称加密算法加密数据和解密数据使用不同的密钥，根据使用场景，一般用公钥来加密数据，用私钥来解密数据，即加密者使用公开的密钥对数据进行加密，使用者接收到数据后使用不公开的密钥解密数据以得到明文数据。因为非对称加密算法的加密密钥是公开的，所以也被称为公开密钥加密算法，其流程如图 5-7 所示。非对称加密算法不需要保护公钥，而私钥由解密者自己保存，不存在泄露问题，因此非对称加密算法的安全性也更高，但是其计算复杂程度更高。目前成熟且常用的非对称加密算法有 RSA、DSA 等。

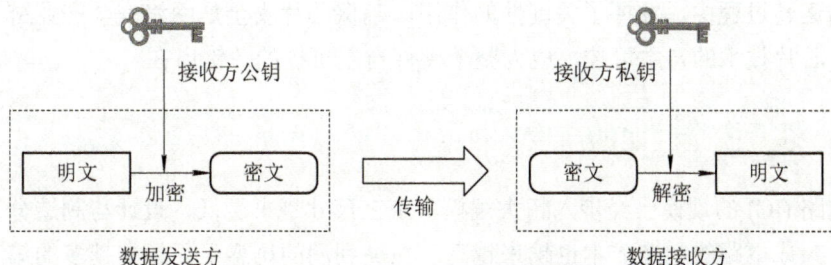

图 5-7 非对称加密算法的流程图

5.2.4 加解密算法在工业控制系统中的应用

对于工业控制系统，可以从技术层面构建工控领域行业密码保障体系，实现工控行业信息系统的安全防护，从而综合保障工控行业业务应用的安全。大力发展密码基础设备支撑，包括服务器密码机、PLC 密码模块、工业主机密码卡、安全网关，可以为工控行业密码应用提供基础的设备支撑环境。

密码基础服务支撑是指在密码基础设备支撑的基础上，提供统一认证、授权管理、单点登录、访问控制等信任服务，包括身份认证系统、数据加解密服务系统、数据可信服务系统、密钥管理系统、PLC 密码模块中间件、工业主机密码卡中间件、安全 SCADA 密码应用服务系统。

监控预警态势感知平台能够实时采集与分析加密装置、解密装置、主机设备、网络设备、安防设备等的安全和设备信息，通过大数据建模分析与建设核心知识库，进行风险评估、态势感知，预防相关设备潜在风险的发生。

工控业务系统密码应用主要包括用户或设备访问业务应用时的身份认证、授权管理、数据存储安全、数据共享安全等。安全 SCADA 系统可实现基于国产密码算法的安全通信、静态可信链、动态度量等功能。密码应用基础支撑平台可实现对系统中密码设备管理、密钥管理、证书管理、身份认证、数据加解密、数据可信服务等功能，同时为业务系统应用提供基础密码支撑服务。

工控区域边界密码应用用于实现边界的隔离、身份识别，其密码应用主要表现在访问者身份可信、访问权限的合法性以及保障资源节点可信等方面。

工控终端设备密码应用主要是指控制设备、管理设备以及各类无线采集设备等，在远程传输过程中，保障数据在传输过程中的机密性、完整性。基于内嵌的各类密码模块及密码中间件，能够为各类工控终端设备提供安全的密码应用基础和环境。为了进一步提高安全性，加速密码应用国产化，实现国产密码在终端设备中的应用。

5.3 芯片与硬件安全技术

芯片作为现代信息系统硬件设备的"灵魂"部件，在从个人 PC 到大型智能工业控制系统设备的运转过程中，发挥了关键性的作用。确保芯片安全是网络安全产业链上极为重要的一环，芯片技术的自主可控，成为整个硬件自主可控的关键所在。

5.3.1 芯片安全问题的产生

集成电路 (IC) 的规模已经步入超大规模，工艺尺寸越来越低，设计与制造分工越来越细化，并且集成电路的制造成本也越来越高。在高利润的诱惑下，越来越多的第三方厂商也参与到集成电路的设计与制造过程中，因此导致了芯片在最终制作完成前的每个阶段都面临着安全风险。

硬件安全问题的主要源头为隐藏于集成电路中的恶意模块，称为硬件木马 (Hardware Trojan，HT)。在集成电路特别是超大规模集成电路的设计中，恶意供应商只需要在集成电路的设计端稍微进行改动，就可以将硬件木马很方便地嵌入到集成电路产品中。从寄存器传输级 (RTL) 代码合成到门级网表设计，再到芯片集成封装，每个环节都可以嵌入硬件木马。例如，在设计阶段，IP 核供应商和设计师都需要使用 EDA 供应商提供的 EDA 软件，但 EDA 软件的可靠性无法保证，而且设计者也无法保证使用的第三方 IP 核和布局文件的可靠性。另外，当设计布局投入生产时，由于不可信员工的参与和第三方供应商的需求，致使集成电路的安全问题面临严峻的考验。因此，必须保证集成电路在设计与制造周期的每一步都能够正确执行，减少甚至避免由硬件安全问题所带来的不必要的开销显得尤为重要，其中时间和额外成本开销需要高度关注集成电路的安全性。

硬件木马入侵主要包括以下 5 个阶段。

(1) 不受信任的生产厂商参与阶段。在此阶段生产厂商的恶意攻击者通过在光刻掩模中将硬件木马模块植入设计电路中，硬件木马模块可修改原始布局的晶体管、栅极和互连形式。

(2) 不受信任的 EDA 工具、员工或第三方设计公司参与阶段。由于集成电路的设计制造过程极其复杂，需要越来越多的专业集成电路设计师和工具参与其中，因此在此阶段，硬件木马就会被不受信任的第三方商业 EDA 工具或内部团队中的不受信任的设计师偷偷插入芯片。这种硬件木马威胁也称为内部威胁。此外，客户还可以将集成电路的设计规范外包给海外第三方设计公司，这些不受信任的设计公司可能会在原始设计中添加额外的模块或功能以此来插入硬件木马。

(3) 不受信任的第三方 IP 核供应商参与阶段。SoC 开发者在完成他们设计的过程中，可以购买并使用第三方 IP 核来协助完成。在此阶段威胁更加明显，不受信任的第三方 IP 核供应商向客户提供的这些 IP 核可能包含恶意逻辑或者后门。

(4) 集成电路芯片上总线受不信任的路由器或链路破坏阶段。在此阶段，攻击者可能会使用已经受到硬件木马感染的恶意路由节点或流量链路来破坏集成电路芯片上总线的完整性。这样的恶意总线结构将被集成到 SoC 当中。

(5) 不受信任的 SoC 开发者参与阶段。在此阶段，不受信任的 SoC 开发者可能会开发出 SoC 级受硬件木马影响的 SoC 设计，或集成来自不受信任的第三方 IP 供应商的软硬 IP 核，以此来影响整个 SoC 的功能。

▶ 5.3.2　硬件木马基本原理

硬件木马结构

1. 硬件木马特征

硬件木马是指攻击者通过一定手段在原始集成电路中植入的特殊功能模块。由于大多数硬件木马模块只占有较小的集成电路的面积且需要在特定的情形时才会触发，其余时间不会对集成电路的功能造成任何的影响，因此硬件木马能够在电路中长期隐藏而不被发现。随着半导体工艺精细化程度的提高，集成电路的集成度随之提高了，硬件木马的侦测也变得更为困难。

攻击者通过硬件木马可对集成电路造成多种危害，主要有泄露集成电路传递的信息、改变集成电路正常功能、改变集成电路设计参数以及拒绝服务等。泄露集成电路传递信息会将用户的私密信息透漏给攻击者，这在军事航空等领域会造成巨大威胁；改变集成电路正常功能即破坏集成电路原本的设计功能，导致集成电路不能正常运行或者将集成电路中的部分信息进行篡改致使接收方无法收到正确的信息；改变设计参数即在功耗、速度、温度等使用寿命方面进行破坏，降低集成电路工作的性能，甚至导致错误的输出结果；拒绝服务会直接导致集成电路无法工作。硬件木马功能的多样性，也增加了硬件木马的检测难度。

2. 硬件木马电路结构

硬件木马电路一般是由触发电路以及有效载荷电路组成，图5-8所示是硬件木马电路的基本结构。攻击者一般通过监听输入、监测原始电路状态来实现其需要的功能。触发逻辑一般是通过外部输入的结合或是芯片内部逻辑的产生来实现的，并且用于控制有效载荷电路的开启。

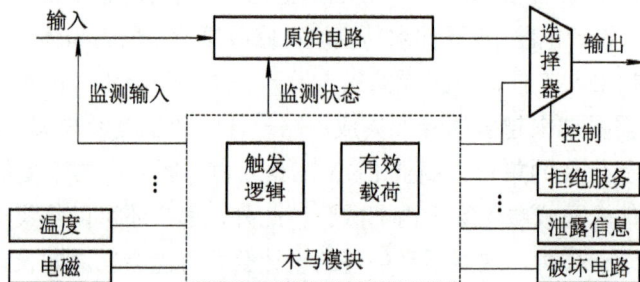

图 5-8　硬件木马电路基本结构

硬件木马根据需求分为条件触发和一直触发两种类型。条件触发类型只会在特定的时间或状态下才会触发。该类型硬件木马电路通常设置有比较复杂的触发条件，使传统检测方法很难进行。而一直触发类型的硬件木马始终处于激活状态，硬件木马电路结构只含有有效载荷电路这一个部分。这种类型的硬件木马对侧信道信息以及电路特征有比较大的影响，也比条件触发型硬件木马更加容易检测。有效载荷电路是用来实现硬件木马功能的主体电路。当触发逻辑满足条件时，有效载荷电路开始工作，硬件木马电路被正式激活。使能后的有效载荷电路可以按照硬件木马设计者设定的方案执行，实现原本硬件木马电路没有的功能。

3. 硬件木马电路特性分类

考虑到硬件木马电路对集成电路结构以及功能造成的多种影响，如图5-9所示为硬件木马电路特性基本分类。尽管单个木马电路可能包含多种分类特征，但该分类方法依旧可以体现出硬件木马的基本特性。

在硬件木马电路的物理特性中，包含结构、分布、类型以及规模等几种特性。其中结构特性是指攻击者通过改变集成电路内部布局的方法来植入硬件木马，这种情形有可能会改变集成电路芯片内部各个设计单元的位置。分布特性是指硬件木马插入的位置大不相同，同一设计电路中也可能在不同的位置植入不同的硬件木马，以实现攻击者不同的攻击目标。规模特性是指多种硬件木马的植入会对集成电路芯片内部的部分器件造成不可逆转的损害，同时硬件木马的结构也会消耗一部分的器件。此时集成电路的规模就会相应增大

(或减小)。类型特性分为参数型与功能型。参数型是指通过原始集成电路既有的线路和逻辑来实现硬件木马逻辑；功能型是指攻击者通过改变集成电路的晶体管或门电路的数目的方式来实现其功能。

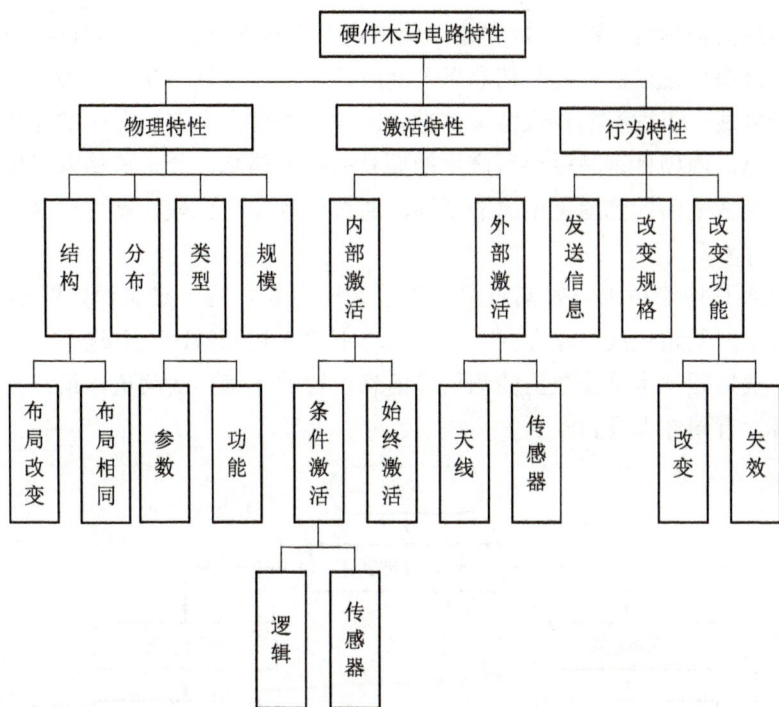

图 5-9　硬件木马电路特性基本分类

　　硬件木马电路的激活特征是指能使硬件木马激活，并且可以实现攻击者窃取信息或破坏电路等目的的条件。硬件木马的激活条件包括外部激活以及内部激活两方面。而内部激活又可分为条件激活以及持续开启。条件激活硬件木马是指硬件木马电路在指定条件下才会被激活。除此之外，条件激活硬件木马也可以基于传感器输入，这些传感器可以检测温度、电压、电磁或者任意类型的外部条件。始终激活硬件木马在电路运行时，硬件木马电路一直处于活动状态，可以在任意时刻完成自己的任务。在指定的外部条件下，外部激活硬件木马电路才会被激活。

　　硬件木马电路的行为特性可以分成发送信息、改变规格和改变功能三种类型，它们能够对集成电路造成不同的伤害。发送信息是指将集成电路传递的秘密信息或电路内部的设计信息通过硬件木马电路传递给攻击方；改变规格是指通过改变集成电路本身的性能参数来降低集成电路的使用寿命，从而达到攻击者恶意破坏的目的；而改变功能是指改变原始集成电路设计既定的功能，严重时甚至会使集成电路彻底失效。

　　由于硬件木马电路具有多种类型，而且硬件木马电路表现出来的特性、影响也各不相同，因此对不同的硬件木马电路应该相应地采取有针对性的硬件木马检测手段。

5.3.3　硬件木马检测技术

　　按照硬件木马检测方法在常用检测方法中的占比大小排序，可用于硬件木马检测的技术包括侧信道分析技术、网表级硬件木马检测技术、逆向工程分析技术等。在大数据广泛应用的时代下，对基于机器学习的硬件木马检测技术的研究也成为热点之一。

1. 基于侧信道的硬件木马检测技术

侧信道信息又被称为旁路信号，是由于集成电路运转而导致的一些外部物理特性信息。常见的旁路信息有电磁信息、功耗信息以及耗时信息等。在同一实验环境下，原始集成电路在运行时会生成一组固有的物理特征信息。同样，硬件木马在电路中的运转时也会产生相应的物理信息。由硬件木马模块所产生的额外的物理信息，会造成植入了硬件木马的集成电路与原始集成电路的侧信道信息的不同，通过这种差异比较，就可以区分出集成电路中是否含有硬件木马。

此种硬件木马检测技术一般都应用在前端设计完成之后，其流程如图 5-10 所示。该检测技术主要是对原始集成电路在同一实验环境下输入相同激励，并选择合适的侧信道信息进行分析，根据硬件木马反映出的侧信道信息设置的正确判决阈值，最终判断出待测集成电路中是否含有硬件木马。

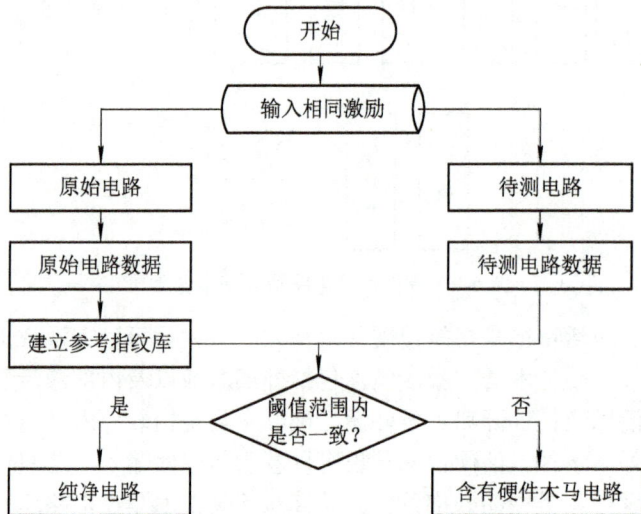

图 5-10 侧信道信息检测技术流程

从侧信道信息检测技术流程图中可以看出，这种检测技术需要原始集成电路作为对比电路。但在现实生活中，很难获得标准的原始集成电路。由于集成电路芯片制造过程中工艺偏差的存在和环境变化会掩盖小型硬件木马造成的侧信道信息变化，因此需要通过数据处理来对硬件木马产生的侧信道信息参数进行所谓"放大"，以便检测出硬件木马的存在。

2. 基于网表的硬件木马检测技术

集成电路的整个设计过程主要由逻辑设计阶段和后端布局设计阶段组成，而逻辑设计阶段又包括规格制定、RTL 设计、RTL 仿真、综合、静态分析以及形式验证阶段阶段，其中综合阶段实现 RTL 设计与门级网表之间的转换。网表文件中共包含 8 个设计对象，分别是元件库、设计、单元、例化、端口、引脚、节点和时钟。

攻击方一般通过插入冗余电路来实现硬件木马的相应功能。当集成电路的门级网表被植入硬件木马时，门级网表的内部结构与单元会发生改变。具体表现为硬件木马通过节点信号连接到原始集成电路，并通过节点将硬件木马电路实现的恶意信息传递到原始集成电路中。此硬件木马的相关节点具有隐蔽性高且检测困难的特点，只要硬件木马电路未被激活，其可被测试性极低。

可以使用动态或静态检测的方法实现对网表阶段的硬件木马检测。当使用动态检测方法时，集成电路中的硬件木马必须被激活。然而大多数硬件木马都是属于条件激活类型，且激活条件也各不相同。由于硬件木马大多数时刻都处于非激活状态，因此使用动态检测方法检测硬件木马并不容易。

相比于动态检测技术，静态检测技术具有明显的优势。在硬件木马电路未被激活的状态下，静态检测依然能够对其实施检测。具体操作共分为两个步骤：一是提取出硬件木马相关特征；二是选取不同的分析技术对硬件木马特征进行分析。目前，网表级的检测方法可以采取基于搜索以及基于阈值等硬件木马检测手段。

一般来说，用于检测硬件木马的相关特征值是多种多样的，而且对于不同的基准集成电路以及硬件木马电路来说，每个特征值在检测时占有的权重比例也存在差异。因此选取静态检测技术作为网表级检测方法时，提取硬件木马的相关特征显得特别重要。

3. 逆向工程检测技术

逆向工程检测技术是指采取现有的集成电路逆向工程技术来检测硬件木马存在的一种技术，又被称作为基于失效性分析硬件木马检测技术。此技术属于暴力不可逆的物理检测技术，其具体实施的流程如图 5-11 所示。

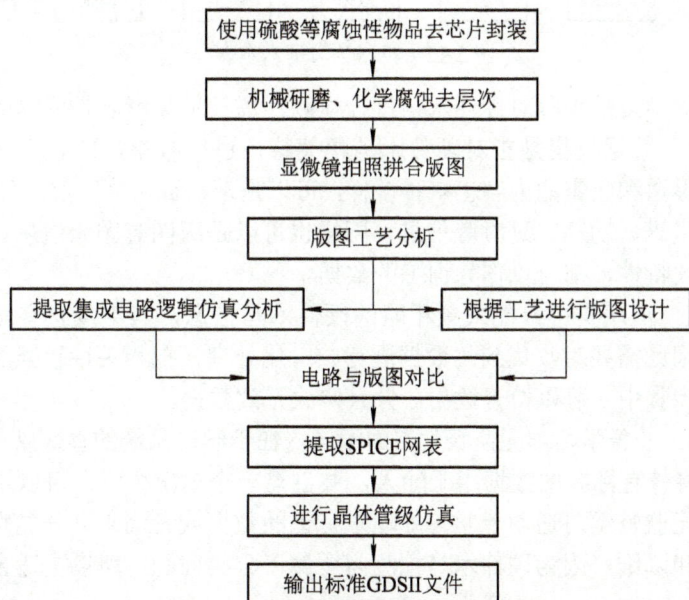

图 5-11　逆向工程检测技术实施流程

逆向工程检测技术首先通过抽样检测同一批次的部分集成电路芯片产品，自底向上对抽样出的产品进行分层解剖，解剖的目的是获得集成电路具体的版图信息，从而分析出集成电路的逻辑结构；然后将解剖后得到的集成电路设计结构与原始设计文件进行对比，并判断两者存在的差异，从而检测出集成电路是存在硬件木马。

逆向工程法是最典型最直接的硬件木马检测方法，它不仅能够找出植入集成电路芯片的硬件木马，同时还可以检测出硬件木马的具体位置，进而分析木马对集成电路芯片造成的影响等。

逆向工程法已经形成一套较为完善的分析体系，且这种检测法的准确率很高。但是采用逆向工程法的成本高、耗时久，并且随着集成电路的纳米工艺制造水平不断提升和密集程度增加，所消耗的时间、金钱剧增。与此同时，检测时抽样检测的结果并不具有代表性，即单个集成电路芯片的检测结果并不能代表整个批次的集成电路芯片的检测结果。对于整组集成电路芯片来说，还需要对集成电路进行额外的测试。

4. 基于机器学习的硬件木马检测技术

硬件木马的检测与识别，不仅需要考虑到检测结果的正确率，还要综合考虑检测时所需检测的集成电路的面积、测试时间以及检测所花费用的总和。寻找一个合适的满足以上条件的检测方案，是硬件木马检测技术研究上的一个重大的挑战。

基于机器学习的硬件木马检测技术在一定程度上为硬件木马检测提供了新的思路，它的出现大大提升了硬件木马检测的准确度和效率。机器学习的概念是指通过使用计算机算法以及数学，让计算机根据过去的经验和数据进行学习。机器学习只需要收集相关内容的数据，利用计算机编程就可以进行自学。机器学习的目的是从数据中发现平时观察不到的规律信息，基本步骤如图 5-12 所示。

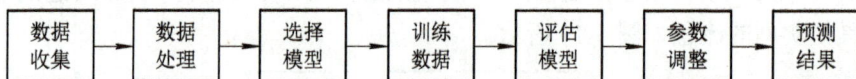

数据收集 → 数据处理 → 选择模型 → 训练数据 → 评估模型 → 参数调整 → 预测结果

图 5-12   机器学习基本步骤

按照以上机器学习的步骤对硬件木马进行检测，每一步又可以具体解释如下：

(1) 数据收集。数据收集是指对硬件木马相关特征进行收集，即收集训练模型需要的数据。而收集的渠道和收集的内容也多种多样，可以是端口数、单元数、面积等物理信息，也可以是温度、电磁、功耗、延时等信息，同样也可以是版图等图像信息。只要能够表现出硬件木马的相关特性，都可以作为训练的数据。

(2) 数据处理。从现实中只能采集粗略的硬件木马信息，其中或含有额外的噪声，或存在工艺偏差，因此需要对收集到的数据进行归一化处理，把相关性较强的单元从样本集中删去。在这一步骤中，可以检查数据，并且修改无效数据。

(3) 选择模型。监督学习与无监督学习的不同点在于学习系统的喜好以及如何学习数据模式。监督学习将带有标签的数据用于输入，并创建一个输出模型，可以用于分类问题或者回归问题。而无监督学习适用于学习处理未标记的数据或者尚未划分类别的数据，主要应用领域是聚类和降维。因为硬件木马检测问题属于分类问题，所以更适合选择监督式学习方法。

(4) 训练数据。训练数据是指选择一个合适的算法模型后，将收集的硬件木马的相关特征数据代入到模型中进行训练。这是机器学习过程中非常重要的一步，只有通过不停地训练才能获得一个合适的模型参数，以确保预测结果的正确性。

(5) 评估模型。评估模型是指训练数据完成后，将预测数据输入模型中并查看其性能。

评估阶段的结果可以描述模型是如何实现其功能的。随着实际变量的增加，还需要继续增加训练数据以及测试数据，以便于模型更加接近实际情况以及在评估阶段使用度量标准获得更好的结果。

(6) 参数调整。随着训练数据的重复执行，同时需要更新权重，以便在每个周期之间获得更好的结果。大多数算法模型都有多个参数，应该按照参数的相关程度以及重要性调整模型的参数并尝试预测不同的结果，以便获得最佳预测。

(7) 预测结果。确定了合适的模型参数就代表训练阶段基本完成。将建立好的算法模型用于检测集成电路，就可以判断集成电路中是否被植入了硬件木马。

基于机器学习的硬件木马检测技术应用到硬件木马检测中可以发挥其显著的作用，一方面可以提升其检测速度，另一方面也可以提高其检测准确率。

5.4　数据库安全技术

较大规模的工业控制系统环境一般都会采用数据库技术。在许多工业生产过程中都需要将大量的实时测量数据进行存储，采用离散控制系统和关系数据库技术难以满足速度与容量的要求，同时还存在无法平台化和标准化、相关接口不统一、访问复杂、不适合大规模集成等问题，因此需要将以分布式实时数据库设计的工控系统与实时数据库系统紧密地关联到一起。与历史数据库相比，实时数据库在工业控制系统环境中更多的是应用在MES 系统、数据采集和实时控制系统当中。

不论是传统信息系统普遍使用的历史关系型数据库，还是实时性要求极高的实时数据库，甚至一些比较特殊的内存数据库，都是整个工业控制系统的核心组成部分。为了保证工业控制系统数据库的安全性，要从整个系统的安全架构和数据库自身的安全设计两个方面同时考虑。

5.4.1　数据库安全的定义

数据库安全可以分为数据库运行的系统安全与数据库内的信息安全两种。

数据库运行的系统安全主要是指攻击者对数据库运行的系统环境进行攻击，使系统无法正常运行，从而导致数据库无法运行。

数据库的信息安全主要是指数据被破坏和泄露的威胁，例如攻击者侵入数据库获取数据，或者由于内部人员可以直接接触敏感数据导致的数据泄露问题。后者逐渐成为了数据泄露的主要原因之一。

国内外对于数据库的安全标准有着不同的要求。通常要保证数据库的安全，一般都要做到以下几点：

(1) 数据库中数据的保密性：要求数据库中数据必须是保密的，只有合法用户才能访问数据库中的数据。

(2) 数据库中数据的完整性与一致性：要求数据库中数据的完整性与一致性不会因为用户的各种操作而被破坏。

(3) 数据库中数据的有效性：要求数据库中的数据必须可以使用，即使攻击者对数据库进行各种攻击，也能够通过各种手段对数据进行修复，确保数据一直处于可以使用的状态。

随着类似于两化（工业化、信息化）融合的工作进一步推进和业务规模的扩大，数据库的业务在工业控制系统环境中会变得越来越多，例如灵活的业务决策、生产过程的智能管理等都是重要的实际需求。不仅是一些基本的日常办公资料、监控和审计数据信息，还有大量的生产业务资料、供应链管理数据、企业机密文件等都会利用数据库进行存储管理。但是，无论是哪种数据库的应用，都会面临数据库安全的问题，因此数据在数据库中是否能够得到有效的保护，避免被窃取、篡改或者破坏就变得更加重要。

5.4.2　数据库面临的安全威胁

随着攻击者的技术水平的不断提升，数据泄露事件频繁发生，给数据库带来了越来越多的安全问题。数据库面临的威胁主要包括以下几种：

(1) 外部攻击。攻击者经常会利用 Web 应用漏洞，通过 Web 应用窃取数据库中的数据，如果 Web 应用没有做好对攻击的防护，可能就会导致数据库中的数据遭到破坏、篡改或窃取。

(2) 权限滥用。攻击者有时候会利用合法用户的身份来对数据库进行攻击，以窃取更高权限或更敏感的数据。有时候由于合法用户不当操作也会造成数据库中数据的损坏。

(3) 内部人员窃取数据。数据库管理员通常有着很高的权限，可以查看数据库中几乎所有的信息，如果由于管理员的操作失误或者恶意报复等原因对数据进行窃取或篡改，就会带来严重的损失。

SQL 注入攻击就是一种严重威胁数据库安全的威胁。SQL 注入攻击采用脚本攻击方法，其本质就是攻击者利用 Web 应用自身的漏洞，通过 SQL 语句对数据库进行攻击的一种方式。攻击者一般都会在进行 SQL 注入攻击之前先进行一些准备工作，包括信息探测与系统分析等。例如攻击者需要探明服务器的操作系统类型、数据库的类型和版本信息。当 Web 应用没有屏蔽错误信息的时候，攻击者可以通过向数据库发送错误 SQL 语句的方式获得数据库返回的错误信息，通过对错误信息的分析就可以得到数据库的具体信息了。同时攻击者可以对所要攻击的数据库的具体结构进行探测，通过 SQL 语句查询出具体的数据表及字段名称。攻击者也会通过扫描工具检测出系统存在的漏洞，然后根据这些信息和漏洞来设计有针对性的攻击策略。

SQL 注入攻击的发生主要是由于系统没有对用户输入的数据进行严格的检验造成的，攻击者通过利用这个漏洞缺陷，经过 Web 应用输入 SQL 命令的方式窃取或恶意篡改数据库中的敏感信息。

5.4.3　数据库安全管理技术

用户通常通过 Web 应用访问数据库，在访问过程中，需要经过防火墙，通过身份认证技术、权限管理技术与数据管理技术共同保护数据库中数据的安全性。数据库安全管理过程如图 5-13 所示。

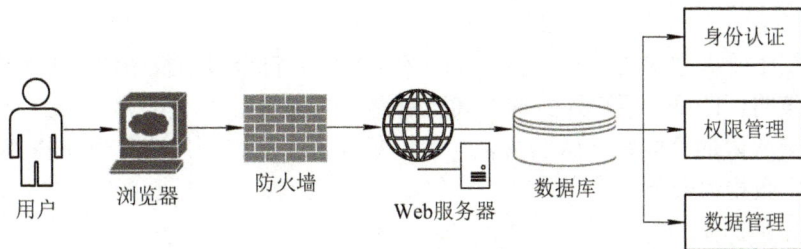

图 5-13 数据库安全管理过程

1. 身份认证技术

身份认证技术是指用户向系统提供证据证明自己的身份的技术。用户向系统所提供的证据与身份必须一一对应，同时不可伪造，而且数据库应该有相应机制可以证明用户的身份合法性。

身份认证技术主要是通过证据来证明用户身份的，常见的证据主要有口令、生物学信息、智能卡等。

(1) 基于口令的身份认证技术。用户需要提供自己的口令供系统进行认证，认证通过则证明用户身份合法有效。例如许多 Web 应用的登录都是通过口令认证实现的。这种认证方式速度较快，无须其他设备的辅助，十分方便快捷，而且成本较低。但是系统想要认证用户的口令就必须存储正确的口令，这又增大了口令泄露的可能性。

(2) 基于生物学信息的身份认证技术。这种身份认证技术通常使用图像处理技术或模式识别技术来识别用户身份。用户通常提供指纹、声音、虹膜、脸部等生物学特征信息来进行验证。这些信息理论上具有唯一性和不可伪造性。生物学信息的识别技术相对较难，需要专门的设备与专门的算法、技术来对信息进行分析与比对，成本较高。但随着计算机技术的快速发展，基于生物学信息的身份认证技术也逐渐普及。例如现在的手机一般都有指纹识别功能，可以方便地进行登录、解锁等操作。

(3) 基于智能卡的身份认证技术。基于智能卡的身份认证技术需要用户持有一个额外的智能卡，卡中一般存储了可以证明持卡人身份的唯一的认证信息，只有持卡人才可以被识别成功，但是当智能卡丢失的时候用户的身份就会被轻易冒用，存在一定的安全隐患。

2. 权限管理技术

权限管理技术是指对用户可以进行的操作和访问的资源进行控制的技术，经常被使用在多用户 Web 应用中。权限管理技术一般会给出一套方案，将应用中的资源进行分类标识，对不同类型的用户赋予不同操作的权限组，用户只能够在自己权限组范围内进行操作，以此加强应用的安全性。

权限管理可以分为功能级的权限管理与数据级的权限管理两类。

(1) 功能级的权限管理。功能级的权限管理一般使用基于角色的访问控制技术，将用户按角色进行划分，赋予每个角色一定权限，这样每个用户就可以使用相应角色的权限，应用通过管理角色与权限来完成权限管理。

(2) 数据级的权限管理。数据级的权限管理可以将权限控制与业务代码相结合，以此控制用户对数据的访问权限，也可以将访问的规则提取出来，形成规则引擎的方式来控制用户的访问，使用规则对用户访问进行管理。另外还有一些第三方软件可以提供权限管理的解决办法。

在设计权限管理方案的时候，要求权限的分配需要符合最小权限原则、最小泄露原则和多级安全策略，即每个用户只能拥有其所需操作的最小权限，按照所需最小信息进行分配。只有保证权限的分配符合这些规范，才能保证用户不能利用合法身份操作高级数据，确保数据库中数据的安全。

3. 数据管理技术

为了保证数据库数据的有效性与完整性，数据库中会使用主键约束、唯一约束、检查约束、外键约束与默认约束等数据管理技术。

主键约束的对象必须唯一且非空；唯一约束的对象必须唯一；检查约束是指系统可以根据数据具体需要进行一定的设置；外键约束主要规定了两表之间的引用与对应关系；默认约束规定了对象的默认值。

除了以上数据库自带的几种约束数据管理技术以外，也可以使用存储过程或触发器数据管理技术定期对数据库中的数据进行检验。

存储过程数据管理技术是在一组大型关系数据库中为了完成特定功能的 SQL 语句集合（相当于一种功能的集合模块），用户可以方便地使用存储过程数据管理技术而不用了解其具体的实现方式。

存储过程分为几种，具体使用情况如下：

(1) 系统存储过程可以用于设定或获取系统的相关信息。

(2) 本地存储过程由用户创建，用于完成用户所需特定功能。

(3) 临时存储过程存放在临时数据库中，分为全局临时存储过程与本地临时存储过程，可以由所有用户和创建的用户执行。

(4) 远程存储过程是位于远程服务器上的存储过程。

(5) 扩展存储过程可以由其他外部编程语言加以实现。

触发器数据管理技术是一种特定的存储过程，也是用来保证数据的完整性的一种方法，它由特殊的事件触发执行。触发器可以包含复杂的 SQL 语句，执行比数据库约束更复杂的约束操作。触发器也可用于跟踪数据库中的变化，可以设计成自动级联的触发模式，影响整个数据库的不同内容。

触发器由触发时机、触发事件、触发事件所在表与事件程序体组成。

触发时机是指触发程序体执行时间是在事件之前还是之后，由 before 与 after 指定。

触发事件是指用户对数据库的具体操作，即增、删、改 3 种具体操作其中之一，分别用 SQL 命令 insert、update 与 delete 指定。时间程序体可以只有一条语句，也可以由 begin 与 end 包含多条语句，指定较复杂的步骤。

触发器的程序体与 SQL 命令都必须执行成功，只要有一个执行不成功两者都会进行事务回滚。所以可以将触发器设定在用户操作之后，在程序体中验证具体数据，当验证不成功的时候使用 rollback 命令进行回滚操作。

图 5-14 所示为一种数据库安全访问模型，该模型借助一些安全防护方法，分为事前、事中和事后三个阶段。事前进行用户认证、权限管理以及实时安全检测，事中采用多层访问控制方法保障数据库安全，事后开展审计工作，将用户数据和审计数据存入数据库。

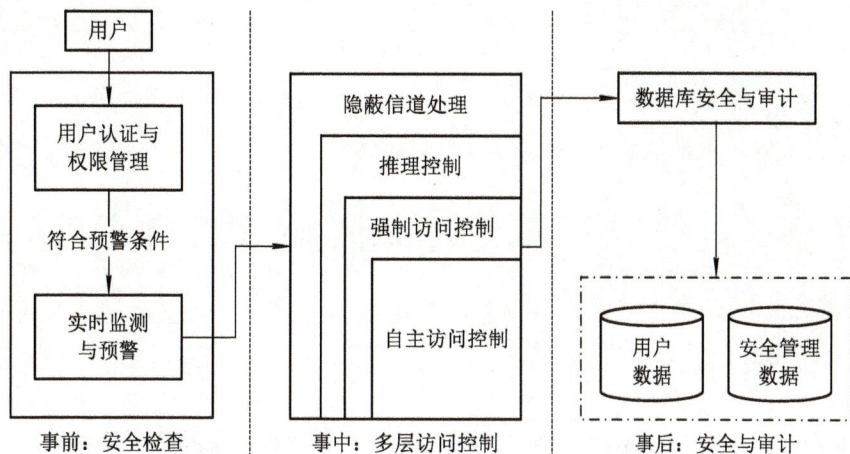

图 5-14　数据库安全访问模型

(1) 事前：安全检查。事前阶段的安全检查主要通过用户认证与权限管理以及实时监测与预警来实现。用户认证与权限管理只允许用户使用身份标识和密码进入系统，且授权用户身份信息标识具有唯一性，严格控制未授权用户访问，当前大多数系统都需要进行用户认证与权限管理。实时监测与预警对非法操作进行关联分析，当用户操作符合预警条件时需要及时通知管理员。

(2) 事中：多层访问控制。自主存取控制机制中，通过实现用户对数据信息的权限差异化进行控制存取，并允许转授权限。强制存取控制机制更加严格，对数据信息直接控制，实行差异化安全策略，禁止转授权限，所有用户都应遵守安全规则，并对数据库文件以及数据存储、传输过程加密，用户使用密钥解密才能获得所需信息。此外还有推理控制、隐蔽通道分析等机制，虽然这些机制的安全性好，但实现过程较为复杂。

(3) 事后：安全与审计。使用事前、事中安全机制并不能保证数据库绝对安全。从外部威胁来看，攻击手段各式各样，且入侵工具传播速度快且易操作，可以快速实施攻击。另外漏洞修补速度往往滞后于攻击速度，事前安全机制可能短期无法发挥作用。由于数据库安全是系统性问题，依靠事前防范机制不能完全保证安全，因此需要一种监督机制检查用户行为，及时发现漏洞并预测后果。因而可以采用数据库审计方式，根据日志记录追究责任。

习　题

1. 简述可信计算平台如何划分结构层次。
2. 可信平台模块 TPM 能够提供什么功能？
3. 简述可信计算涉及的关键技术。
4. 简述加解密算法在工业控制系统中的应用。
5. 说明硬件木马电路的结构组成。
6. 简述硬件木马的分类。
7. 什么是基于网表的硬件木马检测技术？
8. 如何实现数据库安全管理？

第 6 章　工业控制系统防火墙技术

本章主要介绍一般防火墙技术特点以及应用于工业控制系统的防火墙技术。

6.1　防火墙概述

防火墙是由位于两个信任程度不同的网络之间的软件或与硬件设备组合而成的一种装置，集多种安全机制为一体，是网络之间信息的唯一通道，能够对两个网络之间的通信进行控制。防火墙作为一个过滤器，阻止了不必要的网络流量，保证了受保护网络与其他网络之间的合法通信，限制了受保护网络与其他网络之间的非法通信。

6.1.1　防火墙的定义

国家标准《信息安全技术防火墙安全技术要求和测试评价方法》(GB/T 20281—2020) 给出的防火墙 (Firewall) 的定义为：防火墙是对经过的数据流进行解析，并实现访问控制及安全防护功能的网络安全产品。

根据这个定义，防火墙具有以下 4 个基本特征：

(1) 从部署位置上讲，防火墙是一个边界网关，设置在不同网络 (如可信的企业内部网络和不可信的公共网络) 或不同安全域之间，而且应当是不同网络或不同安全域之间信息的唯一出入口。

(2) 从工作原理上讲，防火墙根据网络安全策略对流经的数据信息进行解析、过滤、限制等控制。

(3) 从性能上讲，防火墙应具有较高的数据信息处理效率和较强的自身抗攻击能力。

(4) 从功能上讲，防火墙主要在网络层、传输层和应用层控制出入网络的信息流，新型防火墙还能实现对更多应用层程序的访问控制、信息泄露防护、恶意代码防护及入侵防御等功能，保证受保护部分的安全。

防火墙工作原理的示意图如图 6-1 所示。

防火墙可以按照 TCP/IP 参考模型分层进行防护。防火墙的主要工作目的在于实现访问控制策略，且所有防火墙均依赖于对 TCP/IP 各层协议所产生的信息流进行检查。工作在协议上层的防火墙能够检查更多的信息，也就能够获得更多的信息用于安全决策。另外，越深入细致的防火墙网络行为检查，所能提供的安全防护等级就越高。

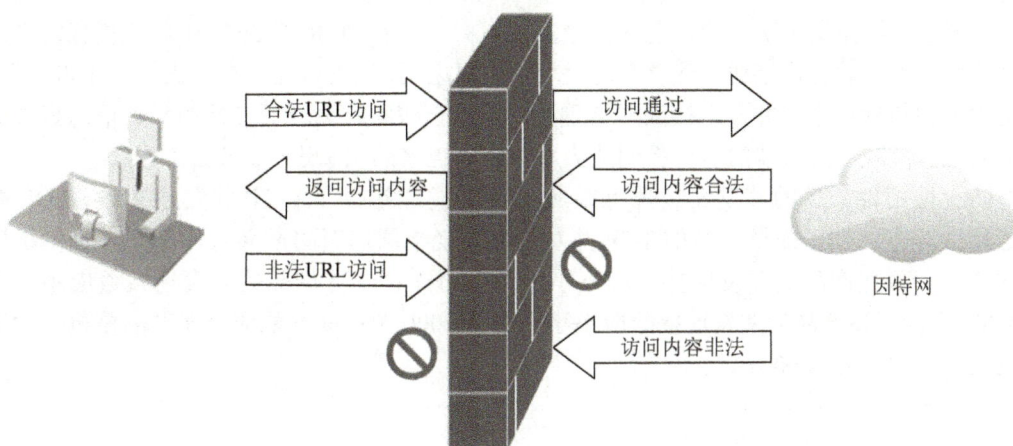

图 6-1　防火墙工作原理的示意图

6.1.2　防火墙的主要技术指标

防火墙的主要技术指标包括吞吐量、时延、并发连接数、丢包率等。

1. 吞吐量 (Throughput)

网络中的数据由一个个数据帧组成，防火墙对每个数据帧的处理都要耗费资源。吞吐量是指网络数据在通信过程中没有任何数据帧丢失，防火墙所能接收和转发数据帧的最大速率。该指标一般受到防火墙采用的网卡及算法影响，尤其是程序算法的运行会使防火墙系统进行大量运算，通信量大打折扣，甚至可能造成网络瓶颈。

防火墙硬件产品的吞吐量可以从网络层吞吐量、应用层吞吐量、HTTP 吞吐量等方面加以衡量。例如网络层吞吐量视不同速率的产品有所不同，具体指标要求如下：

(1) 一对相应速率的端口应达到的双向吞吐率指标应为：对于 64 B 短包，百兆产品不小于线速的 20%，千兆和万兆产品不小于线速的 35%；对于 512 B 中长包，百兆产品不小于线速的 70%，千兆和万兆产品不小于线速的 80%；对于 1518 B 长包，百兆产品不小于线速的 90%，千兆和万兆产品不小于线速的 95%。

(2) 针对高性能的万兆产品，对于 1518 B 长包，防火墙的吞吐量至少应达到 80 Gb/s。

2. 时延 (Time Delay)

随着网络的应用越来越普遍，当防火墙在网络中应用后，其对数据的处理会产生一定的时延，如果时延较大则将会对网络产生不良影响。因此，防火墙的指标之一就是必须有较低的时延。应用过程中可以利用测试仪来对时延进行测量。通常有两种类型的时延，一种是存储转发时延，另外一种是直接转发时延。

防火墙硬件产品的延迟视不同速率的产品有所不同，对于一对相应速率端口的延迟指标要求，无论是 64 B 短包，还是 512 B 中长包，或 1518 B 长包，百兆产品的平均延迟不应超过 500 μs，千兆、万兆产品的平均延迟不应超过 90 μs。

3. 并发连接数 (ConcurrentConnections)

并发连接数是衡量防火墙性能的一个重要指标，在 IETF RFC 2647 中将该指标定义为一种最大的连接数。连接通常建立在防火墙的主机之间，也可以建立在防火墙和主机之间。在防火墙的指标体系中并发连接数非常重要，可以直接和防火墙所支持的最大信息点数量相关联，它反映了防火墙的访问控制能力和对各种连接的状态进行跟踪的能力。

防火墙硬件产品的并发连接数可以从 TCP 并发连接数、HTTP 并发连接数、SQL 并发连接数等方面加以衡量。例如 TCP 并发连接数视不同速率的产品有所不同，具体指标要求如下：百兆产品的并发连接数应不小于 50 000 个；千兆产品的并发连接数应不小于 200 000 个；万兆产品的并发连接数应不小于 2 000 000 个；高性能的万兆产品整机并发连接数至少达到 3 000 000 个。

4. 丢包率 (Packet Loss Rate)

丢包率是指在正常稳定的网络状态下，数据包应该被转发，但由于缺少资源而没有被转发的数量占全部数据包数量的百分比。较低的丢包率意味着防火墙在强大的负载压力下能够稳定地工作，可以适应各种复杂网络应用和较大数据流量对处理性能的高要求。

6.1.3　防火墙的分类

1. 按防火墙表现形态分类

按照防火墙表现形态进行分类，防火墙一般可以分为软件防火墙和硬件防火墙两类。

软件防火墙就是装在服务器平台上的软件产品，通过在操作系统底层工作来实现网络管理和防御功能的优化。软件防火墙运行于特定的计算机上，需要客户预先安装好的计算机操作系统的支持，通常来说这台计算机可作为整个网络的网关。软件防火墙像其他的软件产品一样需要先在计算机上安装并做好配置才可以使用。

硬件防火墙本质上是把软件防火墙嵌入到硬件中，硬件防火墙的硬件和软件都需要单独设计，使用专用网络芯片来处理数据包，同时，采用专门的操作系统平台，从而避免由于通用操作系统的安全漏洞导致内网安全受到威胁。也是说硬件防火墙是把防火墙程序做到芯片里面，具有硬件执行服务器的防护功能。由于硬件防火墙为内嵌结构，因此比其他种类的防火墙处理速度更快，处理能力更强，整体性能更高。

硬件防火墙性能一般优于软件防火墙，因为它有自己的专用处理器和内存，可以独立完成防范网络攻击的功能，不过价格较贵，更改设置也比较麻烦。软件防火墙安装在作为网关的服务器上，利用服务器的 CPU 和内存来实现防攻击的能力，在受到严重攻击的情况下可能大量占用服务器的资源，但是相对而言更为便宜，设置起来也更为方便。

2. 按防火墙的应用部署位置分类

按防火墙的应用部署位置分类，防火墙可以分为边界防火墙、个人防火墙和混合防火墙。

边界防火墙是防火墙最为传统的应用，位于内、外部网络的边界，所起的作用是对内、外部网络实施隔离，保护内部网络。这类防火墙一般都是硬件类型的，价格较贵，性能较好。

个人防火墙安装在单台主机上，防护的对象也只是单台主机。这类防火墙应用于众多的个人用户，通常为软件防火墙，价格便宜，性能也较差。

混合式防火墙也可以称为"分布式防火墙"或者"嵌入式防火墙"，是一整套防火墙系统，由若干个软、硬件组件组成，分布于内、外部网络边界和内部各主机之间，既对内、外部网络之间的通信进行过滤，又对网络内部各主机间的通信进行过滤。它的性能较为优异，价格也较贵。

3. 按防火墙通道带宽分类

按防火墙的通道带宽或者吞吐量来分类，防火墙可以分为百兆级防火墙、千兆级防火墙和万兆级防火墙等。因为防火墙通常位于网络边界，所以十兆级带宽的防火墙一般不能够满足需求。防火墙通道带宽越宽，性能越高，这样的防火墙因为包过滤或应用代理所产生的延时会越小，对整个网络通信性能的影响也就越小。

▷ 6.1.4 防火墙的规则

规则是防火墙安全策略的基本构成元素，通常一个防火墙的策略配置文件可能会包含几十条到上千条不等的规则。简单来讲，防火墙策略就是一个有序链表，该链表的每个节点都是一个具体的过滤规则，每一条过滤规则又会包含若干个规则域。

1. 防火墙规则定义

防火墙的规则可以由七元属性组成，这七元属性包括三部分：第一部分是规则号，即规则在防火墙规则集中的位置；第二部分是过滤域，包含协议类型、源 IP、源端口、目的 IP 以及目的端口五元属性，防火墙规则根据数据包的这五元属性值进行匹配；第三部分是动作域，是指当数据包与防火墙规则匹配成功后防火墙对数据包进行的操作，一般有允许通过 (accpet) 和拒绝通过 (deny) 两种。所以一条防火墙规则可以表示为：

$$\text{Rule} = < \text{Order, Protocol, Sip, Sport, Dip, Dport, Action} > \tag{6-1}$$

其中：Order 表示规则在规则集中的位置序号，是一个正整数，比如 Order = 1 表示该条规则是规则集中的第一条规则；Protocol 表示协议类型，例如 TCP、UDP 或 ICMP 等；Sip 表示源 IP 地址，可以是一个 IP 地址，也可以是一个网段；Sport 表示源端口号，取值范围是 0~65 535 之间的任意一个数字；Dip 表示目的 IP 地址，取值同 Sip；Dport 表示目的端口，取值同 Sport；Action 表示动作，取值为 accept 或 deny。另外，规则中的 Protocol、Sip、Sport、Dip、Dport 可以为空，用 * 表示匹配所有。

动作域 (Action) 类似布尔类型，取值为且仅为 accept 或者 deny。对防火墙的规则可以预先设定一些过滤的条件，当经过防火墙的数据包与过滤条件匹配时，规则的动作域所设定的动作便会生效，从而防火墙会对数据包执行对应的动作，放行 (accept) 或拦截 (deny) 该数据包。

如下例所示，该策略阻断所有来自 192.168.1.* 的 tcp 数据，仅允许 80 端口的数据包即 http 数据通过。

tcp，192.168.1.*，any，*.*.*.*，80，accept

tcp，192.168.1.*，any，*.*.*.*，any，deny

为简化描述，后面将第 i 条规则表示为

$$R = < E_{1i}, E_{2i}, E_{3i}, E_{4i}, E_{5i}, E_{6i}, E_{7i} > \tag{6-2}$$

其中 $E_{1i} \sim E_{7i}$ 分别代表第 i 条规则中的 Order、Protocol、Sip、Sport、Dip、Dport、Action 属性。

2. 规则过滤域关系

因为规则过滤域的五元属性的取值可以是某一个区间，所以规则的过滤域之间可能存在关联。一般来说，过滤域之间会存在无关、相等、包含和交叉 4 种关系。用 F_a 表示第 a 条规则的过滤域，$F_a[i]$ 表示过滤域的第 i 个属性，$i = 1,2,3,4,5$ 分别对应 Protocol、Sip、Sport、Dip、Dport，同理，用 F_b 表示第 b 条规则的过滤域，则过滤域的 4 种关系可以表示为图 6-2 所示。

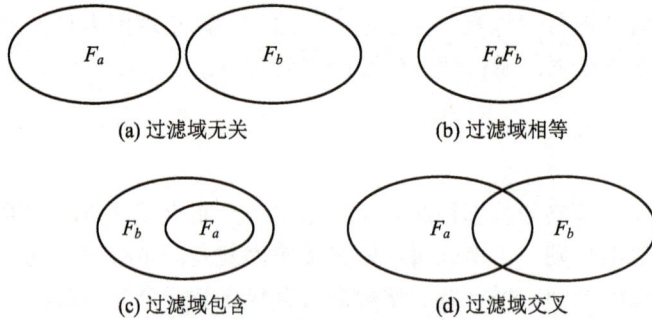

(a) 过滤域无关   (b) 过滤域相等

(c) 过滤域包含   (d) 过滤域交叉

图 6-2   过滤域的关系

(1) 过滤域无关。对于过滤域 F_a 和 F_b，$\exists i \in \{1,2,3,4,5\}$，如果 $F_a[i] \cap F_b[i] = \varnothing$，则表示过滤域 F_a 和 F_b 无关，如图 6-2(a) 所示；

(2) 过滤域相等。对于过滤域 F_a 和 F_b，$\forall i \in \{1,2,3,4,5\}$，如果 $F_a[i] = F_b[i]$，则表示过滤域 F_a 和 F_b 相等，如图 6-2(b) 所示；

(3) 过滤域包含。对于过滤域 F_a 和 F_b，$\forall i \in \{1,2,3,4,5\}$，$F_a[i] \subseteq F_b[i]$，同时 $\exists i \in \{1,2,3,4,5\}$，$F_a[i] \neq F_b[i]$，则表示过滤域 F_b 包含 F_a，如图 6-2(c) 所示；

(4) 过滤域交叉。对于过滤域 F_a 和 F_b，如果它们之间的关系不是以上 3 种关系的任何一种，则过滤域 F_a 和 F_b 交叉，如图 6-2(d) 所示。

3. 防火墙规则异常

防火墙在对数据包进行匹配过滤时遵循找到第一条匹配成功的规则即终止匹配的原则，因此防火墙规则集对顺序是敏感的，若数据包与不同的规则匹配存在先后关系，则可能会导致前后规则之间存在异常。一般来说，防火墙规则之间的冲突可以分为以下 4 类，即屏蔽异常、交叉异常、包含异常以及冗余异常。

(1) 屏蔽异常。对于规则 R_a 和 R_b，如果 $a<b$，F_a 包含 F_b 并且 $R_a[Action] \neq R_b[Action]$，则规则 R_a 和 R_b 之间存在屏蔽异常，R_b 被 R_a 屏蔽。一般屏蔽异常是因为防火墙策略配置出错引起的，解决屏蔽异常首先需要人工检查规则集，然后根据实际防火墙策略修正规则。屏蔽异常示例如表 6-1 所示。

表 6-1   屏蔽异常示例

Order	Protocol	Sip	Sport	Dip	Dport	Action
1	TCP	192.168.1.0/24	*	10.0.0.0/8	*	accept
2	TCP	192.168.1.58	5678	10.0.0.45	8080	deny

(2) 交叉异常。对于规则 R_a 和 R_b，如果 F_a 和 F_b 交叉并且 $R_a[Action] \neq R_b[Action]$，则

规则 R_a 和 R_b 之间存在交叉异常。对于存在交叉冲突的规则，将排序靠后的规则的过滤域剔除掉交叉的部分即可解决。交叉异常示例如表 6-2 所示。

表 6-2　交叉异常示例

Order	Protocol	Sip	Sport	Dip	Dport	Action
1	TCP	192.168.1.1～158	*	10.0.0.0/8	*	accept
2	TCP	192.168.1.38～225	*	10.0.0.0/8	*	deny

(3) 包含异常。对于规则 R_a 和 R_b，如果 $a>b$，F_a 包含 F_b 并且 $R_a[\text{Action}] \neq R_b[\text{Action}]$，则规则 R_a 和 R_b 之间存在包含异常。一般来说包含异常并不会影响防火墙的正常过滤策略，但是当 R_a 和 R_b 的相对关系发生变化时，R_b 会被 R_a 屏蔽。解决包含异常需要将 R_a 过滤域中包含 R_b 过滤域的部分剔除，拆分成一条或两条新的规则。包含异常示例如表 6-3 所示。

表 6-3　包含异常示例

Order	Protocol	Sip	Sport	Dip	Dport	Action
1	TCP	192.168.1.138	6355	10.15.8.204	80	deny
2	TCP	192.168.1.10～240	*	10.0.0.0/8	*	accept

(4) 冗余异常。对于规则 R_a 和 R_b，如果 $a<b$，F_a 包含 F_b 并且 $R_a[\text{Action}] = R_b[\text{Action}]$，则规则 R_a 和 R_b 之间存在冗余异常，R_b 是 R_a 的冗余规则。解决冗余异常一般直接将 R_b 直接删除即可。冗余异常示例如表 6-4 所示。

表 6-4　冗余异常示例

Order	Protocol	Sip	Sport	Dip	Dport	Action
1	TCP	192.168.1.28～253	*	10.15.8.0/23	*	deny
2	TCP	192.168.1.155	5467	10.15.8.220	4000	deny

防火墙的配置是一个复杂的过程，除了上述异常，还可能会出现其他错误，如缺少默认规则、存在无关规则等。这类规则比较容易在配置的过程中发现异常，而前面所提到的 4 种异常通常是在每条规则独立配置正确无误的情况下，整体规则集所存在的缺陷，一般不容易被发现，因此在检查过程中应重点关注。

6.2　防火墙的体系结构

防火墙的体系结构可以分为屏蔽路由器结构、双宿堡垒主机结构、屏蔽主机结构、屏蔽子网结构 4 类。下面对这 4 类防火墙结构进行说明。

6.2.1　屏蔽路由器结构

屏蔽路由器结构如图 6-3 所示，这是最基本的防火墙设计结构，它不是采用专用的防火墙设备进行部署，而是在原有的包过滤路由器上进行访问控制。具备这种包过滤技术的路由器通常称为屏蔽路由器防火墙，又称为包过滤路由器防火墙。

这种结构只需在原有的路由器设备上进行包过滤配置，即可实现防火墙的安全策略。这种结构既能满足一定的安全性又具有经济性。

由于包过滤路由器工作在网络层，因而其工作效率高，但是也因此无法对应用层提供很好的保护。另外由于包过滤路由器的包过滤规则的设置较为复杂，因而其防护能力较弱。

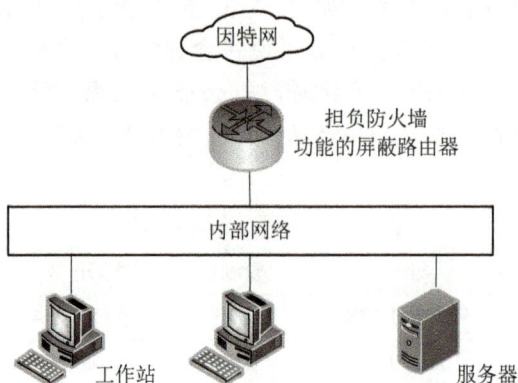

图 6-3　屏蔽路由器结构

6.2.2　双宿堡垒主机结构

双宿堡垒主机是一台至少配有两个网络接口的主机，结构如图 6-4 所示，它可以作为与这些接口相连的网络之间的路由器来使用，在网络之间发送数据包。在主机上运行防火墙软件，被保护的内网与外网之间的通信必须通过堡垒主机，因而堡垒主机可以对内网提供保护。一般情况下双宿堡垒主机的路由功能被禁止使用，因而能够隔离内部网络与外部网络之间的直接通信，从而起到保护内部网络的作用。

双宿堡垒主机结构要求的硬件较少，但是堡垒主机本身缺乏保护，因此容易受到攻击。

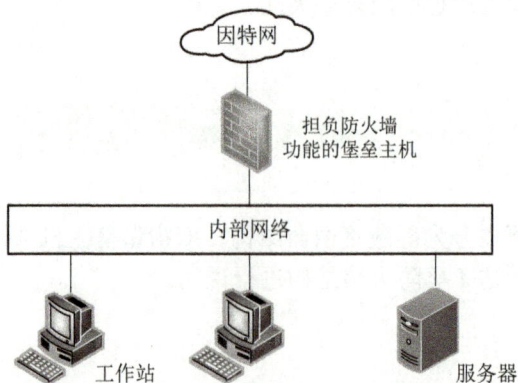

图 6-4　双宿堡垒主机结构

6.2.3　屏蔽主机结构

屏蔽主机结构如图 6-5 所示，这种结构是由一台堡垒主机以及屏蔽路由器共同构成防火墙系统，其中屏蔽路由器提供对堡垒主机的安全防护。

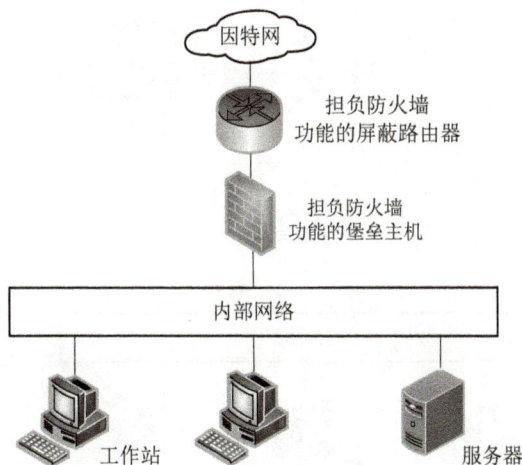

图 6-5　屏蔽主机结构

在屏蔽主机结构中，有两道屏障，一道是屏蔽路由器，另外一道是堡垒主机。

屏蔽路由器位于网络的最边缘，负责与外网进行连接，并且参与外网的路由。屏蔽路由器不提供任何服务，仅提供路由和数据包过滤功能，因而屏蔽路由器本身较为安全，被攻击的可能性较小。由于屏蔽路由器的存在，使得堡垒主机不再是直接与外网互连的双重宿主主机，因而也增加了系统的安全性。

堡垒主机安放在内部网络中，是唯一可以连接到外部网络的内部网络内的主机，也是外部用户访问内部网络资源必须经过的主机。在经典的屏蔽主机结构中，堡垒主机也通过数据包过滤功能实现对内部网络的防护，并且该堡垒主机仅允许通过特定的服务连接。堡垒主机也可以不提供数据包过滤功能，而是提供代理服务功能。这样内部用户只能通过应用层代理访问外部网络，而堡垒主机就成为外部用户唯一可以访问的内部主机。任何外部的系统必须连接到这台堡垒主机上才能访问内部的系统或者服务，因此堡垒主机需要具有高等级的安全性能。

屏蔽主机结构中的路由器处于容易遭受攻击的地位。此外，网络管理员需要协同管理路由器和堡垒主机中的访问控制表，使两者能够协调执行控制功能。

6.2.4　屏蔽子网结构

屏蔽子网结构如图 6-6 所示，这种结构将防火墙的概念扩充至一个由外部和内部屏蔽路由器包围起来的周边网络，并且将易受攻击的堡垒主机以及组织对外提供服务的 Web 服务器、邮件服务器和其他公用服务器放在该网络中。这种在内、外网之间建立的被隔离的子网常被称为隔离网络或非军事区 (DeMilitarized Zone，DMZ)。

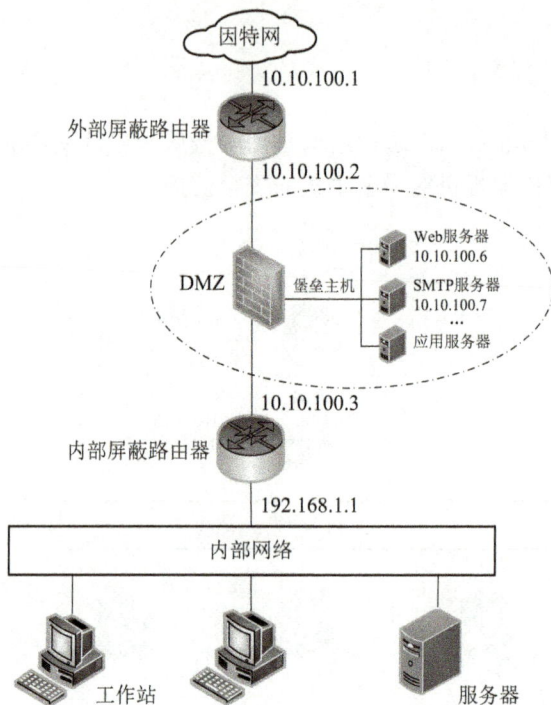

图 6-6 屏蔽子网结构

屏蔽子网结构的防火墙主要由周边网络、外部路由器、内部路由器以及堡垒主机 4 部分构成。

(1) 周边网络。周边网络是位于非安全及不可信的外部网络与安全及可信的内部网络之间的一个附加网络。由于周边网络与外部网络、周边网络与内部网络之间都是通过屏蔽路由器实现逻辑隔离的，因此外部用户必须穿越两道屏蔽路由器才能访问内部网络。

(2) 外部路由器。外部路由器的主要作用是保护内部网络和周边网络，是屏蔽子网结构的防火墙的第一道屏障。在其上设置了对周边网络和内部网络进行访问的过滤规则，该规则主要针对外网用户。例如限制外网用户仅能访问周边网络而不能访问内部网络，或者仅能访问内部网络中部分主机。

(3) 内部路由器。内部路由器用于隔离周边网络和内部网络，是屏蔽子网结构的防火墙的第二道屏障。在其上设置了针对内部用户的访问过滤规划，对内部用户访问周边网络和外部网络进行限制。例如部分内部网络用户只能访问周边网络而不能访问外部网络等。

(4) 堡垒主机。在屏蔽子网结构防火墙中，堡垒主机位于周边网络，可以向外部用户提供 WWW、FTP 等服务，接受来自外部网络用户的服务资源访问请求。同时堡垒主机可向内部网络用户提供 DNS、电子邮件、WWW 代理、FTP 代理等多种服务，提供内部网络用户访问外部资源的接口。

屏蔽子网结构防火墙中设置了 3 道防线。除了堡垒主机的防护以外，外部屏蔽路由器用于管理所有外部网络对 DMZ 的访问，只允许外部系统访问堡垒主机或是 DMZ 中对外开放的服务器，并防范来自外部网络的攻击。内部屏蔽路由器位于 DMZ 网络和内部网之间，提供第 3 道防线，只接受源于堡垒主机的数据包，管理 DMZ 到内部网络的访问，且只允许内部系统访问 DMZ 网络中的堡垒主机或是服务器。

屏蔽子网结构的防火墙利用堡垒主机部署在两个路由器中间，能够建立一个非防护区。这种类型防火墙是最安全的防火墙系统，因为外部网络要访问内部网络必须经过由两个屏蔽路由器和堡垒主机组成的 DMZ 子网络，且可信网络内部流向外部的所有流量也必须首先接受这个子网络的审查。

堡垒主机作为连接外部非信任网络和可信网络的桥梁，可以运行代理服务。虽然堡垒主机容易受到侵袭，但即使堡垒主机被控制，如果采用了屏蔽子网结构，入侵者仍然不能直接侵袭内部网络，内部网络仍然可以受到内部屏蔽路由器的保护。

6.3　工业防火墙技术

工业防火墙是工业控制系统信息安全必须配置的设备。工业防火墙技术是工业控制系统信息安全技术的基础。利用工业防火墙技术可以实现区域管控，划分工业控制系统安全区域，并对安全区域实现隔离保护，从而保护合法用户访问网络资源。同时，利用工业防火墙技术可以对控制协议进行深度解析，可以解析 Modbus、DNP3 等应用层异常数据流量，并对 OPC 端口进行动态追踪，从而对关键寄存器和操作进行保护。

6.3.1　工业防火墙的概念

工业防火墙是应用于工控网络的防护产品，用于解析、识别与控制所有通过工控网络的数据流量，以抵御来自内外网对工控设备的攻击。工业防火墙的主要功能包括工业协议深度解析、包过滤、端口扫描防护、恶意代码防护、漏洞防护、安全审计、访问权限限定等。

工业防火墙的目的是在不同的安全域之间建立安全控制点，根据预先定义的访问控制策略和安全防护策略，解析和过滤流经工业防火墙的数据流，实现向被保护的安全域提供访问可控的服务请求。

在工业网络体系中，根据部署位置的不同，工业防火墙一般可以分为机架式工业防火墙和导轨式工业防火墙两种。

(1) 机架式工业防火墙：一般部署于工厂的机房中，其规格同传统防火墙一样，大部分采用 1U 或 2U 规格的机架式设计，采用无风扇、符合 IP40 防护等级要求设计，用于隔离工厂内部网络与管理网络或其他工厂网络的连接。

(2) 导轨式工业防火墙：大部分部署在生产现场，多数采用导轨式架构设计，方便安装在导轨上进行维护；同时其内部设计更加封闭与严实，内部采用嵌入式计算主板，这种主板一般都采用一体化散热设计，超紧凑结构，内部无连线设计，可降低板载 CPU 及内存芯片遭受工业生产环境震动时所受到的影响。

这两种工业防火墙会因为部署位置以及防护目标不同而在功能上有所区别，但是大体上功能基本相同。从 ICS 本身的架构来说，由于其在设计之初并未考虑或很少考虑安全性的设计，因此其架构设计具有先天性的不可弥补的脆弱性。ICT 领域快速更新迭代的技术几乎已经在架构上尽量保证其安全性设计，ICS 领域在这方面远不及 ICT 领域。伴随两化融合和物联网的快速发展，我国关键性基础设施和工业行业广泛使用的 SCADA、DCS、PLC 等工业控制系统越来越多地采用计算机和网络技术，极大地推动了工业生产，但同时也使工业控制系统接口越来越开放。这些和管理网以及因特网互联的接口就非常容易受到内部与外部的针对 ICS 脆弱性的攻击。因此 ICS 本身的架构脆弱性以及可能面临的内外部针对脆弱性的攻击就造成了 ICS 的风险。这些风险直接或间接地影响着企业运营者的安全生产。因此在这种趋势下，工业防火墙首先需要防护的就是一些已知的 ICS 脆弱性，比如未经授权的访问以及不加密的协议等。

▷ 6.3.2　工业防火墙与传统防火墙的区别

工业防火墙和传统防火墙因其所处的环境差异而有所不同。相比较工业防火墙而言，传统防火墙主要存在以下两个问题：

工业防火墙与传统防火墙的区别

(1) 传统防火墙未装载工业协议解析模块，无法支持工业控制协议解析。工控网络采用的是专用工业协议，而工业协议的类别很多，有基于工业以太网（基于二层和三层）的协议，有基于串行链路 (RS232、RS485) 的协议，这些协议都需要专门的工业协议解析模块来对其进行协议过滤和解析。传统防火墙只针对 ICT 环境，无法完全支持对工业协议的无 / 有状态过滤，也无法对工业协议进行深度解析和控制。

(2) 传统防火墙软硬件设计架构不适应工控网络实时性和生产环境的要求。首先，工控网络环境中的工控设备对于实时性传输反馈要求非常高，一个小问题就可能导致某个被控对象停止响应，这就要求接入的工业防火墙必须具备工控网络的实时性要求。而一般的传统防火墙主要应用于传统的 ICT 环境，在软硬件架构设计之初并未考虑工控网络的实时性，因此传统防火墙无法适应工控网络实时性要求。其次，工业生产对网络安全设备的环境适应性要求很高，很多工业现场甚至处于无人值守的恶劣环境。因此工业防火墙必须具备对工业生产环境可预见的性能支持和抗干扰水平的支持。例如，一般部署在工业现场的防火墙以导轨式为主，该环境对防火墙的环境适应性要求很高，往往要求防火墙无风扇、支持宽温等。因而传统防火墙无法适应工控网络严苛复杂的生产环境。

相比于传统防火墙，工业防火墙能够更好地满足工业现场的特殊要求。工业防火墙除了具有传统防火墙具备的访问控制、安全域管理、网络地址转换 (Network Address Translation，NAT) 等功能外，还具有专门针对工业协议的协议过滤模块和协议深度解析模块，其内置的这些模块可以在 ICS 环境中对各种工业协议进行识别、过滤及解析控制。因此工业防火墙可适用于 SCADA、DCS、PLC、PCS 等工业控制系统，并广泛应用于电力、天然气、石油石化、制造业、水利、铁路、轨道交通、烟草等行业的工业控制系统中。这些工业防火墙针对工业协议都采用黑白名单机制以及深度包检测技术 (DPI)，在对二层和三层协议进行过滤的基础上，进一步解析应用层传输的工业控制协议网络报文内容，对 OPC、Modbus、DNP3、IEC104、PROFINET 等普遍使用的工业协议的数据包进行深度包解析，从而对报文中传输的工业协议指令和操作数据等信息进行检查，并通过与预先配置的黑名单或白名单内容进行比对，防止应用层协议被篡改或破坏。目前工业防火墙一般解析到工业协议的指令层，可以实现对非法指令的阻断、非工业协议的拦截等。

同时，工业防火墙还能很好地满足工业环境中的机械要求（如振动、冲击、拉伸等）、

气候保护要求 (如工作温度、湿度、存储温度、紫外线)、侵入保护要求 (如保护等级、污染等级) 以及电磁辐射和免疫要求，相比传统防火墙具备更强的可靠性、环境适应性、稳定性和实时性。

6.3.3　工业防火墙技术的类型

工业防火墙技术包括 3 种类型，分别是包过滤型、状态包检测型、应用代理型。

1. 包过滤型工业防火墙技术

包过滤工业防火墙技术 (简称包过滤技术) 是路由器最基本的访问控制技术，部署在网络边界上执行访问控制功能，对通过网络的数据进行过滤 (Filtering)，允许符合网络安全过滤规则 (通常称为访问控制列表，即 ACL 列表) 的数据包通过，拒绝不符合安全过滤规则的数据包通过，并进行记录或给管理人员发送报警信息。包过滤防火墙的层次结构如图 6-7 所示。

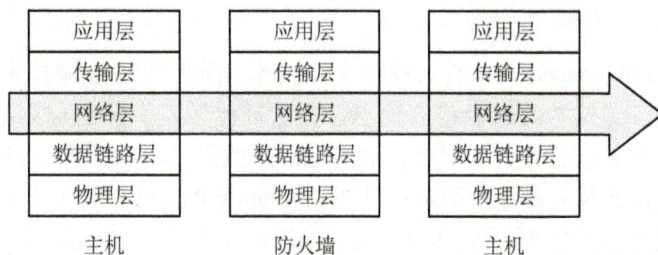

图 6-7　包过滤防火墙层次结构图

包过滤技术应该在操作系统或路由器处理数据包之前就对数据包进行检查。因为在实际环境中数据链路层和物理层的功能都是由网卡来完成的，操作系统完成包括网络层以上的各层的功能，路由器工作在网络层，所以要在数据包进入操作系统或路由器之前就对数据包进行处理。因此包过滤防火墙应该设置在网络层和数据链路层之间的位置。

包过滤技术首先将数据包的首部信息拆封出来，并在访问控制列表中按照顺序读取第一条过滤规则，将包首部中各个字段的信息与过滤规则进行匹配，如果不匹配则找下一条过滤规则与其进行匹配。如果字段的内容没有任何过滤规则与字段的信息相匹配，则丢弃这个数据包。若是在逐条匹配过程中，有一条过滤规则与字段的信息相匹配，则按照过滤规则来决定是转发还是丢弃数据包。

包过滤防火墙的优点主要体现在以下 3 个方面：

(1) 简单易行。包过滤防火墙根据访问控制列表对出入网络的数据包进行检查和过滤，符合要求的通过，不符合要求的则丢弃，执行效率比较高，不会消耗过多的网络资源，且只要设定合适的过滤规则，就能够保障网络的基本安全。

(2) 经济实用。一般在内部网络和外部网络之间的路由器上安装一个具有包过滤功能的模块，直接集成在路由器上构成包过滤防火墙。这种包过滤防火墙价格低廉，可以满足绝大多数企业的安全需求，而且现在大多数路由器产品都提供包过滤的功能。

(3) 用户透明。包过滤防火墙不需要用软件来支持，也不需要安装客户端软件，并且不需要对用户进行培训。当过滤规则允许数据包通过的时候，对用户来说几乎察觉不到包过滤功能的存在。包过滤防火墙不需要用户做任何操作，相当于对于用户来说是透明的。

包过滤防火墙的缺点主要包括以下两个方面：

(1) 过滤规则定义复杂。当维护一个非常繁琐的网络安全的时候，相应地应该设置很多条过滤规则。网络管理员除了要考虑这些过滤规则能否达到预期的目标以外，还要考虑这些过滤规则之间是否会产生冲突。定义这些复杂的过滤规则，将大大增加人为配置失误的可能性，因此又会带来新的不安全因素。

(2) 防护能力有限。包过滤防火墙主要通过检查数据首部信息来决定是否转发数据包，不能分析具体的任务，只能根据过滤规则来处理数据包。例如：当用户的合法身份或 IP 地址被冒用时，包过滤技术无法检测出来。因此包过滤防火墙并不能给网络带来更加安全的防护功能。

另外，包过滤防火墙对包过滤规则进行测试也是相当困难的。如果包过滤防火墙没有提供日志功能来记录有威胁的数据包通过了包过滤规则的情况，那么当这些数据包对网络产生实际危害的时候，才能够被网络管理员发现。

2. 状态检测型工业防火墙技术

状态检测 (Stateful Inspection) 型工业防火墙技术 (简称状态检测技术) 是由包过滤技术发展而来的。包过滤技术的安全检查简单，但管理比较复杂，也称为静态包过滤技术。状态检测技术可以根据网络的实际状态，动态地添加或删除过滤规则，减轻管理员的工作负担。所以状态检测技术又被称为动态包过滤 (Dynamic Packet Filter) 技术。状态检测技术不但将原来静态包过滤技术运用到传输层，对 UDP 会话和 TCP 会话建立 ACL 规则，而且还可以对应用层的信息进行部分检查。

状态检测防火墙的工作流程如图 6-8 所示。

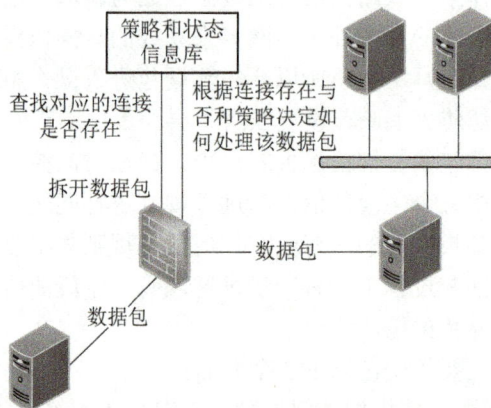

图 6-8　状态检测防火墙工作流程图

状态检测防火墙的工作原理是：当内部网络发送到外部网络的建立连接的初始数据报文被状态检测防火墙接收到时，防火墙会检查数据报文是否满足过滤规则要求，如果满足，则将该连接的信息记录下来，临时建立一条过滤规则以允许该连接的数据报文通过，并允许与之相对应的返回数据报文也能够回到防火墙，这个动态过滤规则被保存在防火墙的连接状态表中，当连接结束被释放掉后，防火墙会自动地删除临时建立起来的过滤规则状态。状态检测技术主要在传输层上应用，但也能够检查网络层和应用层的信息。

以 TCP 连接过程为例：当用户进行 TCP 连接的时候，防火墙会记录用户和服务器所使用的 IP 地址和端口号；当数据包经过防火墙的时候，状态检测防火墙会查看数据包是不是一个合法的请求，若是合法请求，则将相应的端口打开，直到会话完成。

状态检测防火墙的优点是只需要对初始的数据报文进行检查，后续的报文只需要按照动态建立起来的过滤规则进行实施就可以了，执行效率明显提高。另外，状态检测技术相对包过滤技术可以工作在更高层传输层上，并且能够根据网络状态防范更多复杂的攻击，可以给网络提供更多功能的安全服务。

状态检测技术是根据数据包中的信息，按照安全策略和过滤规则来处理数据包，不像代理技术那样，要针对具体的服务开发一个服务程序。当一个新的应用产生的时候，状态检测技术能够产生新的规则，具有良好的灵活性和扩展性。

3. 应用代理型工业防火墙技术

应用代理型工业防火墙技术（简称应用代理 (Proxy) 技术）与前两种技术不同，即代理服务器在应用层对每一特定的应用（如 Telnet，FTP) 提供安全控制功能，所以代理服务器又称为应用层网关 (Application Gateway) 技术。代理服务器运行在内部网络和外部网络之间提供替换性的连接。内部网络中的用户想要连接外部网络的服务，只能够通过代理服务器来进行转接。如图 6-9 所示为应用代理防火墙结构。

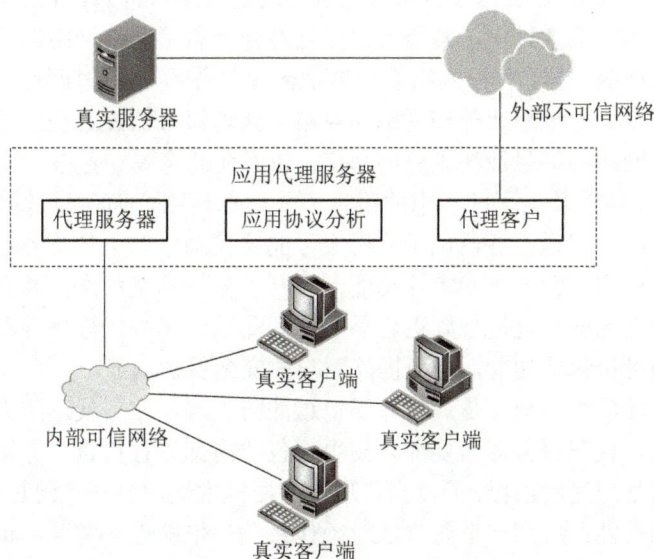

图 6-9　应用代理防火墙结构

应用代理防火墙工作在 OSI 七层模型的最高层，即应用层。应用代理防火墙适用于特定的互联网服务，例如 HTTP(超文本传输)、FTP(远程文件传输)。代理服务位于内部网络和 Internet 之间，由代理服务来处理客户端和服务端之间的网络连接，根据已经制定的安全规则向远程服务器提交用户对远程服务端的服务请求。对于客户端的网络服务请求，代理服务并不会全部提交到远程服务器，而是根据代理服务器设置的安全规则和客户端的请求信息决定是否要代理发送该请求。

代理服务器要求用户改变自己的访问网络资源的行为方式，或者安装一个客户端软件来访问代理服务器。比如，当用户通过代理服务器连接目标 Web 站点时，要在 Internet Explorer 的选项卡中设置好代理服务器才能够对 Web 站点进行访问，即用户需要通过两步而不是一步来建立连接。不过，用户也可以通过安装客户端代理服务器程序来连接目标 Web 站点。

应用代理防火墙的工作原理是：在内部网络中的计算机发送一个请求到代理服务器上，而后由代理服务器将这个请求转发到外部网络的目标主机上。下面以访问外部 Web 站点为例，说明代理服务器是如何进行工作的。

(1) 内部主机向 Web 站点发送 HTTP 请求。

(2) HTTP 请求通过代理服务器后，被代理服务器获取。

(3) 代理服务器按照安全策略对数据包中的首部和数据部分进行检查，通过安全策略的检查后，代理服务器将 HTTP 请求的源地址改为自己本身的地址，而后转发到外部网络的目标 Web 站点上。

(4) Web 站点收到 HTTP 请求的数据包，但这时候数据包中显示的是代理服务器发送的请求，而内部主机发送的请求信息已经被代理服务器隐藏起来。

(5) Web 站点返回的 HTTP 应答数据包发给代理服务器。

(6) 代理服务器对数据包的首部和数据部分再次进行安全检查，符合要求后，代理服务器将 HTTP 应答目标 IP 地址修改为内部主机的地址，然后将 HTTP 应答发给内部主机。

应用代理防火墙有很多优点，其最大优点是对外屏蔽了内部网络的信息。因为应用代理防火墙使用了代理服务器，外部网络看到的是代理服务器，无法探测到内部网络的信息，因此代理服务器可以有效地阻止外部网络的攻击。代理服务器能够在应用层上检查数据包的内容，防止用户网络的信息泄漏到外部网络，以及防止容易引起安全威胁的 Java Applet 小程序、ActiveX 控件以及电子邮件中的附件流入内部网络，而包过滤防火墙则无法对这些内容进行检查。因为代理服务器位于应用层，能够控制内部用户与外部主机之间建立的会话，所以能够提供详细的日志和审计功能，有利于分析网络状态，并且相对于包过滤技术，设置在应用层上的安全过滤规则更容易配置和测试。另外代理服务器还能够支持包过滤技术无法实施的身份认证功能，从而提高用户的安全保护功能。

应用代理防火墙的主要缺点是：相对于包过滤防火墙，应用代理防火墙仅仅只需对数据包头部进行检查，代理服务器需要深入到数据包的内部进行检查，分析服务的类型，这样导致对数据包的处理速度很慢，所以当代理服务器技术运用到一个流量很大的大型网络，会严重降低网络的性能；应用代理防火墙对操作系统的依赖性非常强，每一个服务都要有特定的代理程序，所以要运用新的网络服务和协议将变得十分困难。

目前应用较为广泛的防火墙技术是复合型防火墙技术，即综合了包过滤防火墙以及应用代理防火墙的优点，如果安全策略是包过滤策略，那么可以针对报文的报头部分进行访问控制，如果安全策略是代理策略，就可以针对报文的数据内容进行访问控制。因此复合型防火墙技术综合了两种防火墙的优点，同时避免了两种防火墙的缺点，从而提高了防火墙在应用实践中的灵活性和安全性。

▶ 6.3.4 工业防火墙技术的发展特点

随着网络安全技术的深入发展，防火墙技术也在不断发展。透明接入技术、分布式防火墙技术和智能型防火墙技术是目前防火墙技术发展的新方向。

1. 透明接入技术

随着防火墙技术的快速发展，操作简便、界面友好、安全性高的防火墙逐渐成为市场热点。可简化设置、提高安全性能的透明模式防火墙是应用最广泛的一种防火墙。

透明模式防火墙最主要的特点就是对用户是透明的，用户意识不到防火墙的存在。透明模式防火墙必须在没有 IP 地址的情况下工作，即不需要对其设置 IP 地址，用户也不知道防火墙的 IP 地址。采用透明模式防火墙，用户不必重新设定和修改路由，其可以被直接安装和放置到网络中使用，如同交换机一样不需要设置 IP 地址。

透明模式防火墙类似于一台网桥，(非透明模式的防火墙就好比是一台路由器)，网络中包括主机、路由器、工作站等网络设备和所有计算机设备 (包括 IP 地址和网关) 无须改变，同时解析所有通过它的数据包，这样既增加了网络的安全性，同时又降低了用户管理的复杂程度。

透明模式防火墙的原理可以理解为：假设 A 为内部网络客户机，B 为外部网络服务器，C 为防火墙；当 A 对 B 有连接请求时，TCP 连接请求被 C 截取并加以监控，当 C 发现连接需要使用代理服务器时，A 和 C 之间首先建立连接，然后 C 建立相应的代理服务通道与目标 B 建立连接，由此通过代理服务器建立 A 和目标地址 B 的数据传输途径。从用户的角度看，A 和 B 的连接是直接的，而实际上 A 是通过代理服务器 C 和 B 建立连接的。反之，当 B 对 A 有连接请求时，原理相同。由于这些连接过程是自动的，不需要在客户端手工配置代理服务器，用户甚至根本不知道代理服务器的存在，因此，对于用户来说是透明的。

2. 分布式防火墙技术

由于传统防火墙被部署在网络边界，因此被称为边界防火墙。边界防火墙在企业内部网和外部网之间构成一道屏障，负责进行网络存取控制。随着网络安全技术的深入发展，边界防火墙逐渐暴露出一些弱点，具体表现在以下 3 个方面：

(1) 网络应用受到结构性限制。传统的边界防火墙依赖于物理上的拓扑结构，其从物理上将网络划分为内部网络和外部网络，从而影响了防火墙在虚拟专用网 (VPN) 技术上的广泛应用，因为今天的企业电子商务要求员工、远程办公人员、设备供应商、临时雇员及商业合作伙伴都能够自由访问企业网络。VPN 技术的应用和普及，使企业网边界逐步成为一个逻辑的边界，物理的边界变得更为模糊。

(2) 内部安全隐患依然存在。传统的边界防火墙只对企业网络的周边提供保护，而且只会对从外部网络进入企业内部局域网的流量进行过滤和审查，但是它们并不能确保企业内部网络用户之间的安全访问。

(3) 由于边界防火墙把检查机制集中在网络边界处的节点上，因此会产生单点故障隐患，甚至造成网络瓶颈的发生。

基于上述传统防火墙的不足，一种全新的防火墙概念——分布式防火墙应运而生，它不仅保留了传统边界式防火墙的优点，而且克服了传统边界式防火墙的不足。

分布式防火墙负责对网络边界、各子网和网络内部各节点之间的安全进行防护，因此分布式防火墙是一个完整的系统，而不是单一的产品。根据所需完成的功能，分布式防火墙的体系结构包含如下 3 个部分：

(1) 网络防火墙：既可以采用纯软件方式，也可以采用相应的硬件支持，用于内部网和外部网之间以及内部网各子网之间的防护，比传统防火墙多了一种用于内部子网之间的安全防护层。

(2) 主机防火墙：同样有软件和硬件两种产品，用于对网络中的服务器和桌面机进行防护。这点比传统防火墙的安全防护更加完善，确保内部网络服务器的安全。

(3) 中心管理：一般是服务器软件，负责总体安全策略的策划与管理。

分布式防火墙的工作流程如下：首先，制定防火墙接入控制策略中心并通过编译器将策略语言描述转换成内部格式，形成策略文件；然后控制策略中心采用系统管理工具把策略文件分发给各自内部主机，内部主机将根据 IP 安全协议和服务器端的策略文件来判定接收到的数据包。

3. 智能型防火墙技术

由于传统的包过滤防火墙与应用代理防火墙形式单一，一旦被外来入侵者突破，那么整个内部网络 (Intranet) 就会完全暴露给入侵者。因此，一种组合式结构的智能型防火墙是比较好的解决方案，其结构由内外路由器、智能认证服务器、智能主机和堡垒主机组成。内外路由器在 Intranet 和 Internet 之间构筑一个安全子网，称为非军事区 (DMZ)。信息服务器、堡垒主机以及其他公用服务器布置在 DMZ 网络中，智能认证服务器安放在 Intranet 内。

通常，外部路由器用于防范外部攻击，而内部路由器则用于 DMZ 与 Intranet 之间的 IP 包过滤等，保护 Intranet 不受 DMZ 和 Internet 的侵害，防止在 Intranet 上广播的数据包流入 DMZ 网络。

智能型防火墙的工作原理是基于智能型防火墙中内外路由器的工作过程，即：Intranet 主机向 Internet 主机连接时使用同一个 IP 地址；Internet 主机向 Intranet 主机连接时，必须通过网关映射到 Intranet 主机上；它使 Internet 网络看不到 Intranet 网络；不管什么时候，DMZ 堡垒主机中的应用过滤管理程序可以通过安全隧道与 Intranet 中的智能认证服务器进行双向保密通信，智能认证服务器可以通过保密通信修改内外路由器的路由表和过滤规则；整个防火墙系统的协调工作主要由专门设计的应用过滤管理程序和智能认证服务程序来控制执行，并且分别运行在堡垒主机和智能服务器上。

习　题

1. 衡量防火墙性能的主要技术指标有哪些？
2. 简述防火墙的分类。
3. 简述防火墙的体系结构划分。
4. 什么是工业防火墙？
5. 说明工业防火墙和传统防火墙的区别。
6. 简述包过滤防火墙的特点。
7. 简述状态检测防火墙的特点。
8. 简述工业防火墙的发展特点。

第7章　态势感知与安全审计技术

本章主要介绍在信息安全领域中越来越受到人们广泛关注的态势感知技术与安全审计防护技术。

7.1　态势感知概述

随着计算机和网络技术的不断发展，为了满足新的需求需要对网络安全的防御提出更高的要求，必须借助更加先进的技术才能够抵御技术水平越来越高、攻击形式越来越多样的黑客攻击。传统的网络安全防护产品只能防御某一个方面的入侵，如果想对网络系统进行全方面的防护，就需要购买各种各样的安全产品，这样虽然也可以起到防御作用，但这些产品之间缺乏联动，只能反映出网络中部分层面或区域的安全状况，不能体现网络整体的安全性，而且在技术方面也有一定的局限性。

传统方式下，通过不断购买更多的安全设备已经不能够实质性地提升整个网络的安全性，而且难以对网络的安全状态做出预测。因此，态势感知技术逐渐成为了网络防护的主流发展方向。态势感知最早在军事领域被提出，它从态势提取、态势理解和态势预测三个方面对整个网络的安全状态进行监控和评估，不仅可以解决现有的网络防御技术只能片面地防御某一个方面的攻击缺陷，还可以对网络未来一段时间内的安全状态进行预测，从而更好地保障网络的安全。

7.1.1　网络安全态势感知的定义

为了有效监控和管理网络的安全，安全管理员需要了解网络当前的情况、攻击者的行为、可用信息和模型的质量、攻击的影响和演变以便做出正确的决定。此时可能会出现以下问题：有没有正在进行的攻击；攻击者在哪里；可用的攻击模型是否能够近似描述实际的情况；能否预测攻击者的目标；能否阻止攻击者实现目标。而引入态势感知技术就有助于这些问题的解决。

态势感知是指在一定的时空条件下，对环境的获取、理解和对未来的预测。上世纪

90 年代以来，各个领域都逐渐引入态势感知的概念，其中网络安全领域就出现了"网络态势感知 (CSA)"这个概念。网络态势感知是指在大规模网络环境中对能够引起网络态势发生变化的安全要素进行获取、理解、显示以及对最近发展趋势的预测，从而为安全管理员的决策提供可靠的支持，是一种对环境要素依据感知和理解获得的知识进行预测的能力。

态势感知技术被引入到信息安全领域中后，首先应用于新一代入侵检测系统的研究。实体的态势感知主要依赖于各种硬件传感器配合信号处理技术，而网络安全态势感知和实体态势感知系统不同，则主要依赖于反病毒系统、防火墙、入侵检测系统、日志文件系统、恶意软件检测系统等网络安全设施，这些安全设施会根据原始的数据包生成更为抽象的相关安全事件的数据，而且网络安全态势感知系统能够比实体态势感知系统更快地获得更新。

网络安全态势感知可以在网络的各个层次获得原始数据，并将这些数据通过软件和算法转化为对网络安全状态感知有用的信息。获取原始数据的方法主要包括使用因果关系分析、攻击趋势分析、攻击图漏洞分析、入侵响应、入侵检测与告警关联、取证分析和信息流分析等方法。总体来说，网络安全态势感知是一种从网络整体上动态地获知网络安全风险的技术，是以安全大数据为基础，从全局视角应对网络安全威胁，拥有发现与识别、理解与分析、响应与处置功能的一套安全系统，最终是为安全管理人员提供更好的数据展示与分析，并帮助安全管理人员实现对网络状态的预测。

▷ 7.1.2 网络安全态势感知模型

根据网络安全态势感知技术的主要相关内容以及网络的实际运行状况，选择合适的态势感知模型，对于网络安全管理、资源分配以及网络防御至关重要。目前在网络领域构建出的模型种类繁多，其中使用最广泛的包括 Endsely 模型、JDL 模型、Tim Bass 模型。下面分别对这三类模型进行说明。

1. Endsely 模型

Endsley 提出的态势感知模型（称为 Endsley 模型）主要是由环境或系统状态部分和影响态势感知的其他要素所组成的，具体如图 7-1 所示。环境和系统状态部分主要由态势感知的三个层次组成，即对数据和环境因素的获取、对当前态势的理解和对未来态势和事件的预测，另外还包括应该采取的决策以及应该采取的行动措施等。影响态势感知的其他因素主要包括人员个体之间的差异以及任务或环境之间的差异等。

将 Endsley 所提出的三层态势感知模型应用于对网络安全态势的感知，每一层次的具体内容如下：

(1) 数据和环境因素获取层。该层的主要目的是利用现有的技术手段和网络安全设备，对能够影响网络安全状况发生变化的各种基础安全数据进行实时的检测和获取，根据相关特征对安全数据和网络行为进行分类，为态势理解层提供基础支撑。

(2) 态势理解层。该层首先融合元素感知层收集到的安全数据，并分析数据元素之间的关联性；然后选择合理的数学模型对整合结果进行综合评估；最后经过计算分析获取能反映出网络当前安全状态的态势值。

(3) 态势预测层。该层基于态势理解层获取能反映网络运行状况的安全态势值后，结合相关理论模型分析并通过使用现实工具对网络未来的安全状况进行准确的预测。

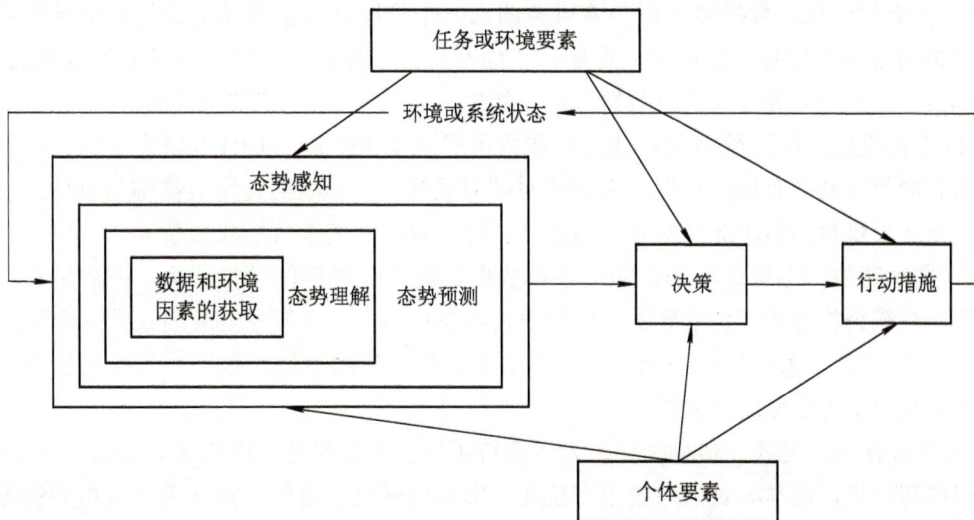

图 7-1 Endsely 态势感知模型图

2. JDL 模型

数据融合是将多个来自不同信息源的数据进行收集，并对它们进行关联和整合，从而达到提升数据准确度和有效性的效果。态势感知与数据融合的研究有很多相似点，其中 JDL(Joint Directors of Laboratories) 态势感知模型 (简称 JDL 模型) 就是根据数据融合模型衍生而来的，如图 7-2 所示。

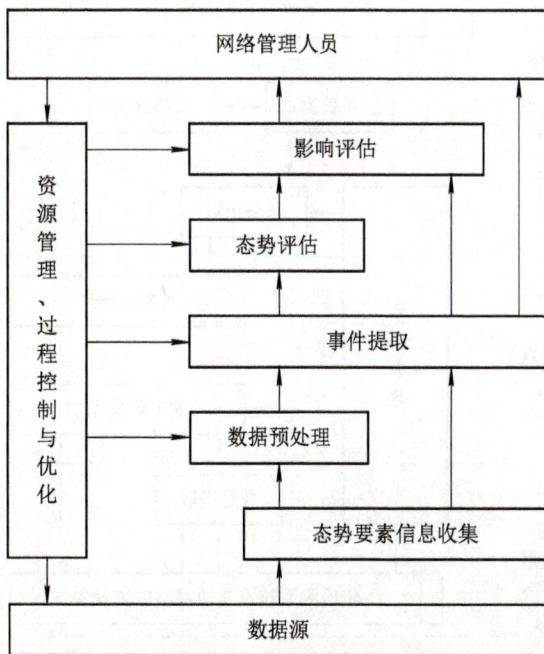

图 7-2 JDL 模型

在 JDL 模型中，态势感知的实现被分为 5 个阶段，将收集到的数据源通过不同阶段的处理和反馈后，通过可视化平台实现人机交互。以下为 5 个阶段的内容。

(1) 数据预处理。数据预处理是该模型的第一个阶段，其主要功能是将从信息采集系统收集来的各种不规整、有错误、重复、结构不完整等有缺陷的数据通过诸如数据清洗、数据集成、数据变换等方法来对数据进行预处理，为下一阶段事件提取做准备。

(2) 事件提取。经过数据预处理后的数据虽然减少了错误，并且也调整了格式，但并不是所有的数据都是有用的数据。人们将对结果能够产生影响的有用数据称为事件。事件提取就是从大量数据中挑选其中有用的数据，为态势评估工作做好数据基础。

(3) 态势评估。态势评估是指通过各种数据分析方法对事件进行分析，并得出态势评估结果。系统会将态势评估结果做成分析报告或态势图，以方便安全管理人员进行决策。

(4) 影响评估。影响评估是指系统将当前的态势评估结果进行推广，为安全管理人员提供对未来安全形势预测的依据。

(5) 资源管理、过程控制与优化。为了系统可以在最短的时间内完成对数据的预处理、事件提取和分析，还需要对该系统进行优化，即可以通过制定优化指标来完成相关资源的最优分配，并可以对整个过程进行监控与评价。

3. Tim Bass 模型

Tim Bass 等人参考 JDL 数据融合模型，提出了一种多传感器数据融合的态势感知模型（简称 Tim Bass 模型），主要包括数据提取、攻击对象识别、态势提取、威胁评估以及资源管理等 5 部分，如图 7-3 所示。

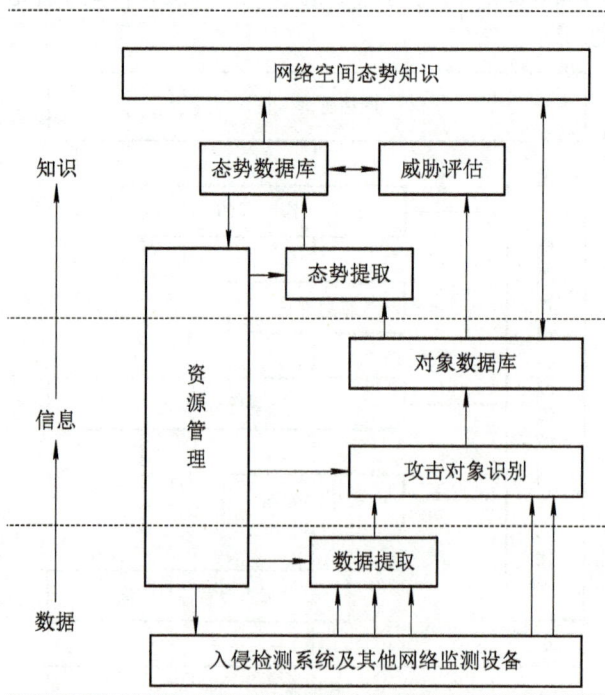

图 7-3   Tim Bass 模型

各部分内容如下：

(1) 数据提取。其主要工作是对网络设备采集到的数据根据特征进行分类筛选和属性约简等预处理操作。

(2) 攻击对象识别。根据数据提取部分获取的预处理数据，从多个角度对这些数据进行关联分析，有效识别网络攻击行为、攻击对象以及攻击目标。

(3) 态势提取。通过实时分析所识别攻击对象的协调行为、依赖关系、共同的原点和共同的协议来检测聚合的对象集，对网络安全态势进行评估，了解网络当前运行状况。

(4) 威胁评估。根据态势提取部分得到的网络安全态势评估结果，建立合理的模型，分析整个网络中各种安全威胁发生的可能性和破坏程度，同时对网络攻击所造成的影响进行评测。

(5) 资源管理。在态势提取和威胁评估的基础上，了解网络自身的运行状况、网络所处的环境，以及网络所遭受的安全威胁，便于用户及时采取合理的应对策略。

▷ 7.1.3　工业控制系统态势感知模型

图 7-4 所示是空间分布式工业控制系统受攻击示意图，其中，被控过程的运行由控制器进行控制，控制器能够接收分布在不同地域的传感器检测值，并利用通信网络将控制信号传输至空间分布的执行器中。此系统在网络通信过程中可能会遭受到攻击。

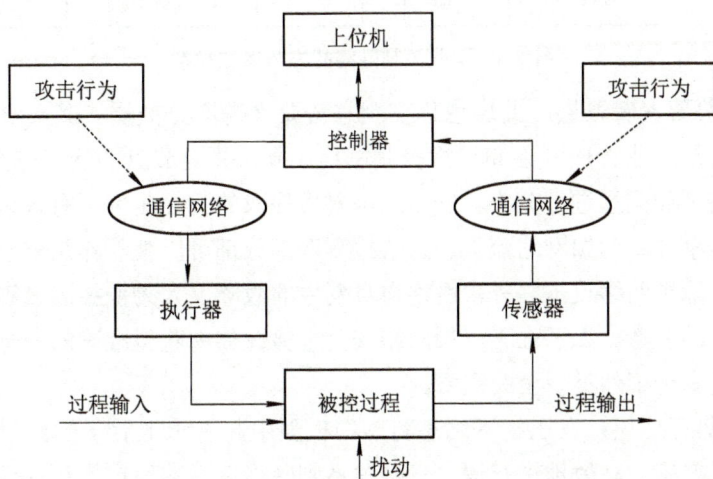

图 7-4　空间分布式工业控制系统受攻击示意图

根据接收到的传感器的检测值，控制器对执行器产生控制信号，使控制对象处于稳定状态。当传感器的检测值和控制器的接收值超过偏差时，说明工控系统状况出现异常，此时系统可能出现了内部故障或受到了攻击。完整性攻击是指攻击者控制目标节点并改变节点真实状态值，从而达到影响控制过程发生变化的目的。攻击者通过控制传感器节点，改变传感器实际检测值，并把攻击信号作为传感器的检测值输出到控制器，最终使工控系统处于不稳定状态或者危险状态。

将上一节提到的 3 种经典模型应用于工业控制网络中，可以得到工业控制网络的态势感知模型。如图 7-5 所示，此工业控制网络态势感知模型主要分为安全态势要素获取层、安全态势评估层和安全态势预测层 3 层。

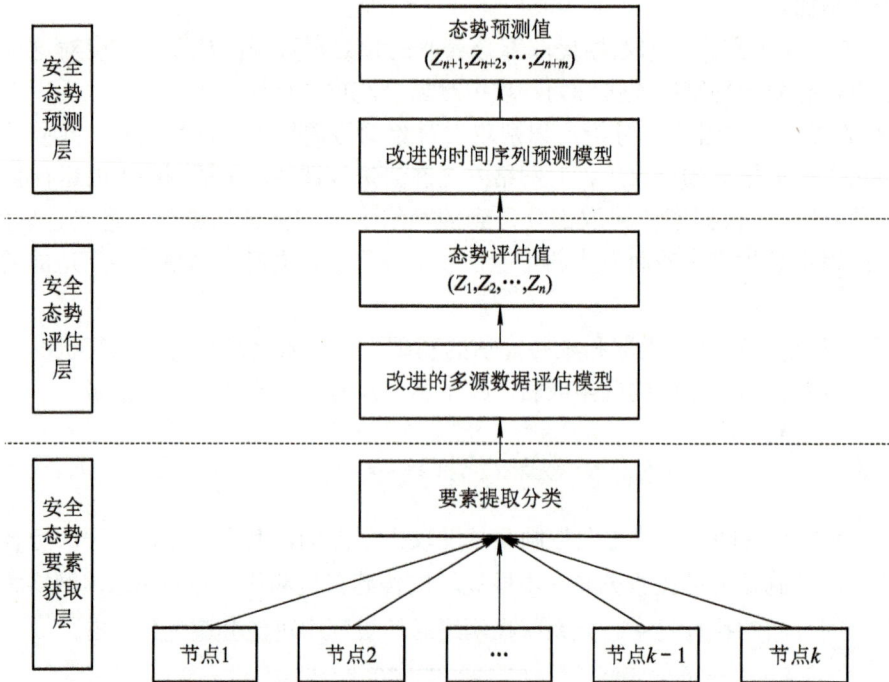

图 7-5　工业控制网络的态势感知模型

(1) 安全态势要素获取层：此层也称安全态势要素提取分类层。其负责收集工业控制网络系统 (主要是企业管理网络和过程控制网络) 中各关键节点的网络安全数据和信息，并按照不同的特征和类型进行分类。安全态势要素提取的目标是为了有效识别不同的网络攻击行为和安全事件，例如网络流量、入侵检测等部分都可以被看作是安全要素提取分类层的组成部分。除了网络攻击之外，网络自身发生的故障、人为操控因素等均可被视为影响网络系统安全的要素。为了在下一层网络安全态势评估中获得准确的安全态势值，正确判断网络底层的安全事件类型至关重要。

(2) 安全态势评估层：在工控网络态势感知模型中起着承上启下的作用，能否对网络安全态势及时、准确、高效地进行评估直接关系到网络运行的稳定性和安全性。工控网络安全态势评估的本质在于从数据中发现规律，即如何从海量的网络安全事件中挖掘出影响网络状况的重要信息，进一步解析出信息之间的关联性并对其进行融合，获取能够体现整体工控网络安全状况的态势值。

(3) 安全态势预测层：当评估得出一段时间内的网络安全态势值后，需要通过建立基于时间序列的预测模型来预测未来一段时间内的网络安全态势。工控网络安全态势预测层是态势感知模型中最重要的环节，准确预测网络未来安全态势是网络主动防御体系的重点，从而为安全管理人员提供可靠的信息，应对可能到来的威胁，并合理分配网络资源，对网络采取准确的防御措施，最大限度地降低网络风险和损失。

7.2　态势感知相关技术

7.2.1　数据采集技术

数据采集是指从传感器或其他数据采集装置收集所需数据信息的过程。对于态势感知来说，数据采集为态势感知提供数据来源，是整个流程需要完成的第一步。在工业控制系统中，需要采集的数据一般包括系统网络拓扑结构、主机运行状态信息、网络通信协议特征、通信流量信息以及网络资源配置等。目前较为常用的数据采集技术包括两种，分别是Syslog 采集技术和 Snmp 采集技术，其中 Snmp 采集技术是最常用的系统拓扑信息和主机状态信息采集技术，大部分主机和工业网关之中都内置了此项技术。

1. Syslog 采集技术

Syslog 协议是由加里佛尼亚大学开发出来的一种数据采集协议，通过 Syslog 协议可以完成对系统日志信息进行采集的工作。Syslog 协议在 Unix 和 Linux 系统中较为常用，例如 Unix 和 Linux 系统中大部分日志信息都是通过 Syslog 机制进行收集和维护的。目前，Syslog 协议已经发展成为一套独立的数据采集协议。

利用 Syslog 采集技术采集数据主要有三种模式，即设备—接收服务器模式、设备—中继器—接收服务器模式、设备—接收服务器—中继器—接收服务器模式。其中设备—中继器—接收服务器模式是通过中继器代理完成数据采集工作的，服务器只需要进行数据整理，能够有效减轻系统服务器压力。在 Unix 系统上运行 Syslog 协议流程如图 7-6 所示。

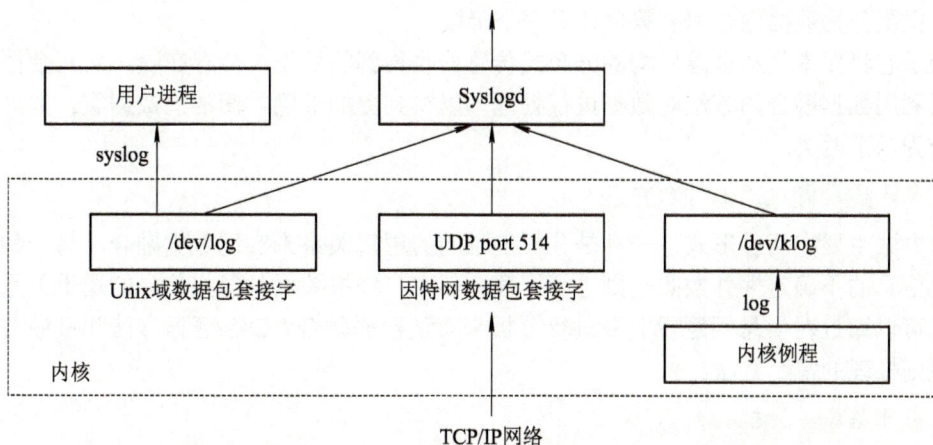

图 7-6　Unix 系统中运行 Syslog 协议流程图

2. Snmp 采集技术

Snmp 协议是一种位于应用层的简单网络管理协议，主要用于网络设备的管理，也可用于下层数据的收集。该协议简单可靠、应用方便，是目前使用最为广泛的网络管理协议。Snmp 协议主要由 Snmp 管理站和 Snmp 代理两部分组成。Snmp 管理站处于中心位置，负责接收各个 Snmp 代理所上传的数据信息，并对数据进行分析与处理。Snmp 代理分布在下层节点处，负责收集节点处的各类状态信息，如网络拓扑信息、设备运行参数、系统日志信息等，并将这些数据发送给 Snmp 管理站。

Snmp 管理站与 Snmp 代理之间使用 UDP 协议进行通信，通常由 Snmp 管理站下发管理命令，当 Snmp 代理接收到管理站所下发的命令时，根据命令报文的参数，返回 Snmp 管理站所需要的网络数据。Snmp 代理也可以使用 Snmptrap 协议主动向 Snmp 管理站发送紧急数据。Snmp 协议的交互结构如图 7-7 所示。

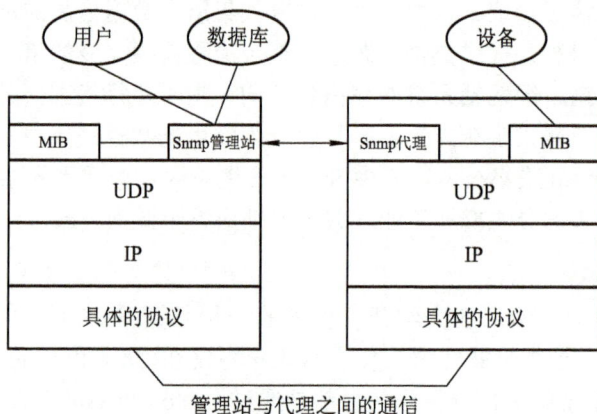

图 7-7　Snmp 协议的交互结构图

7.2.2　态势评估技术

态势评估指对提取的态势要素进行处理和分析后，对网络的整体运行状况进行评估的过程，主要分为数据融合和态势值计算两个阶段。

由于态势要素是从多源异构的分布式传感器收集到的数据，会存在噪声和冗余性，因此需要利用数据融合的方法对数据进行处理，以得到更加准确、简洁的数据集。数据融合一般分为以下两类。

1. 基于逻辑和推理的融合方法

该方法主要有两种形式，一种是分析信息间的逻辑关系来实现数据融合，另一种是模糊量化信息的不确定性并按照规则进行推理。其中，警报关联与警报信息的逻辑关系密切相关，可以通过对信息间逻辑关系进行分析来实现数据融合。D-S 证据方法和模糊逻辑是进行规则推理的常用方法。

2. 基于数学统计的融合方法

该方法主要有两种形式，一种是通过分析不同态势要素的影响来构造评估函数，一种是通过分析信息的统计特征来构造评估模型。其中，加权平均是比较典型的评估函数，通过综合考虑不同要素的重要性，可以实现对各个态势要素较为直观、全面的融合。贝叶斯网络和隐马尔可夫模型则是比较典型的评估模型。

在完成数据融合后，就可以根据相应的评估指标对网络运行状态进行态势评估。网络安全态势评估能够实现对整个网络体系安全性的度量，并且对整个网络存在的安全状况进行综合的评价，常见的评估方法有层次分析法和人工神经网络。

层次分析法 (Analytic Hierarchy Process，AHP) 作为一种涵盖多个目标和多项准则的决策方法，通过对定量分析和定性分析的综合运用，能够将复杂的态势评估过程通过分层处理的方式进行简化，并采取由下至上、先局部后整体的策略，通过逐层计算局部的、底层的态势要素的影响来分析系统整体的安全态势情况。

人工神经网络是一种由大量神经元连接所组成的运算模型，神经元的连接方式不同，组成的神经网络亦不同。由于人工神经网络有着较强的自组织、自学习和自适应能力，因此在信息处理和模式识别领域有着很大的优势，适合用于态势评估。

7.2.3　态势预测技术

态势预测是指根据态势评估得到的历史态势值，对将来一段时间网络的变化趋势进行预测的过程。态势预测对采取相应防御措施有着很大的参考价值。常见的态势预测技术有支持向量机、神经网络和时间序列预测法等 3 种。

1. 支持向量机

支持向量机 (Support Vector Machine，SVM) 的理论基础是统计学，作为一种模式识别方法，它是一类按监督学习方式对数据进行二元分类的广义线性分类器。SVM 可以实现低维空间向量向高维空间的过渡，从而借助高维线性回归来解决低维非线性回归的问题。SVM 的稳健性和稀疏性在确保可靠结果的同时降低了系统计算量和内存开销。

2. 神经网络

神经网络是一种网络态势预测方法，具有自学习、自适应性和非线性处理的特性，其结构多变，有着很好的灵活性和容错性。该方法首先利用存在时间关系的态势值作为训练样本构造神经网络模型，然后利用该模型将当前时间段的态势值作为输入，并输出未来时间的态势值，完成态势预测。

3. 时间序列预测法

时间序列预测法利用态势评估产生的非线性的态势值，通过分析遵循时间序列的历史数据的变化趋势，来寻找态势值的变化规律，并根据此规律预测未来一段时间的态势值。在预测过程中，将态势值 x 抽象为时间序列 t 的函数，即 $x=f(t)$。网络安全态势值可以看作一个时间序列，预测过程就是利用时间序列的前 M 个时刻的态势值预测出后 N 个时刻的态势值。时间序列预测法易于理解，通常结合支持向量机、神经网络等其他方法一起使用。

7.3　安全审计概述

随着日益增长的互联网安全风险，安全问题的复杂性日益加大。据中国国家计算机网络应急协调中心 CNCERT/CC 的调查结果显示，通过外部攻击获得内部信息的网络安全威胁只占网络安全威胁总数的五分之一左右，大部分的网络安全威胁由内部产生，其危害程度更甚于黑客攻击及病毒造成的损失，而这些威胁绝大部分与内部各种网络访问行为有关。

防火墙、入侵检测等传统网络安全手段，可实现对网络异常行为的监测和管理（如对网络连接和访问的合法性进行控制，以及对网络攻击事件进行监测等），但不能监控网络内容和已经授权的正常内部网络访问行为，因此对正常网络访问行为导致的信息泄密事件、网络资源滥用行为无法及时发现，也难以实现针对内容、行为的监控管理及安全事件的追查取证。

因此，如何采用一种安全手段对上述问题进行有效监控和管理显得极为重要。安全审计正是基于这样的目的而产生。对于任何一个安全体系来说，安全审计手段都是必不可少的。

7.3.1　安全审计的概念

网络安全是一个动态的过程，在为其自身业务提供高效的运营平台的同时，日趋复杂的 IT 业务系统与不同背景业务用户的行为也带给网络了潜在的威胁，如内部业务数据或重要敏感文件通过电子邮件、数据库访问、远程终端访问（TELNET、FTP 等）等方式被泄露、窃取和篡改，访问非法网站、发布非法言论等违规上网行为泛滥，严重破坏了政府、企业的信息系统安全。

安全审计（Securtiy Audit）就是对审计对象的安全运行状态进行监控审计，首先通过审计日志来记录审计对象的行为和发生的事件，然后对审计日志进行全面的分析；当发现有异常或攻击事件的时候，就会启动相应的处理程序。由于安全审计日志能够持久化保存，因此审计人员可以在异常事件发生之后，对异常行为进行还原，从而发现更多的异常行为的细节，对攻击来源进行追踪溯源。安全审计人员还可以根据审计结果，发现新的攻击行为，或是对现有的攻击行为进行更加深入的特征分析，进而调整现有的审计规则，提高审计系统的效率和准确度。此外，审计日志还可以作为证据，能够对相关违规人员进行追责。

1985 年 12 月，美国国防部发布"可信计算机系统评估标准"（TESEC），其中对信息安全审计做出了相应的规定，要求安全审计必须符合 C1 和 C2 以上的安全标准。其主要功能包括审计日志生成、审计日志分析、审计结果自动响应、审计日志浏览、审计日志存储等。

(1) 审计日志生成。该功能是针对响应事件做出记录，以供审计人员查看或是提供给后续模块对事件进行分析。该审计日志必须能够清晰描述当前记录的事件的特点，所以一般应该包含事件发生的时间、事件类型、事件标示、事件安全等级以及事件的详细描述等内容。

(2) 审计日志分析。该功能是审计系统的核心功能，主要是根据审计规则对系统活动和审计日志进行分析。审计日志分析的能力是决定审计系统对审计目标保护能力的重要条件。审计分析包括潜在攻击分析、基于模板的异常检测、简单攻击试探以及复杂攻击试探等。入侵检测技术是审计日志分析的基础。

(3) 审计结果自动响应。当安全审计系统检测到有违反安全策略的事件发生时，会做出相应的响应操作。响应一般分为报警和防御两种类型。用户可以先根据安全事件的类型、造成损失程度、紧急程度将事件分为不同的安全等级，然后再针对不同的等级做出对应的响应。安全事件经过分类以后，审计人员能够更准确地了解到当前事件的威胁程度。

(4) 审计日志浏览。安全审计的最终目的是让审计人员能够随时掌握系统的安全状况，所以记录下来的安全事件记录都需要展示给审计人员查看。但同时该审计人员必须是合法的授权用户，否则就可能导致危险产生。除此之外还需要提供查询、数据解释、删除等功能给审计人员，以方便审计人员查询、管理审计日志。

(5) 审计日志存储。审计日志具有有效性、完整性、真实性等要求，且审计日志的记录必须被存储在系统当中才能被查阅。因此审计日志需要被保护起来，不能被不法分子随意修改删除。针对审计日志的保护一般包括两种基本方法：一是数据库备份，以方便数据被破坏后能够被正确恢复；二是数据加密存储以及访问控制，用来防止数据被不法分子篡改。

7.3.2　安全审计系统的模型

安全审计系统完成对信息流的数据采集、分析、识别和资源审计。通过实时审计网络数据流，根据用户设定的安全控制策略，对受控对象的活动进行审计。它侧重于"事中"阶段。该系统综合了基于主机的技术手段，可以多层次、多手段地实现对网络的控制管理。通过多级及分布式的网络审计、管理、控制机制，全面体现了管理层对内部网关键资源的全局控制、把握和调度能力，为管理人员提供了一种审计、检查当前系统运行状态的有效手段。

安全审计系统模型

安全审计系统是一个多功能的完备系统，由多个功能不同的模块相互协同共同完成一系列简单或复杂的任务，其模型如图 7-8 所示。

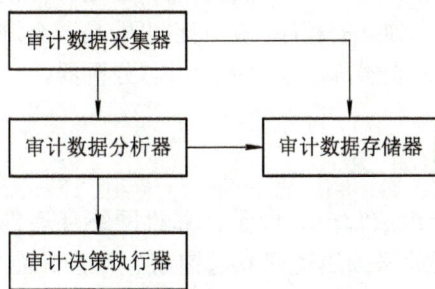

图 7-8　安全审计系统模型图

图 7-8 反映出各个审计模块之间的关系，以及它们相互协作的流程。下面分别对这些模块进行说明。

(1) 审计数据采集器。该模块是整个安全审计系统中数量最多的模块，根据类型划分可以分为主动型和被动型两种。主动型审计数据采集器先依据审计任务被部署到相应的数据采集源上，然后根据响应的安全策略对数据源进行监控，自动生成审计日志。例如网络节点上的采集器先采集数据包并分析重组数据流，然后对数据流进行安全分析，并反馈结果。被动型审计数据采集器自身不产生审计日志，而是从其他的日志文件中获取记录，并将记录统一成审计日志制定的格式。例如 SYSLOG 日志系统上的采集器就属于该种类型，它通过查阅 SYSLOG 日志，选择出符合要求的信息，重新生成审计系统设定格式的审计日志。

(2) 审计数据分析器。该模块是整个安全审计系统模型中最重要的组成部分，处于整个安全审计系统的中心，首先从数据采集器中获取审计日志，然后依据具体的审计规则，对数据进行异常行为分析，从中找出不正常的数据以及发现潜在的危险行为。事件是否是异常需要靠分析器去进行判定。在早期，安全审计系统的审计数据分析器的实现思想主要是借鉴入侵检测技术，即通过将分析数据与已有的危险事件的特征进行匹配，如果匹配程度符合判定标准，就判定为危险事件。这种方式过于单一，分析能力无法达到设计者们的期望，并且不能及时检测出特征库中没有包含的威胁事件。为了能够获得更好的分析效果，科研人员在审计领域中采用了更多的新方法，例如统计分析方法、模式预测方法、专家系统分析方法以及数据挖掘方法等。

(3) 审计数据存储器。该模块用来存储采集器采集到的数据和事件记录以及分析器鉴定之后产生的审计日志，以供审计人员查看、管理，并准确反映整个系统的安全运行状态。因为审计日志是系统运行状态的直观数据表现，所以需要保证审计日志的准确性、有效性、完整性、真实性。为了能够实现审计数据存储器的这些功能需求，研究人员将更多的安全技术应用到其中，如安全加密技术、数据完整性校验技术、来访用户访问控制技术等。

(4) 审计决策执行器。该模块也是安全审计系统的重要组成部分，如果没有该模块，其他工作将变得没有意义。该执行器的主要工作是在发生攻击事件时，能够实施拦截操作，及时阻断攻击并进行反追踪等。在现在的审计产品中，实现的功能包括：对网络攻击进行阻截，切断会话，阻止危险数据进入系统或敏感数据被私自发送出去；发现异常程序正在运行时及时关闭该程序，并予以删除。

以上四种模块共同实现了安全审计系统的功能。但这四种模块都只是逻辑实体，并不是说每一个模块就是一个完整独立的程序，它们也可能是一个进程或线程；即一个独立运行程序，可能包含审计日志采集器，也包含审计日志分析器。

▷▷ 7.3.3　安全审计的作用

安全审计是审计的一个组成部分。由于计算机网络环境的安全不仅涉及国家安危，更涉及企业的经济利益，因此必须迅速建立起国家、社会、企业三位一体的安全审计体系。其中，国家安全审计机关应该根据国家法律，特别是针对计算机网络本身的各种安全技术要求，对广域网上企业的信息安全实施年审制。另外，应该发展社会中介机构，对计算机网络环境的安全提供审计服务，能够对企业的计算机网络系统安全作出恰当的评价。

网络系统的安全与否是一个相对的概念，不存在绝对的安全。随着网络安全整体解决方案的日益增多，安全审计系统成为网络安全体系中的一个重要环节。企业客户对网络系统中的安全设备、网络设备、应用系统和运行状况进行全面的监测、分析、评估是保障网络安全的重要手段。网络安全是动态的，对已经建立的系统，如果没有实时的、集中的、可视化的审计，就不能及时准确地评估系统是否安全，并及时发现和排除安全隐患。所以安全审计系统需要集中的审计系统。在安全解决方案中，跨厂商产品的简单集合往往会存在漏洞，不利于系统的安全。当某种安全漏洞出现时，如果先需要对不同厂商的技术和产品进行人工分析，然后再综合分析，提出解决方案，则将降低对攻击的反应速度，并会潜在地增加成本。如果不能将在同一网络中的所有厂商的产品实现技术上互操作与实现集中审计，就无法有效管理和无法实现统一的安全性。安全审计系统能够对网络中的各种设备和系统进行集中的、可视的综合审计，可及时发现安全隐患，提高系统安全系数。

目前内部网络可以采用以下手段进行安全保护：对计算机操作行为进行审计控制；了解计算机局域网内部单台计算机网络的连接情况；对计算机局域网内网络数据的采集、分析、存储备案。网络安全审计系统能帮助人们对网络安全进行实时监控，及时发现整个网络上的动态，以及发现网络入侵和违规行为，并实时记录网络上发生的异常情况，是一种十分重要的增强网络安全性的手段。

7.4　安全审计的分类

网络安全审计大致可以分为流量异常审计、入侵检测审计、内容安全审计、行为安全审计。

7.4.1　网络流量异常审计

网络流量异常是指网络的流量行为偏离其正常行为的情形。在网络安全管理过程中，网络流量日志和统计分析是安全审计的基础，它们提供最原始的数据，可在已有的日志记录上进行分析和安全审计。在不影响合法用户上网的前提下，有效跟踪并且记录用户上网活动，通过日志分析的方式尽早发现用户的非法行为进而加以规范，已经成为现代互联网络管理的重要手段。流量异常审计主要内容是对网络流量日志进行实时监测和事后分析，基于规则来判断、查看是否违反已经制定的安全策略，按照预先定义的策略记录、阻断、自动报警等。

目前网络规模和速度不断增加，智能网络是下一代网络的发展方向，流量突发异常检测算法需要实时准确地分析处理海量的网络业务量数据，具有很大的挑战性。通过采用新的流量数据模型来描述网络通信量，以解决现有网络异常检测模型存在的不足成为可能，例如基于日志记录的数据挖掘网络流量异常检测及分析已得到了广泛研究。

1. 网络流量异常分类

网络流量异常是指影响网络正常运行的网络流量模式，引起网络流量异常的原因很多，如网络设备的不良运行、网络操作异常、突发访问、网络入侵等。异常流量的特点是突然发作，无先兆特征，可以在短时间内给网络或网上的计算机造成极大的危害，如由特定的攻击程序或蠕虫爆发所引起的突发流量行为等。因此准确、快速地检测网络流量的异常行为，判断引起流量异常的原因，做出准确的响应是保证网络有效运行的前提之一，也成为目前国内外学术界和工业界共同关注的热点问题之一。常见的网络流量异常分类如表 7-1 所示。

表 7-1　网络流量异常分类表

类　型	常　见　表　现
网络扫描	网络扫描是一种常见的网络异常流量，它表现为在单位时间内，同一个源访问大量不同的目标 IP 或同一 IP 的不同端口，目标 IP 通常是连续的
拒绝服务攻击（DDoS）	拒绝服务攻击通常以消耗服务器端资源，迫使服务停止响应为目标，表现为大量不同的源 IP 对同一 IP 发送数据包
网络蠕虫病毒	网络蠕虫病毒能够利用操作系统的漏洞主动传播，并且可以在局域网或者广域网内以多种方式传播。这种网络蠕虫病毒的攻击方式，除了产生大量的网络流量外，也会消耗大量的系统资源。而且这类异常流量通过局部链路上的流量测量数据很难检测到，往往需要对全网的流量特征进行分析或采用全网的流量统计分析方法进行检测
由网络故障和性能问题造成的异常	典型的网络性能异常是文件服务器故障、网络内存分页错误、广播风暴和瞬间拥塞等引发的网络流量行为的异常。另外，对网络资源的不当使用、恶意下载，也会造成网络流量异常，导致网络带宽浪费

2. 网络流量异常检测的方法

针对网络流量异常检测的方法主要有基于特征/行为的研究方法、基于统计的异常检测方法、基于机器学习的方法和基于数据挖掘的方法等。

基于特征/行为的研究方法通过在网络流量数据中查找与网络流量异常特征相匹配的模式来检测异常。因此需要分类描述网络异常的流量的特征及行为特征、构造蠕虫分类和 DDoS 攻击行为等，其缺点是无法检测出未知的攻击类型，而且需要对不断更新规则特征库。

基于统计的异常检测方法不需要事先知道网络流量异常的特征，而是需要使用时间序列的流量数据，采用统计分析技术检测异常。

上述两种方法是传统网络异常检测方法，通常是建立在对整个数据集进行等同学习的基础上的，检测结果受历史数据影响，不足以真实反映当前网络数据的行为特征。而检测网络流量异常行为是否发生，通常需要根据最近的网络行为就可以做出判断，并不依赖于整个历史数据集。另外，现有异常检测算法的时间长、空间复杂性较高，且受制于内存等系统资源的使用，难于对持续、快速到达的大规模原始网络数据进行处理，不适合进行在线检测与分析。

机器学习的方法是基于更新的信息和以前的结果来提高系统的性能。网络流量异常检测常用的机器学习技术包括基于系统调用的序列分析、贝叶斯网络、主成分分析法、马尔可夫模型等。

数据挖掘技术可以从大量审计数据中挖掘出正常或入侵性质的行为模式。

以上两种网络流量异常检测的方法是将正常的系统网络行为进行建模，检测时通过与正常模型的比较来实现网络流量异常检测，因此能有效地发现已知和未知的攻击。

3. 网络流量异常审计系统

网络流量异常审计系统是分析业务系统安全的设备，它通过对采集的网络流量进行挖掘和关联性分析，将网络流量、访问行为和业务系统的安全结合起来分析，有效帮助管理人员掌握网络资源使用情况、分析业务系统异常情况，保障业务系统的安全、稳定和高效运行。

网络流量异常审计系统采用旁路监听方式从网络中心节点采集流量信息，对网络设备和节点的流量信息和网络行为进行持续性统计和对比分析，快速发现流量和连接数的异常变化，从而发现网络行为中的异常访问操作和攻击操作，追踪和审计异常网络行为，为管理员提供报警通知和处理功能，并对网络异常行为通过联动操作等阻断措施进行处理。

一个成熟的网络流量异常审计系统需具备以下特点：

(1) 监测核心资源系统的带宽使用情况。通过对网络流量异常审计系统设备的流量识别，以及对应用系统的流量信息进行分类与合并，显示流量带宽使用情况。

(2) 通过对核心资源系统进行持续性访问统计和对比分析，绘制出核心资源系统的正常流量轮廓，及时发现流量异常变化情况。其中包括：各业务应用的流量细节；连接数、吞吐量、连接时间等按客户端节点排名情况；各业务应用系统的节点分布、时间分布、协议分布等。

(3) 通过对网络访问行为进行特定性监测，及时发现网络中对核心资源库的异常访问和攻击行为，确保针对业务系统的网络使用和访问操作符合规范。如针对 WEB 访问、文件传输、数据库操作等行为进行检测以发现可疑问题。

(4) 追踪和记录异常网络行为，提供报警处理、报表统计等功能，对异常事件进行深入分析。如针对异常数据操作的时间、节点位置、相关人员等情况的追踪和报警，定期提交应用系统的总体运行情况报告等。

7.4.2　入侵检测审计

1. 入侵检测的概念

入侵检测是指通过对安全日志、审计数据或其他网络上可以获得的信息进行操作，检测是否存在对系统的闯入或具有闯入的企图。入侵检测的作用包括检测、响应、攻击预测、损失情况评估、威慑和起诉支持等。

入侵检测通过对计算机网络或计算机系统中若干关键点收集信息并对其进行分析，从中发现网络或系统中是否有违反安全策略的行为和被攻击的迹象。

入侵检测作为一种积极主动的安全防护技术，提供了对内部攻击、外部攻击和误操作的实时保护，在网络系统受到危害之前拦截和响应入侵，能对网络进行监测而不影响网络性能，因此被认为是防火墙之后的第二道安全闸门。入侵检测通过执行以下任务来实现：监视、分析用户及系统活动；识别、反映已知进攻的活动模式并及时报警；统计分析异常行为模式；评估重要系统和数据文件的完整性；审计、跟踪、管理操作系统。

入侵检测系统一旦发现入侵行为，会及时作出响应，包括切断网络连接、记录事件和报警等。入侵检测是对防火墙的有效补充，能够帮助系统应对网络攻击，扩展了系统管理员包括安全审计、监视、进攻识别和响应处理等的安全管理能力，提高了信息安全基础结构的完整性。

为完成入侵检测任务而设计的计算机系统称为入侵检测系统 (Intrusion Detection System, IDS)。对一个成功的入侵检测系统来讲，它不但能使系统管理员及时发现网络系统 (包括程序、文件和硬件设备等）是否发生变更，还能为制订网络安全策略提供指南。此外，它的配置、管理相对简单，使非专业人员很容易获得网络安全保障。另外，入侵检测的规模应根据网络威胁、系统构造和安全需求的变化而变化。

2. 入侵检测系统的分类

入侵检测系统的分类方法很多。按数据来源和系统结构进行分类，入侵检测系统分为基于主机的入侵检测系统和基于网络的入侵检测系统；按照系统各个模块运行的分布方式进行分类，入侵检测系统分为集中式检测系统和分布式检测系统；根据数据分析方法进行分类，入侵检测系统分为误用入侵系统检测和异常入侵系统检测。以下分别加以说明。

(1) 基于主机的入侵检测系统。通常，基于主机的入侵检测系统可以检测安全记录。当文件发生变化时，入侵检测系统将新的记录条目与攻击标记进行比较，以查看是否匹配。如果匹配，系统就会向管理员报警，并及时采取相应措施。

(2) 基于网络的入侵检测系统。基于网络的入侵检测系统简称为网络入侵检测系统，数据来源为网络中的数据包。该系统通过在计算机网络中的某些点上被动地监测网络中传输的原始流量，对获取的网络数据进行处理，从中挖掘出有用的信息，与已知攻击特征相匹配或与正常网络行为原型相比较以识别相应的攻击事件。

(3) 集中式入侵检测系统。集中式入侵检测系统有多个分布在不同主机上的审计程序，但仅有一个中央入侵检测服务器。审计程序将其所在主机收集到的数据踪迹发送给中央入侵检测服务器进行分析处理。这种系统存在的缺点是：随着服务器所承载的主机数量的增多，中央入侵检测服务器进行分析处理的任务大大增加，而且一旦服务器遭受攻击，整个系统将会瘫痪。

(4) 分布式入侵检测系统。分布式入侵检测系统将中央检测服务器的任务分配给多个基于主机的 IDS，这些 IDS 不分等级，负责监控其所在主机的某些活动。因此该系统的可伸缩性、安全性都得到了明显的提高。与集中式入侵检测系统相比，分布式入侵检测系统对基于网络的共享数据量的要求较低，但维护成本却较高，并且增加了所监控主机的工作负荷，如通信机制、审计开销、踪迹分析等。

(5) 误用入侵检测系统。误用入侵检测系统是基于已知的系统缺陷和入侵模式的系统，所以又称为特征检测系统。误用入侵检测系统是对不正常的行为进行建模（这些不正常的行为是被记录下来的确认的误用和攻击），通过对系统活动的分析，发现与被定义好的攻击特征相匹配的事件或事件集合。该检测系统可以有效地检测到已知攻击，检测精度高，误报少。但需要不断更新攻击的特征库，系统灵活性和自适应性较差，存在较多漏报情况。商用入侵检测系统多采用该系统。

(6) 异常入侵检测系统。异常入侵检测系统是指能根据异常行为和使用计算机资源的情况检测出入侵的系统。该系统用定量的方式描述可以接受的行为特征，以区分非正常的、潜在的入侵行为。异常入侵检测系统是对用户的正常行为进行建模，将正常行为与用户的行为进行比较，如果二者的偏差超过了规定阈值则认为该用户存在异常行为，但异常入侵检测系统有较多的误报。大多数的异常入侵检测系统在商业入侵检测系统中应用较少。

3. 入侵检测系统的功能

入侵检测系统的功能主要有：监测并分析用户和系统的活动，查找非法用户和合法用户的越权操作；检查系统配置和漏洞，并提示管理员修补漏洞，一般由安全扫描系统完成；

评估系统关键资源和数据文件的完整性；识别已知的攻击行为，并统计分析异常行为；对操作系统日志进行管理，并识别违反安全策略的用户活动等。

典型的入侵检测系统包括审计数据收集器、审计数据过滤器和相关数据分析器三部分。入侵检测系统工作流程如图 7-9 所示。

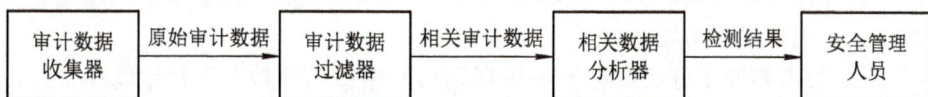

图 7-9　入侵检测系统工作流程图

▷ 7.4.3　网络信息内容安全审计

1. 网络信息内容安全的概念

网络信息内容安全是指在网络服务可用的前提下，保证网络中数据的内容符合规定的安全策略，避免数据遭到滥用，保证传输内容的安全性。网络信息内容安全方面的技术包括基于内容的防火墙技术和网络信息安全内容审计技术。近年来，除了对防火墙技术和入侵检测技术研究之外，人们把更大的力量投入到了网络信息安全内容审计技术的研究上。其主要基于以下原因：

(1) 防火墙规则基于统计分析的结果，会使误判为非法的数据包被拦截而导致网络服务不可用。另外，模式算法的高时间复杂度，会影响防火墙的转发功能。而网络信息内容安全审计采用旁路监听的方式，不影响网络的正常服务，在可用性方面强于防火墙。

(2) 危害网络安全的有害信息往往包装成合法的报文或者加载到合法的报文中间，通过合法的用户进行发布，能顺利地通过防火墙和入侵检测系统而不会受到拦截，只有通过特定的网络信息审计系统才能将其检测出来。

(3) 大多数的攻击及非法信息来自于内部，防火墙对于这些来自内部的攻击无法发挥有效的功用。

(4) 底层协议的防火墙无法保护上层协议的攻击。

(5) 采用扫描系统、防火墙和入侵检测技术对网络信息报文进行处理，在网络防护阶段事前、事中和事后的取证就必须用到审计系统。

2. 网络信息安全内容审计系统

网络信息安全内容审计 (简称 CASNI) 系统从网络中的关键点收集数据包，审计其所传送的内容，分析检查其中是否含有违反安全策略的内容，实现对网络信息内容进行可控，防止内部机密或敏感信息的非法泄漏及有害信息的传送，对非法内容、可疑行为采取对应措施，并为查证提供证据。

从技术研究的领域来看，网络信息内容安全审计技术可分为两大类：一类是基于报文结构格式的完整性及合法性进行审计的技术，例如对病毒的审查和对黑客程序的审查就属于该类审计技术；另一类就是基于报文内容的审计技术，它采用人工智能、自然语言识别技术等，对通过网络的报文内容实时进行处理和识别，凡是发现包含有害、非法信息的报文就记录其源 / 目标 IP 地址、源 / 目标端口号、服务类型、报文发布的时间、报文的内容以及有关用户的信息，并形成系统访问日志，提供给系统管理人员和有关人员进行事后审计和分析，进而采取相应的安全管理措施，包括对非法的、不健康的信息进行追查等处理。

3. 网络信息内容安全审计系统的主要功能

网络信息内容安全审计系统主要在应用层对信息内容进行分析，以便发现可疑的破坏行为，并对这些破坏行为采取相应的措施，如进行记录、报警和阻断等。网络信息内容安全审计系统主要包括以下功能：

(1) 公用信息内容安全分析。根据特征规则对网络传递的数据进行过滤和筛选，以便发现攻击信息的网页、邮件等。信息中标时应自动记录源 IP 地址、目的 IP 地址、发生时间、所在的网页（邮件）等信息。

(2) 可靠阻断。对于符合特征规则并被判定为内容不安全的数据包，可采用阻断、报警等措施防止不安全信息通过。

(3) 会话重现。分析数据包的会话特征，并基于会话对截获的数据包进行重组、拼接，并去除包头、应答、协商、重传等网络信息，以获取一条基于会话的完整记录。在会话结束后，会话的完整内容信息被传递到数据库中保存，用户可以根据需要实现会话重现。

4. 网络信息内容安全审计系统涉及的主要技术

网络信息内容安全审计系统涉及的技术包括以下两种：

(1) 网络信息内容的获取技术：研究如何在大规模网络环境中快速获取各种协议的信息内容；如何突破高速网络下内容分析与入侵检测系统发展的瓶颈。一般常用方法是提高系统的 CPU 速度和采用更多的内存。然而网络的发展速度远远超过了单个计算机硬件的发展速度，单纯提高硬件的性能已不能满足飞速发展的计算机网络的需要，因此还需要选择新的算法来应用。

(2) 网络信息内容分析还原技术：将截获的数据包还原，并分析其中的信息内容。网络信息内容分析还原系统主要工作在应用层，基于应用层的协议很多，许多新的应用协议还在不断产生，而且在同一个会话当中，往往存在多协议同时工作的情况。另外，网络信息内容分析还原时需要实现会话重现功能，通过会话重现，可以发现该信息的源头，为使用者调查取证提供依据。

7.4.4　网络行为安全审计

1. 网络行为审计的概念

网络行为审计 (Network Behavior Audit，NBA) 通过分析网络中的数据包、数据流量，借助协议分析技术或者异常流量分析技术来发现网络中出现的异常和违规行为，尤其是那些伪装成正常行为的非法行为。一些产品在对该技术扩展后，还具有网络行为控制、流量控制的功能。

网络行为审计是安全审计技术中较为重要的一种审计技术，其他安全审计技术还包括日志审计技术、本机代理审计技术、远程代理审计技术。

2. 网络行为审计的实现方式

NBA 的实现有多种方式，其中两个重要的方式如下：

(1) 基于流量分析技术的 NBA 实现方式：通过收集网络设备的各种格式的流量日志来

进行分析和审计，发现违规和异常行为。很多传统的网管厂商开始以此方式作为进入安全的切入口，而安全厂商则也较多地采用此种方式。

(2) 基于抓包协议分析技术的 NBA 实现方式：通过侦听网络中的数据包来进行分析和审计，发现异常和违规行为。传统的安全厂商多采用此方式作为进入审计领域的切入点。

3. 抓包型 NBA 产品类型说明

根据用途和部署位置的不同，抓包型 NBA 一般分为以下两种子类型。

(1) 上网审计型产品。该产品硬件设备采用旁路/串路方式部署在用户互联网出口处，通过旁路侦听、数据报文截获的方式对内部网络连接到外部网络的数据流进行采集、分析和识别，基于应用层协议还原行为和审计内容，例如针对网页浏览、网络聊天、收发邮件、P2P、网络音视频、文件传输等的审计。另外，该产品可以制定各种控制策略对网络数据进行统计分析并对网络内部用户访问互联网的行为和内容进行审计，发现用户违规行为，防止内部信息泄漏，有效提升监管内部网络用户上网行为的效率。

(2) 业务审计型产品。该产品硬件设备采用旁路侦听的方式对网络数据流进行采集、分析和识别，实现对用户操作数据库、远程访问主机和网络流量的审计。例如针对各种类型的数据库 SQL 语句、操作命令的审计，针对 Telnet、FTP、SSH、VNC、文件共享协议的审计。管理员可以指定各种控制策略，并进行事后追踪与审计取证。该系统还可对网络中重要的业务系统(主机、服务器、应用软件、数据库等)进行保护，审计所有针对业务系统的网络操作，防止针对业务系统的违规操作和行为，提升核心业务系统的网络安全保障水平，尤其是信息和数据的安全保护能力，防止信息泄漏。

以上两种不同类型的产品，从技术架构上讲是一样的，都是采用抓包引擎加管理器。但是从具体的技术细节来看，它们之间存在明显的差异，上网审计型产品的对象是用户及其上网行为，而业务审计型产品的对象是核心业务系统及其远程操作。正因为如此，它们部署的位置也有所不同：上网审计型产品应部署在互联网出口处，而业务审计型产品则应就近部署在核心业务安全域的边界，一般是核心业务系统所在的交换机处。

两种产品差异分析具体如下：

上网审计型产品的协议都是互联网上常用的应用层协议，同时，为了实现更为精确的审计，还需要进一步深入分析协议的内容。另外一个好的上网审计型产品必须要有一个巨大的、不断及时更新的协议分析库。

业务审计型产品的协议基本上都是常见的应用层协议，并且与业务系统密切相关。例如 TDS、TNS 等数据库访问协议，FTP、TELNET 协议，HTTP、企业邮箱协议(IMAP、STMP 等)，等等。对于业务审计型产品而言，协议种类相对比较固定，并且协议版本比较稳定，因而易于实现。

上网审计型产品还有一个重要的技术点就是网页分类地址库。这个地址库非常巨大，它对互联网的网址进行了分类管理，用途就在于控制某些用户可以访问哪些类别的网站，以及不能访问哪些类别的网站。而业务审计型产品的核心技术不在于复杂的协议分析，而在于协议分析之后，对生成的归一化的事件进行二次分析，即通过关联分析的技术手段，发现针对业务系统的违规行为，将事件变成真正的事件或告警。

数据库审计主要针对的是业务的核心，即数据库的审计。可以说，数据库审计是业务审计在实现功能上的子集。由于业务系统是由包括主机、网络设备、安全设备、应用系统、数据库系统等在内的多种资源有机组合而成的，因此针对业务的审计就要对构成业务系统的各个资源之间的访问行为以及业务系统之间的操作进行审计。只有通过审计的构成业务系统的各种资源的运行行为才能真正反映出系统的安全状态。

7.5 安全审计的方法

早期的安全审计主要是由人工完成的，其过程依赖于审计者的知识和经验，效率低下。随着安全审计数据量的持续增大，仅仅依靠人工进行审计已变得不切实际。为了解决这种问题，出现了如下的审计方法。

7.5.1 基于数理统计的安全审计方法

基于数理统计的安全审计方法一般是根据系统运行状态进行审计。首先通过分析总结出能够反映系统运行状态的数据参数；然后统计出系统在正常运行的情况下这些数据的波动范围，再结合相关的理论，为每一个数据指标设定一个正常的阈值范围 (这其实也是为了建立一个系统正常运行的数据模型)；最后当系统在运行时，对这些数据参数进行审计，如果发现某个或某些参数超出阈值范围，并符合之前已经制定好的产生攻击的条件，就认为当前有攻击事件发生。

基于数理统计的安全审计方法主要利用以下模型：

(1) 操作模型。该模型主要是针对那些情况单一、特征比较明显、攻击手段简单的攻击行为。这些攻击行为往往具备一个相似的特点，就是会出现不符合阈值的异常数据。利用这种模型进行安全审计不需要对收集的数据进行过多分析，只要发现某一个或多个参数超过相应的设定好的阈值时，就能认定发生了攻击事件。阈值一般是由安全审计人员经过理论论证以及统计分析来制定的。

(2) 平均值和标准差模型。该模型是以数据的平均值和标准差来衡量系统运行的度量参数。该模型设定的数据指标比较稳定。有一些系统在运行时，它的某些参数可能并不是一直处于一个比较稳定的范围，而是偶尔会出现偏差特别大的情况，但可能也属于正常情况。只有当发现大量的数据参数偏离了正常基准线的情况才会被认定为攻击。该模型就非常适合这样的系统。平均值和标准差计算公式为

$$\text{SUM} = \sum_{i=1}^{n} X_i \tag{7-1}$$

$$\text{S\_SUM} = \sum_{i=1}^{n} X_i^2 \tag{7-2}$$

$$\bar{X} = \frac{\text{SUM}}{n} \tag{7-3}$$

$$S = \sqrt{\frac{\text{S\_SUM}}{n} - \bar{X}^2} \tag{7-4}$$

(3) 多元素模型。该模型不同于以上两个模型，不是对单个数据进行判断，而是结合多个数据进行联合分析，即需要考虑多个数据参数的相互影响和联系，然后对这些数据参数进行整体分析判断。简单来说就是这些参数的变化不是孤立的，而是其中某一个参数的变化，可能引起其他参数跟着发生变化。

(4) 马尔可夫模型。该模型不是针对具体数据参数变化进行统计分析，而是着眼于系统的状态变化。系统在一个个的状态之间发生转移，马尔可夫模型通过相应的公式计算出在当前条件下系统进入到某一实际状态下的概率，如果计算出来的概率非常小，那就表示有异常发生。简单来说就是在系统正常运行的状况下，当前的条件不可能使系统进入到某一状态。

在该模型下，系统有一个状态集合 $S = \{S_1, S_2, \cdots, S_n\}$，系统在任意时刻都会处于该集合中的某一个状态。现在假设在时刻 t 的状态为 q_t，则有如下定义，即

$$a_{ij} = P[q_{t+1}=j|q_t=i] = \frac{P[q_{t+1}=j, q_t=i]}{P[q_t=i]} \tag{7-5}$$

式中 a_{ij} 是状态转移矩阵，即表示系统状态从 t 时刻的 i 状态转变为 $t+1$ 时刻的 j 状态的概率，其中 $a_{ij}>0$，$\sum_j a_{ij}=1$。

7.5.2　基于特征匹配的安全审计方法

基于特征匹配的安全审计方法主要利用规则库进行安全审计。规则库的制定就是要寻找操作事件中存在的某种特征，目的是通过匹配所有的操作找到其中符合某种特定规则的行为。基于特征匹配的安全审计方法又称作模式匹配方法。该方法根据用户的操作习惯生成规则库，将采集到的审计信息与规则库进行比较，包括关键字匹配、正则表达式等。如果匹配不成功则说明有违规操作或异常行为发生。基于特征匹配的安全审计方法在入侵检测和防火墙系统中得到了广泛应用，技术比较成熟，对违规操作的识别率较高，实时性和可扩展性都很好。

规则库制定的匹配事件特征的规则必须遵守相关语法，违反语法的规则将不能被加入到检测机制中。规则分为规则头和规则选项两个部分。规则头定义了索引、事件的类型、操作对象和事件的危险等级。例如，规则头中用的语法参数为：{Index，EventId，EventName，LocalMachineName，UserName，EventType，RiskLevel，AlertMess}。规则选项是由实际特征和已分配的优先级组成。规则选项中的实际特征部分用一个或多个关键字组成。当有多个关键字时，它们之间可以用逻辑"与"来连接。其中关键字是规则构成的重要部分，而选项关键字是规则构成的主要组成部分，用来创建事件的特征。

绝大部分的攻击或者异常都有其特征。基于特征匹配的安全审计方法就是基于这个理论基础发展起来的。这种方法首先收集攻击的各种参数，例如攻击导致的结果、攻击的入侵渠道和引起网络负载的变化等数据；然后对各参数采用建模分类、相似归纳、特殊性总结等手段，提取出攻击的特征信息；再采用合理的描述方式将特征数据化，建立攻击特征模型库；接着部署审计节点，系统会对审计对象的运行进行监督，采集审计数据；之后再将数据进行预处理，提取出数据的有效信息，进行数据建模；最后将数据模型与特征库的模型进行对比，就能判断该审计对象是否被攻击了。当发现审计对象疑似正在遭受攻击或

已经遭受过攻击，就需要采取相应的防御措施，并向审计人员报警，通知审计人员进行协助处理。该方法能够针对攻击和异常进行精确匹配，但是对于没有在特征模型库中记录过的攻击和异常，就没有办法发现了。此外，如何根据审计对象的特点设计出存储高效、快速访问的特征库，以及实现准确、快速、资源消耗小的匹配算法是需要研究的主要内容。

7.5.3　基于数据挖掘的安全审计方法

数据挖掘一般指通过机器学习、分析处理、情报检索、专家系统和模式识别等诸多方法从海量的数据中找到隐藏知识的过程。基于数据挖掘的安全审计方法采用一定的挖掘算法处理审计数据，从中建立用户行为模式，从而识别出正常行为和违规行为。基于数据挖掘的安全审计方法是一种人工智能的数据处理技术，它能够自主"学习"攻击的特征以及"记忆"攻击产生的影响，从而主动识别出攻击行为。

数据挖掘的过程通常由业务理解、数据理解、数据预处理、建模、评估、可视化表现等几个阶段组成。

(1) 业务理解。数据挖掘的前提是深入理解业务，明确业务的目标，将业务需要解决的问题转化为数据挖掘问题，并制订计划，这样才能保证后续数据挖掘的准确性。

(2) 数据理解。数据理解就是分析数据库中的业务数据，找到业务数据中存在的质量问题的过程，对于不理解的业务数据再做一次分析理解，使之能被充分利用。

(3) 数据预处理。一般来说，数据挖掘过程还包含数据转换、清洗等操作，因为在原始数据库中，数据会存在一些属性的类型、长度及格式化问题，需要按照需求进行转化后才能被有效使用。

(4) 建模。数据挖掘过程中最重要的一个环节就是数据建模。模型的选择非常重要，选择什么样的模型算法及参数设置，就决定了会得到什么样的挖掘结果。在模型算法的计算过程中，通过调节算法的参数设置可以达到结果最优的效果，最终获得合适的模型。

(5) 评估。对已经建好的模型进行评估，也就是对模型的检验操作。评估的结果将直接决定模型的适用性，在评估过程中，可以通过业务库中的数据进行验证。

(6) 可视化表现。数据挖掘成功后，需要将结果通过可视化的渠道展示给用户，以便用户可以直观地通过一些图形化界面对数据的结果进行分析，并能得出相应的结论，以对这些业务数据给出预测。

虽然采用基于数据挖掘的安全审计方法进行安全审计，其智能化能够帮助审计人员发掘出那些隐蔽性强、未被写入特征库的攻击，但是也不可避免地存在以下一些不足。

(1) 检测粒度较粗，对攻击的判定主要是基于以往的"学习经验"，所以存在较高的误报率。

(2) 需要大量的数据进行学习，且对于数据的纯度要求较高。一旦学习数据有问题，那么就会"学习"到错误知识，导致整个学习过程无效。

(3) 在训练和评估时计算复杂度过高。

7.5.4　基于神经网络的安全审计方法

基于神经网络的安全审计方法利用人工神经网络进行安全审计。人工神经网络是基于统计学理论和生物神经元理论而提出来的机器学习方法，其主要由大量的人工神经元组成。构成神经系统的基本单元是神经细胞，通常叫作生物神经元，也可称为神经元。在生物神经元功能的基础上，人工神经网络通过模拟其运作方式建立起了类似神经元进行信息处理的数据模型。

在人工神经元的基础上，通过将大量的人工神经元相连接可构成人工神经网络模型。人工神经网络模型一般由输入层、隐藏层和输出层组成，如图 7-10 所示。

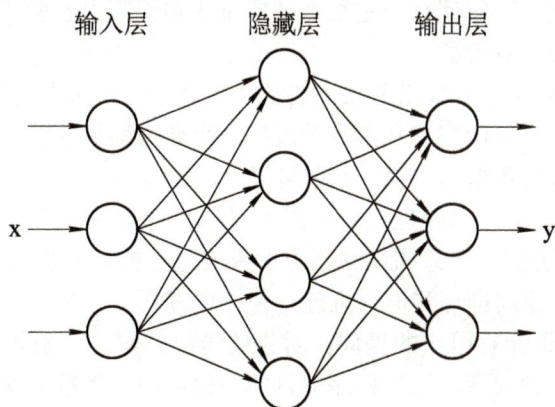

图 7-10　人工神经网络模型

人工神经网络的构建一般是由设计者事先规划好的。因为在模型训练的过程中转化函数是无法改变的，所以要想使模型达到最好的输出值，只能通过改变加权求和的输入值。又因为人工神经元的信号处理对象只能是网络的输入信号，所以只能通过修改网络的权重参数达到对加权输入值的改变，即人工神经网络模型的优化学习过程就是对权值矩阵的更新以达到最低的模型损失值。

离线学习和在线判断组成了人工神经网络的工作过程。在学习的过程中，对各人工神经元进行权重参数调整，实现非线性映射关系，以及通过不同的学习规则拟合以达到理想的训练精度。在在线判断阶段，人工神经网络采用训练好的网络模型对新的数据进行计算并输出。目前人工神经网络的学习规则包含了多种算法，其中的学习规则就是人工神经网络权重的更新算法，可以分为监督学习和无监督学习，以及联想式学习和非联想式学习等。

由大批处理单元彼此连接组成的人工神经网络，是一个自适应的信息系统。此系统应用于安全审计领域时，具有能检测出未知攻击的能力，并具有进行量化统计分析的优点，但是也存在一定的问题，如不提供对异常行为事件的解释，无法进行追责等。

▷ 7.5.5　基于专家系统的安全审计方法

专家系统最早起源于 20 世纪 60 年代，是人工智能的重要分支之一，它将领域专家的知识经验和大量资料数据转化为计算机能够识别的规则公式或者逻辑语言，并储存于知识库中，利用推理机制模仿人类专家对问题进行智能化处理。由于专家系统具有计算速度快、专业性强、可靠性高、易于维护等特点，在各领域都得到了推广应用。

在人工智能领域，专家系统用来模拟人类专家的决策能力，被设计为通过推理知识来解决复杂的问题。专家系统是第一批真正成功的人工智能软件，一般分为知识库和推理机两个子系统。其中知识库代表事实和规则，而推理机则将规则应用于已知事实和规则，并将规则应用于已知事件以推断新事件。

基于专家系统的安全审计方法由审计专家知识库、资料数据库、推理模块、解释接口模块、知识获取模块、人机交互模块等组成。

(1) 审计专家知识库主要用来存储从相关领域专家和资料数据获取的知识规则，用来模拟专家大脑内的专业知识。由于专家系统的问题求解过程需要运用专家提供的专门知识来模拟专家的思维方式，因此拥有一定数量和质量的知识库内容就成为系统性能和问题求解能力能否符合要求的关键因素。

(2) 资料数据库用来保存大量相关领域的综合数据，可以从中提取重要的知识、规律。资料数据库的构建是一个逐渐完善和丰富的过程，可通过知识获取模块手动或自动学习知识、规则，不断健全资料数据库，提升系统可靠性。

(3) 推理模块模仿人类专家处理问题的思维过程，依据知识库中存储的专家经验、规则等，按照一定的逻辑规则、推理策略对已有的事实进行推理分析，得出问题的产生因素，一般可分为正向推理、逆向推理和混合推理三种推理方式。

(4) 解释接口模块是针对用户的提问，对系统给出的结论、求解过程以及系统当前的求解状态提供说明的一种程序。这种程序的目的是便于用户理解系统的问题求解，以增加用户对求解结果的认知和信任程度。

(5) 知识获取模块是在知识库中建造一种自动获取专门知识的程序，这种程序能部分替代知识工程师以实现专家系统的自学习，进而不断完善资料数据库的内容。

(6) 人机交互模块服务于用户、领域专家或系统维护人员等，用户可通过该模块输入已有的事实，系统推理诊断后将分析结果进行展示。它能将专家或用户输入的信息翻译为系统可接受的内部形式，也可把系统向专家或用户输出的信息转换成其易于理解的外部形式。

习　　题

1. 网络安全态势感知模型有哪三种经典模型？
2. 简述工业控制系统态势感知模型结构层次划分。
3. 在态势感知数据采集技术中可以采用哪两种方式？
4. 简述审计系统模型的组成。
5. 简述网络安全审计技术的分类。
6. 简述网络流量异常检测的方法。
7. 说明网络信息内容安全审计的主要功能。
8. 简述基于数据挖掘的安全审计方法。

第8章 | 工业控制系统安全综合应用

本章主要介绍西门子 S7-200 SMART PLC 的应用、西门子 WinCC flexible SMART 的应用、工业控制防火墙防护系统的应用和工业控制安全审计防护系统的应用。

8.1 西门子 S7-200 SMART PLC 的应用

8.1.1 西门子 S7-200 SMART PLC 的硬件

S7-200 SMART PLC 是西门子公司针对中国市场研发的高性价比、小型 PLC。S7-200 SMART PLC 的硬件主要有 CPU 模块、数字量扩展模块、模拟量扩展模块及信号板等。S7-200 SMART PLC 系列不仅提供了多种型号的 CPU 和扩展模块，能够满足各种配置要求，而且 CPU 内部还集成了高速计数器、PID 和运动控制等功能，满足了广大用户的控制要求。

1. CPU 模块

CPU 模块由微处理器、集成电源与数字量输入 / 输出单元等组成。这些组成单元都被紧凑地安装在一个独立的装置中。

S7-200 SMART PLC 有标准型和经济型两种不同类型的 CPU 模块。标准型 CPU 可以连接扩展模块，适用于 I/O 规模较大、逻辑控制较为复杂的应用场合；经济型 CPU 不能连接扩展模块，通过主机本体满足相对简单的控制要求。CPU 具有以下接口及指示灯：

以太网通信接口用于程序下载，以及与触摸屏、计算机和其他西门子 PLC 进行通信。

以太网通信指示灯用于显示以太网的通信状态，有 LINK 和 RX/TX 两种状态。

运行状态指示灯显示 PLC 的工作状态，有运行、停止和报错三种状态。PLC 在停止状态时不执行程序，可进行程序的编写、上传和下载；PLC 在运行状态时执行用户程序，也可对程序进行编辑与下载；PLC 在报错状态时表示系统发生故障，PLC 停止运行。

RS-485 通信接口用于串口通信，如 Modbus 通信、USS 通信和自由口通信等，可通过该接口与触摸屏、仪表、变频器等进行通信。

信号板可扩展通信端口、数字量输入 / 输出、模拟量输入 / 输出及电池板，同时不占用电控柜空间。

扩展模块接口用于连接扩展模块，采用插针式连接，使模块连接更加紧密。

数字量输入 / 输出接线端子用于信号采集和输出，均可拆卸，其接线端子的状态由数字量输入 / 输出指示灯显示。

通用 Micro SD 卡接口用于格式化 PLC、PLC 固件更新以及程序移植。

2. 数字量扩展模块

数字量扩展模块有数字量输入模块、数字量输出模块和数字量输入 / 输出模块三种，主要型号包括 EM DE08、EM DT08、EM DR08、EM DE16、EM DT16、EM DR16、EM QT16、EM QR16、EM DT32、EM DR32 等。

数字量输入模块的每一个输入点可接收一个来自用户设备的表示通断的离散信号，典型的输入设备有按钮、选择开关、限位开关和继电器触点等。每个输入点仅与一个输入电路相连，通过输入接口电路把现场开关信号变成 CPU 能接收的标准电信号。

数字量输出模块的每一个输出点都能控制一个用户的离散型负载。典型的负载包括继电器线圈、接触器线圈、电磁阀线圈和指示灯等。每一个输出点仅与一个输出电路相连，通过输出电路把 CPU 运算处理的结果转换成驱动现场执行机构的各种大功率的开关信号。

数字量输入 / 输出模块上可接入数字量输入信号和数字量输出信号，因此使 I/O 配置更加灵活。

3. 模拟量扩展模块

模拟量扩展模块有模拟量输入模块、模拟量输出模块和模拟量输入 / 输出模块。

模拟量输入模块 EM AE04 具有 4 个模拟量输入通道，分别为通道 0、通道 1、通道 2、通道 3。每个模拟量输入占用存储器 AI 区域 2 B，且输入值为只读数据。模拟量输入模块的分辨率通常以 A/D 转换后的二进制位数来表示。对于 EM AE04 模块，电压模式的分辨率为 12 位 + 符号位，电流模式的分辨率为 12 位。单极性满量程对应的数字量范围为 0～27 648，双极性满量程对应的数字量范围为 −27 648～27 648。

模拟量输出模块 EM AQ02 具有两个模拟量输出通道，即通道 0 和通道 1。每个模拟量输出占用存储器 AQ 区域 2 B。模拟量输出模块的分辨率通常以 D/A 转换前待转换的二进制数字量的位数来表示。电压模式的分辨率为 11 位 + 符号位，电流模式的分辨率为 11 位。

模拟量输入 / 输出模块 EM AM03 具有两个模拟量输入和 1 个模拟量输出，EM AM06 具有 4 个模拟量输入和两个模拟量输出。该模块的输入 / 输出特性和外部端子接线分别与 EM AE04、EM AQ02 模块相同。

4. 信号板

S7-200 SMART PLC 有 SB DT04、SB AE01、SB AQ01、SB CM01 和 SB BA01 5 种信号板。

SB DT04 信号板扩展两路数字量输入 (漏型输入) 和两路数字量输出 (晶体管输出)。

SB AE01 信号板扩展 1 路模拟量输入，可输入电压或电流信号。该模拟量输出占用存储器 AI 区域 2 B。

SB AQ01 信号板扩展 1 路模拟量输出，输出电压或电流。该模拟量输出占用存储器 AQ 区域 2 B。

SB CM01 信号板提供 RS232 或 RS485 串行通信端口，在组态和使用时只能选择其中一种，可通过编程软件选择通信端口的类型。不同的通信端口，模块的外部端子接线则不相同。

SB BA01 为电池信号板，使用纽扣电池，能保持实时时钟运行大约一年。

▷ 8.1.2　西门子 S7-200 SMART PLC 的程序结构与数据寻址

1. 程序结构

S7-200 SMART PLC 的用户程序一般包括一个主程序、若干个子程序和若干个中断程序。

主程序 (OB1) 是用户程序的主体，每一个项目都必须有且只有一个主程序。CPU 在每个扫描周期都要执行一次主程序。在主程序中可以调用子程序，子程序又可以调用其他子程序。S7-200 SMART STEP 7-Micro/WIN SMART 软件在程序编辑窗口里为每个 POU(程序组成单元) 提供一个独立的页。主程序总是第 1 页，后面则是子程序和中断程序。

子程序是用户程序的可选部分，只有被其他程序调用时，才能够执行。在重复执行某项功能时，使用子程序是非常有用的。同一子程序可以在不同的地方被多次调用。合理使用子程序，可以优化程序结构，减少扫描时间。

中断程序用来及时处理与用户程序的执行时序无关的操作，或者用来处理不能事先预测何时发生的中断事件。中断程序不是由主程序调用的，而是当中断事发生时，由 PLC 的操作系统调用。中断程序由用户编写，也是用户程序的可选部分。

可以通过 STEP 7-Micro/WIN SMART 编程软件的程序编辑窗口下部的选项卡来选择主程序、子程序或中断程序进行编辑。因为各个程序已分别编辑，所以各程序结束时无须加入无条件结束指令或无条件返回指令。

一个梯形图程序由若干个程序段组成。程序段是 S7-200 SMART PLC 编程软件中的一个特殊标记，是实现一定功能的最小的、独立的逻辑块。编辑器在程序段的左边自动地按顺序给程序段编号，如 1、2、3 等。触点、线圈或功能框等可组成一个程序段。一个程序段只能包含一个独立的逻辑块，否则无法编译成功。功能块图和语句表程序也使用程序段给程序进行分段。

使用 STEP 7-Micro/WIN SMART 编程软件中的梯形图、功能块图和语句表编辑器，均可以程序段为单位对程序进行注释，并可添加一个总标题，以增加程序的可读性。

只需将梯形图、功能块图或语句表按照程序段进行程序分段后，就可以通过编程软件实现不同编程语言之间自动的相互转换。

2. 数据类型

S7-200 SMART PLC 的基本数据类型有布尔型 (BOOL)、无符号字节 (BYTE)、无符号字 (WORD)、无符号双字 (Double WORD，DWORD)、有符号整型 (Integer，INT)、有符号双字整型 (Double Integer，DINT)、实数型 (REAL) 和字符串型 (STRING)。不同的数据类型具有不同的数据长度和数值范围，如表 8-1 所示。

数据类型为 STRING 的字符串由若干个 ASCII 码字符组成，字符串的第一个字节定义字符串的长度 (0～254)，即字符数，后面的每一个字符占 1 B。变量字符串最多为 255 B(长度字节加上 254 个字符)。

表 8-1　S7-200 SMART PLC 的数据类型及范围

基本数据类型	数据的位数	十进制数范围	十六进制数范围
布尔型 (BOOL)	1	0,1	
无符号字节 (BYTE)	8	0～255	16#00～16#FF
无符号字 (WORD)	16	0～65 535	16#0000～16#FFFF
无符号双字 (DWORD)	32	$0\sim(2^{32}-1)$	16#00000000～16#FFFFFFFF
有符号整型 (INT)	16	−32 768～32 767	16#8000～16#7FFF
有符号双字整型 (DINT)	32	$-2^{31}\sim(2^{31}-1)$	16#80000000～16#7FFFFFFF
实数型 (REAL)	32	$\pm1.175495E-38\sim\pm3.402823E+38$	

3. 存储区类型

存储区分为以下几种类型：

(1) I(过程映像输入) 存储器。CPU 在每次扫描周期开始时对物理输入点采样，然后将采样值写入过程映像输入寄存器。用户可以按位、字节、字或双字来访问过程映像输入寄存器。

(2) Q(过程映像输出) 寄存器。扫描周期结束时，CPU 将存储在过程映像输出寄存器的值传送到物理输出点。用户可以按位、字节、字或双字来访问过程映像输出寄存器。

(3) V(变量) 存储器。可以使用变量存储器存储程序执行过程中控制逻辑操作的中间结果。也可以使用变量存储器存储与过程或任务相关的其他数据。可以按位、字节、字或双字访问变量存储器。

(4) M 存储器 (标志存储区)。可以将标志存储区 (M 存储器) 用作内部控制继电器来存储操作的中间状态或其他控制信息。可以按位、字节、字或双字访问标志存储区。

(5) T(定时器) 存储器。CPU 提供的定时器能够以 1 ms、10 ms 或 100 ms 的精度累计时间。定时器有两个变量：一个是当前值为 16 位的有符号整数，可存储定时器计数的时间量；另一个是定时器位，用来比较当前值和预设值，可置位或清除该位，预设值包含在定时器指令中。可以使用定时器地址 (T + 定时器地址) 访问这两个变量。访问定时器位还是当前值取决于所使用的指令，如果指令带位操作数则会访问定时器位，如果指令带字操作数则会访问当前值。

(6) C(计数器) 存储器。CPU 提供 3 种类型的计数器：对输入计数器的每一个由低到高的跳变事件进行计数；仅向上计数或仅向下计数；既可向上，也可向下计数。计数器有两个变量：一个是当前值为 16 位的有符号整数，用于存储累加的计数值；另一个是计数器位，用来比较当前值和预设值，可置位或清除该位，预设值包含在计数器指令中。可以使用计数器地址 (C + 计数器地址) 访问这两个变量。访问计数器位还是当前值取决于所使用的指令，如果指令带位操作数则会访问计数器位，如果指令带字操作数则会访问当前值。

(7) HC(高速计数器) 存储器。高速计数器独立于 CPU 的扫描周期对高速事件进行计数。高速计数器有一个有符号 32 位的整数计数值 (或当前值)。要访问高速计数器的计数值，需要利用存储器类型 (HC) 和计数器地址来确定高速计数器的地址。高速计数器的当前值是只读值，仅可作为双字 (32 位) 来寻址。

(8) AC(累加器) 存储器。累加器是可以像存储器一样使用的读 / 写器件。例如，可以使用累加器向子程序传递参数或从子程序返回参数，并可存储计算过程中使用的中间值。CPU 提供了 4 个 32 位累加器 (AC0、AC1、AC2 和 AC3)，可以按字节、字或双字访问累加器中的数据。被访问的数据大小取决于访问累加器使用的指令。当以字节或字的形式访问累加器时，使用的是数值的低 8 位或低 16 位。当以双字的形式访问累加器时，使用的是数值的全部 32 位。

(9) SM 位 (特殊存储器)。SM 位提供了在 CPU 和用户程序之间传递信息的一种方法。可以使用这些位来选择和控制 CPU 的某些特殊功能，例如在第一个扫描周期接通的位、以固定速率切换的位或显示数学或运算指令状态的位。可以按位、字节、字或双字访问 SM 位。

(10) L(局部存储区) 存储器。在局部存储器栈中，CPU 为每个 POU 提供 64 个字节的 L 存储器。POU 相关的 L 存储器地址仅可由当前执行的 POU(主程序、子程序或中断程序) 进行访问。当执行中断程序和子程序时，L 存储器栈用于保留暂停执行的 POU 的 L 存储器值，这样另一个 POU 就可以执行。之后，暂停的 POU 可通过在为其他 POU 提供执行控制之前就存在的 L 存储器的值恢复执行。

(11) AI(模拟量输入) 存储器。CPU 将模拟量值 (如温度或电压) 转换为一个字长度 (16 位) 的数字值后，可以通过区域标识符 (AI)、数据大小 (W) 以及起始字节地址访问这些值。由于模拟量输入为字，并且总是从偶数字节 (例如 0、2 或 4) 开始，因此必须使用偶数字节地址 (例如 AIW0、AIW2 或 AIW4) 访问这些值。另外模拟量输入值为只读值。

(12) AQ(模拟量输出) 存储器。CPU 将一个字长度 (16 位) 的数字值按比例转换为电流或电压值后，可以通过区域标识符 (AI)、数据大小 (W) 以及起始字节地址写入这些值。由于模拟量输出为字，并且总是从偶数字节 (例如 0、2 或 4) 开始，因此必须使用偶数字节地址 (如 AQW0、AQW2 或 AQW4) 写入这些值。另外模拟量输出值为只写值。

(13) S 存储器 (顺序控制继电器)。S 存储器与 SCR 关联，可用于将机器或步骤组织到等效的程序段中，并可使用 SCR 实现控制程序的逻辑分段。可以按位、字节、字或双字访问 S 存储器。

4. 寻址方式

S7-200 SMART PLC 的寻址方式有立即寻址、直接寻址和间接寻址 3 种方式。

1) 立即寻址

指令直接给出操作数，操作数紧跟在操作码后面，在取出指令的同时取出操作数，即为立即寻址。立即寻址方式可用来提供常数、设置初始值等。例如，"MOVD 200，VD100"指令的功能就是将十进制常数 200 传送到 VD100 单元，其中 200 是源操作数，也是立即数。指令中的立即数常使用常数，常数值可包括字节、字和双字等类型。此种寻址方式就是立即寻址方式。

2) 直接寻址

指令中直接给出操作数地址的寻址方式称为直接寻址。操作数的地址应按规定的格式表示，如采用位地址寻址方式或字节、字、双字地址寻址格式。使用直接寻址时一般必须指出数据存储区的区域或编程元件名称、数据长度及起始地址。例如，"MOVD VD200，

VD100"指令为双字寻址，该指令功能是将起始地址为 200 的 V 变量存储器中的双字数据传送到起始地址为 100 的 V 变量存储器中，指令中源操作数的数值并未在指令中给出，而是给出了操作数存放的地址 VD200，寻址时要到 VD200 中寻找操作数，即操作数在地址 VB200、VB201、VB202、VB203 中。

PLC 存储区中一些编程元件在访问时不用指出它们的字节地址，而是在区域标识符后直接写出其编号。这类元件包括定时器、计数器、高速计数器和累加器，如 T37、C0、HC1 和 AC0 等。其中，T 和 C 的地址编号均包含两个含义，如 C0，既表示计数器的当前值，又表示计数器的位状态信息。

3) 间接寻址

间接寻址在指令中给出的不是操作数的值或者操作数的地址，而是给出了存放操作数地址的存储单元的地址。存储单元的地址又称为指针。间接寻址常用于循环程序和查表程序。可以使用指针进行间接寻址的存储器有 I、Q、V、M、S、T(仅当前值) 和 C(仅当前值)。间接寻址不可以访问单个位地址、HC、L 存储器和累加器。

使用间接寻址之前，应创建一个指针。指针为双字存储单元，用来存放要访问的存储器的地址，只能用 V、L 或累加器作指针。建立指针时，用双字传送指令 MOVD 将需要间接寻址的存储器地址送到指针中，例如"MOVD &VB100，AC1"。其中 &VB100 是 VB100 的地址，而不是 VB100 中的值。

用指针访问数据时，操作数前加"*"号，表示该操作数为一个指针。例如，指令"MOVW*AC1，AC0"中，AC1 就是一个指针，*AC1 则是 AC1 所指的地址中的数据。

用指针访问相邻的下一个数据时，因为指针是 32 位数据，应使用双字指令来修改指针值，例如双字加法指令 ADDD 或双字递增指令 INCD。修改时需要调整存储器地址对应的字节数，访问字节时，指针值加 1，访问字时，指针值加 2，访问双字时，指针值应该加 4。

8.1.3 西门子 S7-200 SMART PLC 的基本指令

1. 位逻辑指令

1) 触点指令

(1) LD 指令。LD(LoaD) 指令称为初始装载指令，其梯形图与语句表如图 8-1 所示，由常开触点和其位地址构成。语句表包括操作码"LD"和常开触点的位地址。LD 指令的功能为：常开触点在其线圈没有能流流过时，触点是断开的 (触点的状态为 OFF 或 0)；线圈有能流流过时，触点是闭合的 (触点的状态为 ON 或 1)。

(2) LDN 指令。LDN(LoaD Not) 指令称为初始装载非指令，其梯形图和语句表如图 8-2 所示。LDN 指令与 LD 指令的区别是常闭触点在其线圈没有能流流过时，触点是闭合的 (触点的状态为 OFF 或 0)；当其线圈有能流流过时，触点是断开的 (触点的状态为 ON 或 1)。

图 8-1 LD 指令梯形图与语句表　　图 8-2 LDN 指令梯形图与语句表

(3) A 指令。A(And) 指令又称与指令，其梯形图与语句表如图 8-3 所示，由串联常开触点与其位地址组成。语句表包括操作码"A"和位地址。当 I0.0 和 I0.1 常开触点都接通时，线圈 Q0.0 才有能流流过，当 I0.0 或 I0.1 常开触点有一个不接通或都不接通时，线圈 Q0.0 就没有能流流过，I0.0 和 I0.1 的触点状态"与"运算的结果决定了线圈 Q0.0 是否有能流流过。

(4) AN 指令。AN(And Not) 指令又称与非指令，其梯形图与语句表如图 8-4 所示，由串联常闭触点和其位地址组成。语句表包括操作码"AN"和位地址。AN 指令和 A 指令的区别为串联的是常闭触点，而不是常开触点。

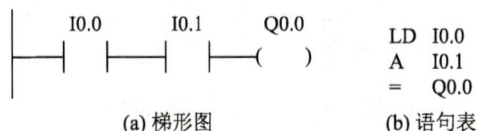

I0.0　　I0.1　　Q0.0　　　　　LD I0.0
　　　　　　　　　　　　　　　A I0.1
　　　　　　　　　　　　　　　= Q0.0

(a) 梯形图　　　　　(b) 语句表

图 8-3　A 指令梯形图与语句表

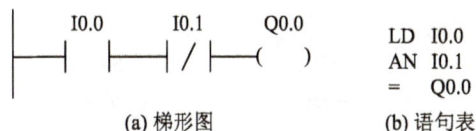

I0.0　　I0.1　　Q0.0　　　　　LD I0.0
　　　　　　/　　　　　　　　AN I0.1
　　　　　　　　　　　　　　　= Q0.0

(a) 梯形图　　　　　(b) 语句表

图 8-4　AN 指令梯形图与语句表

(5) O 指令。O(Or) 指令又称或指令，其梯形图与语句表如图 8-5 所示，由并联常开触点和其位地址组成。语句表包括操作码"O"和位地址。当 I0.0 和 I0.1 常开触点只要有一个接通时，线圈 Q0.0 就有能流流过，当 I0.0 和 I0.1 常开触点都未接通时，线圈 Q0.0 则没有能流流过，I0.0 和 I0.1 的触点状态"或"运算的结果决定了线圈 Q0.0 是否有能流流过。

(6) ON 指令。ON(Or Not) 指令又称或非指令，其梯形图与语句表如图 8-6 所示，由并联常闭触点和其位地址组成。语句表包括操作码"ON"和位地址。ON 指令和 O 指令的区别为并联的是常闭触点，而不是常开触点。

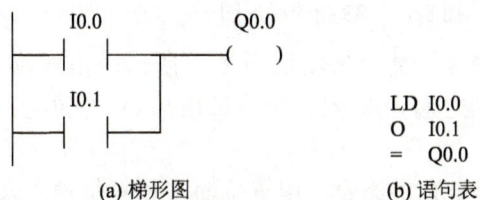

I0.0　　　　　Q0.0
　　　　　　　( )
I0.1　　　　　　　　　　LD I0.0
　　　　　　　　　　　O I0.1
　　　　　　　　　　　= Q0.0

(a) 梯形图　　　　(b) 语句表

图 8-5　O 指令梯形图与语句表

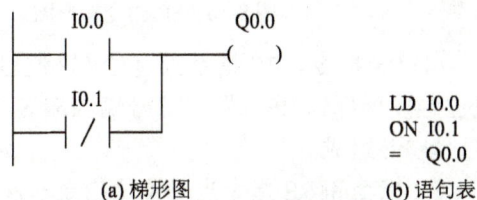

I0.0　　　　　Q0.0
　　　　　　　( )
I0.1　　　　　　　　　　LD I0.0
　/　　　　　　　　　　ON I0.1
　　　　　　　　　　　= Q0.0

(a) 梯形图　　　　(b) 语句表

图 8-6　ON 指令梯形图与语句表

2) 输出指令

输出指令在位逻辑指令中又称线圈驱动指令，其梯形图与语句表如图 8-7 所示，由线圈和位地址构成。线圈驱动指令的语句表由操作码"="和线圈位地址构成。

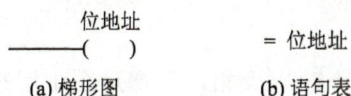

位地址
───( )　　　　　= 位地址

(a) 梯形图　　　　(b) 语句表

图 8-7　输出指令梯形图与语句表

输出指令是根据前面各逻辑运算的结果由能流控制线圈，从而使线圈驱动的常开触点闭合，常闭触点断开。

3) S、R、SR 和 RS 指令

(1) S 指令。S(Set) 指令也称置位指令，其梯形图与语句表如图 8-8 所示，由置位线圈、置位线圈的位地址 (bit) 和置位线圈数目 (N) 构成。语句表包括置位操作码 S(Set)、置位线

圈的位地址 (bit) 和置位线圈数目 (N)。置位指令 S(Set) 用于将指定的位地址开始的 N 个连续的位地址置位 (变为 ON)，N = 1～255。

(2) R 指令。R(Reset) 指令又称复位指令，其梯形图与语句表如图 8-9 所示，由复位线圈、复位线圈的位地址 (bit) 和复位线圈数目 (N) 构成。语句表包括复位操作码 R(Reset)、复位线圈的位地址 (bit) 和复位线圈数目 (N)。复位指令 R(Reset) 用于将指定的位地址开始的 N 个连续的位地址复位 (变为 OFF)，N = 1～255。置位指令与复位指令最主要的特点是有记忆和保持功能。如果被指定复位的是定时器 (T) 或计数器 (C)，则将清除定时器 / 计数器的当前值，它们的位被复位为 OFF。

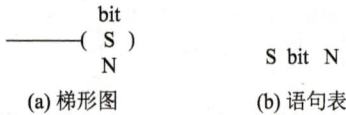

图 8-8   S 指令梯形图与语句表   图 8-9   复位指令梯形图与语句表

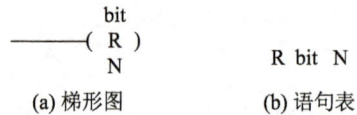

(3) SR 指令。SR 指令为置位 / 复位触发器指令，其梯形图如图 8-10 所示，由置位 / 复位触发器标识标 SR、置位信号输入端 S1、复位信号输入端 R、输出端 OUT 和控制位地址 bit 组成。

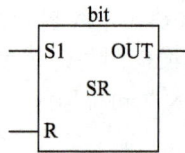

图 8-10   SR 指令梯形图   图 8-11   RS 指令梯形图

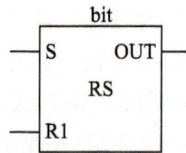

(4) RS 指令。RS 指令为复位 / 置位触发器指令，其梯形图如图 8-11 所示，由复位 / 置位触发器标识 RS、置位信号输入端 S、复位信号输入端 R1、可选输出端 OUT 和控制位地址 bit 组成。

SR 指令和 RS 指令当于置位指令 S 和复位指令 R 的组合，用置位输入和复位输入来控制方框上的控制位地址。可选的 OUT 连接反映了方框上面控制位地址的信号状态。置位输入和复位输入均为 OFF 时，控制位地址的状态不变。置位输入和复位输入只有一个为 ON 时，为 ON 的起作用。SR 触发器的置位信号 S1 和复位信号 R 同时为 ON 时，控制位地址被置位为 ON。RS 触发器置位信号 S 和复位信号 R1 同时为 ON 时，控制位地址被复位为 OFF。

4) 取反指令

取反 (NOT) 指令能够使触点输出反相，在梯形图中用来改变能流的状态。取反触点左端逻辑运算结果为 1 时，即有能流输入时，触点断开能流，反之能流可以通过。其梯形图和语句表如图 8-12 所示。

图 8-12   取反指令梯形图与语句表

用法：NOT (NOT 指令无操作数)

5) 跳变指令

(1) EU 指令。EU(Edge Up) 指令为上升沿检测指令，也称为正跳变指令。其梯形图如图 8-13(a) 所示，由常开触点加上升沿检测指令标识 "P" 组成；其语句表如图 8-13(b) 所示，由上升沿检测指令操作码 "EU" 构成。

(2) ED 指令。ED(Edge Down) 指令为下降沿检测指令，也称为负跳变指令。其梯形图如图 8-14(a) 所示，由常开触点加下降沿检测指令标识 "N" 组成；其语句表如图 8-14(b) 所示，由下降沿检测指令操作码 "ED" 构成。

| ——|P|—— | EU | ——|N|—— | ED |
| (a) 梯形图 | (b) 语句表 | (a) 梯形图 | (b) 语句表 |

图 8-13　EU 指令梯形图与语句表　　　　图 8-14　ED 指令梯形图与语句表

EU 指令检测到触点正跳变时 (触点的输入信号由 0 变为 1 时)，或 ED 指令检测到触点负跳变时 (触点的输入信号由 1 变为 0 时)，触点接通一个扫描周期。S7-200 SMART PLC 支持在程序中使用 1024 条 EU 或 ED 指令。

EU 和 ED 指令用来检测状态的变化，可以用来启动一个控制程序，以及启动一个运算过程或结束一段控制运行等。

使用跳变指令时应该注意以下几点：

(1) EU、ED 指令无操作数。

(2) EU 和 ED 指令不能直接与左线相连，必须接在常开或常闭触点之后。

(3) 当条件满足时，EU 和 ED 指令的常开触点只能接通一个扫描周期，接受控制的元件应接在这一触点之后。

6) 立即指令

立即指令允许对输入和输出点进行快速和直接存取。当用立即指令读取输入点的状态时，相应的输入映像寄存器中的值并未发生更新；当用立即指令访问输出点时，相应的输出寄存器的内容也被刷新。只有输入继电器 I 和输出继电器 Q 可以使用立即指令。

(1) 立即触点指令。立即触点指令是在每个标准触点指令的后面加 "I(Immediate)"。指令执行时，立即读取物理输入点的值，但不更新对应映像寄存器的值。

立即触点指令包括：LDI、LDNI、AI、ANI、OI、ONI。以 LDI 指令为例，其用法和举例如下：

用法：LDI　bit

举例：LDI　I0.0

(2) =I：立即输出指令。用立即输出指令访问输出点时，栈顶值立即被复制到指令所对应的物理输出点，同时相应的输出映像寄存器中的内容也被更新。

用法：=I　bit　　　// bit 只能为 Q 类型

举例：=I　Q0.0

(3) SI：立即置位指令。用立即置位指令访问输出点时，从指令所指出的位 (bit) 开始的 N 个 (最多 128 个) 物理输出点被立即置位，同时相应的输出映像寄存器中的内容也被更新。

用法：SI　bit，N　　// bit 只能为 Q 类型

举例：SI Q0.0，1

N 可以为 VB、IB、QB、MB、SMB、LB、SB、AC、*VD、*AC、*LD 或常数。

(4) RI：立即复位指令。用立即复位指令访问输出点时，从指令所指出的位 (bit) 开始的 N 个 (最多 128 个) 物理输出点被立即复位，同时相应的输出映像寄存器中的内容也被更新。

用法：RI bit，N　　// bit 只能为 Q 类型

举例：RI Q0.0，1

N 可以为 VB、IB、QB、MB、SMB、LB、SB、AC、*VD、*AC、*LD 或常数。

2. 定时器指令

定时器指令是 PLC 的重要指令，S7-200 SMART PLC 中共有 3 种定时器指令，即接通延时定时器指令 (TON)、断开延时定时器指令 (TOF) 和带有记忆接通延时定时器指令 (TONR)。S7-200 SMART PLC 提供了 256 个定时器，定时器编号为 T0～T255，各定时器的特性见表 8-2 所示。定时器有 1 ms、10 ms 和 100 ms 三种分辨率，分辨率取决于定时器的地址。输入定时器地址后，在定时器方框的右下角内将会出现定时器的分辨率。

表 8-2　定时器的特性

指令类型	分辨率 /ms	定时范围 /s	定时器地址
TONR	1	32.767	T0、T64
	10	327.67	T1～T4、T65～T68
	100	3276.7	T5～T31、T69～T95
TON、TOF	1	32.767	T32、T96
	10	327.67	T33～T36、T97～T100
	100	3276.7	T37～T63、T101～T255

1) 接通延时定时器指令

接通延时定时器指令 (TON，On-Delay Timer) 的梯形图如图 8-15(a) 所示，由定时器标识符 TON、定时器的启动信号输入端 IN、时间设定值输入端 PT 和 TON 定时器地址 Tn 组成。其语句表如图 8-15(b) 所示，由定时器标识符 TON、定时器地址 Tn 和时间设定值 PT 组成。

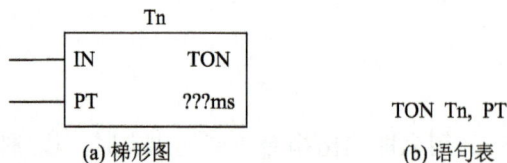

图 8-15　接通延时定时器指令梯形图与语句表

接通延时定时器模拟通电延时型物理时间继电器的功能，用于单一时间间隔的定时。上电初期或首次扫描时，定时器的位为 OFF，当前值为 0。当输入端 IN 接通或有能流通过时，定时器的位为 OFF，定时器当前值从 0 开始计数；当计数值大于或等于设定值时，该定时器的位被置位为 ON；当前值仍继续计数，一直计到最大值 32 767。输入端 IN 一旦断开，定时器立即复位，定时器的位为 OFF，当前值为 0。

TON 指令的编程举例如图 8-16 所示。

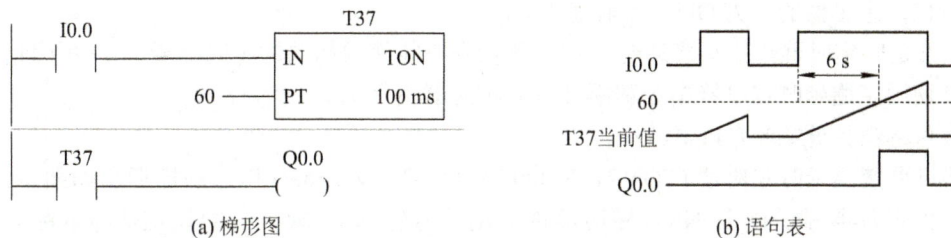

图 8-16　接通延时定时器指令的编程举例

当定时器 T37 的连接输入端 I0.0 为 ON 时，T37 开始计时，T37 的当前值从 0 开始增加。当 T37 当前值达到设定值 60(设定时间为 60 × 100 ms = 6 s) 时，T37 的位状态为 ON，T37 的常开触点立即接通，使得 Q0.0 有能流流过，其值为 ON。此时，只要 I0.0 仍然为 ON，T37 当前值就继续累加，直到最大值 32 767，T37 的位仍保持为 ON。一旦 I0.0 断开为 OFF，则 T37 复位，定时器的位状态为 0，常开触点为 OFF，同时当前值清零。也可以在程序中使用复位指令 (R) 对定时器进行复位。

2) 断开延时定时器指令

断开延时定时器指令 (TOF，OFF-Delay Timer) 的梯形图如图 8-17(a) 所示，由定时器标识符 TOF、定时器的启动信号输入端 IN、时间设定值输入端 PT 和 TOF 定时器地址 Tn 组成。其语句表如图 8-17(b) 所示，由定时器标识符 TOF、定时器地址 Tn 和时间设定值 PT 组成。

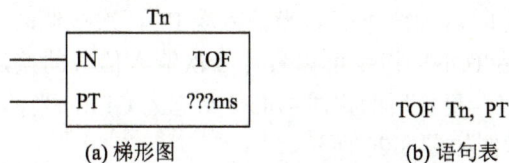

图 8-17　断开延时定时器指令梯形图与语句表

断开延时定时器用来在使能输入 (IN) 电路断开后延时一段时间，使定时器位变为 OFF。它利用 IN 输入时信号从 ON 到 OFF 的下降沿启动定时。

断开延时定时器的使能输入电路接通时，定时器位立即变为 ON，当前值被清零。使能输入电路断开时，开始定时，当前值从 0 开始增加。当前值等于预设值时，输出位变为 OFF，当前值保持不变，直到使能输入电路接通。断开延时定时器可用于设备停机后的延时控制。

断开延时定时器指令的编程举例如图 8-18 所示。

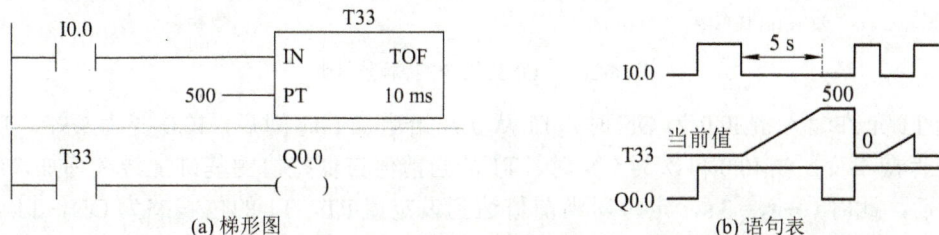

图 8-18　断开延时定时器指令的编程举例

当输入端 I0.0 由 ON 到 OFF 时，定时器开始计时，当前值从 0 开始增加；当计时当前值等于设定值时，定时器位为 OFF，并且停止计时；当输入端再次由 OFF 变为 ON 时，

TOF 复位，定时器的位为 ON，当前值为 0。

断开延时定时器指令与接通延时定时器指令不能使用相同的定时器号，例如不能同时对 T37 使用接通延时定时器指令和断开延时定时器指令。

3) 保持型接通延时定时器指令

保持型接通延时定时器 (TONR，Retentive On-Delay Timer) 指令的梯形图如图 8-19(a) 所示，由定时器标识符 TONR、定时器的启动信号输入 IN 端、时间设定值输入端 PT 和 TONR 定时器地址 Tn 组成。其语句表如图 8-19(b) 所示，由定时器标识符 TONR、定时器地址 Tn 和时间设定值 PT 组成。

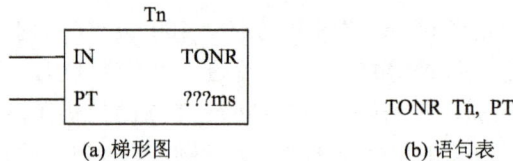

(a) 梯形图	(b) 语句表

图 8-19 保持型接通延时定时器指令梯形图与语句表

保持型接通延时定时器指令用于多个时间间隔的累计定时。当上电初期或首次扫描时，定时器的位为掉电前的状态，当前值保持为掉电前的值。当输入端 IN 接通时，定时器当前值从上次的保持值开始继续计时，累计当前值大于或等于设定值时，该定时器的位被置位为 ON。此时当前值可继续计数，一直计数到最大值 32 767。当输入端 IN 断开时，定时器当前值保持不变，定时器的位不变。当输入端 IN 再次接通时，定时器当前值从原保持值开始再继续计时。用 TONR 指令可以累计多次输入信号的接通时间。通过复位指令可以清除 TONR 的当前值，复位后的定时器的位状态为 OFF，当前值为 0。

TONR 指令的编程举例如图 8-20 所示。

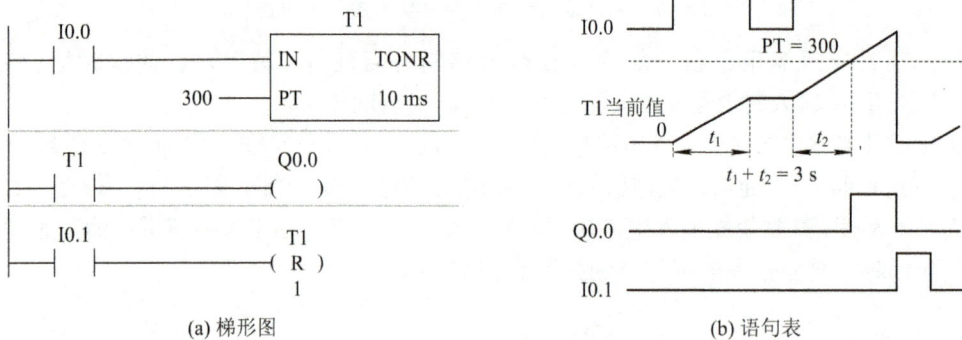

(a) 梯形图	(b) 语句表

图 8-20 TONR 指令的编程举例

当 T1 允许输入端 I0.0 为 ON 时，T1 从 0 开始增加 t_1 时间后，I0.0 变为 OFF，T1 的当前值保持不变。当 I0.0 再次为 ON 时，T1 的当前值在保持值的基础上继续增加，经过 t_2 时间后，此时 $t_1 + t_2 = 3$ s，定时器当前值达到设定值 PT，T1 的位状态为 ON，T1 常开触点闭合，使得 Q0.0 为 ON。此时，T1 的当前值继续累加，即使 I0.0 再次为 OFF，T1 也不会复位。当 I0.0 又一次为 ON 时，当前值继续累加直到最大值 32 767。当 I0.1 接通时，T1 被立即复位，当前值为 0，定时器的位为 OFF。

定时器的分辨率能够影响定时器指令的执行。例如：1 ms 分辨率定时器的定时器位和当前值的更新与扫描周期不同步，扫描周期大于 1 ms 时，定时器位和当前值在一个扫描周期内将被多次刷新；10 ms 分辨率定时器的定时器位和当前值在每个周期开始时被刷新，定时器位和当前值在整个周期过程中不变，在每个扫描周期开始时将一个扫描周期累计的时间间隔加到定时器当前值上；100 ms 分辨率定时器的定时器位和当前值在执行该定时器指令时被刷新。因此，为了使定时器能够正确定时，要确保在一个扫描周期中只执行一次 100 ms 定时器指令。

3. 计数器指令

1) 增计数器指令

增计数器 (CTU，Counter Up) 指令的梯形图如图 8-21(a) 所示，由增计数器标识符 CTU、计数脉冲输入端 CU、复位信号输入端 R、设定值 PV 和计数器地址 Cn 组成，地址编号为 0~255。增计数器指令的语句表如图 8-21(b) 所示，由增计数器操作码 CTU、计数器地址 Cn 和设定值 PV 构成。

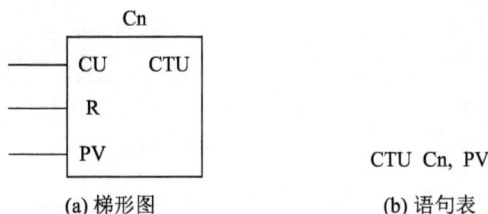

图 8-21　增计数器指令梯形图与语句表

增计数器指令的编程举例如图 8-22 所示。

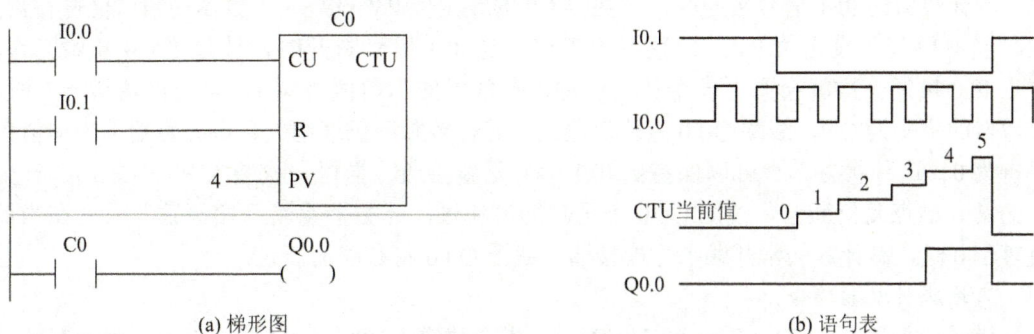

图 8-22　增计数器指令的编程举例

当计数器的复位信号 I0.1 接通时，计数器 C0 的当前值为 0，计数器不工作。当复位信号 I0.1 断开时，计数器 C0 开始工作。每当 I0.0 接通一次，就会得到一个计数脉冲的上升沿，计数器的当前值将加 1。当当前值等于设定值 PV 时，计数器的输出位变为 ON，线圈 Q0.0 中有能流流过。若计数脉冲仍然继续产生，计数器的当前值就会不断累加，直到计数值为 32 767 时，才停止计数。只要当前值大于等于设定值 PV，计数器的常开触点就接通，常闭触点就断开。直到复位信号 I0.1 接通时，计数器的计数值复位清零，计数器停止工作，其常开触点断开，线圈 Q0.0 中没有能流流过。

2) 减计数器指令

减计数器 (CTD，Counter Down) 指令的梯形图如图 8-23(a) 所示，由减计数器标识符

CTD、计数脉冲输入端 CD、装载输入端 LD、设定值 PV 和计数器地址 Cn 组成，地址编号为 0～255。减计数器指令的语句表如图 8-23(b) 所示，由减计数器操作码 CTD、计数器地址 Cn 和设定值 PV 组成。

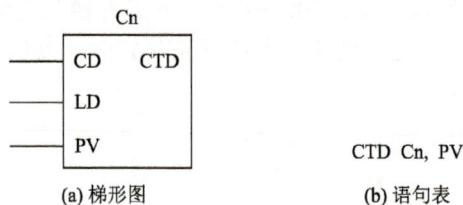

图 8-23 减计数器指令梯形图与语句表

减计数器指令的编程举例如图 8-24 所示。

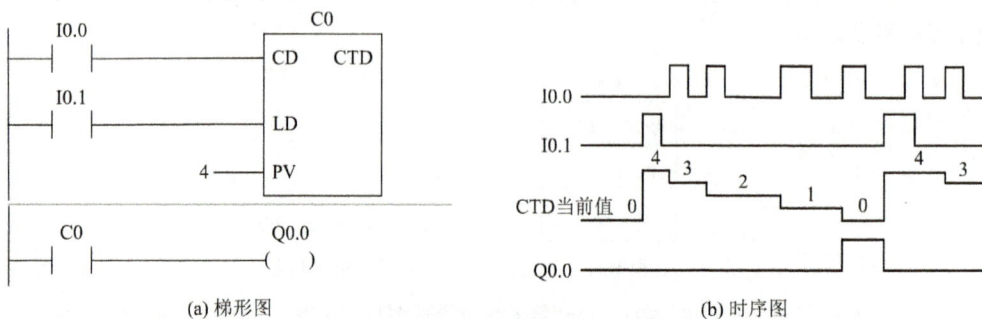

图 8-24 减计数器指令的编程举例

当计数器的 I0.1 信号接通时，计数器 C0 的设定值 PV 被装入计数器的当前值寄存器，此时当前值等于设定值 PV，计数器不工作。当 I0.1 信号断开时，计数器 C0 开始工作。每当 I0.0 接通一次就会产生一个计数脉冲，计数器的当前值将减 1。当当前值等于 0 时，计数器的位变为 ON，线圈 Q0.0 有能流流过。若计数脉冲仍然继续，则计数器的当前值仍保持为 0。这种状态一直可以保持到 I0.1 信号重新接通，当再一次装入 PV 值之后，计数器的常开触点复位断开，线圈 Q0.0 不再有能流流过，计数器重新开始计数。只有在当前值等于 0 时，减计数的常开触点才能接通，线圈 Q0.0 将有能流流过。

3) 增减计数器指令

增减计数器 (CTUD，Counter Up/Down) 指令的梯形图如图 8-25(a) 所示，由增减计数器标识符 CTUD、增计数脉冲输入端 CU、减计数脉冲输入端 CD、复位端 R、设定值 PV 和计数器地址 Cn 组成，地址编号为 0～255。增减计数器指令的语句表如图 8-25(b) 所示，由增减计数器操作码 CTUD、计数器地址 Cn 和设定值 PV 组成。

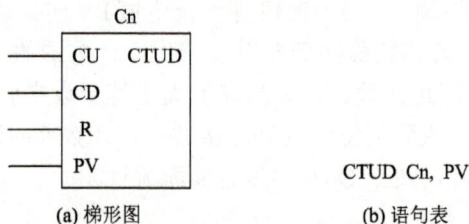

图 8-25 增减计数器指令梯形图与语句表

增减计数器指令的编程举例如图 8-26 所示。

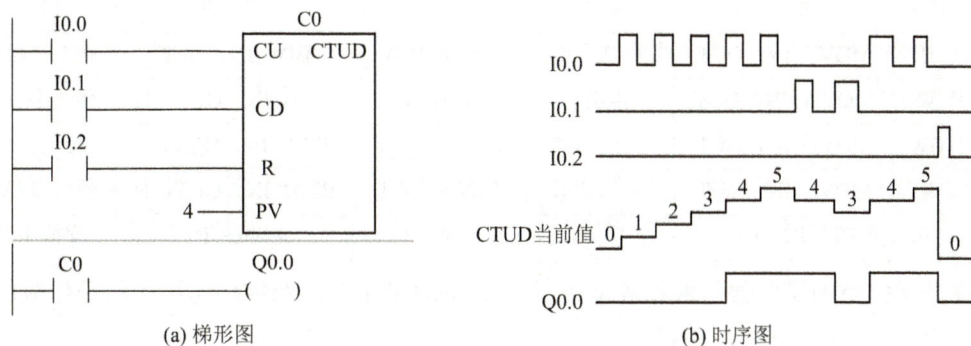

图 8-26　增减计数器指令的编程举例

当计数器的复位信号 I0.2 接通时，计数器 C0 的当前值等于 0，计数器不工作。当复位信号 I0.2 断开时，计数器 C0 开始工作。

每当 I0.0 有一个加计数脉冲到来时，计数器的当前值加 1。当当前值大于等于设定值 PV 时，计数器的常开触点接通，线圈 Q0.0 有能流流过。这时如果有新的加计数器脉冲，则计数器的当前值仍将不断累加，直到当前值等于 32 767，此时如果再有加计数脉冲到来，则当前值变为 −32 768，继续进行加计数。

每当一个减计数脉冲到来时，计数器的当前值减 1。当当前值小于设定值 PV 时，计数器的常开触点复位断开，线圈 Q0.0 没有能流流过。这时如果有新的减计数器脉冲，则计数器的当前值仍不断地递减，直到当前值等于 −32 768，此时如果再有减计数脉冲到来时，则当前值变为 +32 767，继续进行减计数。

当复位信号 I0.2 接通时，计数器的计数值复位清零，计数器停止工作，其常开触点复位断开，线圈 Q0.0 没有能流流过。

使用计数器指令时应注意以下几点：

(1) 每个计数器只有一个 16 b 的当前值寄存器地址。

(2) 在同一个程序中，虽然以上 3 种计数器的编号都为 0～255，但不能同时使用两个相同的计数器编号，更不能将同一编号分配给几个不同类型的计数器，否则程序执行时会出错。

(3) 计数器的输入端为上升沿有效。

8.1.4　西门子 S7-200 SMART PLC 的功能指令

1. 数据处理指令

1) 传送指令

传送指令将源输入数据 IN 指定的数据传送到输出数据 OUT 指定的目的地址，传送过程不改变源存储单元的数据值。传送指令如表 8-3 所示，表中的传送指令的梯形图助记符中最后的 B、W、DW(D) 和 R 分别表示操作数为字节、字、双字和实数。

表 8-3　传 送 指 令 表

梯形图	语句表	描述	梯形图	语句表	描述
MOV_B	MOVB IN, OUT	传送字节	MOV_BIW	BIW IN, OUT	字节立即写
MOV_W	MOVW IN, OUT	传送字	BLKMOV_B	BMB IN, OUT, N	传送字节块
MOV_DW	MOVD IN, OUT	传送双字	BLKMOV_W	BMW IN, OUT, N	传送字块
MOV_R	MOVR IN, OUT	传送实数	BLKMOV_D	BMD IN, OUT, N	传送双字块
MOV_BIR	BIR IN, OUT	字节立即读	SWAP	SWAP IN	交换字节

字传送指令的操作数的数据类型可以是 WORD 和 INT，双字传送指令的操作数的数据类型可以是 DWORD 和 DINT。

传送字节立即读取指令 (MOV_BIR) 读取输入 IN 指定的一个字节的物理输入，并将结果写入输出 OUT 指定的地址，但是并不更新对应的过程映像输入寄存器。

传送字节立即写入指令 (MOV_BIW) 将输入 IN 指定的一个字节的数值写入到输出 OUT 指定的物理输出，同时更新对应的过程映像输出寄存器。这两条指令的参数 IN 和 OUT 的数据类型都是 BYTE。

块传送指令 (BLKMOV_B、BLKMOV_W) 将起始地址为 IN 的 N 个连续的存储单元中的数据，传送到从 OUT 指定的地址开始的 N 个存储单元，字节变量 N = 1～255。

字节交换指令 (SWAP) 用来交换输入参数 IN 指定的数据类型为 WORD 的字的高字节与低字节。该指令应采用脉冲执行方式，否则每个扫描周期都要交换一次数据。

2) 比较指令

比较指令用来比较两个数据类型相同的数值 IN1 与 IN2 的大小，可以比较无符号字节、整数、双整数、实数和字符串。

字节比较指令梯形图如图 8-27 所示。

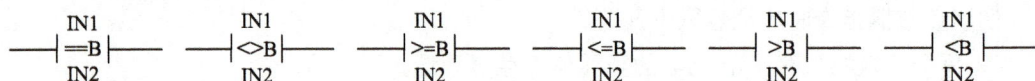

图 8-27　字节比较指令梯形图

在梯形图中，当满足比较关系式给出的条件时，比较指令对应的触点接通。触点中间和语句表指令中的 B、I(语句表指令中为 W)、D、R、S 分别表示对无符号字节、有符号整数、有符号双整数、有符号实数和字符串进行比较。

以比较条件 ">=" 为例，IN1 在触点的上面，IN2 在触点的下面，当 IN1>=IN2，梯形图中的比较触点闭合。

在梯形图中，比较指令以功能框的形式编程。当比较结果为真时，输出能流接通。

在语句表中，比较指令与基本逻辑指令 LD、A 和 O 进行组合编程。当比较结果为真时，PLC 将栈顶置 1。

比较指令表如表 8-4 所示，表中的字节、整数、双整数和实数的比较条件 "x" 分别可以是 ==(语句表为 =)、<>、>=、<=、> 和 <。

表 8-4　比较指令语句表

无符号字节 比较指令	有符号整数 比较指令	有符号双整数 比较指令	有符号实数 比较指令	字符串 比较指令
LDBx IN1,IN2	LDWx IN1,IN2	LDDx IN1,IN2	LDRx IN1,IN2	LDSx IN1, IN2
ABx IN1,IN2	AWx IN1,IN2	ADx IN1,IN2	ARx IN1,IN2	ASx IN1,IN2
OBx IN1,IN2	OWx IN1,IN2	ODx IN1,IN2	ORx IN1,IN2	OSx IN1,IN2

　　无符号字节比较指令用来比较两个无符号数字节 IN1 与 IN2 的大小；有符号整数比较指令用来比较两个有符号整数 IN1 与 IN2 的大小，最高位为符号位，例如16#7FFF>16#8000(后者为负数)；有符号双整数比较指令用来比较两个有符号双整数 IN1 与 IN2 的大小；有符号实数比较指令用来比较两个有符号实数 IN1 与 IN2 的大小。

　　字符串比较指令用来比较两个数据类型为 STRING 的 ASCII 码字符串相等或不相等，可以比较两个字符串变量，或比较一个常数字符串和一个字符串变量。表 8-4 中字符串比较指令的比较条件 "x" 只有 ==(语句表为 =) 和 <>。如果比较指令中使用了常数字符串，则这个常数字符串必须是梯形图中比较触点上面的参数，或语句表比较指令中的第一个参数。在程序编辑器中，常数字符串参数赋值必须以英语的双引号字符开始和结束，且常数字符串的最大长度为 126 个字符，每个字符占一个字节。如果字符串变量从 VB10 开始存放，则字符串比较指令中该字符串对应的输入参数为 VB10。另外，字符串变量的最大长度为 254 个字符 (字节)，并可以用数据块初始化字符串。

3) 移位指令与循环移位指令

　　移位指令与循环移位指令见表 8-5，它们的操作数 IN 和 OUT 的数据类型分别为BYTE、WORD 和 DWORD，移位位数 N 的数据类型为 BYTE。移位指令将输入 IN 中的二进制数各位的值向左或向右移动 N 位后，送给输出 OUT 指定的地址。移位指令对移出位自动补 0，如果移动的位数 N 大于允许值 (字节操作为 8 位，字操作为 16 位，双字操作为 32 位)，则实际移位的位数就为最大允许值。字节移位操作对象是无符号数，对有符号的字和双字数据移位时，符号位也将被移位。

表 8-5　移位指令与循环移位指令表

梯形图	语句表	描述	梯形图	语句表	描述
SHR_B	SRB OUT, N	右移字节	ROR_B	RRB OUT, N	循环右移字节
SHL_B	SLB OUT, N	左移字节	ROL_B	RLB OUT, N	循环左移字节
SHR_W	SRW OUT, N	右移字	ROR_W	RRW OUT, N	循环右移字
SHL_W	SLW OUT, N	左移字	ROL_W	RLW OUT, N	循环左移字
SHR_DW	SRD OUT, N	右移双字	ROR_DW	RRD OUT, N	循环右移双字
SHL_DW	SLD OUT, N	左移双字	ROL_DW	RLD OUT, N	循环左移双字
—	—	—	SHRB	SHRB DATA, S_BIT, N	移位寄存器

　　如果移位次数大于 0，则溢出标志位 SM1.1 保存最后一次被移出的位的值；如果移位操作的结果为 0，则零标志位 SM1.0 被置为 ON。

　　循环移位指令将输入 IN 中各位的值向右或向左循环移动 N 位后，送给输出 OUT 指定的地址。循环移位是环形的，即被移出来的位将返回到另一端空出来的位，移出的最后一位的数值同时存放在溢出位 SM1.1。如果移动的位数 N 大于允许值（字节操作为 8 位，字操作为 16 位，双字操作为 32 位），则执行循环移位之前需要先对 N 进行求模运算。例如字循环移位时，将 N 除以 16 后取余数，从而得到一个有效的移位次数。字节循环移位求模运算的结果为 0～7，字循环移位在求模运算后为 0～15，双字循环移位在求模运算后为 0～31。如果求模运算的结果为 0，不需要进行循环移位操作，零标志 SM1.0 被置为 ON。字节操作是无符号的，对有符号的字和双字移位时，符号位同时也需要被移位。

移位寄存器指令 (SHRB) 将 DATA 端输入的位数值移入移位寄存器，其中 S_BIT 指定移位寄存器最低位的地址，字节型变量 N 指定移位寄存器的长度和移位方向。N 最大长度为 64 位，左移时为正，即从最低位向最高位移位，右移时 N 为负，即从最高位向最低位移位。另外该指令执行时，移出的最后一位被复制到溢出标志位 SM1.1。

4) 数据转换指令

表 8-6 所示指令均为标准转换指令，这些指令是字节 (B) 与整数 (I) 之间（数值范围为0～255）、整数与双整数 (DI) 之间、BCD 码与整数之间、双整数 (DI) 与实数 (R) 之间的转换指令，以及七段译码指令。BCD 码与整数相互转换的指令的有效范围为 0～9999。步进触点 (STL) 中的 BCDI 和 IBCD 指令的输入、输出参数使用同一个地址。数据转换后的结果将保存到输出指定的变量中。如果转换后的数值超出输出的允许范围，溢出标志位 SM1.1 将被置为 ON。

表 8-6　数据转换指令表

梯形图	语句表	描　述	梯形图	语句表	描　述
B_I	BTI IN，OUT	字节转换为整数	BCD_I	BCDI OUT	BCD 码转化为整数
I_B	ITB IN，OUT	整数转换为字节	ROUND	ROUND IN，OUT	实数四舍五入为双整数
I_DI	ITD IN，OUT	整数转换为双整数	TRUNC	TRUNC IN，OUT	实数截位取整为双整数
DI_I	DTI IN，OUT	双整数转换为整数	SEG	SEG IN，OUT	段码
DI_R	DTR IN，OUT	双整数转换为实数	I_BCD	IBCD OUT	整数转换为 BCD 码

有符号的整数转换为双整数时，符号位被扩展到高位字。字节是无符号的，字节转换为整数时无须扩展符号位，即高位字节恒为 0。

整数转换字节指令 (I_B) 只能转换 0～255 之间的数据，转换其他数值时将会产生溢出。实数转双整数 (ROUND) 指令将 32 位实数四舍五入后转换为双整数，如果小数部分大于或者等于 0.5，整数部分加 1。截位取整指令 (TRUNC) 将 32 位实数转换为 32 位带符号整数，小数部分被舍去。

段 (Segment) 码指令 (SEG) 根据输入字节 IN 的低 4 位对应的十六进制数 (16#0～16#F)，生成点亮七段显示器各段的代码，并送到输出字节 OUT 指定的变量中。用 PLC 的 4 个输出点来驱动外接的七段译码驱动芯片，再用七段译码驱动芯片来驱动七段显示器，可以节省 3 个输出点，并且不需要使用段码指令。

2. 数学运算指令

1) 算术运算指令

算术运算指令如表 8-7 所示。

表 8-7　算术运算指令表

梯形图	语句表	描述	梯形图	语句表	描　述
ADD_I	+I IN1，OUT	整数加法	DIV_DI	/D IN1，OUT	双整数除法
SUB_I	−I IN1，OUT	整数减法	ADD_R	+R IN1，OUT	实数加法
MUL_I	*I IN1，OUT	整数乘法	SUB_R	−R IN1，OUT	实数减法
DIV_I	/I IN1，OUT	整数除法	MUL_R	*R IN1，OUT	实数乘法
ADD_DI	+D IN1，OUT	双整数加法	DIV_R	/R IN1，OUT	实数除法
SUB_DI	−D IN1，OUT	双整数减法	MUL	MUL IN1，OUT	整数相乘产生双整数
MUL_DI	*D IN1，OUT	双整数乘法	DIV	DIV IN1，OUT	带余数的整数除法
INC_B	INCB OUT	字节递增	DEC_B	DECB OUT	字节递减
INC_W	INCW OUT	字递增	DEC_W	DECW OUT	字递减
INC_D	INCD OUT	双字递增	DEC_D	DECD OUT	双字递减

在梯形图中，整数、双整数与浮点数的加、减、乘、除指令分别执行下列运算：

IN1 + IN2 = OUT，IN1 − IN2 = OUT，IN1*IN2 = OUT，IN1/IN2 = OUT。

在语句表中，整数、双整数与浮点数的加、减、乘、除指令分别执行下列运算：

IN1 + OUT = OUT，OUT − IN1 = OUT，IN1*OUT = OUT，OUT/IN1 = OUT。

整数乘法产生双整数指令 (MUL) 将两个 16 位整数相乘，产生一个 32 位乘积。在 STL 的 MUL 指令中，32 位 OUT 的低 16 位被用作乘数。

带余数的整数除法指令 (DIV) 将两个 16 位整数相除，产生一个 32 位结果，高 16 位为余数，低 16 位为商。在 STL 的 DIV 指令中，32 位 OUT 的低 16 位被用作被除数。

在梯形图中，递增和递减指令分别执行运算 IN + 1 = OUT 和 IN − 1 = OUT。

在语句表中，递增指令和递减指令分别执行运算 OUT + 1 = OUT 和 OUT − 1 = OUT。

表 8-7 中这些指令影响 SM1.0(运算结果为零)、SM1.1(有溢出、运算期间生成非法值或非法输入)、SM1.2(运算结果为负) 和 SM1.3(除数为 0)。

整数 (I)、双整数 (DI 或 D) 和实数 (R) 运算指令的运算结果分别为整数、双整数和实数，除法不保留余数。运算结果如果超出允许的范围，溢出位 SM1.1 被置 1。

若在乘除法操作中溢出位 SM1.1 置 1，则运算结果不写到输出，且其他状态位均清 0。

如果除法操作中除数为 0，则其他状态位不变，则操作数也不改变。

字节递增、递减操作是无符号的，整数和双整数的递增、递减操作是有符号的。

2) 函数运算指令

函数运算指令如表 8-8 所示。

表 8-8　函数运算指令表

梯形图	语句表	描述	梯形图	语句表	描述
SIN	SIN IN，OUT	正弦	LN	LN IN，OUT	自然对数
COS	COS IN，OUT	余弦	EXP	EXP IN，OUT	自然指数
TAN	TAN IN，OUT	正切	SQRT	SQRT IN，OUT	平方根

函数运算指令的输入参数 IN 与输出参数 OUT 均为实数（即浮点数）。这类指令执行后影响零标志 SM1.0、溢出标志 SM1.1 和负数标志 SM1.2。

三角函数指令包括正弦（SIN）、余弦（COS）和正切（TAN）指令。这些指令计算输入参数 IN 提供角度值的三角函数，输出参数 OUT 指定存放运算结果的地址。若输入值是以弧度为单位的实数，则应先将以度为单位的角度值乘以 π/180(0.01745329) 转换为弧度值后才能求解三角函数。

自然对数（Natural Logarithm）指令（LN）计算输入值 IN 的自然对数，并将结果存放在输出参数 OUT 中，即 ln(IN) = OUT。求以 10 为底的对数时，应将自然对数值除以 2.302585(10 的自然对数值)。

自然指数（Natural Exponential）指令（EXP）计算输入值 IN 的指数，此指数以 e 为底（e 约等于 2.71828)，结果存放在 OUT 指定的地址中。该指令与自然对数指令组合使用，可以实现以任意实数为底，任意实数为指数的运算。

平方根（Square Root）指令（SQRT）将 32 位正实数 IN 开平方，得到 32 位实数运算结果 OUT，即 $\sqrt{\text{IN}}$ = OUT。

3) 逻辑运算指令

逻辑运算指令主要包括字节、字、双字的与、或、异或和取反逻辑运算指令如表 8-9 所示。

表 8-9　逻辑运算指令表

梯形图	语句表	描述	梯形图	语句表	描述
INV_B	INVB OUT	字节取反	WAND_W	ANDW IN1, OUT	字与
INV_W	INVW OUT	字取反	WOR_W	ORW IN1, OUT	字或
INV_DW	INVD OUT	双字取反	WXOR_W	XORW IN1, OUT	字异或
WAND_B	ANDB IN1, OUT	字节与	WAND_DW	ANDD IN1, OUT	双字与
WOR_B	ORB IN1, OUT	字节或	WOR_DW	ORD IN1, OUT	双字或
WXOR_B	XORB IN1, OUT	字节异或	WXOR_DW	XORD IN1, OUT	双字异或

字节、字、双字逻辑运算指令各操作数的数据类型分别为 BYTE、WORD 和 DWORD。

表 8-9 梯形图中的取反指令将输入量中的二进制数逐位取反，即二进制数的各位由 0 变为 1，由 1 变为 0，并将运算结果存放到输出指定的地址中。取反指令影响零标志 SM1.0。语句表中的取反指令将 OUT 中的二进制数逐位取反，并将运算结果存放到输出指定的地址中。

字节、字、双字做"与"运算时，如果两个操作数的同一位均为 1，则运算结果的对应位为 1，否则为 0；做"或"运算时，如果两个操作数只要有一位为 1，则运算结果的对应位为 1，否则为 0；做"异或"运算时，如果两个操作数的同一位不同，则运算结果的对应位为 1，否则为 0。这些指令将影响零标志 SM1.0。

3. 程序控制指令

1) 跳转指令

跳转指令见表 8-10。

表 8-10　跳转指令表

梯 形 图	语 句 表	描 述
N ——(JMP)	JMP N	跳转到标号
N ⊣ ⊢ LBL	LBL N	标号

　　JMP 线圈通电时，若跳转条件满足，则跳转指令 JMP 使程序流程跳转到对应的标号 LBL(Label) 处，标号指令用来指示跳转指令的目的位置。JMP 与 LBL 指令的操作数 N 均为常数 0~255，且 JMP 和对应的 LBL 指令必须在同一个 POU(程序组织单元) 中，不能由主程序跳转到子程序或中断程序，也不能从子程序或中断程序跳出。另外，多条跳转指令可以跳到同一个标号处，但不允许一个跳转指令对应两个标号，即在同一程序中不允许存在两个相同的标号。如果用一直为 ON 的 SM0.0 的常开触点驱动 JMP 线圈，相当于无条件跳转。

　　2) 循环指令

　　循环指令见表 8-11。

表 8-11　循环指令表

梯 形 图	语 句 表	描 述
FOR EN　　ENO INDX INIT FINAL	FOR INDX, INIT, FINAL	循环
⊢—(NEXT)	NEXT	循环结束

　　在控制系统中经常会需要重复执行若干次相同的任务，这时就可以使用循环指令。FOR 指令表示循环开始，NEXT 指令表示循环结束。驱动 FOR 指令的逻辑条件满足时，反复执行 FOR 与 NEXT 之间的指令。在 FOR 指令中，需要设置当前计数值 INDX、初始值 INIT 和终值 FINAL，它们的数据类型均为 INT。执行一次循环体，INDX 增加 1，并将其值同终值 FINAL 做比较，如果 INDX 大于终值，那么终止循环。

　　在使用 FOR/NEXT 循环时需注意以下问题：

　　(1) 如果启动了 FOR/NEXT 循环，除非在循环内部修改了结束值，否则循环就一直进行，直到循环结束。在循环的执行过程中，可以改变循环的参数。当再次启动循环时，初始值 INIT 被传送到指针 INDX 中。

　　(2) FOR 指令和 NEXT 指令必须成对使用，且允许循环嵌套，即 FOR/NEXT 循环在另一个 FOR/NEXT 循环之中，最多可以嵌套 8 层，但各个嵌套之间不允许有交叉现象。

　　3) 子程序指令

　　S7-200 SMART PLC 的控制程序由主程序、子程序和中断程序组成。在实际应用时，经常会重复执行某一个任务，对应在程序设计时，就会经常执行同一段程序。为了简化程序结构、减少程序编写工作量，在进行程序设计时常将反复执行的程序编写为一个子程序，以便重复调用。子程序的调用是有条件的，未被调用时不会执行其中的指令，因此使用子程序可以减少扫描时间。

在编写复杂的 PLC 程序时，可以把全部控制功能划分为若干个不同的子功能块，每个子功能块由一个或多个子程序组成。使用子程序可以使程序层次结构更加明确，易于调试、定位和维护。

在子程序建立后，可以通过子程序调用指令重复调用子程序。子程序中可以传递参数，也可以不带参数调用子程序。

子程序调用指令的梯形图和语句表如表 8-12 所示。

表 8-12　子程序调用指令梯形图和语句表

梯 形 图	语 句 表	描 述
$-EN \overset{SBR\_N}{\quad}$	CALL SBR_N: SBRN	调用子程序
——(RET)	CRET	从子程序有条件返回

子程序调用指令为 CALL，当 CALL 的使能输入端 EN 有效时，将执行编号为 SBR_N 的子程序。

子程序执行完后必须返回到调用程序。子程序返回指令包括无条件返回指令 (RET) 和有条件返回指令 (CRET)。如果是无条件返回时，子程序结尾不需要插入任何返回指令，由 STEP 7-Micro/WIN SMART 软件自动在子程序结尾处插入无条件返回指令 (RET)；如果是有条件返回时，必须在子程序的结尾插入有条件返回指令 (CRET)。

当一个子程序被调用时，系统自动保存当前的堆栈数据，并把栈顶置为 "1"，堆栈中的其他位置为 "0"，执行子程序。子程序调用结束，系统通过返回指令自动恢复原来的逻辑堆栈值，又可以重新执行调用程序。

主程序、其他子程序或中断程序都可以调用子程序。调用子程序时将执行子程序中的指令，直至子程序结束，然后返回调用它的程序中，继续执行该调用程序的调用指令的下一条指令。如果在子程序的内部又对另一个子程序进行调用，则称这种调用为子程序的嵌套。子程序最多可以嵌套 8 级。

子程序可以传递参数，即子程序的调用过程中如果存在数据的传递，则在调用指令中应包含相应的参数。带参数的子程序调用扩大了子程序的使用范围，增加了调用的灵活性。子程序最多可以传递 16 个参数，可在子程序的局部变量表中定义使用的参数。全局变量为 Q、M、V、SM、AI、QI、S、T、C、HC 地址区中的变量。在符号表中定义的上述地址区中的符号称为全局符号。S7-200 SMART PLC 程序中的每个程序组织单元 POU 均有 L 存储器组成的局部变量表。局部变量表中定义的局部变量只在创建它的 POU 中产生作用，当局部变量名与全局符号发生冲突时，在创建该局部变量的 POU 中，该局部变量的定义优先。在子程序中应使用局部变量，避免使用全局变量，这样可以避免与其他 POU 中的变量发生冲突，子程序不需要做任何改动就可以移植到其他项目中去。

在局部变量表中定义局部变量时,需要为各个变量命名。局部变量名又称局部符号名,最多 23 个字符,首字符不能是数字,且尽可能与功能相关以增强程序的可读性。

局部变量表中的变量类型有 4 种,分别是输入子程序参数 (IN)、输入 / 输出子程序参数 (IN/OUT)、输出子程序参数 (OUT) 和临时变量 (TEMP)。

在带参数调用子程序时,局部变量表的参数按照一定的顺序排列,依次分别是输入子程序参数 (IN)、输入 / 输出子程序参数 (IN/OUT)、输出子程序参数 (OUT) 和临时变量 (TEMP)。要添加新的参数行时,先将光标置于要添加参数的变量类型上,单击鼠标右键,选择"插入"选项,然后选择"行"选项,所选参数类型条目即增加一行。

4) 中断指令

中断指令通过调用中断程序及时地处理中断事件。由于中断事件与用户程序的执行时序无关,因此无法预测中断事件何时会发生。用户编写的中断程序不是由用户程序调用,而是在中断事件发生时由操作系统进行调用。

中断指令如表 8-13 所示。

表 8-13　中断指令表

梯形图	语句表	描　述	梯形图	语　句　表	描　述
—(ENI)	ENI	中断允许	ATCH EN　ENO INT EVNT	ATCH INT, EVNT	中断连接
—(DISI)	DISI	禁止中断	DTCH EN　ENO EVNT	DTCH INT, EVNT	中断分离
—(DISI)	CRETI	从中断程序 有条件返回	CLR_EVNT EN　ENO EVNT	CEVNT EVNT	清除中断事件

中断允许指令 (ENI) 允许处理所有被连接的中断事件。CPU 进入 RUN 模式时自动禁止了中断。在 RUN 模式下,可通过执行全局中断允许指令 (ENI) 来启用中断处理。

禁止中断指令 (DISI) 禁止处理所有的中断事件。执行 DISI 指令后,出现的中断事件就进入中断队列排队等候,直到全局中断允许指令 (ENI) 重新允许中断或中断队列溢出。

从中断程序有条件返回指令 (CRETI) 用于中断程序中,当控制它的逻辑条件满足时从中断程序返回到原程序扫描周期的断点。

中断连接指令 (ATCH) 用来建立中断事件 EVNT 和处理该事件的中断程序 INT 之间的联系,并允许处理该中断事件。中断程序由中断程序号指定。INT 和 EVNT 的数据类型均为 BYTE。在 CPU 自动调用中断程序之前,应使用 ATCH 指令。只有在执行了全局中断允许指令 (ENI) 和中断连接指令 (ATCH) 后,出现对应的中断事件时,CPU 才会执行连接的中断程序。否则该事件将被添加到中断事件队列中。

中断分离指令 (DTCH) 用来断开用参数 EVNT 指定的中断事件与所有中断程序之间的联系,从而禁止处理该中断事件。中断分离指令使对应的中断返回到未被激活或被忽略的状态。

清除中断事件指令 (CEVNT) 从中断队列中清除所有的中断事件。如果该指令用于清除假的中断事件，则应在从队列中清除事件之前分离事件。否则，在执行清除事件指令后，将向中断队列中添加新的事件。

可以将多个中断事件连接到同一个中断程序，但是一个中断事件不能同时连接到多个中断程序。中断被允许且中断事件发生时，将执行为该事件指定的最后一个中断程序。

在中断程序中不能使用 DISI、ENI、END 和 HDEF(高速计数器定义) 指令。

在执行中断程序之前和之后，系统会自动保存和恢复逻辑堆栈、累加器以及指示累加器与指令操作状态的特殊存储器标志位 (SM)，避免了中断程序的执行对主程序可能造成的影响。

中断按通信中断 (最高优先级)、I/O 中断和定时中断 (最低优先级) 固定的优先级顺序执行。在上述 3 个优先级范围内，CPU 按照先来先执行的原则处理中断，且任何时刻只能调用一个中断程序。一旦一个中断程序开始执行，就要一直执行到完成，即使另一个中断程序的优先级较高，也不能中断正在执行的中断程序，正在处理其他中断时发生的中断事件也必须排队等待处理。

如果多个中断事件同时发生，则组和组内的优先级会确定首先处理哪一个中断事件。处理了优先级最高的中断事件之后，会检查中断队列，以查找仍在中断队列中的当前优先级最高的事件，并会执行连接到该事件的中断程序。CPU 将按此规则不断执行中断程序，直至中断队列为空且控制权返回到主程序。

5) 其他指令

其他指令包括条件结束指令、条件停止指令、看门狗定时器复位指令及获取非致命错误代码指令，如表 8-14 所示。

表 8-14　其他指令表

梯　形　图	语　句　表	描　　述
—(END)	END	程序有条件结束
—(STOP)	STOP	切换到 STOP 模式
—(WDR)	WDR	看门狗定时器复位
GET_ERROR —EN　　ENO— 　　ECODE—	GEER ECODE	获取非致命错误代码

条件结束指令 (END) 根据控制它的逻辑条件终止当前的扫描周期。可以在主程序中使用 END 指令，但不能在子程序或中断程序中使用。系统自动在主程序结束时加上一个无条件结束指令 (MEND)，用户不需要在程序末尾添加结束语句。

条件停止指令 (STOP) 立即终止用户程序的执行，使 CPU 从 RUN 模式切换到 STOP 模式。如果在中断程序中执行 STOP 指令，则中断程序立即终止，忽略全部等待执行的中断，继续执行主程序的剩余部分。CPU 在本次扫描结束后，完成从 RUN 模式到 STOP 模式的转换。系统在检测到 I/O 错误时 (SM5.0 为 ON) 执行 STOP 指令，将 CPU 强制切换到

STOP 模式。

GET ERROR(获取非致命错误代码)指令将 CPU 的当前非致命错误代码复制到参数 ECODE 指定的 WORD 地址，同时清除 CPU 中的非致命错误代码。非致命错误可能降低 PLC 的某些性能，但是不会影响 PLC 执行用户程序和更新 I/O。非致命错误也会影响某些特殊存储器错误标志地址。

监控定时器又称为看门狗 (Watchdog) 定时器，其定时时间为 500 ms，每次扫描时都被自动复位，然后又重新开始定时。正常工作时扫描周期小于 500 ms，监控定时器不起作用。如果扫描周期超过 500 ms，CPU 会自动切换到 STOP 模式，并产生"扫描看门狗超时"的非致命错误。如果扫描周期超过 500 ms，为了扩展允许使用的扫描周期，可以在程序中使用看门狗复位指令 (WDR)。每次执行 WDR 指令时，看门狗超时时间都会复位为 500 ms。但如果扫描持续时间超过 5 s，即使使用了 WDR 指令，CPU 也会无条件地切换到 STOP 模式。

如果因为使用看门狗复位指令使扫描周期被过度延长，则在该扫描周期结束之前应禁止以下过程：自由端口模式之外的通信；I/O 更新(立即 I/O 除外)、强制更新和 SM 位更新；运行时间诊断；执行中断程序中的 STOP 指令。

▶ 8.1.5　西门子 S7-200 SMART PLC 的 PID 指令

在工业生产中，一般用闭环控制方式来控制温度、压力、流量这一类连续变化的模拟量。闭环控制使用最多的是 PID 控制(即比例—积分—微分控制)，这是因为 PID 控制具有以下优点：

(1) 无须控制系统的数学模型，也能得到比较满意的控制效果。

(2) 通过调用 PID 指令来编程，程序设计简单，参数调整方便。

(3) 有较强的灵活性和适应性，可以根据被控对象的具体情况，采用 P、PI、PD 和 PID 等不同参数的组合方式，另外 S7-200 SMART PLC 的 PID 指令还采用了一些改进的控制方式。

1. PID 算法

典型的 PLC 模拟量闭环控制系统框图如图 8-28 所示。

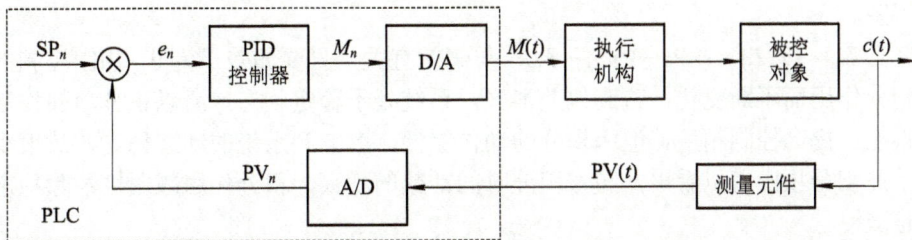

图 8-28　PLC 模拟量闭环控制系统框图

在一般情况下，控制系统主要针对被控参数 PV_n(又称为过程变量)与期望值 SP_n 之间产生的偏差 EV_n 进行 PID 运算。

典型的 PID 算法包括比例项、积分项和微分项 3 项，即输出 = 比例项 + 积分项 + 微分项，即

$$M(t) = K_p e + K_i \int e \, dt + \frac{K_d \mathrm{d}e}{\mathrm{d}t} \tag{8-1}$$

式中：$M(t)$ 为经过 PID 运算后随时间变化的输出值；e 是过程值与给定值之间的差；K_p 是比例放大系数（或称增益）；K_i 是积分时间系数，K_d 是微分时间系数。

计算机在周期性采样并离散化后进行 PID 运算，算法为

$$M_n = K_p \times (\mathrm{SP}_n - \mathrm{PV}_n) + K_p \times \frac{T_s}{T_i} \times (\mathrm{SP}_n - \mathrm{PV}_n) + M_x + K_p \times \frac{T_d}{T_s} \times (\mathrm{PV}_{n-1} - \mathrm{PV}_n) \tag{8-2}$$

式中各参数的含义见表 8-15。

表 8-15　PID 运算参数表

偏移地址	参　数	数据格式	参数类型	数据说明
0	过程变量当前值 (PV_n)	双字、实数	输入	在 0.0～1.0 之间
4	给定值 (SP_n)	双字、实数	输入	在 0.0～1.0 之间
8	输出值 (M_n)	双字、实数	输入 / 输出	在 0.0～1.0 之间
12	增益 (K_p)	双字、实数	输入	比例常数，可正可负
16	采样时间 (T_s)	双字、实数	输入	以秒为单位，必须为正数
20	积分时间 (T_i)	双字、实数	输入	以分钟为单位，必须为正数
24	微分时间 (T_d)	双字、实数	输入	以分钟为单位，必须为正数
28	上一次的积分值 (M_x)	双字、实数	输入 / 输出	在 0.0～1.0 之间
32	上一次过程变量 (PV_{n-1})	双字、实数	输入 / 输出	最近一次 PID 运算值
36～79	PID 扩展表，用于 PID 自整定			

S7-200 SMART PLC 根据参数表中的输入测量值、控制设定值及 PID 参数进行 PID 运算，并输出控制值。其参数表中有 9 个参数，全部为 32 位实数，共占用 36 B，36～79 B 则保留给自整定变量。

式 (8-2) 各项的含义如下：

比例项 $K_p \times (\mathrm{SP}_n - \mathrm{PV}_n)$：能够产生与偏差成正比的调节作用，比例系数越大，比例调节作用越强，系统的调节速度也越快，但比例系数过大会使系统的输出量振荡加剧，导致稳定性下降。

积分项 $K_p \times (T_s/T_i) \times (\mathrm{SP}_n - \mathrm{PV}_n) + M_x$：与偏差有关，只要偏差不为 0，PID 控制的输出就会因积分作用而不断变化，直到偏差消失，系统处于稳定状态。所以积分项的作用是消除稳态误差，提高控制精度。但因积分的动作缓慢，影响到系统的动态稳定，故很少单独使用。从此积分项中可以看出，随着积分时间常数的增大，积分作用减弱，消除稳态误差的速度也减慢。

微分项 $K_p \times (T_d/T_s) \times (\mathrm{PV}_{n-1} - \mathrm{PV}_n)$：根据误差变化的速度进行调节。从此微分项可以看出，随着微分时间常数 T_d 的增大，超调量减少，动态性能得到改善。另外应注意，如果 T_d 过大，则系统的输出量在接近稳态时可能上升缓慢。

在很多控制系统中，有时只需采用一种或两种控制回路，例如可能只要求采用比例控制回路或比例和积分控制回路都采用。通过设置常量参数值可以选择所需的控制回路。

如果没有积分运算，则应将积分时间 T_i 设为无限大。这是因为积分项有初始值，即使没有积分运算，积分项的数值也可能不为零。

如果没有微分运算，则应将微分时间 T_d 设定为 0.0。

如果没有比例运算，但需要 I 或 ID 控制，则应将增益值 K_p 指定为 0.0。这是因为 K_p 是积分项和微分项中的系数，如果将循环增益设为 0.0，则会导致在积分项和微分项计算中使用的循环增益值为 1.0。

2. PID 回路输入和输出转换

S7-200 SMART PLC 为用户提供了 8 条 PID 控制回路，回路号为 0～7，因此可以使用 8 条 PID 指令实现 8 个回路的 PID 运算。

每个回路的给定值和过程变量都是实际数值，其大小、范围和工程单位可能不同。在 PLC 进行 PID 控制之前，必须将其转换成标准化浮点数。

将回路输入量数值从 16 位整数转换成 32 位双整数或实数的指令如下：

```
ITD  AIW0, AC0          // 将输入数值转换成双整数
DTR  AC0, AC0           // 将 32 位整数转换成实数
```

将实数转换成 0.0～1.0 之间的标准化数值的方式如下：

实际数值的标准化数值 = 实际数值的非标准化数值或原始实数 / 取值范围 + 偏移量

其中：取值范围 = 最大可能数值 - 最小可能数值 = 27 648(单极数值) 或 55 296(双极数值)；偏移量对单极数值取 0.0，对双极数值取 0.5；实际数值的标准化数值单极范围为 0～27 648，双极范围为 -27 648～+27 648。

将 AC0 中的双极数值 (间距为 55296) 标准化，指令如下：

```
/R   55296.0, AC0       // 累加器中的数据除以 55296.0
+R   0.5,    AC0        // 加偏移量，使其落在 0.0～1.0 之间
MOVR AC0, VD100         // 将标准化数值写入 PID 回路参数表中
```

将 AC0 中的单极数值 (间距为 27648) 标准化，指令如下：

```
/R 27648.0, AC0         // 累加器中的实数值除以 27648.0，使其落在 0.0～1.0 之间
MOVR  AC, VD100         // 将标准化数值存入回路表
```

程序执行后，PID 回路输出 0.0～1.0 的标准化实数值，若用于驱动模拟输出，还必须被转换成 16 位成比例的整数值。

PID 回路输出成比例实数数值 = (PID 回路输出标准化实数值 - 偏移量)× 取值范围

其指令如下：

```
MOVR  VD108, AC0        // 将 PID 回路的标准化实数值送入 AC0
-R    0.5, AC0          // 双极数值减去偏移量 0.5
*R    55296.0，AC0      //AC0 的值乘以取值范围，变成成比例实数值
ROUND AC0, AC0          // 将实数四舍五入，变为 32 位整数
DTI   AC0, AC0          //32 位整数转换成 16 位整数
MOVW AC0, AQW0          //16 位整数写入 AQW0
```

3. PID 指令

PID 指令在使能有效时，根据回路参数表中的过程变量当前值、控制设定值及 PID 参

数进行 PID 运算。PID 指令格式如表 8-16 所示。

表 8-16　PID 指令格式

梯形图	语句表	操作数	功　能
PID EN　ENO TBL LOOP	PID TBL, LOOP	TBL：VB LOOP：常数 (0~7)	当 EN = 1 时，运用回路表 TBL 中输入和配置的信息，在回路号 LOOP 指定的回路中进行 PID 运算

在程序中可使用 8 条 PID 指令，但不能重复使用。

使 ENO = 0 的错误条件为：0006(间接地址)，SM1.1(溢出，参数表起始地址或指定的 PID 回路指令回路号操作数超出范围)。PID 指令不对参数表输入值进行范围检查，但必须保证过程变量、给定值积分项当前值和过程变量当前值在 0.0~1.0 的范围之间。

4. PID 控制回路的编程步骤

PID 控制回路的编程步骤如下：

(1) 指定内存变量区回路表的首地址，如 VB200。

(2) 根据表 8-15 的格式及地址，把设定值 SP_n 写入指定地址 VD204(双字地址)、增益 K_p 写入 VD212、采样时间 T_s 写入 VD216、积分时间 T_i 写入 VD220、微分时间 T_d 写入 VD224、PID 输出值写入 VD208。

(3) 设置定时中断初始化程序。PID 指令必须在定时中断程序中使用，涉及中断事件 10(定时中断 0) 或中断事件 11(定时中断 1)。

(4) 读取过程变量模拟量 AIWx，对其进行回路输入转换及标准化处理后写入回路表首地址 VD200。

(5) 执行 PID 回路运算指令。

(6) 对 PID 回路运算的输出结果 VD208 进行数据转换，然后将结果送入模拟量输出 AQWx，将其作为控制调节的信号值。

5. PID 指令向导的应用

用 PID 指令向导生成 PID 程序，PID 指令 "PID TBL，LOOP" 中的 TBL 是回路表的起始地址，LOOP 是回路的编号 (0~7)。不同的 PID 指令应使用不同的回路编号。

编写 PID 控制程序时，首先要把数据类型为 INT 的过程变量 PV 转换为 0.00~1.00 之间的标准化的实数，待 PID 运算结束后，需要将回路输出 (0.00~1.00 之间的标准化的实数) 转换为整数输送给模拟量输出模块。为了让 PID 指令以稳定的采样周期工作，应在定时中断程序中调用 PID 指令。

直接使用 PID 指令相对烦琐，而使用 STEP 7-Micro/WIN SMART 的 PID 向导，只需要设置一些参数，就可以自动生成 PID 控制程序。下面具体来介绍 PID 指令向导的使用方法。

(1) 双击 S7-200 SMART PLC 项目树的 "向导" 文件夹中的 "PID"，打开 "PID 回路向导" 对话框，选择要组态回路 0，采用回路 0 默认的名称 Loop 0，如图 8-29 所示，最多可以组态 8 个回路。设置完成后单击 "下一页" 按钮。

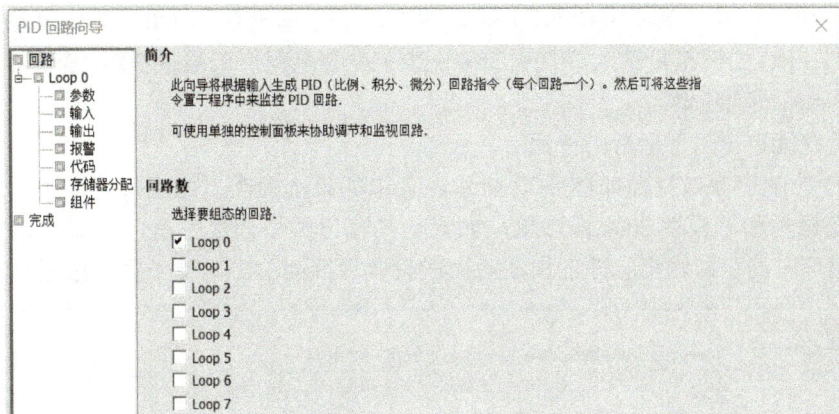

图 8-29　选择 PID 回路

(2) 在"参数"页设置增益、采样时间、积分时间和微分时间，如图 8-30 所示。参数可以通过工程法选取或通过 S7-200 SMART PLC 的 CPU 支持的 PID 自整定功能得到。如果设置微分时间为 0，则为 PI 控制器。如果不需要积分作用，则应将积分时间设置为最大值。参数设置完成后单击"下一页"按钮。

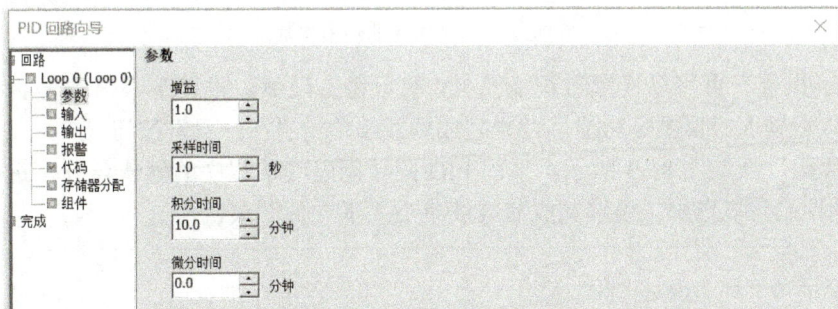

图 8-30　设置 PID 控制参数

(3) 在"输入"页中有"类型"和"标定"两个项需要选择，根据对话框提示选取即可，如图 8-31 所示。

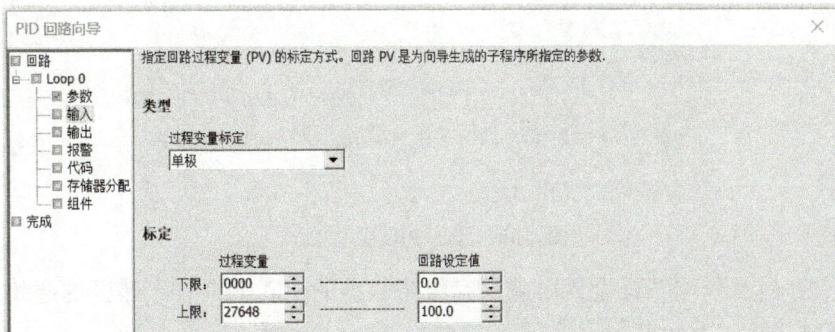

图 8-31　设置 PID 的输入参数

根据变送器的量程范围，可以选择输入类型为单极性、双极性（默认范围为 −27 648～27 648，可修改）或单极性 20% 偏移量（默认范围为 5 530～27 648，不可修改），还可以选"温度×10℃"或"温度×10℉"（默认的上、下限均为0～1000，其值可修改）。S7-200 SMART PLC 的模拟量输入模块只有 0～20 mA 的量程，单极性 20% 偏移量适用于输出为 4～20 mA 的变送器。

完成后继续单击"下一页"按钮。

(4) PID 的输出参数界面如图 8-32 所示，其中如果选择类型为模拟量，则标定中可选单极性、双极性和单极性 20% 偏移量，如果选择输出类型为数字量，则需要设置以 0.1 s 为单位的循环时间，即输出脉冲的周期。完成设置后继续单击"下一页"按钮。

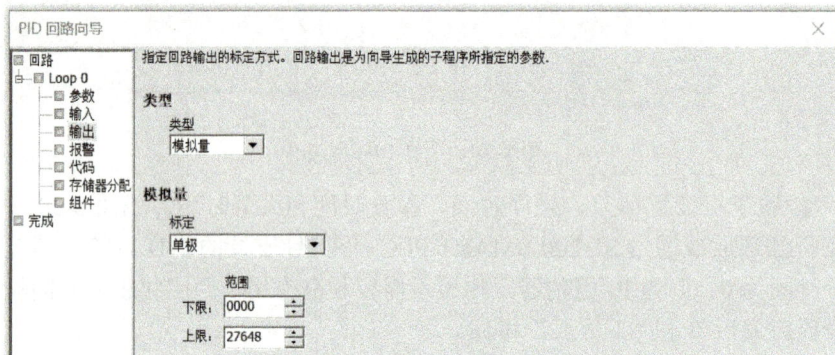

图 8-32　设置 PID 的输出参数

(5) 在"报警"页可以设置过程变量 PV 的报警上限值、报警下限值和是否启用模块 EM0 的模拟量输入错误报警功能。设置完成后继续单击"下一页"按钮。

(6) "代码"页如图 8-33 所示，采用 PID 向导创建的子程序的默认名称，选中"添加 PID 的手动控制"多选框。设置完成后继续单击"下一页"按钮。

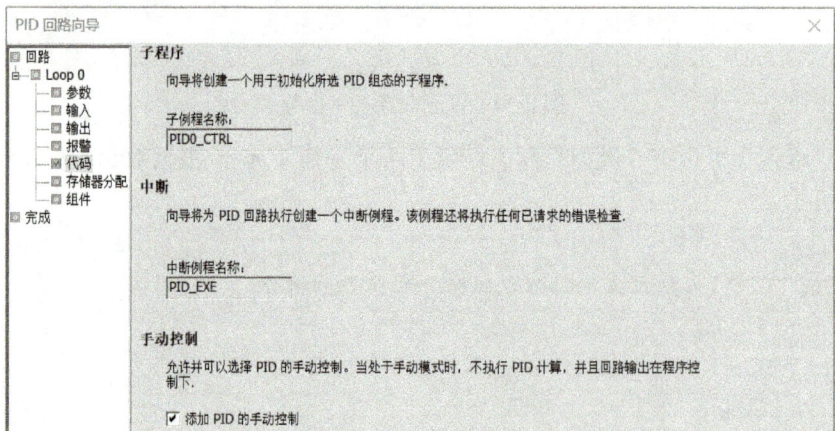

图 8-33　添加 PID 手动控制

(7) 在"存储器分配"页设置用来保存组态数据的 120 B 的 V 存储区的起始地址。设置完成后继续单击"下一页"按钮。

(8) 在"组件"页（显示组态生成的项目组件）单击"生成"按钮，自动生成循环执行 PID 功能的中断程序 PID_EXE、第 x 号回路 ($x = (0～7)$) 的初始化子程序 PIDx_CTRL、数据页 PIDx_DATA 和符号表 PIDx_SYM。

要注意的是，PID 回路没有内置的模式控制，只有在能流流到 PID 功能框时才会执行 PID 运算，且不执行 PID 运算时为手动模式。

与计数器指令相似，PID 指令也可用来检测能流上升沿的能流历史位。为了实现无扰动切换到自动模式，在切换到自动控制之前，必须把手动控制设置的输出值写入回路表中的 PID 指令的输出变量 M_n。

当检测到能流上升沿时，为确保无扰动地从手动控制切换到自动控制，PID 指令将对回路表中的值作以下操作：设置设定值 (SP_n) = 过程变量 (PV_n)；设置上一次的过程变量 (PV_{n-1}) = 过程变量 (PV_n)；设置上一次的积分值 (M_x) = 输出值 (M_n)。

8.1.6　西门子 S7-200 SMART PLC 的高速 I/O 指令

PLC 的普通计数器的计数过程与扫描工作方式有关。普通计数器的工作频率很低，一般仅有几十赫兹，当被测信号的频率较高时，将会丢失计数脉冲，而高速计数器则可以对高速信号进行计数。S7-200 SMART PLC 有 6 个高速计数器 (HSC0~HSC5)，可支持 8 种不同的工作模式。

西门子 S7-200 SMART PLC 的高速 I/O 指令包括高速计数器指令和高速脉冲输出指令。

1. 高速计数器指令

高速计数器脱离主机的扫描周期而独立计数，它可对脉宽小于主机扫描周期的高速脉冲实现准确计数，即高速计数器计数的脉冲输入频率高于 PLC 扫描频率。

高速计数器能够对高频脉冲信号进行测量和记录，并提供中断功能，在实际生产中得到了广泛应用，例如测量电动机转速、设备运行距离等。

可以使用 HDEF 和 HSC 指令创建自己的 HSC 例程，也可以使用高速计数器向导简化编程设计。高速计数器指令说明如表 8-17 所示。

表 8-17　高速计数器指令说明

梯　形　图	语　句　表	描　　述
HDEF EN　ENO HSC MODE	HDEF HSC，MODE	高速计数器定义指令 (HDEF) 定义高速计数器的工作模式。模式选择 (MODE) 定义高速计数器的时钟、方向和复位功能。每个高速计数器指令必须单独使用一条高速计数器定义指令
HSC EN　ENO N	HSC N	高速计数器指令 (HSC) 用于激活高速计数器，根据 HSC 特殊存储器位的状态组态和控制高速计数器，参数 N 指定高速计数器编号。每个计数器都有时钟、方向控制和复位的专用输入。在 A/B 正交相，可以选择 1 倍或 4 倍的最高计数速率

注意事项：使用高速计数器之前，必须执行 HDEF 指令选择计数器模式；可以使用首次扫描存储器位 SM0.1 直接执行 HDEF 指令，也可以调用包含 HDEF 指令的子例程；所有计数器类型 (带复位输入或不带复位输入) 均可使用；激活复位输入时，会清除当前值，并在禁用复位输入之前保持清除状态。

1) 高速计数器的工作模式

S7-200 SMART PLC 的 CPU 提供了 4 路高速计数器 (HSC0～HSC3)，最高可测量 200 kHz（标准型 CPU，单相）的脉冲信号。在这 4 路高速计数器中，HSC0 和 HSC02 支持 8 种计数模式（模式 0、1、3、4、6、7、9 和 10)，HSC1 和 HSC3 只支持 1 种计数模式（模式 0)。

单相计数器（内部方向控制（模式 0、模式 1))时序图如图 8-34 所示。高速计数器的控制字节第 3 位用来控制加计数或减计数，该位为 1 时为加计数，为 0 时为减计数。

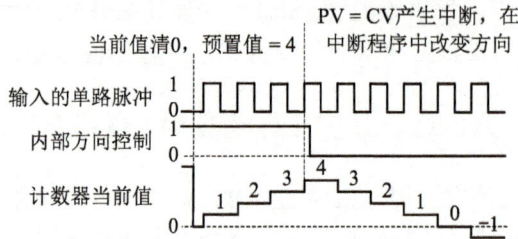

图 8-34　单相计数器（内部方向控制）时序图

单相计数器（外部方向控制（模式 3、模式 4))时序图如图 8-35 所示。外部方向控制信号为 1 时为加计数，为 0 时为减计数。

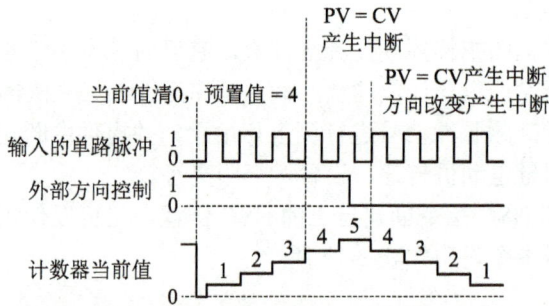

图 8-35　单相计数器（外部方向控制）时序图

双相增/减计数器（双脉冲输入（模式 6、模式 7)时序图如图 8-36 所示。若加计数脉冲和减计数脉冲的上升沿出现的时间间隔小于 0.3 μs，则高速计数器认为这两个事件是同时发生的，当前值不变，也不会有计数方向变化的指示。反之，高速计数器则能捕捉到每一个独立事件。

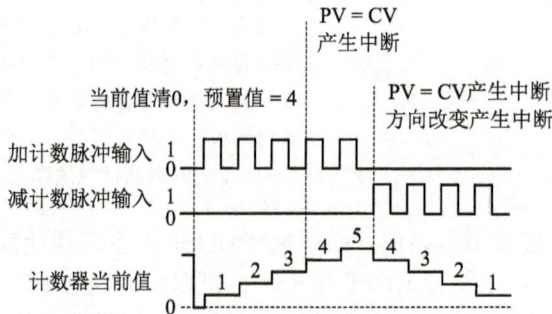

图 8-36　双相计数器（双脉冲输入）时序图

1 倍速 A/B 相正交脉冲输入计数器 (模式 9、模式 10) 时序图如图 8-37 所示。两路计数脉冲的相位互差 90°，正转时为加计数，反转时为减计数。1 倍速模式在时钟脉冲的每个周期计数 1 次。

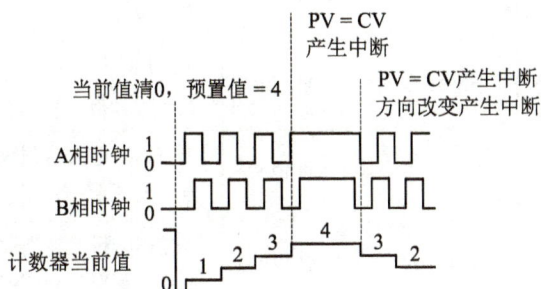

图 8-37　1 倍速 A/B 相正交脉冲输入计数器时序图

4 倍速 A/B 相正交脉冲输入计数器 (模式 9、模式 10) 时序图如图 8-38 所示。4 倍速 A/B 相正交脉冲输入计数器在两个时钟脉冲的上升沿和下降沿都要计数，因此时钟脉冲的每一个周期要计数 4 次。

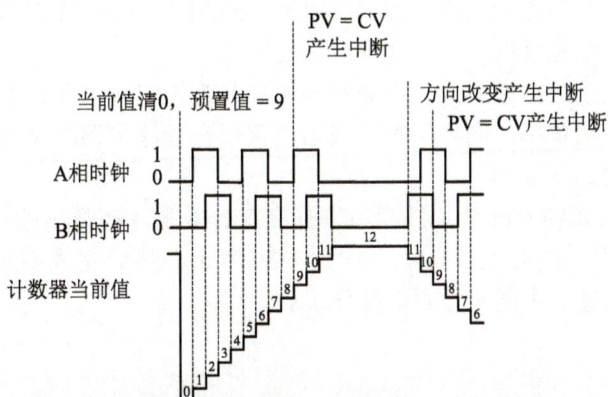

图 8-38　4 倍速 A/B 相正交脉冲输入计数器时序图

2) 高速计数器的控制字节

每个高速计数器在 CPU 的特殊存储区中都有各自的控制字节。控制字节可以执行启动或禁止计数器、改变计数方向、刷新计数器当前值或预设值等操作且其各个比特位具有不同的设置功能。高速计数器控制字节的位地址分配见表 8-18。

表 8-18　高速计数器控制字节的位地址分配

HSC0	HSC1	HSC2	HSC3	说　　明
SM37.0	无效	SM57.0	无效	复位有效电平控制： 0 = 高电平有效；1 = 低电平有效
SM37.1	SM47.1	SM57.1	SM137.1	保留
SM37.2	无效	SM57.2	无效	正交计数器计数倍率选择： 0 = 4 × 计数倍率；1 = 1 × 计数倍率

HSC0	HSC1	HSC2	HSC3	说　明
SM37.3	SM47.3	SM57.3	SM137.3	计数方向控制位： 0 = 减计数；1 = 加计数
SM37.4	SM47.4	SM57.4	SM137.4	向 HSC 写入计数方向： 0 = 无更新；1 = 更新计数方向
SM37.5	SM47.5	SM57.5	SM137.5	向 HSC 写入新预置值： 0 = 无更新；1 = 更新预置值
SM37.6	SM47.6	SM57.6	SM137.6	向 HSC 写入新当前值： 0 = 无更新；1 = 更新当前值
SM37.7	SM47.7	SM57.7	SM137.7	HSC 指令执行允许控制： 0 = 禁用 HSC；1 = 启用 HSC

3) 高速计数器的向导组态

在对高速计数器进行编程时，需要根据相关特殊存储器的意义来编写初始化程序和中断程序，这些程序的编写比较烦琐而且容易出错。STEP 7-Micro/WIN SMART 提供的高速计数器向导可以简化编程过程，方便开发人员使用。

相对于设置控制字的组态方式，向导组态更加直观，它可以根据工艺快速配置高速计数器，并大大减少出错概率。向导组态完成后，可以在程序中调用对应生成的子程序，也可对子程序进行修改。

首先在 S7-200 SMART PLC 工具栏里选择高速计数器，在弹出的"高速计数器向导"对话框中选择需要组态的高速计数器，如图 8-39 所示。然后完成高速计数器模式选择、初始化组态、中断设置、中断步设置等操作步骤。

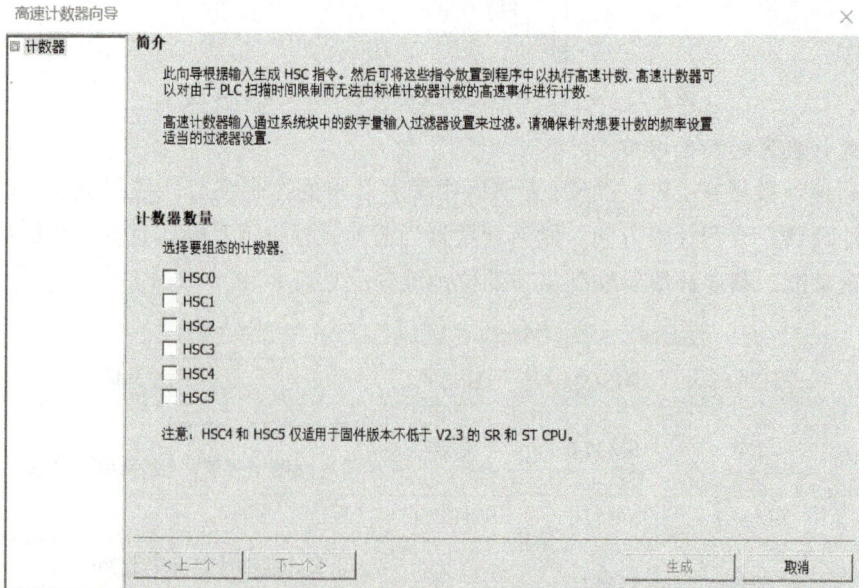

图 8-39　"高速计数器向导"对话框

2. 高速脉冲输出指令

PLC 的高速脉冲输出功能是指在 PLC 某些输出端产生高速脉冲，用来驱动负载实现对步进电动机等的精确控制。使用高速脉冲输出功能时，PLC 主机应选用晶体管输出型，以满足高速输出的要求。

高速脉冲输出指令 (PLS) 控制高速输出 (Q0.0、Q0.1 和 Q0.3) 是否提供高速脉冲串输出 (PTO) 和脉宽调制 (PWM) 功能。PLS 指令功能见表 8-19。

表 8-19　PLS 指令功能

梯形图	语句表	描　　述
PLS EN　ENO N	PLS　N	用于脉冲输出，可使用 PLS 指令来创建最多 3 个 PTO 或 PWM 操作其中 PTO 允许用户控制方波输出的频率和脉冲数量，PWM 允许用户控制占空比可变的固定循环时间输出。输入端口 N 的数据类型是 WORD，操作数为 0、1、2

S7-200 SMART PLC 的 CPU 具有三个 PTO/PWM 生成器 (PLS0、PLS1 和 PLS2)，能够生成高速脉冲串或脉宽调制波。PLS0 对应数字量输出端 Q0.0，PLS1 对应数字量输出端 Q0.1，PLS2 对应数字量输出端 Q0.3。指定的特殊存储器 (SM) 单元用于存储每个发生器的一个状态字节、一个控制字节、一个 2 B 无符号的周期或频率数据、一个 2 B 无符号的脉冲宽度值数据以及一个 4 B 无符号的脉冲计数值数据。PLS 指令仅用于 S7-200 SMART 标准型 CPU。SR20/ST20 只有 Q0.0 和 Q0.1 两个通道，其他型号有 Q0.0、Q0.1 和 Q0.3 三个通道。

PTO/PWM 生成器和过程映像寄存器共同使用 Q0.0、Q0.1 和 Q0.3。在 Q0.0、Q0.1 或 Q0.3 上激活 PTO/PWM 功能时，PTO/PWM 生成器控制输出，并禁止输出点正常使用。输出信号波形不受过程映像区状态、输出点强制值或立即输出指令的影响。当不使用 PTO/PWM 生成器功能时，对输出点的控制权交回到过程映像寄存器。过程映像寄存器决定输出信号波形的初始状态和结束状态，以高、低电平决定信号波形的启动和结束。

1) 脉冲串输出 (PTO)

PTO(Pulse Train Output) 的功能是输出指定脉冲数和占空比为 50% 的方波脉冲串。PTO 只能改变脉冲的频率和脉冲数，并允许脉冲串"链接"或"管道化"。有效脉冲串结束后，新脉冲串的输出会立即开始，这样便可持续输出后续脉冲串。

(1) PTO 脉冲的单段管道化。在 PTO 脉冲单段管道化过程中，用指定的特殊标志寄存器定义脉冲特性参数。一个脉冲串开始后，必须立即把第二个波形的参数赋值给 SM 单元，待 SM 对应值更新后，再次执行 PLS 指令。PTO 脉冲在管道化过程中保留第二个脉冲串的特性参数，直到第一个脉冲串输出完成。PTO 脉冲在管道化过程中一次只能存储一个条目，且第一个脉冲串完成后才开始输出第二个波形，然后在管道化过程中存储一个新脉冲串，重复此过程，设置下一脉冲串的特性参数。

(2) PTO 脉冲的多段管道化。在多段管道化过程中，集中定义多个脉冲串，并把各段脉冲串的特性参数按照规定的格式写入变量存储区用户指定的缓冲区中 (这个缓冲区称为包络表)。S7-200 SMART PLC 从 V 存储器的包络表中自动读取每个脉冲串段的特性，进行多段管道化时使用的 SM 单元为控制字节、状态字节和包络表的起始 V 存储 (SMW168、

SMW178 或 SMW578) 的偏移量。执行 PLS 指令启动多段操作时，每段的特性参数长
12 B，由 32 位起始频率、32 位结束频率和 32 位脉冲计数值组成。PTO 生成器会自动将
频率从起始频率线性提高或降低到终止频率。当脉冲数量达到指定的脉冲计数时，立即装
载下一个 PTO 段，该操作将一直重复到包络结束。段持续时间应大于 500 ms，如果持续
时间太短，CPU 没有足够的时间计算下一个 PTO 段值，则 PTO 状态位被置 1，PTO 操作
终止。进行多段 PTO 操作时，需把包络表的起始地址装入标志寄存器中。多段管道化相
比单段管道化编程简单，而且在同一段脉冲串中其周期可以均匀改变。

2) 脉宽调制 (PWM) 输出

PWM(Pulse Width Modulation) 是指占空比可变、周期固定的脉冲。PWM 输出指定
频率启动之后将继续运行，脉宽根据所需要的控制要求进行变化，占空比可表示为周期
的百分比或对应于脉冲宽度的时间值。PWM 周期范围为 2～65 535 ms，脉冲宽度范围为
0～65 535 ms。

当脉冲宽度设置为等于周期 (占空比为 100%) 时，无脉冲，始终为高电平；当脉冲宽
度设置为 0(占空比为 0%) 时，无脉冲，始终为低电平。利用 PWM，可以根据需要调节脉
冲宽度。PWM 输出可从 0% 变化到 100%，因此，它可以提供一个类似于模拟量输出的数
字量输出。例如，PWM 输出可用于阀门从关闭到全开的位置控制，或用于电动机从静止
到全速运行的速度控制。

PWM 功能可以通过设置特殊寄存器的方式进行配置，PWM 功能状态字如表 8-20 所
示，PWM 功能控制字如表 8-21 所示。

表 8-20　PWM 功能状态字

Q0	Q1	Q2	说　明
SM67.0	SM77.0	SM567.0	更新 PWM 周期值：0 = 不更新；1 = 更新
SM67.1	SM77.1	SM567.1	更新 PWM 脉冲宽度值：0 = 不更新；1 = 更新
SM67.2	SM77.2	SM567.2	保留
SM67.3	SM77.3	SM567.3	选择 PWM 时间基准：0 = μs/刻度；1 = ms/刻度
SM67.4	SM77.4	SM567.4	保留
SM67.5	SM77.5	SM567.5	保留
SM67.6	SM77.6	SM567.6	保留
SM67.7	SM77.7	SM567.7	PWM 允许输出：0 = 禁止；1 = 允许

表 8-21　PWM 功能控制字

Q0	Q1	Q2	说　明
SMW68	SMW78	SMW568	PWM 周期值
SMW70	SMW80	SMW570	PWM 脉冲宽度值

8.1.7　西门子 S7-200 SMART PLC 的编程软件

S7-200 SMART PLC 的编程软件是 STEP7-Micro/WIN SMART，软件界面如图 8-40 所示。

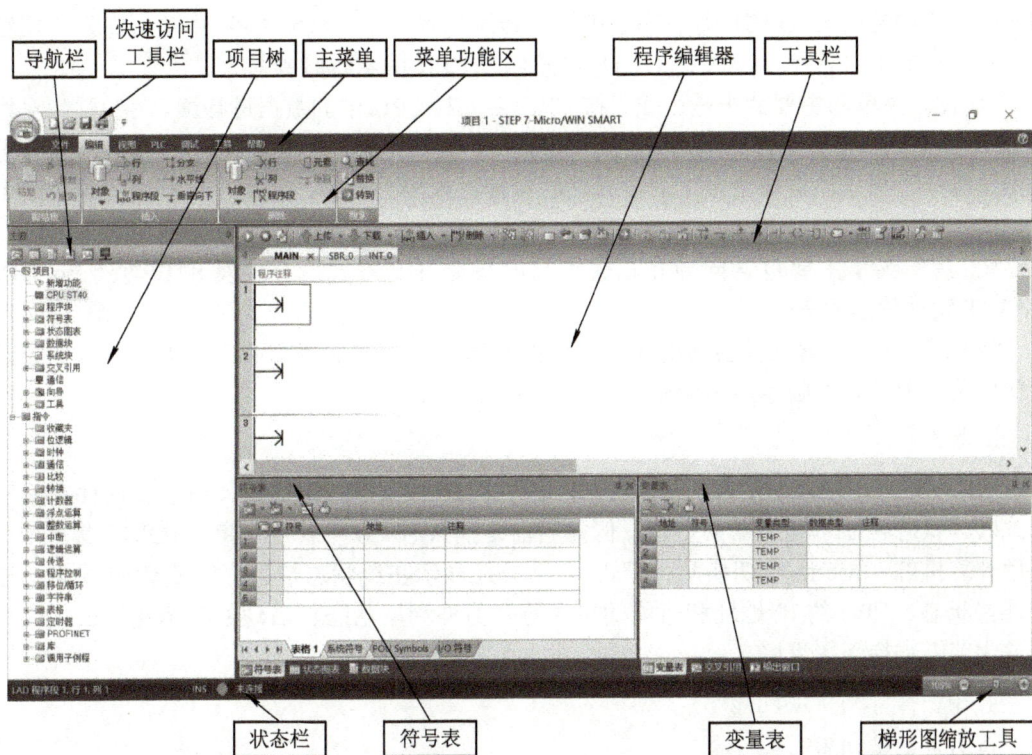

图 8-40　STEP7-Micro/WIN SMART 软件界面

STEP7-Micro/WIN SMART 软件界面包括工具栏、项目树、程序编辑器、主菜单、菜单功能区、导航栏、快速访问工具栏、状态栏、梯形图缩放工具，以及用于显示符号表、变量表的其他窗口等。

1. 快速访问工具栏

STEP7-Micro/WIN SMART 编程软件中设置了快速访问工具栏，包括新建、打开、保存和打印等默认按钮。单击快速访问工具栏右边的 " ▾ " 按钮，在弹出的 "自定义快速访问工具栏" 菜单中单击 "更多命令…"，打开 "自定义" 对话框，可以增加快速访问工具栏上的命令按钮。

2. 软件主菜单

STEP7-Micro/WIN SMART 编程软件下拉菜单的结构为桌面平铺模式，根据功能类别分为文件、编辑、视图、PLC、调试、工具和帮助 7 组。

"文件" 菜单主要包含对项目整体的编辑操作命令，以及上传/下载、打印、保存和对库文件的操作命令。单击软件界面左上角的 "文件" 按钮可以简单快速地访问 "文件" 菜单的大部分命令，并显示出最近打开过的文件，单击其中的某个文件，就可以直接打开它。

"编辑" 菜单主要包含对项目程序的修改命令，包括剪贴板、插入、删除程序对象以及搜索命令。

"视图" 菜单包含的命令有程序编辑语言的切换、不同组件之间的切换显示、符号表和符号寻址优先级的修改、书签使用，以及打开 POU 和数据页属性的快捷方式命令。

"PLC" 菜单包含的主要命令是对在线连接的 S7-200 SMART PLC 的 CPU 的操作和控

制命令，比如控制 CPU 的运行状态、编译、传送项目文件、清除 CPU 中项目文件、比较离线和在线的项目程序、读取 PLC 信息以及修改 CPU 的实时时钟命令。

　　"调试"菜单的主要命令是在线连接 CPU 后，对 CPU 中的数据进行读 / 写和强制对程序分运行状态进行监控。这里的"执行单次"和"执行多次"扫描是指 CPU 从停止状态开始执行一个扫描周期或者多个扫描周期后自动进入停止状态，常用于对程序的单步或多步调试。

　　"工具"菜单主要包含向导和相关工具的快捷打开方式命令以及 STEP7-Micro/WIN SMART 软件的选项命令。

　　"帮助"菜单包含软件自带的帮助文件的快捷打开方式命令和西门子支持网站的超级链接以及当前的软件版本显示命令。

3. 状态栏

　　状态栏位于图 8-40 所示界面的底部，提供软件中执行操作的相关信息。软件在编辑模式时，状态栏显示编辑器的信息，例如当前是插入 (INS) 模式还是覆盖 (OVR) 模式 (可以用计算机的 <Insert> 键切换两种模式)。此外还显示在线状态信息，包括 CPU 状态、通信连接状态、CPU 的 IP 地址和可能的错误等。另外利用状态栏右边的梯形图缩放工具可以放大或缩小梯形图程序。

4. 窗口操作与帮助功能

1) 打开和关闭窗口

　　安装好 STEP7-Micro/MIN SMART 编程软件，在桌面上双击编程软件的快捷方式图标▦，打开编程软件，将自动打开合并为两组的 6 个窗口 (符号表、状态图表、数据块、变量表、交叉引用表和输出窗口)。合并的窗口下面是标有窗口名称的窗口选项卡，如图 8-40 所示，单击某个窗口选项卡，将会显示该窗口。

　　单击当前显示的窗口右上角按钮▨，可以关闭该窗口。双击项目树中或单击导航栏中的某个窗口对象，可以打开对应的窗口。单击"编辑"菜单功能区的"插入"区域的"对象"按钮，再单击出现的下拉式列表中的某个对象，也可以打开该对象窗口。新打开的窗口的状态 (与其他窗口合并、依靠或浮动) 与该窗口上次关闭之前的状态相同。

2) 窗口的浮动与停靠

　　项目树和上述合并为两组的 6 个窗口均可以浮动或停靠，以及排列在显示器屏幕上。单击单独的或被合并的窗口的标题栏，按住鼠标左键不放，移动鼠标，窗口变为浮动状态，并随光标一起移动。松开鼠标左键，浮动的窗口被放置在显示器屏幕上光标当前位置。

　　拖动被合并的窗口任一选项卡，其窗口脱离其他窗口，成为单独的浮动窗口。可以同时让多个窗口在任意位置浮动。

　　移动窗口时窗口界面的中间和四周会出现定位器符号 (8 个带三角形方向符号的矩形)，拖动窗口时光标放在中间的定位器不同的矩形符号上，当该定位器符号变成浅蓝色时，松开鼠标左键，可以将该窗口停靠在定位器所在区域对应的边上。将光标放在软件界面边沿某个定位器符号上，当该定位器符号变成浅蓝色时，松开鼠标左键，可以将该窗口停靠在软件界面对应的边上。一般将项目树之外的其他窗口停靠在程序编辑器的下面。

3) 窗口的合并

　　拖动已浮动窗口，在拖动过程中如果光标进入其他窗口的标题栏，或进入合并的窗口下面标有窗口名称的窗口选项卡所在的行，被拖动的窗口将与其他窗口合并，窗口下面出现相应窗口的选项卡，并显示当前被拖动的窗口。

4) 窗口高度的调整

将光标放到两个窗口的水平分界线上，或放在窗口与编辑器的分界线上，光标变为垂直方向的双向箭头，按住鼠标左键上、下移动鼠标，可以拖动水平分界线，调整窗口的高度。

5) 窗口的隐藏与停靠

单击某个窗口或几个窗口合并后的窗口右上角的"自动隐藏"按钮，该窗口或已合并的所有窗口被隐藏到软件界面的左下角状态栏的上面。将光标放到隐藏的窗口的某个图标上时，对应的窗口将会自动出现，并停靠在软件界面的下侧。此时单击窗口右上角按钮，窗口将自动停靠到隐藏之前的位置。

上述操作也可以用于项目树。单击项目树右上角的"自动隐藏"按钮，项目树将自动隐藏到软件界面的最左边。将光标放到隐藏的项目树图标上，项目树将会重新出现。此时单击项目右上角按钮，它将自动停靠到软界面左边原来的位置。

关闭软件时，软件界面的布局将被保存，下一次打开软件时继续使用上一次的布局。

6) 帮助功能的使用

在线帮助使用方法：单击项目树中的某个文件夹或其中的对象、单击某项窗口、选中工具栏的某个按钮、单击指令树或程序编辑器中的某条指令、按 <F1> 键均可以打开选中对象的在线帮助。

帮助菜单使用方法：单击"帮助"菜单功能区的"信息"区域的"帮助"按钮，打开在线帮助窗口；借助目录浏览器可以寻找需要的帮助主题．窗口中的"索引"部分提供了按字母顺序排列的主题关键字，双击某一关键字，右边窗口将出现它的帮助信息；在窗口的"搜索"选项卡输入要查找的名词，单击"列出主题"按钮，将列出所有查找到的主题；双击某一主题，在右边窗口将显示有关的帮助信息；单击"帮助"菜单功能区的"Web"区域的"支持"按钮，将打开西门子的全球技术支持网站，可以在该网站按产品分类阅读所遇见的问题，以及下载大量的手册和软件。

STEP7-Micro/WIN SMART 软件项目包括下列基本组件：

(1) 程序块由主程序 (OB1)、可选的子程序和中断程序组成，统称为 POU(Program Organizational Unit，程序组织单元)。

(2) 数据块包含用于给 V 存储区地址分配数据初始值的数据页。

(3) 系统块用于给 S7-200 SMARTCPU、信号板和扩展模块组态，以及设置各种参数。

(4) 符号表允许程序员用符号来代替存储器的地址，符号地址便于记忆，使程序更容易理解。符号表中定义的符号为全局变量，可以用于所有的 POU。

(5) 状态图表用表格或趋势视图来监视、修改和强制程序执行时指定的变量的状态，但状态图表不能下载到 PLC。

▷ 8.1.8　西门子 S7-200 SMART PLC 的应用程序设计

1. 任务要求

设计程序实现以下 PLC 控制电动机操作：按下 PLC 的外接启动按钮 SB1 或单击 HMI 界面上启动按钮图标，HMI 界面上显示延时定时器的数据，5 s 后电动机启动，外接指示灯点亮，启动次数加 1；按下 PLC 的外接停止按钮 SB2 或单击 HMI 界面上停止按钮图标，电动机停止转动；单击复位按钮图标，启动次数清零。

电动机控制 I/O 地址分配表如表 8-22 所示。

表 8-22　I/O 地址分配表

输入信号和地址		输出信号和地址	
停止按钮	I0.0	电动机	Q0.3
启动按钮	I0.1	指示灯	Q0.0

2. 新建项目

首先双击桌面上的 STEP7-Micro/WIN SMART 软件的快捷方式打开编程软件后，一个命名为"项目 1"的空项目会自动创建。然后单击工具栏中的"文件"选择菜单栏中的"保存"按钮。接着在"文件名"栏对该文件进行命名，并选择文件保存的位置。最后单击"保存"按钮。STEP7-Micro/WIN SMART 软件可以通过下面 3 种方法来新建、打开和保存项目文件：

(1) 打开主菜单选择"新建""打开"或"保存"选项。

(2) 单击主菜单按钮右侧的快捷菜单按钮。

(3) 使用新建 (Ctrl + N)、打开 (Ctrl + O) 或保存 (Ctrl + S) 快捷键。

3. 硬件组态

硬件组态的任务就是用系统块生成一个与实际的硬件系统相同的系统。S7-200 SMART PLC 的 CPU、信号板和扩展模块需要的所有硬件组态都在系统块中设置，且组态的模块和信号板与实际的硬件安装的位置和型号应完全一致。系统块设置方法为：双击项目树中的 CPU 图标，或者选择"视图"→"组件"→"系统块"，打开"系统块"对话框，按需要进行设置。硬件组态完成后，需对其进行保存。另外还需要在模块菜单下选择实际使用的 CPU 类型。系统块设置如图 8-41 所示。

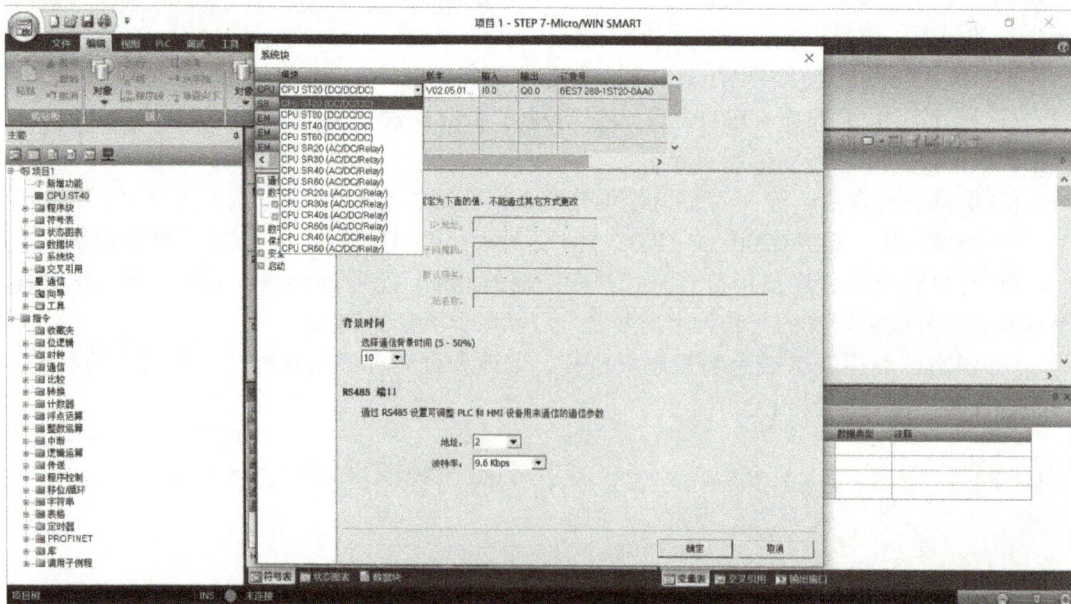

图 8-41　系统块设置图

4. 编写程序

这里以最常用的梯形图语言为例。生成新项目后，主程序编辑界面会自动打开主程序 MAIN(OB1)，程序段 1 最左边的箭头处有一个矩形光标。编写程序步骤如下：

(1) 插入第一个触点。单击选中程序段 1 中的向右箭头，并单击界面上方"插入触点"快捷按钮，选择插入一个常开触点，如图 8-42 所示。

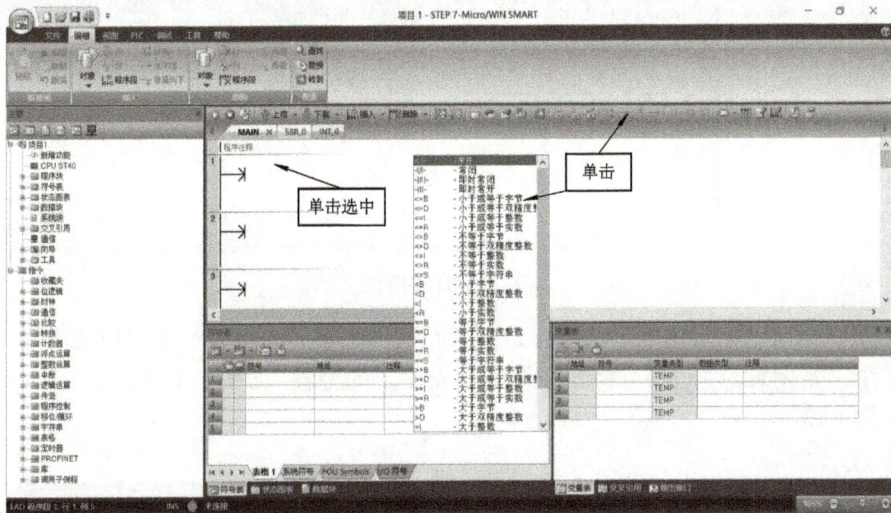

图 8-42　插入一个常开触点

触点上面红色的问号"??.?"表示地址未赋值，选中它输入触点的地址 I0.1，并将光标移动到触点的右边。

(2) 插入第二个触点。第二个触点与第一个触点之间是"或"的关系。插入方法为：首先单击选中常开触点下方的空白区域，然后展开指令树中的"位逻辑"文件夹，双击第一个"常开触点"指令，将其添加到预先指定的位置，如图 8-43 所示。当然也可以通过拖拽和释放的方式添加指令。插入触点后，输入地址为 V300.1。

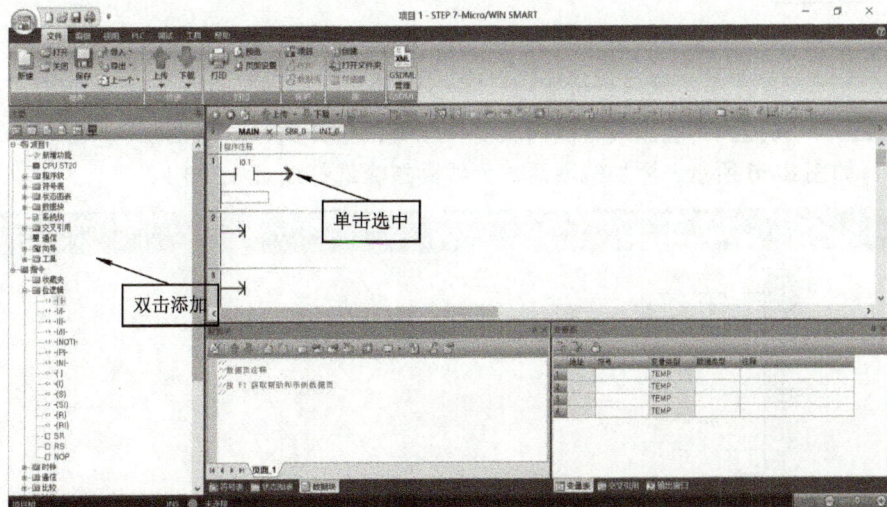

图 8-43　插入第二个常开触点

（3）合并能流。选中第二个常开触点，再单击其上方"插入向上垂直线"的快捷按钮，或者按"CTRL+向上键"组合键，向上插入垂直线，如图 8-44 所示。

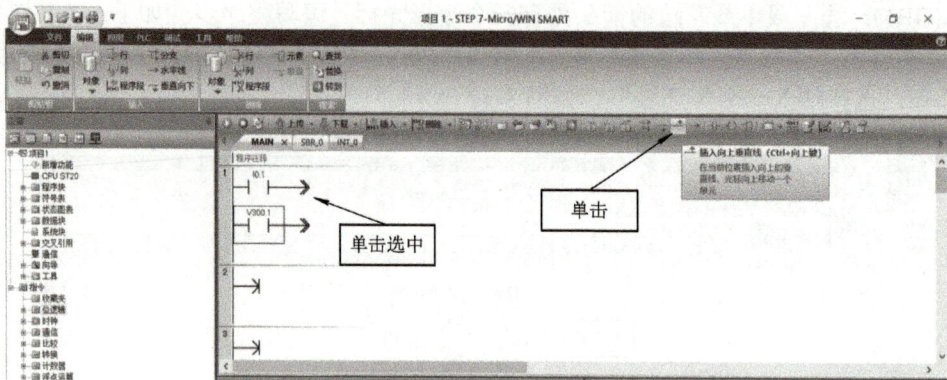

图 8-44　合并能流

（4）添加常闭触点。选中第一行的向右双箭头，然后展开指令树中的"位逻辑"文件夹，双击第二个"常闭触点"指令，将其添加到预先指定的位置，如图 8-45 所示。插入触点后，输入地址为 I0.0。

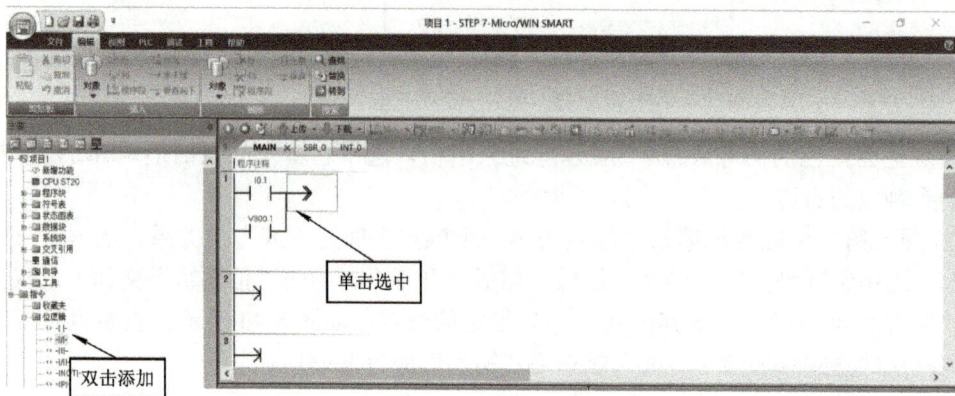

图 8-45　插入常闭触点

（5）添加线圈。在指令树的"位逻辑"指令集中找到线圈指令 ( ) 并单击选中，然后按住鼠标左键，将其拖拽到能流最右侧的双箭头位置，松开鼠标，即添加一个线圈到程序段 1 的末端，如图 8-46 所示。添加线圈后，为线圈指令选择地址 V300.1。

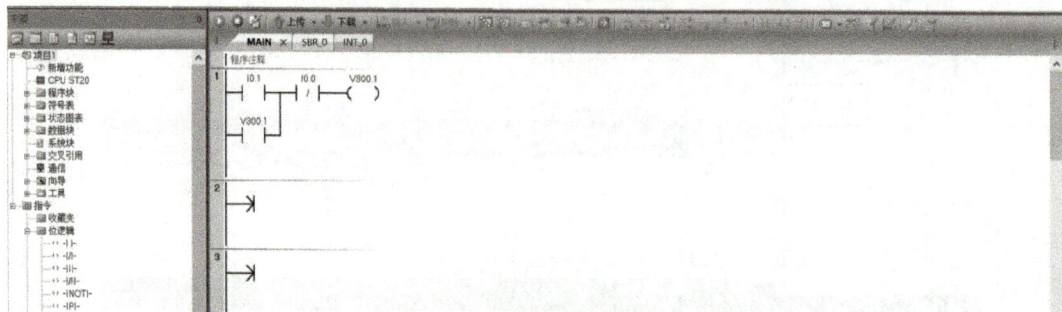

图 8-46　添加线圈

(6) 程序段 1 编写完成后，继续编写其他程序段代码，其梯形图代码如图 8-47 所示。其中，程序段 3 先从指令集中选择定时器指令，再选择 TON 定时器 □ TON ，定时器地址为 T37，PT 值设为 50。程序段 5 先从指令集中选择比较指令，再选择 —‖-|<=||- 指令，第一个数为 T37，第二个数设为 50。程序段 6 先从指令集中选择传送指令，再选择字传送指令□ MOV_W，输入 IN 设为 T37，输出 OUT 设为 VW302。程序段 7 先从指令集中选择计数器指令，再选择加计数器指令□ CTU，PV 值设为 10。程序段 8 先从指令集中选择传送指令，再选择字传送指令□ MOV_W，输入 IN 设为 C1，输出 OUT 设为 VW304。

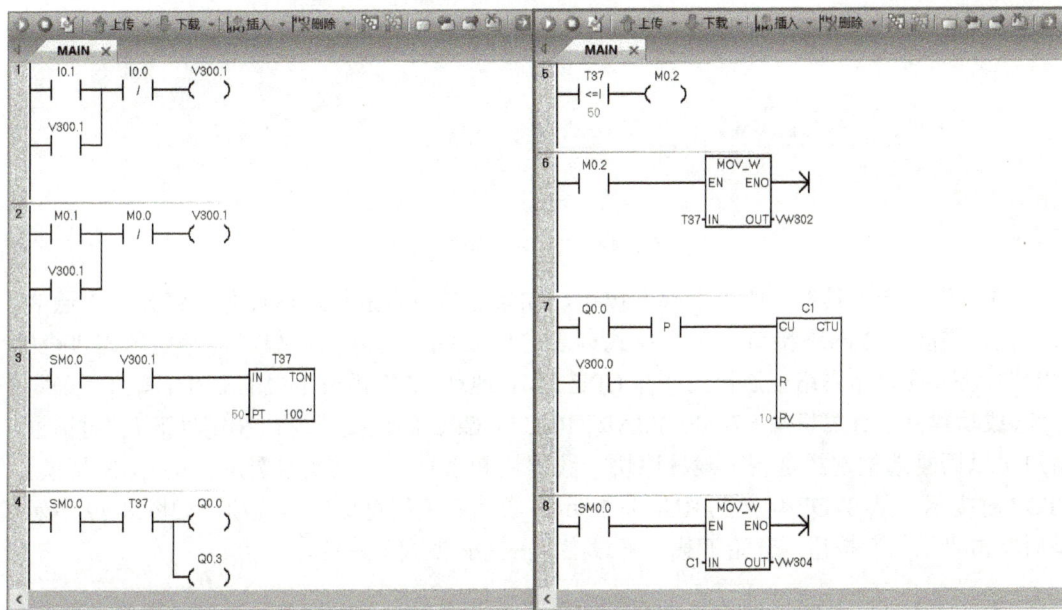

图 8-47　梯形图代码

(7) 检查编译。程序编写完成后，需要对其进行编译，即单击程序编辑器工具栏上的"编译"按钮，对项目进行编译，检查有无语法错误。如果没有编译程序，在下载之前编程软件将会自动对程序进行编译，并在输出窗口显示编译的结果。

5. 项目下载

CPU 是通过以太网与运行 STEP7-Micro/WIN SMART 的计算机进行通信的。下载项目程序之前先需进行正确的通信参数设置，方可保证下载成功。具体步骤如下：

(1) 选择项目树窗口，打开"通信"对话框，如图 8-48 所示。自动选中模块列表中的 CPU 和对话框左下边列表中的"通信"节点，可在其右下边设置 CPU 的以太网端口参数。为了使信息能在以太网上准确快捷地传送到目的地，连接到以太网的每台设备必须拥有一个唯一的 IP 地址。

(2) 首先用户需要选择正确的网卡，然后单击"查找 CPU"按钮，找到 CPU 后，单击选中该 CPU，最后单击"确定"按钮关闭"通信"对话框。

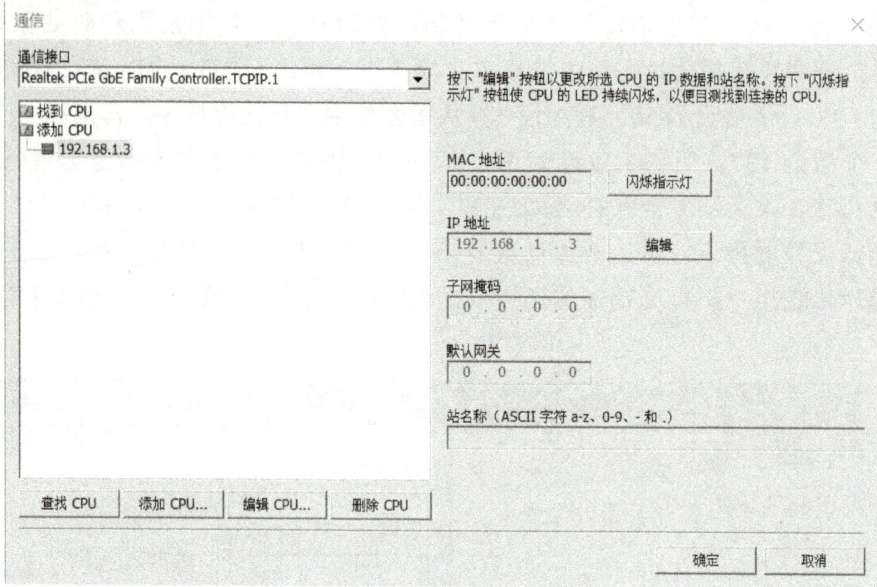

图 8-48　"通信"对话框

（3）首先单击工具栏上的"下载"按钮，如果之前没有进行通信设置，将弹出"通信"对话框，需要在"网络接口卡"下拉式列表选中要使用的以太网端口。然后单击"查找CPU"按钮，应显示网络上连接的所有 CPU 的 IP 地址，选中需要下载的 CPU，单击"确定"按钮，成功建立了计算机与 S7-200 SMART PLC 的 CPU 的连接后，将会出现"下载"对话框，用户可以用复选框选择是否下载程序块、数据块和系统块，以及勾选是否从 RUN 切换到STOP 时提示、从 STOP 切换到 RUN 时提示、成功后关闭对话框等选项，如图 8-49 所示。最后单击"下载"按钮，开始下载。下载应在 STOP 模式下进行。

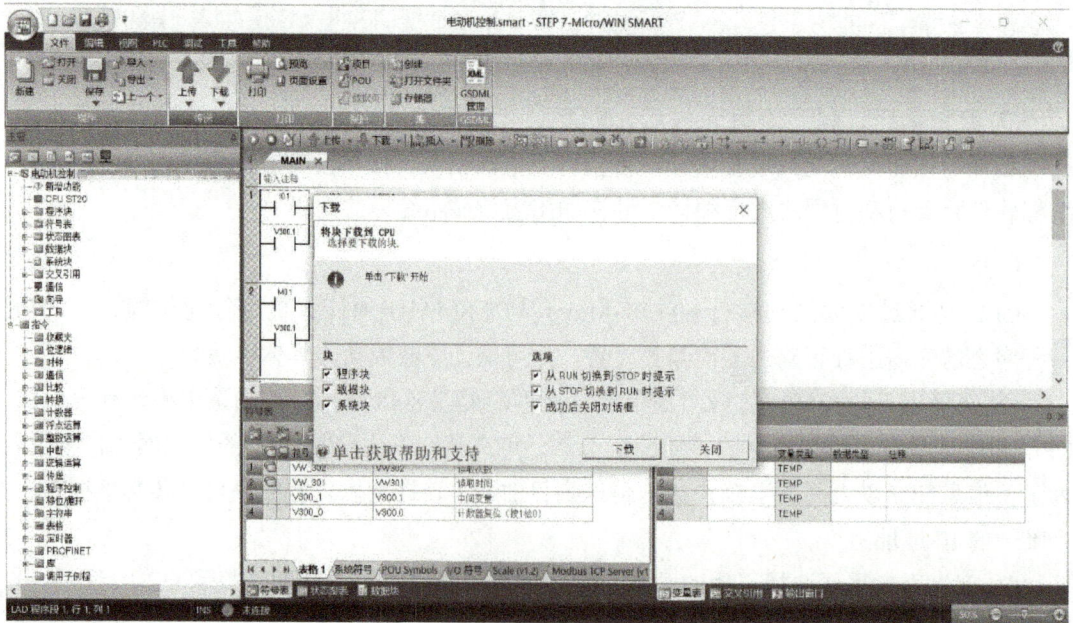

图 8-49　S7-200 SMART PLC 项目程序下载

6. 在线监控

S7-200 SMART PLC 的 CPU 既可使用程序状态功能来监控和调试程序，也可使用状态图表来监控和调试程序。如果程序下载之前 CPU 处于停止状态，那么监控之前首先需要将 CPU 切换到运行状态。用户可单击程序编辑界面上方或者 PLC 菜单功能区中的"RUN"按钮进行状态切换，之后启动 CPU。

CPU 进入运行状态后，可以通过单击程序编辑界面上方的"程序状态"按钮在线监控程序的运行状态。在梯形图语言环境中，蓝色的实线表示能流导通，灰色的实线表示能流中断。在线程序监控调试如图 8-50 所示。

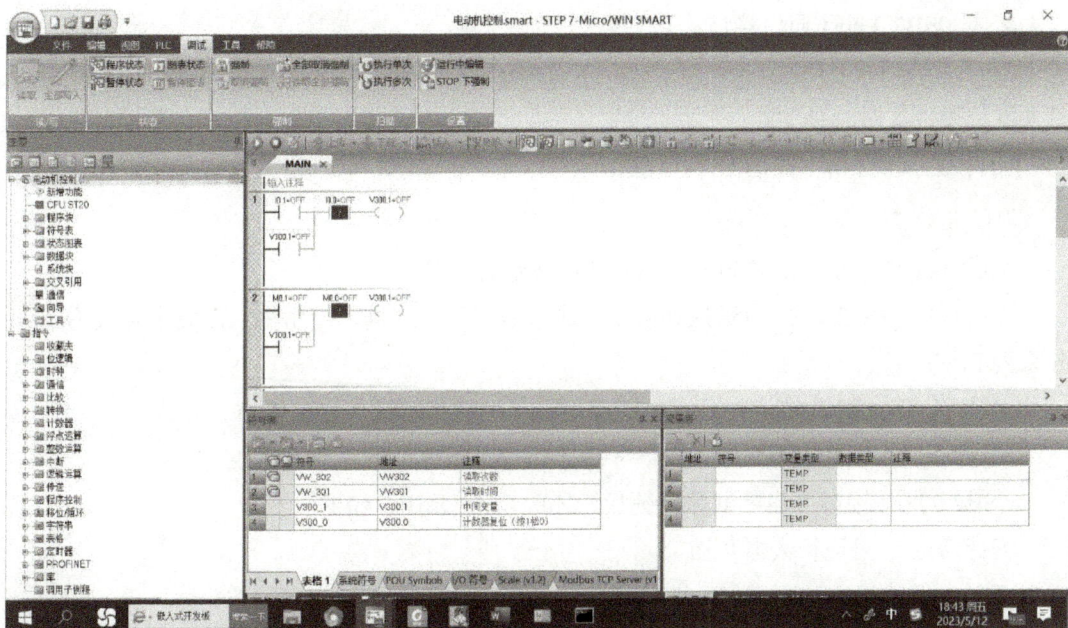

图 8-50　程序在线监控调试图

对程序进行调试，检验程序是否实现了设计要求。

7. 程序的上传

程序的上传是将 PLC 硬件 CPU 中的程序传输到电脑的编程软件中。方法为：首先单击工具栏中的上传按钮，或者单击文件菜单下的上传按钮，系统弹出上传对话框，然后根据实际需要进行设置，最后单击上传按钮，这样就可以完成 PLC 的程序上传工作。

8.2　西门子 WinCC flexible SMART 的应用

8.2.1　西门子 WinCC flexible SMART 的硬件

SIMATIC 系列面板 (SMART LINE) 是西门子 WinCC flexible SMART 的硬件之一，可

提供人机界面的标准功能。随着科技的发展，新一代系列面板 SMARTLINE V3 的功能得到了大幅提升，与 S7-200 SMART PLC 结合组成了完美的自动化控制与人机交互平台。由于 WinCC flexible SMART 采用了增强型 CPU 和存储器，其性能得以大幅提升。另外，其提供了 USB 主机端口，还通过免维护电容系统实现了 RTC 实时时钟并改进了触摸显示屏以提升用户体验。借助新的工程软件 WinCC flexible SMART V3 可简化编程，面板的组态和操作也更加简便。

1. 硬件性能

显示屏有 7 寸、10 寸两种尺寸，支持横向和竖向安装；

集成 USB2.0 host 通信接口；

CPU 主频为 600 MHz，内存为 128 MB DDR3；

支持硬件实时时钟功能；

10 寸显示屏分辨率高达 1024 × 600。

2. 通信能力

集成以太网口可与 S7-200 SMART PLC 等进行通信；

隔离串口（RS422/485 自适应切换）可连接西门子、三菱、施耐德、欧姆龙以及台达部分系列 PLC；

支持 Modbus RTU 协议；

可同时连接 4 台控制器；

USB2.0 host 接口可连接鼠标、键盘、Hub 以及 USB 存储器；

支持通过 U 盘进行数据归档。

3. 软件新特性

支持数据和报警记录归档功能；

具有强大的配方管理、趋势显示、报警功能；

通过 Pack&Go 功能，轻松实现项目更新与维护；

WinCC flexible SMART V3 软件无缝兼容 SMART LINE V1 和 V2 的项目文件。

8.2.2　西门子 WinCC flexible SMART 的编程软件

1. WinCC flexible SMART 用户界面元素

WinCC flexible SMART 工作环境包含多个元素，其中某些元素与特定的编辑器链接，也就是说，它们只有在对应的编辑器激活时才会显示。

WinCC flexible SMART 用户界面包含菜单栏、工具栏、项目视图、工作区、属性视图、输出视图、工具箱等界面元素，如图 8-51 所示。重点介绍以下几种界面元素。

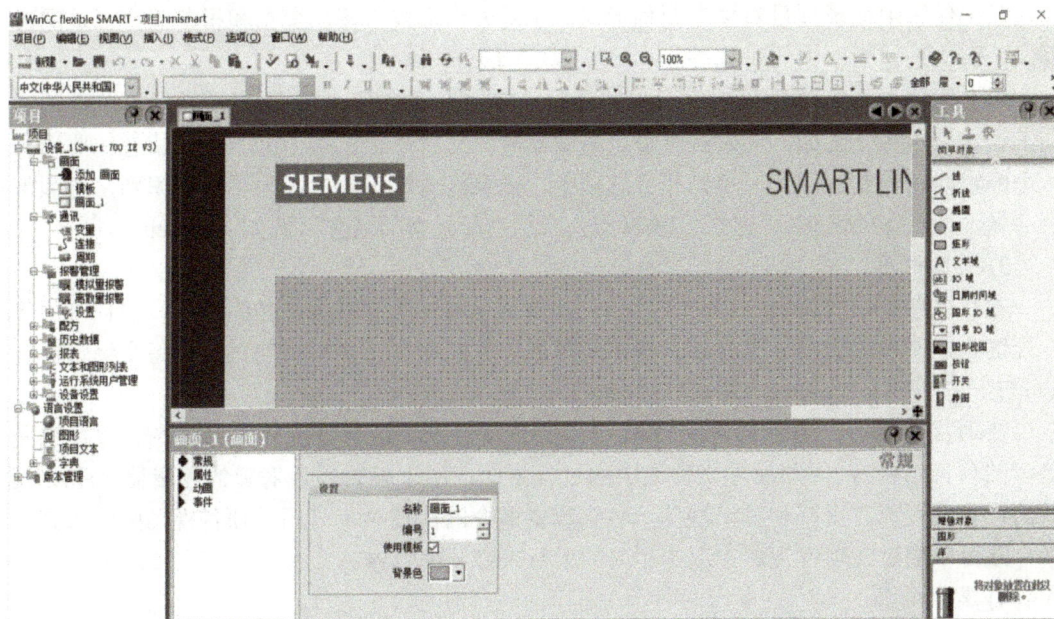

图 8-51　WinCC flexible SMART 用户界面

1) 菜单栏和工具栏

菜单栏包含所有用于操作 WinCC flexible SMART 的命令，任何可用的快捷键都显示在菜单命令的旁边。工具栏可以隐藏或显示指定的工具。通过菜单栏和工具栏可以访问组态 HMI 设备所需的全部功能。编辑器处于激活状态时，菜单栏和工具栏中会显示此编辑器专用的菜单命令和工具栏。

当鼠标指针移到菜单栏和工具栏中某个命令上时，将显示对应的工具提示。默认情况下，创建新项目时菜单栏和工具栏位于画面的顶部边缘。菜单栏和工具栏的位置由登录 Windows 的用户决定。如果使用鼠标移动了工具栏，则在 WinCC flexible SMART 重启后，这些工具栏将恢复到上次"退出"时的位置。WinCC flexible SMART 菜单栏中的菜单如表 8-23 所示。

表 8-23　WinCC flexible SMART 菜单栏中的菜单

菜　单	简　　述
项目 (Project)	包含用于项目管理的命令
编辑 (Edit)	包含用于剪贴板和搜索功能的命令
视图 (View)	包含用于打开 / 关闭元素以及用于缩放 / 图层设置的命令
插入 (Paste)	包含用于粘贴新对象的命令
格式 (Format)	包含用于画面对象管理和格式设置的命令
工具 (Tools)	包含用于在 WinCC flexible SMART 中更改用户界面的语言
窗口 (Window)	包含用于管理工作区域中多个窗口的命令，例如切换命令
帮助 (Help)	包含用于调用帮助功能的命令

2) 工作区

用户可在工作区中组态画面。

在工作区中编辑项目对象有两种形式：一是表格形式，例如变量和报警等；二是图形形式，例如过程画面中的对象等。

每个编辑器在工作区域中以单独的选项卡控件形式打开。"画面"编辑器以单独的选项卡形式显示各个画面。同时打开多个编辑器时，只有一个选项卡处于激活状态。要选择一个编辑器，需要在工作区单击相应选项卡。在表格式编辑器中，为了便于识别，选项卡上会显示编辑器的名称。"画面"编辑器会显示当前元素的名称，例如"Screen1"。

3）项目视图

项目视图是项目编辑的中心控制点。其显示了项目的所有组件和编辑器，并且可用于打开这些组件和编辑器。另外项目视图还可用于创建和打开要编辑的对象。每个编辑器均分配有一个符号，该符号可用来标识相应的对象。

在项目视图中，还可以访问 HMI 设备的设备设置、语言设置和输出视图。项目视图显示的项目结构有："画面"文件夹中的过程画面；用于编辑项目对象的编辑器；HMI 设备的设备设置语言支持和输出视图。包含重要命令的快捷菜单可用于项目视图中的所有元素，还可以通过在项目视图中双击相应的条目来打开编辑器。

4）属性视图

属性视图用于编辑从工作区中选择的对象的属性，如图 8-52 所示。属性视图的内容基于所选择的对象，且其仅在特定编辑器中可用。

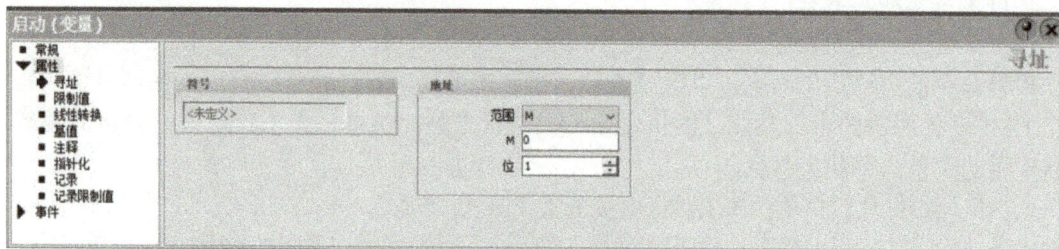

图 8-52　属性视图

属性视图显示选定对象的属性，并按类别组织。所选定对象的属性更改后的值会在退出输入字段后直接生效。无效输入将以彩色背景突出显示。

5）输出视图

输出视图显示了在项目测试运行或项目一致性检查期间所生成的系统报警。

输出视图通常按报警出现的顺序显示系统报警。系统使用不同的符号将系统报警标识为通知、警告或故障。类别定义了已生成系统报警的相应 WinCC flexible SMART 模块。例如，一致性检查期间生成"编译器"类别的系统报警。

单击对应列的标题，可对系统报警排序。使用快捷菜单可跳转到出错位置或变量，然后将系统报警复制到剪贴板或将其删除。输出视图会显示上次操作的所有系统报警，且新操作产生的系统报警将覆盖所有先前的系统报警。

2. 编辑器属性

WinCC flexible SMART 为每一项组态任务提供专门的编辑器。它包含图形编辑器（例如"画面"编辑器）和表格式编辑器（例如"变量"编辑器）两种不同类型的编辑器。

"画面"编辑器显示"画面"文件夹项目视图的项目中包含的所有画面。所有画面均在工作区的单独窗口中打开。

表格式编辑器（例如"变量"编辑器）仅显示工作区中包含的对象，且包含的对象将显示在表中，如图 8-53 所示。另外可以直接在表中或在属性视图中编辑对象。

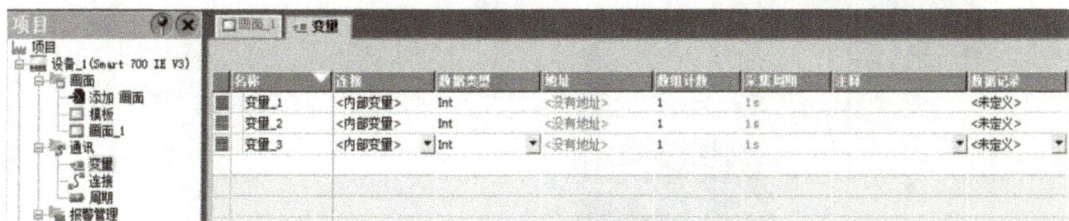

图 8-53　变量表格式编辑器

对编辑器属性所做更改将在退出输入字段后直接生效，并对项目产生全局影响，且受所做更改影响的所有对象将自动更新。例如，如果在"画面"编辑器中更改了某个变量参数，则此更改将直接影响"变量"编辑器。保存项目后，修改后的项目数据将立即传送到项目数据库。每个编辑器均具有一个内部列表，用于保存用户动作，且切换到另一个编辑器不会影响存储在列表中的动作。利用这种方式可以回复（撤销）或恢复所有动作。更改编辑器属性的相关命令都位于"编辑"菜单中。当关闭编辑器或保存项目时，该列表将被删除。

可使用多种方法打开 WinCC flexible SMART 中的编辑器，这些方法各不相同，具体取决于相关的编辑器。

(1) 打开"画面"编辑器：可以通过创建新对象或打开现有对象来启动"画面"编辑器。要创建新对象，首先在项目视图中双击"画面"，然后单击"添加画面"(Add Screen)。新画面在项目视图中创建，并显示在工作区中。要打开现有画面，则双击项目视图中的画面，此画面在工作区中打开。

(2) 打开表格式编辑器：双击项目视图中的表格式编辑器可打开"变量"编辑器等表格式编辑器，也可使用相关快捷菜单激活表格式编辑器。

最多可以同时打开 20 个编辑器。

8.2.3　西门子 WinCC flexible SMART 的应用程序设计

1. 任务要求

设计程序实现电动机进行以下操作：设置定时时间并按下 HMI 界面上"启动"按钮，电动机开始转动；按下"停止"按钮，电动机停止转动；按下"计数复位"按钮，启动次数清零。

2. 创建 WinCC flexible SMART 的项目

创建 WinCC flexible SMART 的项目的步骤如下：

(1) 安装好 WinCC flexible SMART V3 后，双击桌面上的 ▦ 图标，打开 WinCC flexible SMART 项目向导，单击其中的选项"创建一个空项目"。

(2) 在出现的"设备选择"对话框中，双击文件夹"SMART Line"中"7""的"Smart 700 IE V3"，创建一个名为"项目.hmismart"的文件，如图 8-54 所示。

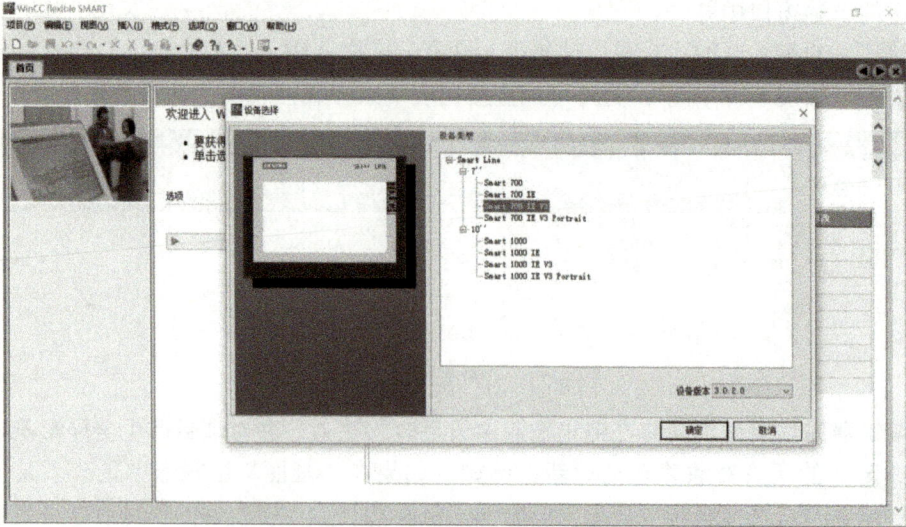

图 8-54　创建 WinCC flexible SMART 的项目

(3) 在某个指定的位置创建一个名为"HMI 控制"的文件夹。执行菜单"项目"中的"另存为"命令，打开"将项目另存为"对话框，键入项目名称"HMI 电动机控制"，将生成的项目文件保存到创建的文件夹中。

(4) 首先双击图 8-55 所示的 WinCC flexible SMART 界面项目视图中的某个对象，将会在中间的工作区打开对应的编辑器。然后单击工作区上面的某个编辑器标签，将会显示对应的编辑器。

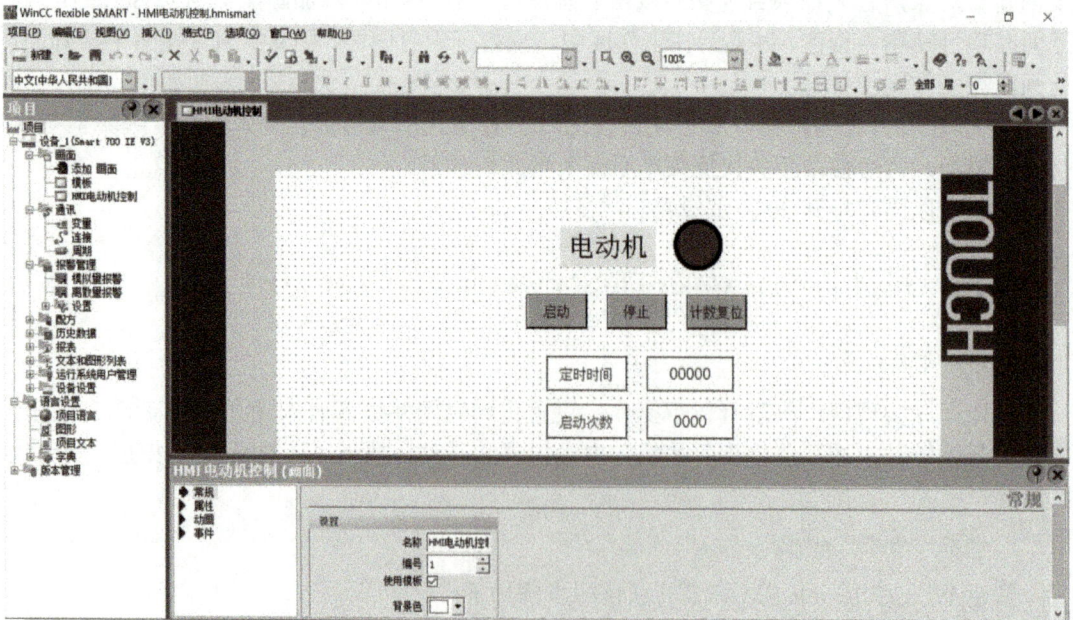

图 8-55　WinCC flexible SMART 的界面

最后单击右边工具箱中的"简单对象""增强对象""图形"和"库"，将打开对应的窗口界面。工具箱包含过程画面经常使用的对象。

3. 连接组态

进行组态连接时，首先单击项目视图中的"连接"选项卡，打开"连接"编辑器，双击连接表的第一行，自动生成的连接默认的名称为"连接_1"，修改名称为"HMI_PLC"。默认的通信驱动程序为"SIMATIC S7-200"，修改为"SIMATIC S7-200 SMART"。连接表的下面是连接属性视图，用"参数"选项卡设置"接口"为以太网，PLC 和 HMI 设备的 IP 地址分别为 192.168.1.3 和 192.168.1.4，其余的参数使用默认值。设置好以后用以太网接口将项目文件下载到 HMI。连接组态设置如图 8-56 所示。

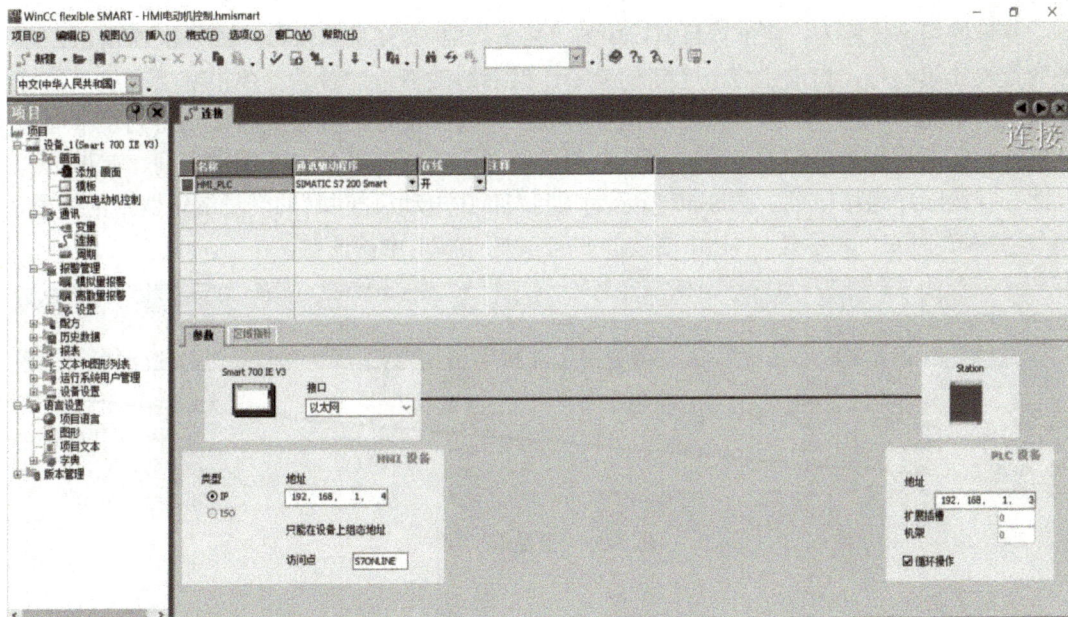

图 8-56　连接组态设置

4. 画面的生成与组态

在 WinCC flexible SMART 中，可以创建画面，以便让操作员控制和监视机器设备。创建画面时，可使用预定义的对象实现过程可视化和设置过程值。

画面设计是将要用来表示过程的对象插入到画面，对该对象进行组态使之符合过程要求。画面可以包含静态元素和动态元素。静态元素（如文本）在运行时不改变它们的状态。动态元素根据过程改变状态。操作员通过变量输入数据，同时 PLC 与操作员站通过变量交换过程值。应注意的是，画面布局与 HMI 设备用户界面的布局应一致，且画面分辨率和可用的字体等属性应取决于所选的 HMI。

画面的生成与组态过程为：WinCC flexible SMART 生成项目后，将自动生成和打开一个名为"画面-1"的空白画面；用鼠标右键单击项目视图中的该画面，执行出现的快捷菜单中的"重命名"命令，将该画面的名称改为"HMI 电动机控制"；打开画面后，使用工具栏上的🔍和🔍按钮放大或缩小画面；选中画面编辑器下面的属性视图左边的"常规"类别，设置画面的名称和编号；单击"背景色"选择框的▼按钮，用出现的颜色列表将画面的背景色改为白色。

5. 变量的组态

HMI 的变量分为外部变量和内部变量。外部变量可用来实现自动化过程组件之间（例如 HMI 设备与 PLC 之间）的通信（数据交换）。外部变量是 PLC 中所定义的存储位置的映像。无论是 HMI 设备还是 PLC，都可以对该存储位置进行读写访问。由于外部变量是在 PLC 中定义的存储位置的映像，因而它能使用的数据类型取决于与 HMI 设备相连的 PLC。内部变量存储在 HMI 设备的内存中，与 PLC 没有连接关系。因此，只有这台存储了内部变量的 HMI 设备才能够对内部变量进行读写访问。内部变量用名称来区分，没有地址。

变量的组态过程为：双击项目窗口中的"变量"，打开变量编辑器，如图 8-57 所示；双击变量表的第一行，自动生成一个新的变量，然后修改变量的参数；单击变量表的"数据类型"列单元右侧的 ▼ 下拉菜单，在出现的列表中选择变量的数据类型；双击列表下面的空白行，自动生成一个新的变量，新变量的参数与上一行变量的参数基本相同，其地址与上面一行按顺序递增排列。图 8-57 所示为项目"HMI 电动机控制"的变量编辑器中的变量，其中"HMI_PLC"表示是与 HMI 连接的 S7-200 SMART 中的变量。

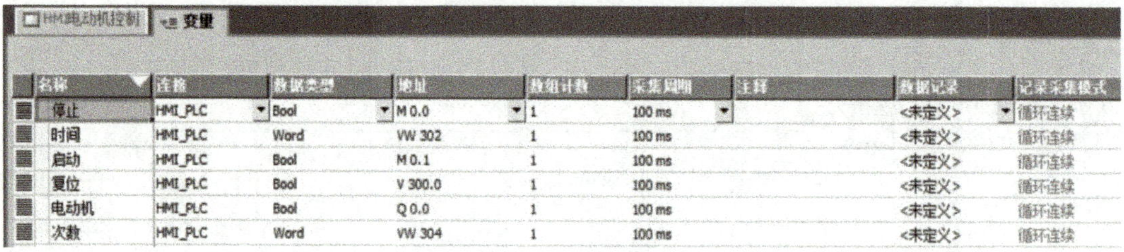

名称	连接	数据类型	地址	数组计数	采集周期	注释	数据记录	记录采集模式
停止	HMI_PLC	Bool	M 0.0	1	100 ms		<未定义>	循环连续
时间	HMI_PLC	Word	VW 302	1	100 ms		<未定义>	循环连续
启动	HMI_PLC	Bool	M 0.1	1	100 ms		<未定义>	循环连续
复位	HMI_PLC	Bool	V 300.0	1	100 ms		<未定义>	循环连续
电动机	HMI_PLC	Bool	Q 0.0	1	100 ms		<未定义>	循环连续
次数	HMI_PLC	Word	VW 304	1	100 ms		<未定义>	循环连续

图 8-57　变量编辑器

6. 组态指示灯与按钮

在画面编辑器中，可以通过简单的鼠标操作将"工具箱"(Tool box) 的任意对象添加到画面中，既可以保持插入对象的默认尺寸，也可以自定义它们的尺寸。

工具箱对象默认尺寸与 Microsoft Windows 的用户登录名相关联。操作对象可按如下步骤执行：

(1) 从"工具箱"中选择想要插入的图像对象。将光标移到工作区时，它将变成带有附加对象图标的十字准线。

(2) 单击想要插入对象的画面位置，对象以其默认尺寸插入该位置。插入对象后，光标将再次变成箭头状，然后始终可以通过拖动选择矩形的选择标记来调整对象的尺寸。也可以在属性视图中定义更多对象属性。

要添加其他图像对象，可重复步骤 (1) 和 (2)。

1) 组态指示灯

指示灯用来显示 BOOL 变量"电动机"的状态。组态指示灯过程为：单击工具箱上的圆形图案，并单击想要插入对象的画面位置，则将一个圆插入到画面中；编辑圆形图案的属性，即用画面下面的属性视图设置其边框为黑色，边框宽度为 5 个像素点，填充色为深红色，如图 8-58 所示；打开动画下的外观属性窗口，勾选启用按钮，在变量选项选择变量连接处建立的"电动机"，在类型选项选择"位"，并通过动画功能，使指示灯在位变量"电动机"的值为 0 和 1 时的背景色分别为深红色和浅绿色，如图 8-59 所示。

图 8-58　编辑指示灯的属性

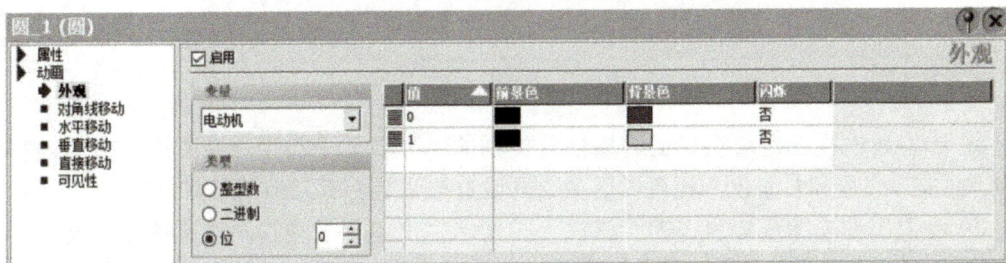

图 8-59　组态指示灯的动画功能

改变对象 (指示灯) 的位置的过程为：首先用鼠标左键单击画面中的指示灯，它的四周出现 8 个小正方形；然后将鼠标的光标放到指示灯上，光标变为图中的十字箭头图形；接着按住鼠标左键并移动鼠标，将选中的对象拖放到希望的位置；最后松开左键，对象被放在鼠标当前所在的位置。

改变对象 (指示灯) 大小的方法有下面两种。

方法一：用鼠标左键选中某个角的小正方形，鼠标的光标变为 45° 的双向箭头，按住左键并移动鼠标，可以同时改变对象的长度和宽度。

方法二：用鼠标左键选中 4 条边中点的某个小正方形，鼠标的光标变为水平或垂直方向的双向箭头，按住左键并移动鼠标，可以将选中的对象沿水平方向或垂直方向放大或缩小。用类似的方法也可以放大或缩小窗口。

至此圆形图案的背景属性设置完毕，连接上 PLC 后，当 PLC 的 Q0.0 位变为 1 时，此圆将变成浅绿色。

2) 组态按钮

(1) 生成按钮。

按钮可用于确认报警或运行系统、画面导航等用途，也可以定义通过单击按钮触发的事件。

插入按钮时需完成以下操作：在工具箱中选择"按钮"对象；将按钮从工具箱拖放到画面上；在属性视图中，单击"常规"，键入按钮名称，并为按钮分配默认的属性。

单击打开工具箱中的"简单对象"，将其中的"按钮"拖放到画面上也可生成按钮。

用前面介绍的调整对象位置和大小的方法调整按钮的位置和大小。

(2) 设置按钮的属性。

按钮的属性设置过程为：

① 单击选中生成的按钮，选中属性视图左边的"常规"类别，选中"按钮模式"域和"文本"域中的"文本"，如图 8-60 所示，并将"OFF 状态文本"中的内容修改为"启动"。如果选中多选框"ON 状态文本"，则可以分别设置按下和释放按钮时按钮上面的文本。一般不选中该多选框，此情况下按钮按下和释放时显示的文本相同。

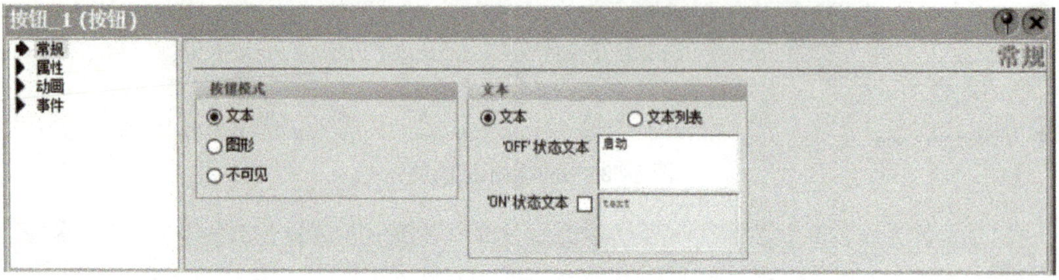

图 8-60　组态按钮的常规属性

② 选中属性视图左边窗口的"属性"类别的"外观"子类别，在右边窗口修改按钮的前景（文本）色和背景色，还可以用多选框设置按钮是否有三维效果。

③ 选中属性视图左边窗口的"属性"类别的"文本"子类别，设置按钮上文本的字体为宋体、24 个像素点（字体大小与按钮的大小有关），水平对齐方式为"居中"，垂直对齐方式为"中间"。

(3) 设置按钮功能。

按钮功能设置过程为：

① 首先选中属性视图的"事件"类别中的"按下"子类别，如图 8-61 所示，然后单击右边窗口最上面一行右侧的▾按钮，最后单击出现的系统函数列表的"编辑位"文件夹中的函数"SetBit"（置位）。

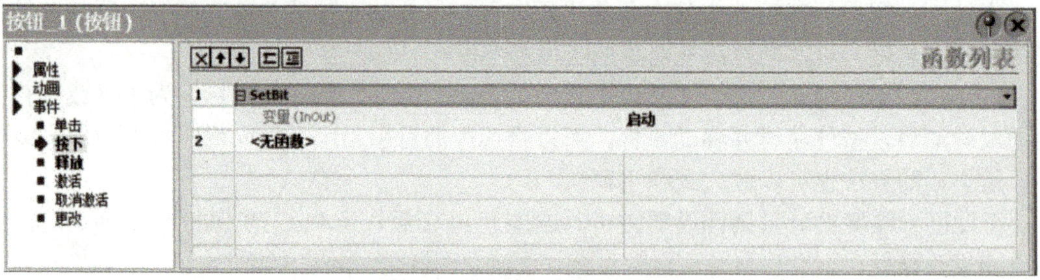

图 8-61　组态按钮按下时执行的函数

② 直接单击表中第 2 行右侧隐藏的▾按钮，打开出现的对话框中的变量表，并单击其中的变量"启动"(M0.1)，这样在运行时按下该按钮，可将变量"启动"置位为 ON。用同样的方法，设置在释放该按钮时调用系统函数"ResetBit"，将变量"启动"复位为 OFF。该按钮具有点动按钮的功能，按下按钮时 PLC 中的变量"启动"被置位，放开按钮时被复位。

③ 首先单击画面上组态好的启动按钮，先后执行"编辑"菜单中的"复制"和"粘贴"命令，生成一个新的按钮；然后用鼠标调节按钮在画面上的位置，选中属性视图的"常规"类别，将按钮上的文本修改为"停止"；最后打开"事件"类别，组态在按下和释放该按

钮时分别将变量"停止"(M0.0) 进行置位和复位。

计数复位按钮设置与之类似，组态时在按下和释放该按钮时分别将变量"复位"(V300.0) 进行置位和复位。

7. 组态文本域与 IO 域

1) 组态文本域

组态文本域的过程为：

(1) 首先将工具箱中的"文本域"拖放到画面上，默认的文本为"Text"；然后单击生成的文本域，选中属性视图的"常规"类别，在右边窗口文本框中键入"电动机"；接着选中属性视图左边窗口"属性"类别中的"外观"子类别，如图 8-62 所示，在右边窗口修改文本的颜色、背景色和填充样式，并在"边框"域中的"样式"选择"无"(没有边框)或"实心"(有边框)选项，还可以设置边框以像素点为单位的宽度和颜色，以及设置是否有三维效果。

图 8-62　组态文本域的外观

(2) 单击"属性"类别中的"布局"子类别，如图 8-63 所示，选中右边窗口中的"自动调整大小"多选框。如果设置了边框，或者文本的背景色与画面背景色不同，可以设置以像素点为单位的四周的"边距"相等。

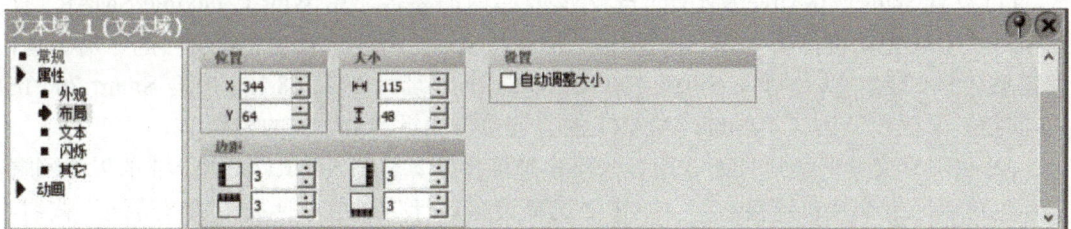

图 8-63　组态文本域的布局

(3) 选中左边窗口"属性"类别中的"文本"子类别，设置文字的大小和对齐方式。

(4) 选中画面上生成的文本域，执行复制和粘贴操作，生成文本域"定时时间"和"启动次数"，然后修改它们的边框和背景色。

2) 组态 IO 域

IO 域有以下 3 种模式：

(1) 输出域：用于显示变量的数值。

(2) 输入域：用于操作员键入数字或字母，并将它们保存到指定的 PLC 的变量中。

(3) 输入 / 输出域：同时具有输入域和输出域的功能，操作员可以用它来修改 PLC 中变量的数值，并将修改后的 PLC 中的数值显示出来。

组态 IO 域的过程为：

(1) 从工具箱中选择 IO 域对象，将 IO 域对象从工具箱拖放到画面上，此时 IO 域显示在画面上，并为其分配了该 IO 域对象的默认属性；选中生成的 IO 域，单击属性视图的"常规"类别，如图 8-64 所示，用"模式"选择框设置 IO 域为输出；单击"过程变量"区域中的"变量"列表，将打开含有项目变量的对象列表，连接的过程变量选择为"时间"；采用默认的格式类型"十进制"，设置"格式样式"为 99999(5 位整数)。

IO 域属性视图的"外观""布局"和"文本"子类别的参数设置与文本域基本上相同。

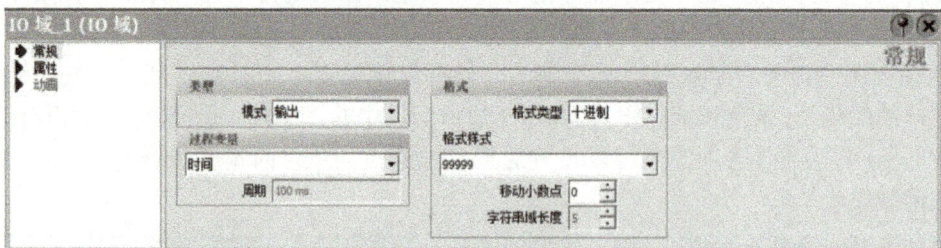

图 8-64　组态 IO 域

(2) 选中画面上生成的 IO 域，执行复制和粘贴操作；放置好新生成的 IO 域后选中它，并单击属性视图的"常规"类别，设置该 IO 域连接的变量为"次数"，模式为输出，有边框，背景色为白色，其余的参数不变。

设计完成后的界面如图 8-55 所示。

8.2.4　西门子 S7-200 SMART PLC 与触摸屏通信的方法

西门子 S7-200 SMART PLC 与触摸屏 (HMI) 使用以太网通信的实现方法如下：

(1) 设置 WinCC flexible SMART 与触摸屏通信的参数。用 WinCC flexible SMART 打开项目"HMI 电动机控制"，单击工具栏上的 按钮，打开"选择设备进行传送"对话框，设置通信模式为"以太网"，Smart 700 IE V3 的 IP 地址为 192.168.1.4(应与 Smart 700 IE V3 的控制面板和 WinCC flexible SMART 的"连接"编辑器中设置的相同)。

(2) 将项目文件下载到 HMI。用以太网电缆连接计算机和 Smart 700 IE V3 的以太网端口，也可以通过交换机连接它们。单击"选择设备进行传送"对话框中的"传送"按钮，首先自动编译项目，如果没有编译错误和通信错误，该项目将被传送到触摸屏。如果在触摸屏参数设置时，将传输设置选项里的"Remote Control"(远程控制) 多选框勾选，当 Smart 700 IE V3 正在运行时，将会自动切换到传输模式，出现"Transfer"对话框，显示下载的进程。下载成功后，Smart 700 IE V3 自动返回运行状态，显示下载的项目的初始画面。

(3) 将程序下载到 PLC。首先打开 8.1.8 小节生成的 S7-200 SMART PLC 项目"电动机控制"。然后将系统块的 IP 地址设置为 192.168.1.3，子网掩码为 255.255.255.0，此参数应与 WinCC flexible SMART 的"连接"编辑器中组态设置的相同。最后用以太网将程序和系统块下载到 S7-200 SMART。

(4) 系统运行。用电缆直接连接或通过交换机或路由器连接 S7-200 SMART PLC 和 Smart 700 IE V3 的以太网端口，接通它们的电源，令 PLC 运行在 RUN 模式。

触摸屏上电运行后显示初始画面如图 8-65 所示。

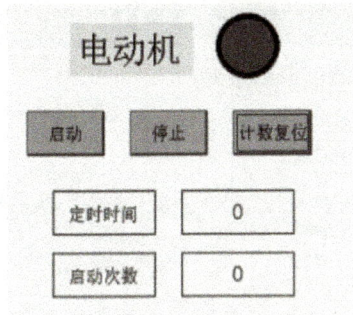

图 8-65　触摸屏运行初始画面

系统工作过程为：单击 HMI 画面上的"启动"按钮，PLC 的 M0.1 变量变为 ON 后又变为 OFF，由于 PLC 程序的运行，定时时间显示有数据显示，延时 5 s 后，Q0.3 输出为 ON，外接电动机开始转动，Q0.0 输出为 ON，外接指示灯点亮，画面上与该变量连接的指示灯图标由红色变为绿色，启动次数加 1；单击画面上的"停止"按钮，PLC 的 M0.0 变量变为 ON 后又变为 OFF，其常闭触点断开后又接通，由于 PLC 程序的运行，Q0.3 输出为 OFF，外接电动机停止转动，Q0.0 输出为 OFF，外接指示灯熄灭，画面上与该变量连接的指示灯图标由绿色变为红色；单击"计数复位"按钮后，启动次数清零。HMI 画面上的"启动"按钮和"停止"按钮与 PLC 外接启动按钮和停止按钮所起到的效果一致。

8.3　工业控制防火墙系统的应用

工业控制防火墙系统 (以北京安帝科技有限公司的工业控制防火墙为例) 是面向工业控制网络研发和推出的涵盖传统防火墙、工控网络流量智能学习、工控协议数据包深度解析、工控协议指令控制等功能在内的工控网络安全防护产品。针对工控网络和系统，工业控制防火墙支持针对各类主流工控网络协议的深度解析功能，并在此基础之上基于工控网络白名单对工控流量进行智能保护和指令级控制。此外，工业控制防火墙通过集成工控漏洞库和工控入侵检测特征库，以工控网络黑名单技术对工控网络中的攻击和入侵行为进行检测和阻断。工业控制防火墙综合运用了多核并行控制技术、非共享式 TCP 协议栈、数据路径优化技术、智能学习技术等多项技术，在实现精确访问控制和细致指令内容过滤的同时达到了较高的性能水平，很好地适应了未来工控网络高带宽、大流量的发展方向。

8.3.1　工业控制防火墙界面及监控模块

工业控制防火墙设备可以通过 HTTPS 协议建立安全的 Web 连接，或通过命令行界面 (CLI) 进行管理。管理员初次登录工业控制防火墙的 WebUI 界面如图 8-66 所示，为"主页"初始页面，它集中显示产品的基本信息，管理员可以在此界面快捷地查看设备的运行状态。

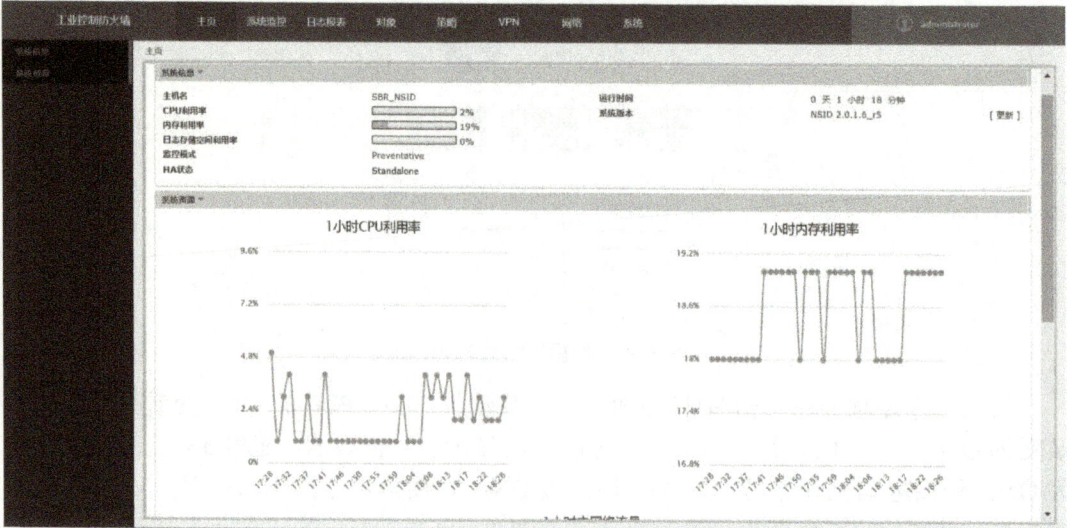

图 8-66　工业控制防火墙初始界面

工业控制防火墙系统监控界面如图 8-67 所示。

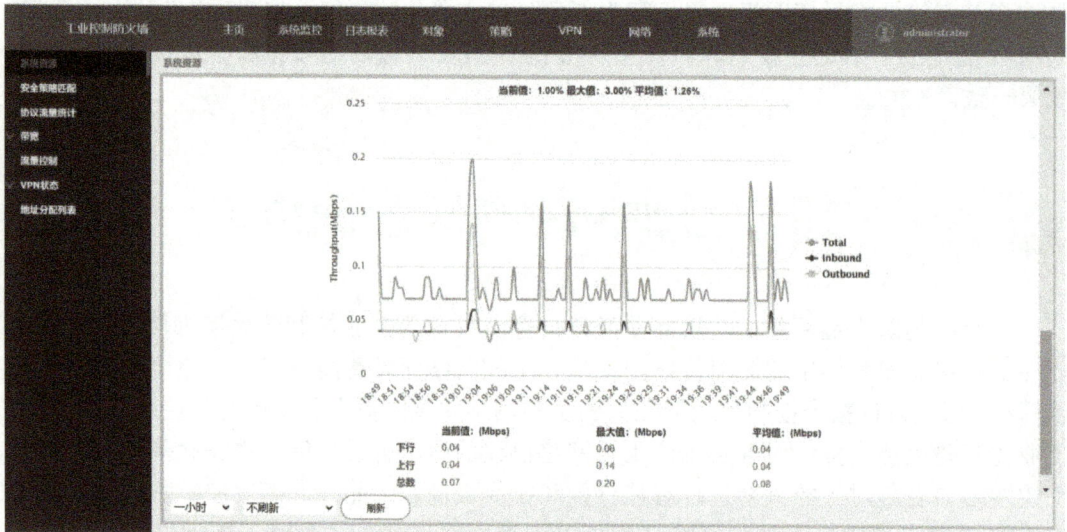

图 8-67　工业控制防火墙系统监控界面

系统监控模块用于管理员查看系统资源使用情况、各种安全事件的统计信息、网络带宽的使用情况、系统进行流量控制的总体信息、IPSecVPN 隧道的相关情况等，包括如下内容：

(1) 系统资源：监控系统资源如内存、CPU、网络流量等的使用情况。

(2) 安全策略匹配：监控匹配安全策略的数据流量的统计信息。

(3) 协议流量统计：监控各个协议产生的流量的波动情况。

(4) 带宽：监控网络中的总体带宽、带宽通道以及用户带宽的使用情况。

(5) 流量控制：监控各 IP 地址的上下行流量情况。

(6) VPN 状态：监控 IPSec VPN 隧道状态。

8.3.2　工业控制防火墙的基本管理

工业控制防火墙的基本管理包括修改主机名、启用和配置 SNMP 代理、设置时钟、配置代理认证参数，这些都需要在工业防火墙基本配置界面完成。

工业控制防火墙基本配置界面如图 8-68 所示。

图 8-68　基本配置界面

1. 修改主机名

管理员可以在图 8-68 "主机名" 域中修改工业控制防火墙的主机名，例如主机名修改为 "SBR_NSID"。

2. 启用和配置 SNMP 代理

启用和配置 SNMP 代理如图 8-69 所示。工业控制防火墙可以配置为允许读写 SNMPpolling，以接受 SNMP 管理设备的查询请求，从而读取设备的相关信息。首先需要勾选 "启用 SNMP" 选项，然后在 "SNMPv1、v2 只读共同体" 处设置 SNMP 代理对 SNMP 管理软件进行认证的字符串。认证通过后，工业控制防火墙就可以接受 SNMP 管理设备的查询请求，从而读取设备的相关信息。同时工业控制防火墙也支持通过用户认证的方式接受 SNMP 管理端的查询和修改请求，认证通过后，工业控制防火墙就可以接受 SNMP 管理设备的查询和修改请求，从而读取和修改设备的相关信息。

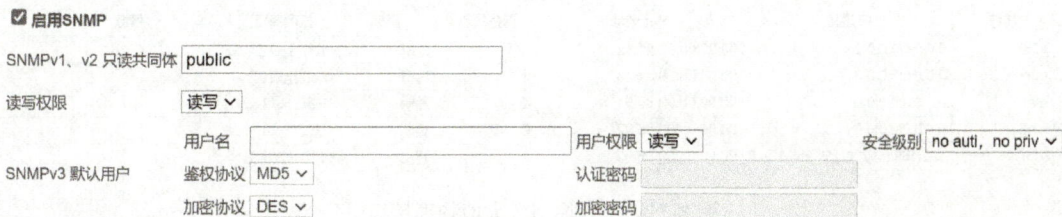

图 8-69　启用和配置 SNMP 代理

3. 设置系统时钟

设置正确的时间对于工业控制防火墙的日志和报表同步，以及定期进行特征库更新极为重要，为了设置系统时间，工业控制防火墙提供了手动时钟设置与使用 NTP 服务器进行时钟同步两种方法。在其基本配置界面"系统时钟"处显示打开 WebUI 界面时的系统时间，单击"刷新"按钮可以获取最新的系统时间。

4. 配置代理认证参数

如果工业控制防火墙通过代理服务器连接互联网，那么必须配置代理认证参数，如图8-70 所示。

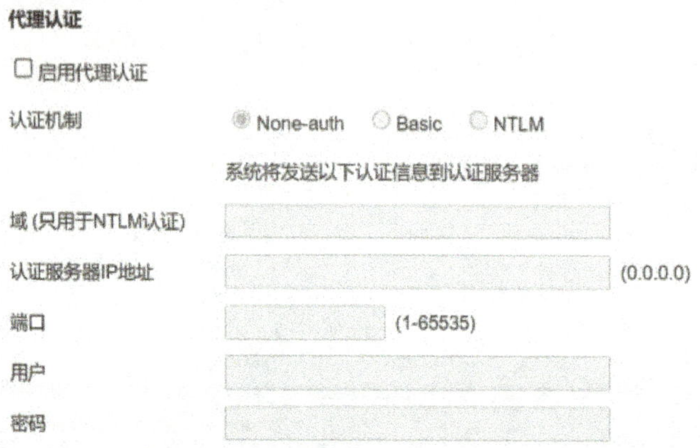

图 8-70　代理认证参数配置

8.3.3　工业控制防火墙的网络管理

工业控制防火墙的网络管理包括接口管理和路由管理。

1. 接口管理

接口管理包括配置物理接口属性、配置网桥接口属性、配置 VLAN 虚接口属性。

1) 配置物理接口属性

配置物理接口用于配置工业控制防火墙实际的接口的属性，包括配置 IP 地址、工作模式、接口速率、VLAN、接口服务等参数，使工业控制防火墙可以适应于各种网络环境。在工业防火墙配置界面选择网络→接口→物理接口，打开工业控制防火墙物理接口界面如图 8-71 所示。

名称	IP 地址	Mac地址	连接状态	模式	速度/双工	区域
eth0	0.0.0.0/0.0.0.0	00:90:0b:99:a1:12	↑	透明	100/全双工	
eth1	0.0.0.0/0.0.0.0	00:90:0b:99:a1:13	↑	透明	100/全双工	
eth2	0.0.0.0/0.0.0.0	00:90:0b:99:85:91	↓	透明	未知/未知	
eth3	0.0.0.0/0.0.0.0	00:90:0b:99:85:92	↓	透明	未知/未知	
eth4	192.168.20.200/255.255.255.0	00:90:0b:99:85:93	↑	路由	1000/全双工	

图 8-71　工业控制防火墙物理接口

直接单击接口名称即可对接口的属性进行配置。在"接口模式"下选择接口的工作模式，可以选择"透明"或"路由"模式，不同的工作模式下需要设置不同的参数。

当物理接口工作在透明模式时，界面如图 8-72 所示。

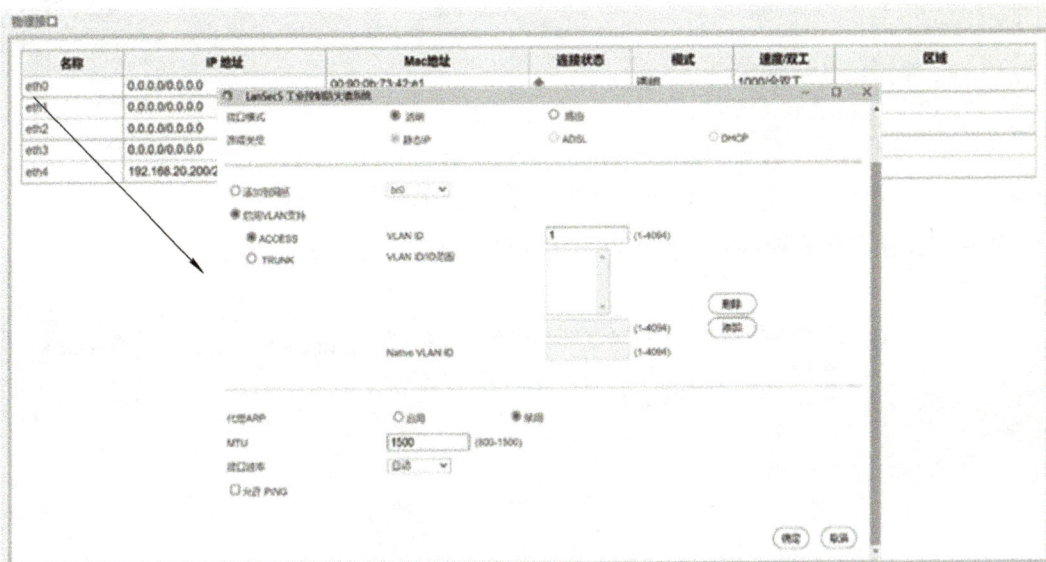

图 8-72　物理接口工作在透明模式时的界面

当接口工作在路由模式时，界面如图 8-73 所示。

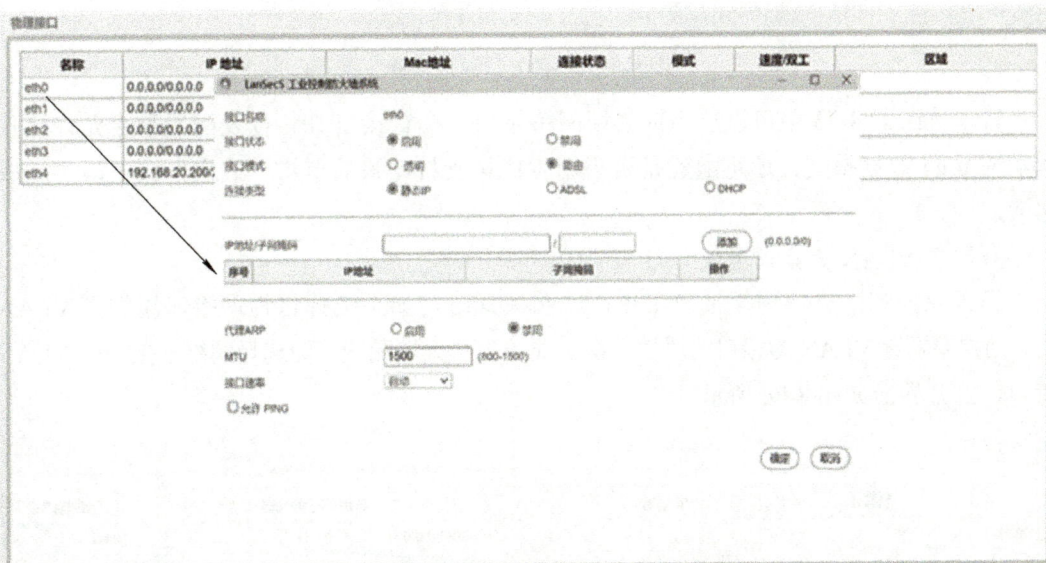

图 8-73　物理接口工作在路由模式时的界面

2) 配置网桥接口属性

当工业控制防火墙的物理接口工作在透明模式时，如果选择将物理接口添加到网桥中，则需要配置网桥接口的属性。在工业控制防火墙配置界面选择网络→接口→网桥接口，打开界面如图 8-74 所示。

接口	状态	IP地址/子网掩码	包含接口	生成树支持
br0	停用	0.0.0.0/0.0.0.0	eth2,eth3	停用
br1	停用	0.0.0.0/0.0.0.0		停用
br2	停用	0.0.0.0/0.0.0.0		停用
br3	停用	0.0.0.0/0.0.0.0		停用
br4	停用	0.0.0.0/0.0.0.0		停用

图 8-74　网桥接口属性配置界面

直接单击接口名称即可对网桥接口的属性进行配置，如图 8-75 所示。

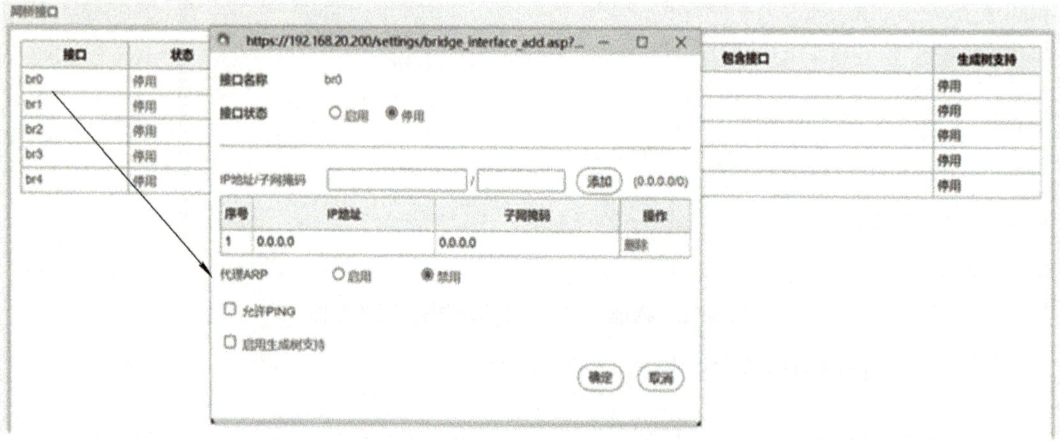

图 8-75　网桥接口属性配置

管理员在图 8-75 中可以启用或禁用网桥接口、配置接口 IP，以及配置是否允许接收和响应 ping 数据报文，还可配置是否启用生成树支持，最后单击"确定"按钮即可完成修改。

3) 配置 VLAN 虚接口属性

当工业控制防火墙物理接口工作在透明模式时，如果选择将物理接口添加到 VLAN 中，则需要配置 VLAN 虚接口的属性。在工业控制防火墙配置界面选择网络→接口→VLAN 接口，打开界面如图 8-76 所示。

接口	状态	安全域	IP地址/子网掩码	包含接口
vlan1	启用		0.0.0.0/0.0.0.0	eth0,eth1

图 8-76　VLAN 虚接口属性配置界面

直接单击接口名称即可对接口的属性进行配置，如图 8-77 所示。

管理员在图 8-77 中可以启用或禁用 VLAN 虚接口，配置虚接口 IP，以及配置是否允许接收和响应 ping 数据报文。

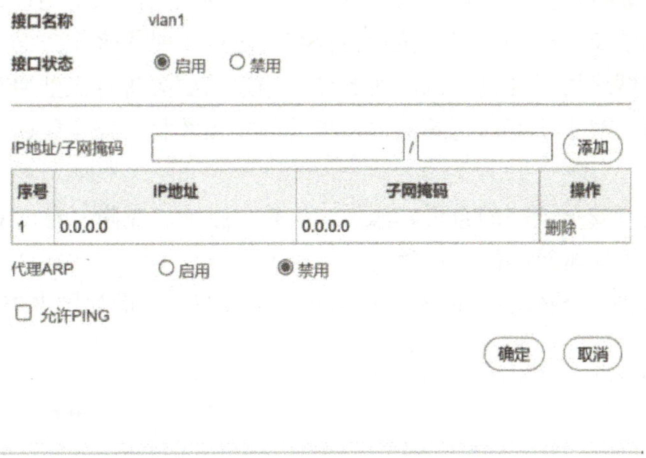

接口名称	vlan1		

接口状态　　◉ 启用　○ 禁用

IP地址/子网掩码　　[　　　　　　] / [　　　　] （添加）

序号	IP 地址	子网掩码	操作
1	0.0.0.0	0.0.0.0	删除

代理ARP　　○ 启用　◉ 禁用

☐ 允许PING

（确定）（取消）

图 8-77　VLAN 虚接口属性配置

2. 路由管理

工业控制防火墙可以作为网络中的路由设备使用，支持普通数据报文的转发，管理员可以手工配置静态路由和策略路由。其中，策略路由的优先级高于静态路由。

路由管理包括配置静态路由和配置策略路由。

1) 配置静态路由

静态路由表中包括所有系统自动添加的直连路由、管理员手工配置的静态路由和默认的路由。

配置静态路由的步骤为：在工业控制防火墙配置界面选择网络→路由→静态路由。在静态路由列表中可以查看到所有的直连路由、静态路由和默认路由；"网关"一栏显示"直连"时表示直连路由；目的地址和子网掩码为 0.0.0.0 的为默认路由；其他为静态路由。最后单击"添加"按钮可添加新的静态路由。

配置静态路由时，需要在"目的"处输入目的 IP 地址，"子网掩码"处输入目的地址的子网掩码，"网关"处指定路由转发的下一跳的 IP 地址（此地址不能为本地接口的 IP 地址，否则路由不会生效）。

2) 配置策略路由

策略路由不仅能够根据目的地址，而且能够根据 IP 源地址或者其他的条件来确定报文的转发路径。策略路由的优先级高于普通路由。策略路由主要是为了解决用户在多链路、多出口的状态下，不同用户以及同一应用使用不同路径进行通信的问题。

配置策略路由的步骤为：在工业控制防火墙配置界面选择网络→路由→策略路由。打开策略路由界面后可以直接单击"添加"按钮，或选择已有策略再单击"克隆"按钮添加新的策略路由。直接单击策略名称也可在新打开的窗口中对策略路由进行修改。

8.3.4　工业控制防火墙的安全策略

工业控制防火墙的安全策略用于配置对经过系统的数据进行访问控制和工业协议深度

内容过滤的策略，通过在安全策略用对象中定义的各种元素，从源地址、目的地址、源区域、目的区域、源端口、目的端口、工业协议深度过滤、时间 8 个方面对网络访问进行控制，确定是否允许网络访问通过，同时对于允许通过的数据进行工业协议白名单和工业协议黑名单深度过滤，对于所有匹配策略的网络访问，系统将在安全策略日志中记录相关的日志信息。

管理员可以进行安全策略的查看、添加、编辑、删除、克隆、移动 6 种操作。

工业控制防火墙安全策略配置过程为：

(1) 在工业控制防火墙配置界面选择策略→安全策略，界面如图 8-78 所示。

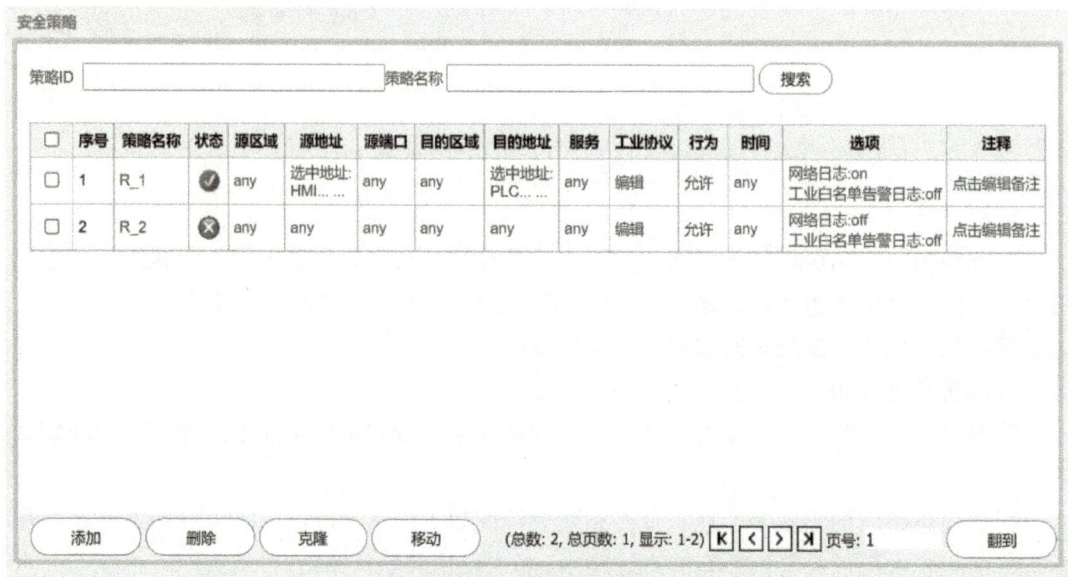

图 8-78　安全策略界面

策略默认按照添加顺序排列，当数据报文经过系统时，系统将按照策略的排列顺序，从上到下进行检测，当检测到有匹配的策略时，将直接按照策略对报文进行处理，不再继续检测，因此安全策略的排列顺序决定了报文的处理方式。

(2) 添加策略。管理员可以直接单击"添加"按钮添加新的策略，所有参数均为默认配置，管理员需一一配置；也可以选择已有策略，然后单击"克隆"按钮克隆新的策略，新的策略将和已有策略具有相同的参数。

(3) 配置策略参数。管理员可以修改除了策略编号以外的所有参数，直接单击参数名称即可修改。工业控制防火墙在策略中配置数据报文时需要匹配的条件包括源区域、源地址、源端口、目的区域、目的地址、服务类型、策略生效的时间，以及在允许报文通过后是否进行进一步的工业协议深度检测，是否在日志中记录等选项。

▷ 8.3.5　工业控制防火墙攻击防护的应用

为了更好地应用工业控制防火墙攻击防护，连接好工业控制安全测试系统，进入工业控制防火墙系统控制界面后需要完成如下设置：

(1) 配置网络接口。配置网络接口界面如图 8-79 所示。首先选择网络→物理接口，可以看到测试系统中的 PLC 和 HMI 已经分别连接到 eth0 和 eth1 网络接口。然后在 eth0 和 eth1 网络接口配置界面中，设置接口状态为启用，接口模式为透明模式，选择"启用 VLAN 支持"和"ACCESS"访问模式。

图 8-79　配置网络接口界面

(2) 添加对象地址。添加对象地址界面如图 8-80 所示。选择对象→地址 (IPv4)，单击添加按钮，分别设置 PLC 和 HMI 的地址名称以及 IP 地址。

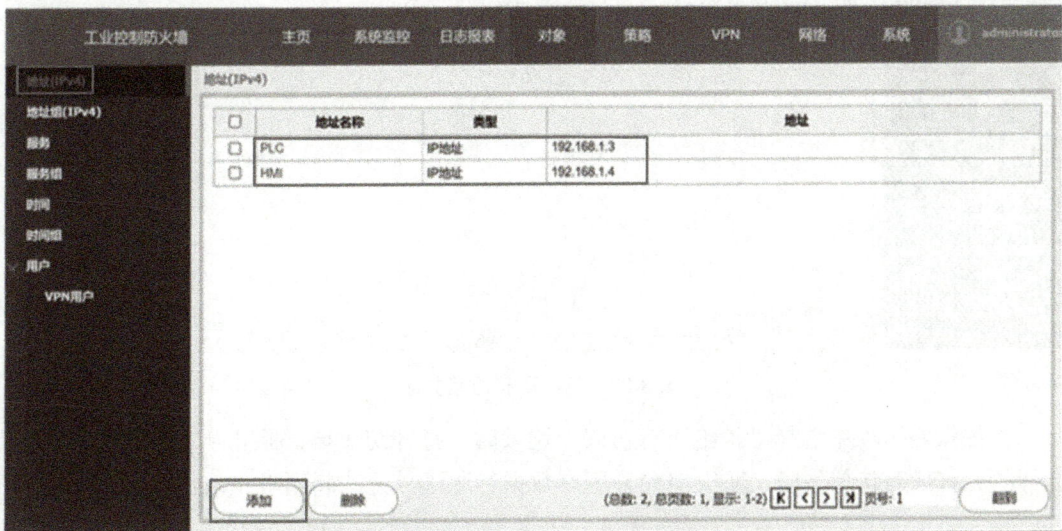

图 8-80　添加对象地址界面

(3) 添加安全策略。添加安全策略界面如图 8-81 所示。选择策略→安全策略，单击添加按钮，添加一条新的安全策略，设置状态为启用模式，源地址选择 HMI IP 地址，目的地址选择 PLC IP 地址，选项域勾选"网络日志"，其他选项选择默认值。

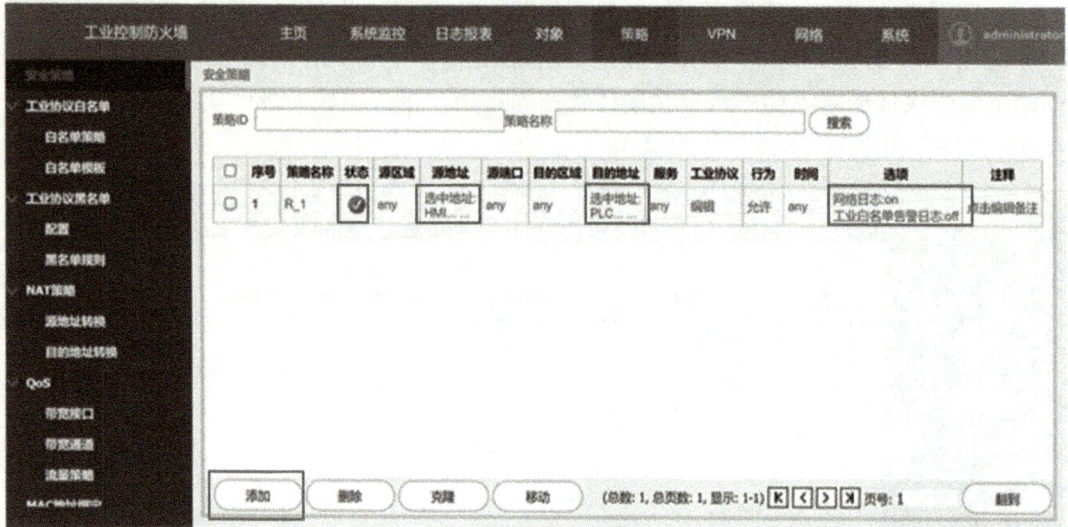

图 8-81　添加安全策略界面

(4) 拒绝所有访问。拒绝所有访问界面如图 8-82 所示。选择策略→策略选项，选择"拒绝所有访问"选项。

图 8-82　拒绝所有访问界面

当在策略选项中选择"拒绝所有访问"选项时，打开防火墙，阻止所有非法访问；当选择"允许所有访问"时，防火墙允许所有数据包通过，无法起到阻止攻击的作用。

8.4　工业控制安全审计系统的应用

工业控制安全审计系统（以北京安帝科技有限公司产品为例）是针对工业网络安全的

信息审计系统，采用了安全隔离、数据隐藏、行为审计等技术，记录工业控制网络的通信行为，通过定制化的安全策略，快速监测识别工业设备系统中存在的网络攻击、异常事件、非法接入、外部未知行为等操作，实时告警并翔实记录一切网络通信行为，有利于企业提高工业控制系统信息安全防护水平。

工业控制安全审计系统提供本地和分级两种产品部署方式，用户可以根据网络的实际环境选择合适的部署方式进行产品的部署实施。本地部署是该系统最常见的部署方式，适用于计算机终端数量不多并希望对所有终端计算机进行集中管理的用户环境。在该部署方式下，所有的计算机终端注册到同一个总控中心。分级部署按照地域或者部门的不同，在内网中安装多个总控中心，不同地域或者部门的计算机分别注册到不同的总控中心。总控中心之间通过分级注册，形成上下级关联关系。上下级关联关系确认后，可以对整个系统实行分级管理。上级可以对下级分发终端监控引擎安全策略，上级也可要求下级将安全事件上报到上级总控中心，从而实现上级对下级的管理。

8.4.1　工业控制安全审计系统的实时监测及历史告警

工业控制安全审计系统监测到的不符合审计规则白名单的流量、与安全规则匹配的流量以及符合系统内置的一些安全规则行为均会被记录并报警。

1. 实时监测

登录工业控制安全审计系统成功后，实时监测界面如图 8-83 所示。

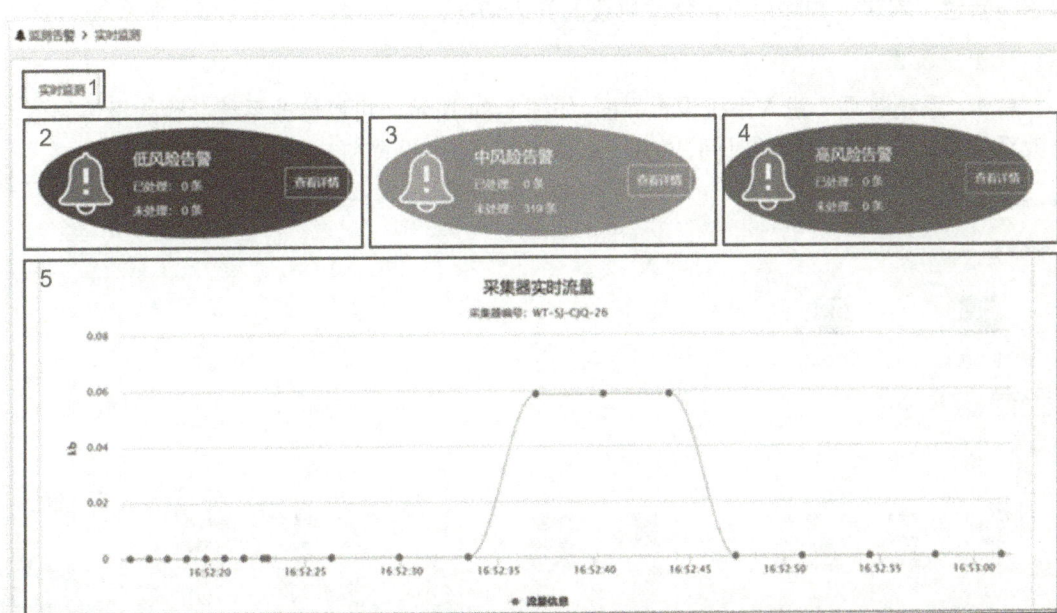

图 8-83　实时监测界面

在图 8-83 中，各个数字标识意义如下：

标识 1：实时监测，若处在运行状态界面，单击这里将转到实时监测模块。

标识 2：低风险，此处显示系统监测到的低风险报警的数量，分为已处理和未处理的报警，单击"查看详情"，将会转到历史告警界面，并筛选显示所有低风险的报警。

标识 3：中风险，此处显示系统监测到的中风险报警的数量，分为已处理和未处理的报警，单击"查看详情"，将会转到历史告警界面，并筛选显示所有中风险的报警。

标识 4：高风险，此处显示系统监测到的高风险报警的数量，分为已处理和未处理的报警，单击"查看详情"，将会转到历史告警界面，并筛选显示所有高风险的报警。

标识 5：实时流量，显示系统所有网卡监测到的实时数据流量大小。

2. 历史告警

在工业控制安全审计系统界面中单击历史告警选项，进入历史告警模块，展示所有告警信息，包括不同采集器的告警信息、已处理的告警信息和未处理的告警信息。单击某一条告警的"告警详情"，可以看到具体告警信息，包括源 IP、源端口、源 MAC 地址、目的 IP、目的端口、目的 MAC 地址、协议类型、报文长度、告警时间、行为描述等。

历史告警信息记录包括已处理的和未处理的信息，数目会比较大，因此提供了搜索功能，以便用户快速查找。通过源 IP、目的 IP 和处理状态进行搜索，用户可通过输入或选择一项条件来筛选历史告警，也可通过输入或选择多项条件来更精确地筛选历史告警信息。

8.4.2　工业控制安全审计系统的基本管理

在工业控制安全审计系统管理模块中，可以修改系统的参数，改变角色的授权，查看日志，新建、编辑、删除用户，修改协议的开启情况。

1. 系统设置

单击"系统管理"，进入系统设置界面，如图 8-84 所示。可以修改系统参数的报警阈值，修改系统模式，修改系统的时间，修改网卡设置、路由设置和 DNS。

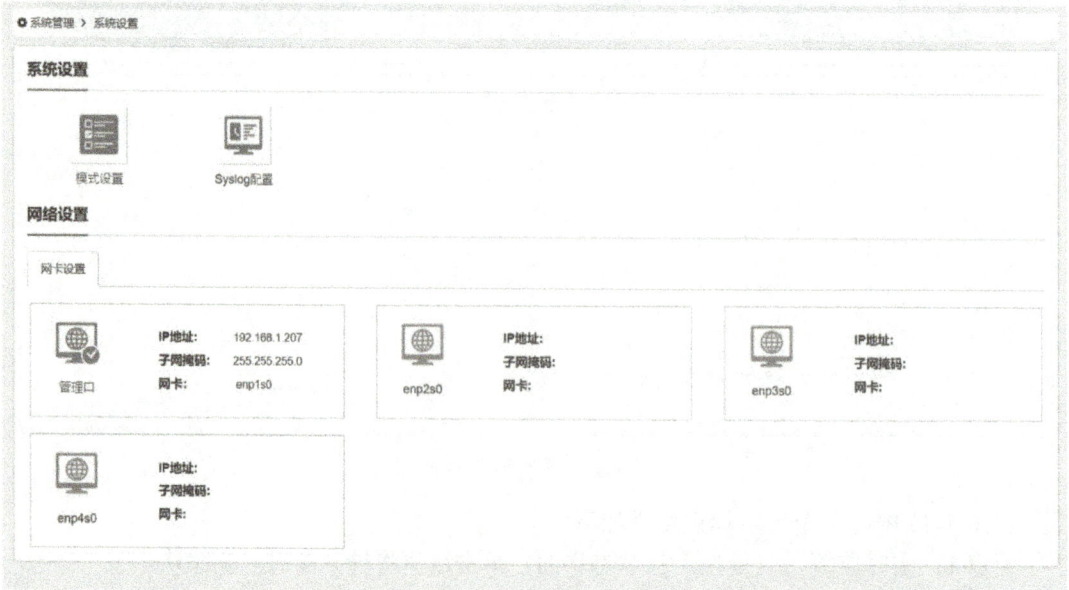

图 8-84　系统设置界面

1) 模式设置

单击"模式设置"，可以选择"监测模式"或"学习模式"，如图 8-85 所示。

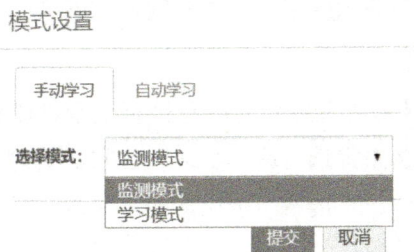

图 8-85　选择模式界面

系统为学习模式时，系统将学到的协议、端口等信息会放入"审计规则"中，生成白名单。由于系统在学习模式过程中监测到的信息，工业控制安全审计系统不会识别为报警，并记入审计规则内，因此学习模式需要谨慎选择。系统为监测模式时监控到的未知设备、未知协议、未知端口以及其他敏感流量，系统都会记录在历史告警中。

2) 系统日志配置

用户根据 IP 地址和端口号可以添加系统日志服务器，如图 8-86 所示。

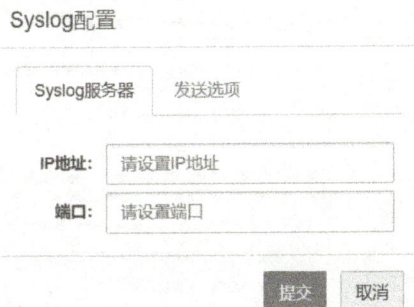

图 8-86　系统日志配置界面

3) 网卡设置

网卡设置如图 8-87 所示。用户可在网卡设置中修改系统网卡设置。

图 8-87　网卡设置界面

工业控制安全审计系统硬件上的网口都会显示在网卡设置列表中，其中 eth0 和 eth1 合并为管理口。单击任一网口图示区域，可以修改对应网卡配置。

2. 查看日志

单击“查看日志”，会显示所有用户的所有日志记录。在日志管理界面“用户名”处选择用户名，即可通过用户名来筛选对应的日志；在日志管理界面“请选择时间段”处可选择时间上限和下限日期；单击“搜索”按钮，即可通过时间来筛选对应的日志。

3. 协议管理

单击“协议管理”，进入协议管理界面，将显示已有用户的协议名称、协议描述、开启状态、操作。协议管理界面如图 8-88 所示。

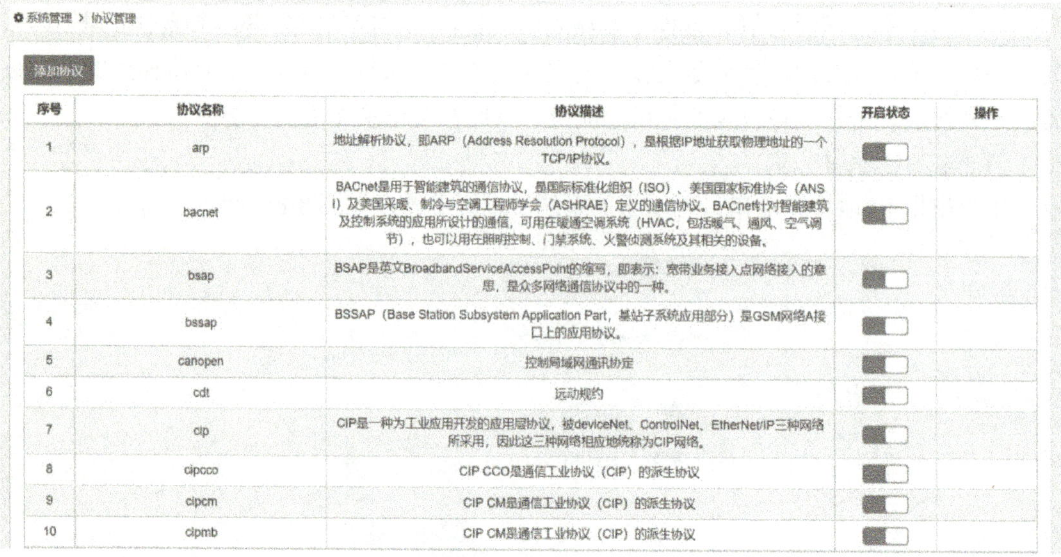
系统管理 > 协议管理

添加协议

序号	协议名称	协议描述	开启状态	操作
1	arp	地址解析协议，即ARP（Address Resolution Protocol），是根据IP地址获取物理地址的一个TCP/IP协议。		
2	bacnet	BACnet是用于智能建筑的通信协议，是国际标准化组织（ISO）、美国国家标准协会（ANSI）及美国采暖、制冷与空调工程师学会（ASHRAE）定义的通信协议。BACnet针对智能建筑及控制系统的应用所设计的通信，可用在暖通空调系统（HVAC，包括暖气、通风、空气调节），也可以用在照明控制、门禁系统、火警侦测系统及其相关的设备。		
3	bsap	BSAP是英文BroadbandServiceAccessPoint的缩写，即表示：宽带业务接入点网络接入的意思，是众多网络通信协议中的一种。		
4	bssap	BSSAP（Base Station Subsystem Application Part，基站子系统应用部分）是GSM网络A接口上的应用协议。		
5	canopen	控制局域网通讯协定		
6	cdt	远动规约		
7	cip	CIP是一种为工业应用开发的应用层协议，被deviceNet、ControlNet、EtherNet/IP三种网络所采用，因此这三种网络相应地统称为CIP网络。		
8	cipcco	CIP CCO是通信工业协议（CIP）的派生协议		
9	cipcm	CIP CM是通信工业协议（CIP）的派生协议		
10	cipmb	CIP CM是通信工业协议（CIP）的派生协议		

图 8-88　协议管理界面

8.4.3　工业控制安全审计系统的规则管理

工业控制安全审计系统的规则管理包括白名单管理、已知漏洞管理、报警规则管理和深度协议解析管理。

1. 白名单管理

白名单界面如图 8-89 所示。审计规则是工业控制安全审计系统在学习模式过程中学到的规则。进入审计规则的流量，当再次出现时，工业控制安全审计系统不会报警，也不会记入实时监测及历史告警中。若流量触碰到“安全规则”，即使加入到“审计规则”或开启了“学习模式”，则系统依然会对此流量告警。

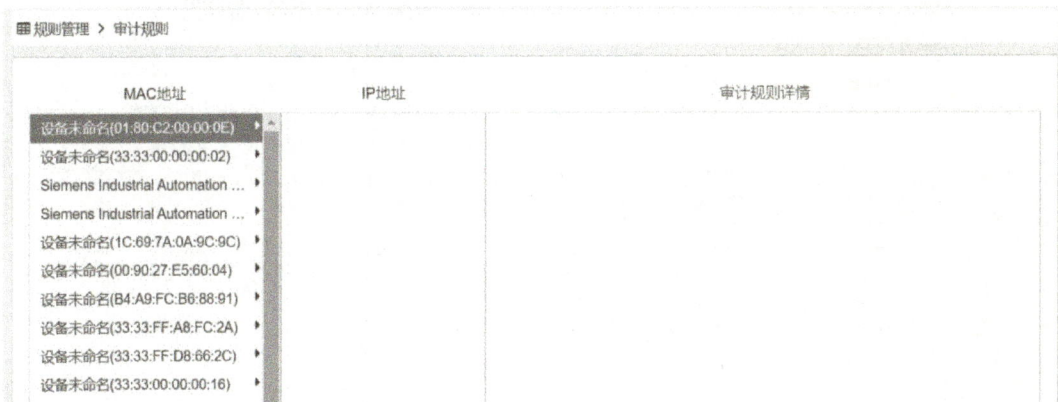

图 8-89 白名单界面

2. 已知漏洞管理

工业控制安全审计系统收集到的已知漏洞信息如图 8-90 所示。

序号	规则名称	协议名称	规则编号	危害等级	CNVD编号	漏洞描述	操作
1	Rockwell Automation MicroLogix 1400 FRN和1100 FRN输入验证漏洞	cip	404010923	中风险	CNVD-2018-07286	Rockwell Automation MicroLogix 1400 FRN和MicroLogix 1100 FRN都是美国罗克韦尔（Rockwell Automation）公司的可编程逻辑控制器产品。 Rockwell Automation MicroLogix 1400 FRN 21.003及之前版本和MicroLogix 1100 FRN 16.00及之前版本中的内存模块功能存在输入验证漏洞。攻击者可利用该漏洞操纵该控制器向内存模块中写入程序。	详情
2	Allen Bradley Micrologix 1400 Series B FRN访问控制漏洞（CNVD-2018-08275）	cip	404010924	中风险	CNVD-2018-08275	Allen Bradley Micrologix 1400 Series B FRN是美国罗克韦尔（Rockwell Automation）公司的一款可编程逻辑控制器。 Allen Bradley Micrologix 1400 Series B FRN21.2及更早版本中的数据、程序及函数文件权限功能存在访问控制漏洞。允许攻击者在通道配置中启用SNMP、Modbus、DNP和任何其他功能。还允许攻击者更改网络参数，例如IP地址、名称服务器和域名。	详情
3	Allen Bradley Micrologix 1400 Series B FRN访问控制漏洞（CNVD-2018-08276）	cip	404010925	中风险	CNVD-2018-08276	Allen Bradley Micrologix 1400 Series B FRN是美国罗克韦尔（Rockwell Automation）公司的一款可编程逻辑控制器。 Allen Bradley Micrologix 1400 Series B FRN21.2及更早版本中的数据、程序及函数文件权限功能存在访问控制漏洞。	详情

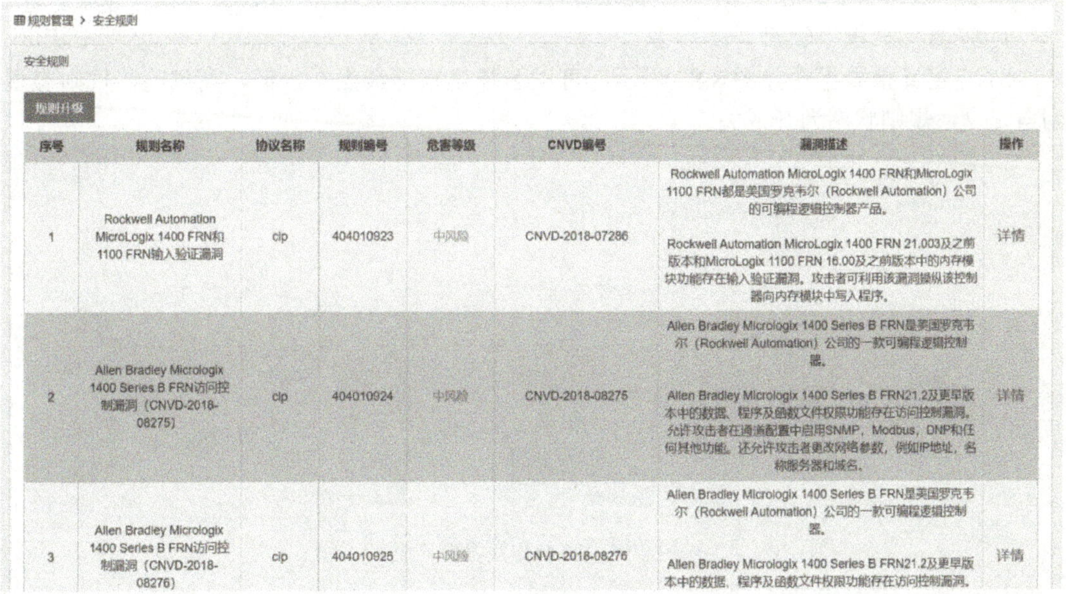

图 8-90 已知漏洞信息

3. 报警规则管理

报警规则管理界面如图 8-91 所示，在此界面可以查看报警规则列表，包括报警规则管理的规则编号、规则描述、规则等级、规则协议、规则类型、规则状态和操作。用户可以根据规则编号、协议名称、规则等级进行规则搜索以及添加关联分析。

图 8-91　报警规则管理界面

4. 深度协议解析管理

深度协议解析管理包括 S7 自定义报警管理、中控协议管理和 Modbus 自定义报警管理。

1) S7 自定义报警管理

S7 自定义报警界面如图 8-92 所示，可以选择规则等级为中、低、高风险，规则类型为自定义，规则状态为开或关。

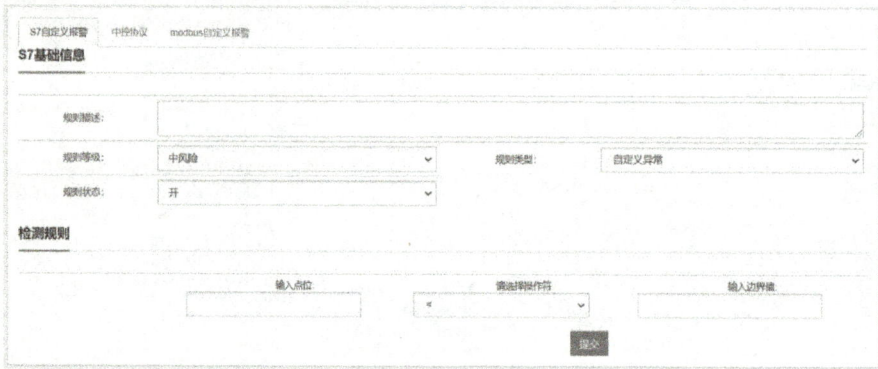

图 8-92　S7 自定义报警界面

2) 中控协议管理

中控协议报警界面如图 8-93 所示，包含监控列表、新建规则、工位初始化与导出监控列表。用户在此界面可以添加规则编号、工位号、工位类型进行搜索。

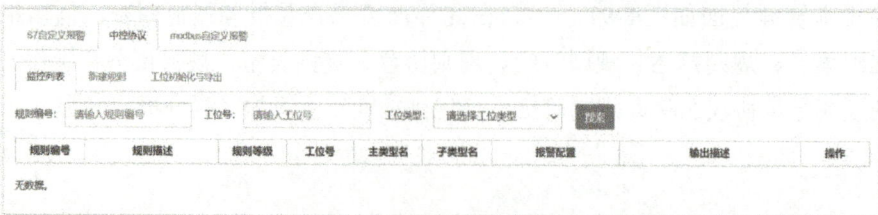

图 8-93　中控协议报警界面

3) Modbus 自定义报警管理

Modbus 自定义报警界面如图 8-94 所示。

图 8-94　Modbus 自定义报警界面

8.4.4　工业控制安全审计系统的流量分析

工业控制安全审计系统会把监测到的所有流量记录在行为追溯模块当中，并进行简单的分析、统计处理。如果有需要，还可以生成报表并导出数据包，供用户分析，具体介绍如下。

1. 行为追溯分析图

单击"行为追溯"，进入行为追溯界面，如图 8-95 所示，默认显示当天的行为追溯统计结果。

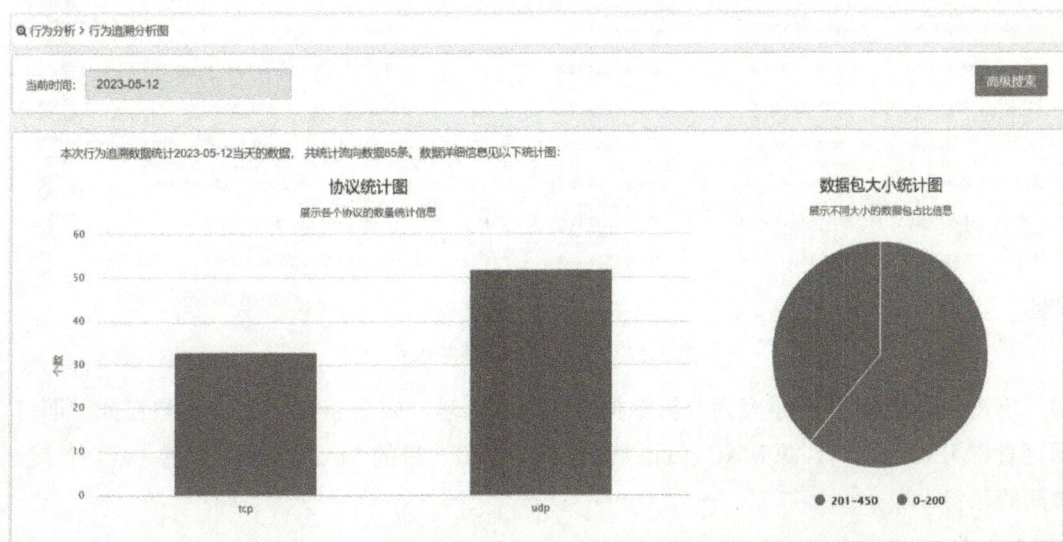

图 8-95　行为追溯界面

1) 搜索

单击"高级搜索"会展开搜索功能，如图 8-96 所示。工业控制安全审计系统的行为追溯提供选择区域、时间选择、协议类型、源 IP、目标 IP、源端口、目标端口、排序的筛选方式。

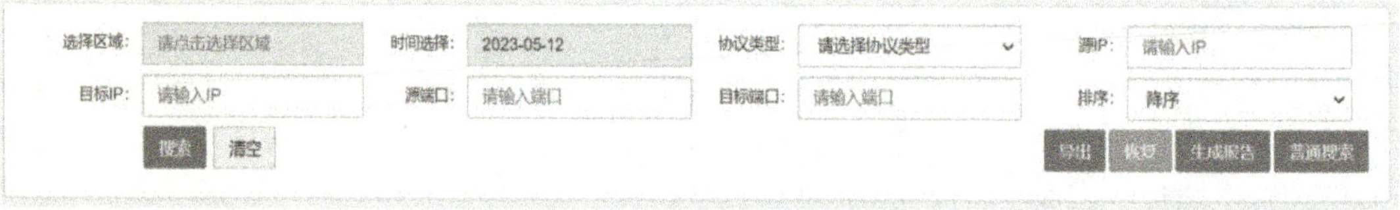

图 8-96   行为追溯高级搜索界面

2) 生成报告

单击"生成报告"，则会生成行为追溯报告。行为追溯报告中包含告警统计、协议统计、数据包大小、源主机 TOP10、目标主机 TOP10，以及单独的数据包集合。

2. 行为分析数据表

行为分析数据表界面如图 8-97 所示，页面中显示了数据表的详细信息。用户可查看分析数据表的创建时间、源主机、目的主机、协议类型、行为描述、分级信息、详情。

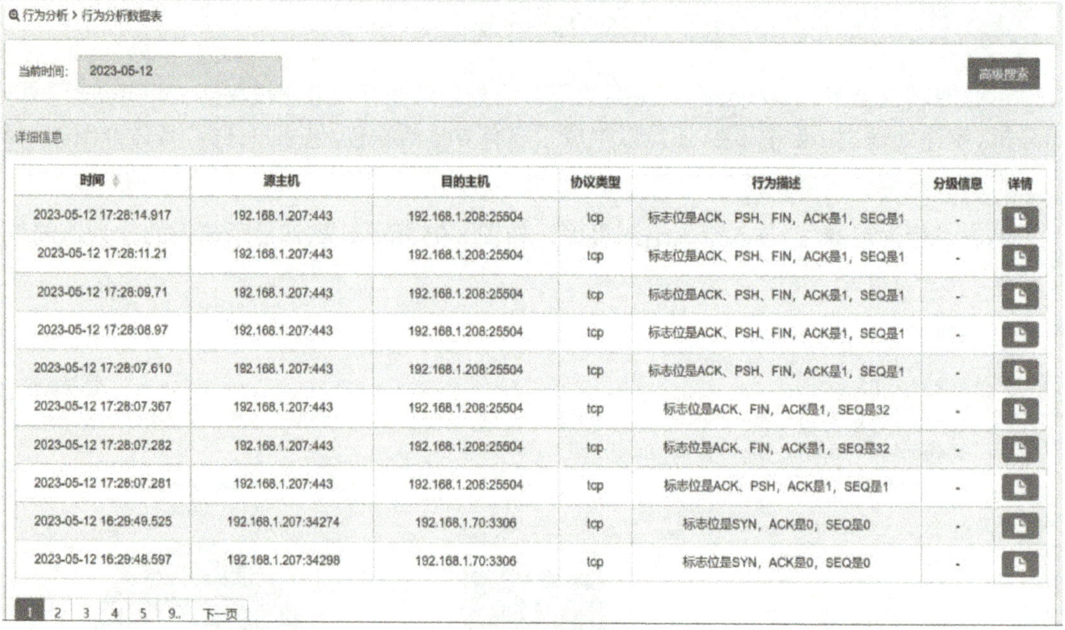

图 8-97   行为分析数据表界面

单击"详情"，可显示行为分析数据表的详细信息，如图 8-98 所示。用户在此界面可以查看源 IP、源端口、源 MAC、目的 IP、目的端口、目的 MAC、协议类型、报文长度、时间等信息。

详细信息　　　　　　　　　　　　　　　　　　　　　　　　　　✕

基础信息　　原始报文　　告警记录

基础信息

源IP:	192.168.1.207	源端口:	443	源MAC:	00:90:27:E2:30:4A
目的IP:	192.168.1.208	目的端口:	25504	目的MAC:	54:EE:75:E3:56:D2
协议类型:	tcp	报文长度:	97	时间:	2023-05-12 17:28:14.917

行为描述:　标志位是ACK、PSH、FIN，ACK是1，SEQ是1

采集设备:　WT-SJ-CJQ-26

关闭

图 8-98　行为分析数据表详细信息界面

8.4.5　工业控制安全审计系统攻击监测的应用

工业控制安全审计系统的攻击监测的应用主要有下面两方面的应用。

1. 拒绝服务攻击的监测审计

1) 拒绝服务攻击 (ARP 攻击) 监测简述

ARP 攻击就是通过伪造 IP 地址和 MAC 地址实现 ARP 欺骗，能够在网络中产生大量的 ARP 通信量使网络阻塞，攻击者只要持续不断地发出伪造的 ARP 响应包就能更改目标主机 ARP 缓存中的 IP-MAC 条目，造成网络中断或中间人攻击。

工业控制安全审计系统能够通过将 ARP 请求的 IP 地址和 MAC 地址的对应关系提取出来，与工业控制安全审计系统中的 IP-MAC(用户通过资产管理功能添加) 地址做比较，如果发现 ARP 请求的 IP-MAC 地址不匹配，则将触发 ARP 攻击报警，并显示到工业控制安全审计系统界面上。

2) 攻击执行

连接好工业控制安全测试系统，进入到攻击平台主界面，启动拒绝服务攻击，开始发起攻击。

3) 监测结果

发起攻击后，打开工业控制安全审计系统首界面，在此界面可以看到 ARP 攻击报警。

其中操作描述为未经请求的回复。因为 ARP 攻击就是通过伪造 IP 地址和 MAC 地址实现 ARP 欺骗，能够在网络中产生大量的 ARP 通信量使网络阻塞，攻击者只要持续不断地发出伪造的 ARP 响应包就能更改目标主机 ARP 缓存中的 IP-MAC 条目，造成网络中断或中间人攻击，所以，当未经请求的回复出现时，就有可能是 ARP 攻击修改了系统的 ARP 缓存。

4) 监测分析

拒绝服务攻击能够使上位机失去响应能力，造成用户无法通过 HMI 进行操作，无法及时对系统的运行进行适当的干预，给正常的生产运行带来不可预估的损失。当系统出现与拒绝服务攻击相关的报警时，用户应该及时采取应急措施，降低可能产生的不利影响。

2. 指令攻击的监测审计

1) 指令攻击监测简述

指令攻击是通过分析 S7 报文结构后，发送特定的 PLC 命令，以达到执行特定的 PLC 操作。这种方法操作简单，只要能够通过网络连接到 PLC，就能实现攻击。指令攻击能够造成 PLC 突然的启停或其他计划外的动作，造成不可预期的损失。

进行指令攻击测试能够发送 PLC 停止命令，同时工业控制安全审计系统对这个指令进行审计，一旦发现 PLC 停止命令，就会触发 PLC 停止警告，并显示在界面上。

2) 攻击执行

连接好工业控制安全测试系统，进入到攻击平台主界面。未执行指令攻击时，PLC 处在运行状态，此时单击指令攻击按钮，开始实施指令攻击，片刻后，PLC 停止运行。

3) 监测结果

打开工业控制安全审计系统首界面，在此界面可以看到 PLC 停止操作报警，单击"详情"按钮可以查看有关报警的详细信息。

4) 监测分析

工业控制安全审计系统能够监测到 PLC 停止操作的命令，并发出警告。用户在报警详情界面可以查看当前报警的详细信息，包括操作源 IP 地址，并可以根据这些信息初步判断发出该操作的源主机，做出应急处理。

习　　题

1. 使用跳变指令时应该注意什么？
2. 定时器指令有哪几种类型？各有什么特点？
3. 计数器指令有哪几种类型？各有什么特点？
4. 使用循环指令时需注意什么问题？
5. 简要说明中断指令的使用。
6. WinCC flexible SMART 软件中编辑器包括哪两种类型？
7. 工业控制防火墙安全策略配置时需要注意什么问题？
8. 简述工业控制安全审计系统的部署方式。

参 考 文 献

[1]　肖建荣. 工业控制系统信息安全 [M]. 2 版. 北京：电子工业出版社，2019.

[2]　姚羽，祝烈煌，武传坤. 工业控制网络安全技术与实践 [M]. 北京：机械工业出版社，2017.

[3]　廖常初. S7-200 SMART PLC 编程及应用 [M]. 3 版. 北京：机械工业出版社，2019.

[4]　黄永红，刁小燕，项倩雯. 电气控制与 PLC 应用技术 [M]. 3 版. 北京：机械工业出版社，2018.

[5]　龚仲华. 西门子数控 PLC 程序典例 [M]. 北京：机械工业出版社，2015.

[6]　宋伯生. PLC 编程实用指南 [M]. 3 版. 北京：机械工业出版社，2017.

[7]　向晓汉. 西门子 PLC、变频器、触摸屏工程应用及故障诊断 [M]. 北京：机械工业出版社，2017.

[8]　王华忠. 工业过程控制及安全技术 [M]. 北京：电子工业出版社，2020.

[9]　帕斯卡·阿克曼. 工业控制系统安全 [M]. 北京：机械工业出版社，2020.

[10]　IEC 62443-1-1 Security for Industrial Automation and Control Systems. Part 1-1 Terminology, Concepts, and Models[S]. IEC, 2013.

[11]　IEC 62443-2-1 Security for Industrial Automation and Control Systems. Part 2-1 Industrial Automation and Control System Security Management System[S]. IEC, 2012.

[12]　IEC 62443-2-3 Security for Industrial Automation and Control Systems. Part 2-3 Patch Management in the IACS Environment[S]. IEC, 2013.

[13]　IEC 62443-3-3 Security for Industrial Automation and Control Systems. Part 3-3 System Security Requirements and Security Levels[S]. IEC, 2013.

[14]　王华忠，陈冬青. 工业控制系统及应用：SCADA 系统篇 [M]. 北京：电子工业出版社，2017.

[15]　王智民. 工业互联网安全 [M]. 北京：清华大学出版社，2020.

[16]　黄宋魏. 工业过程控制系统及工程应用 [M]. 北京：化学工业出版社，2015.

[17]　陈波，于泠. 防火墙技术与应用 [M]. 2 版. 北京：机械工业出版社，2021.

[18]　王永非. 基于行为分析的检测 APT 攻击方法的研究与实现 [D]. 北京：北京邮电大学，2019.

[19]　倪旻，范菁，李晨光，等. 工业控制系统信息安全防护技术研究综述 [J]. 云南民族大学学报 (自然科学版)，2020，29(06)：619-627.

[20]　邸丽清，高洋，谢丰. 国内外工业控制系统信息安全标准研究 [J]. 信息安全研究，2016，2(05)：435-441.

[21]　魏祺. 工业控制系统信息安全研究综述 [J]. 通信电源技术，2019，36(05)：225-226.

[22]　张悦，荆琛，衣然. 基于等保 2.0 的重点行业工控系统网络安全防护策略研究 [J]. 信息技术与网络安全，2021，40(09)：54-57+76.

[23]　孙志华. 面向工业场景的智能化工业防火墙系统 [J]. 信息技术与标准化，2019(09)：94-97.

[24]　帅隆文. 基于 Snort 的工业控制系统入侵检测系统设计与实现 [D]. 北京：中国科学院大学，2021.

[25] 冯凯．工业控制网络入侵检测系统的设计与实现 [D]．郑州：郑州大学，2018.

[26] 宋宇，李治霖，程超．基于 CNN-BILSTM 的工业控制系统 ARP 攻击入侵检测方法 [J]．计算机应用研究，2020，37(S2)：242-244.

[27] 杜蛟．工业控制系统信息安全态势感知技术研究 [D]．重庆：重庆邮电大学，2019.

[28] 刘红阳．基于 Snort 的 PROFINET 入侵检测系统设计 [J]．工业控制计算机，2019，32(08)：10-12+15.

[29] 周原，曾颖，刘明山，等．基于 Wi-Fi 的 PROFIBUS-DP 无线 Web 接入方法 [J]．吉林大学学报 (信息科学版)，2016，34(04)：477-483.

[30] 李文轩．工控系统网络协议安全测试方法研究综述 [J]．单片机与嵌入式系统应用，2019，19(09)：18-21.

[31] 王靖然，刘明哲，徐皛冬，等．工业以太网信息安全通信方法的研究与实现 [J]．控制工程，2022，29(10)：1774-1779.

[32] 廖游．工业以太网安全性问题研究 [J]．网络安全技术与应用，2019(08)：128-129.

[33] 王伟，苏耀东．智能工厂工业控制系统安全体系构建和思考 [J]．石油化工自动化，2021，57(03)：1-5.

[34] 崔逸群，王文庆，刘超飞，等．火电厂设备层通信网络安全问题分析 [J]．热力发电，2020，49(06)：152-156.

[35] 罗旋，李永忠．Modbus TCP 安全协议的研究与设计 [J]．数据采集与处理，2019，34(06)：1110-1117.

[36] 闫爽．智能电网 DNP3 协议安全机制研究与实现 [D]．长沙：国防科学技术大学，2016.

[37] 吕万友．基于生成对抗学习的工控协议漏洞主动挖掘技术研究 [D]．上海：华东师范大学，2021.

[38] 张宇．工业自动化控制网络综述 [J]．仪器仪表用户，2022，29(01)：100-104+43.

[39] 伍育红，胡向东．工业互联网网络传输安全问题研究 [J]．计算机科学，2020，47(S1)：360-363+380.

[40] 唐楠．基于物理特性的硬件木马检测技术研究 [D]．成都：电子科技大学，2021.

[41] 胡兴盛，徐皓，易茂祥，等．融入环形振荡器木马特征的无监督硬件木马检测 [J]．微电子学，2022，52(06)：955-960.

[42] 尹誉衡．基于 Fuzzing 的网络协议漏洞挖掘技术研究 [J]．微型电脑应用，2021，37(09)：8-10+16.

[43] 赖英旭，刘静，刘增辉，等．工业控制系统脆弱性分析及漏洞挖掘技术研究综述 [J]．北京工业大学学报，2020，46(06)：571-582.

[44] 田林阳．光网络的安全审计技术及其应用研究 [D]．南京：南京邮电大学，2015.

[45] 胡伟．面向智能汽车的安全审计系统的设计与实现 [D]．成都：电子科技大学，2019.

[46] 王欢欢．工控系统漏洞扫描技术的研究 [D]．北京：北京邮电大学，2015.

[47] 孙易安，胡仁豪．工业控制系统漏洞扫描与挖掘技术研究 [J]．网络空间安全，2017，8(01)：75-77.

[48] 王捷，喻潇，徐江珮．工业控制系统漏洞扫描与挖掘技术研究 [J]．中国设备工程，2018(03)：189-191.

[49] 吴洁明，王维．基于 Hadoop 的 Web 应用日志挖掘 [J]．北方工业大学学报，2017，29(05)：94-99+111.